全国高职高专机电类专业创新型规划教材
职业教育双高计划建设新形态教材

SolidWorks 机械设计应用

主　编　刘志刚
副主编　赵晓燕　国　磊
参　编　刘立新　顾　满　左家臻
主　审　朱成俊　谢长超

黄河水利出版社
·郑州·

内容提要

本书是全国高职高专机电类专业创新型规划教材,根据教育部对高等职业教育的基本要求及教材编写的指导思想、原则和特色编写,参编人员均为多年从事 SolidWorks 教学、具有丰富实践经验的一线教师。本书以 SolidWorks 2020 版本为基础编写,全书共分 SolidWorks 基本操作与草图设计、实体特征建模、装配体设计、工程图设计、曲线与曲面设计、自动编程等 6 个项目,重点介绍了 SolidWorks 软件在机械设计中的应用。本书结构上有别于传统教材先系统介绍知识再举例应用的形式,而是以项目教学的方式将系统知识适当分解到不同项目中,按照项目的难易程度重新调整知识结构,逐步引导学生学习并掌握 SolidWorks 软件中各建模命令的意义、特点、应用方法和使用技巧,既突出了知识的应用,也符合学生的认知规律。

本书可作为职业院校数控技术应用、机电一体化、模具设计与制造、工业造型设计等专业计算机辅助设计课程的教材,也可供使用 SolidWorks 的技术人员学习参考。

图书在版编目(CIP)数据

SolidWorks 机械设计应用/刘志刚主编. —郑州:黄河水利出版社,2023. 12

全国高职高专机电类专业创新型规划教材

ISBN 978-7-5509-3784-0

Ⅰ. ①S… Ⅱ. ①刘… Ⅲ. ①机械设计-计算机辅助设计-应用软件-高等职业教育-教材 Ⅳ. ①TH122

中国国家版本馆 CIP 数据核字(2023)第 210641 号

组稿编辑:田丽萍 电话:0371-66025553 E-mail:912810592@qq.com

韩莹莹 66025553 1025524002@qq.com

责任编辑:郭 琼 责任校对:杨秀英 封面设计:张心怡 责任监制:常红昕

出版发行:黄河水利出版社

地址:河南省郑州市顺河路 49 号 邮政编码:450003

网址:www.yrcp.com E-mail:hhslcbs@126.com

发行部电话:0371-66020550、66028024

承印单位:河南承创印务有限公司

开本:787 mm×1 092 mm 1/16

印张:20.25

字数:470 千字 印数:1—2 100

版次:2023 年 12 月第 1 版 印次:2023 年 12 月第 1 次印刷

定价:60.00 元

前 言

本书是根据《国家职业教育改革实施方案》《职业教育提质培优行动计划(2020—2023年)》《中共中央关于认真学习宣传贯彻党的二十大精神的决定》等文件精神组织编写的全国高职高专机电类专业创新型规划教材。本书以学生能力培养为主线,注重吸收产业升级和行业发展的新知识、新技术、新工艺、新方法、新规范,丰富完善了课程思政案例、视频、微课等数字化教学资源,体现了实用性、实践性、创新性等教材特色,是理论联系实际、教学面向生产的高等职业教育新形态教材。

本书介绍了 SolidWorks(2020 版本)的操作方法和机械设计应用技巧,采用项目式教学,任务驱动,每个项目包含若干任务,每个任务都结合常见的典型机器零件而提出。根据任务内容在“知识与技能准备”中介绍与任务相关的命令操作;在“任务实施”中详细介绍了实例的操作步骤;在“技能训练”中进行与任务内容相关的练习,从而进一步加强初学者对命令的掌握。

本书内容上不求面面俱到,而是通过典型案例对 SolidWorks 软件的基本功能、常用功能进行逐一介绍。本教材编写有以下特点:

(1)思政引领。以习近平新时代中国特色社会主义思想为指导,融入党的二十大精神等课程思政元素,坚持立德树人,注重思政引领,使党的二十大精神进教材、进课堂、进头脑。

(2)内容全面。内容涵盖了机械产品设计中零件创建、装配和工程图制作的全过程。

(3)资源丰富。本书不仅有典型机械零件等范例,还有案例视频、微课、PPT 等大量配套资源。

(4)任务驱动。本书以基于工作任务的项目形式编写,使初学者通过“任务内容、知识与技能准备、任务实施、技能训练”等模块的学习,能轻松掌握常用命令的基本操作。

本书适合 SolidWorks 的初、中级用户使用,可以作为理工科高等职业院校相关专业的教学用书,或作为 CAD 专业课程实训教材、技术培训教材,也可作为工业企业的产品开发和技术部门人员的自学用书。

本书由河南工业职业技术学院刘志刚担任主编;由河南工业职业技术学院赵晓燕、山东水利职业学院国磊担任副主编;河南工业职业技术学院刘立新、顾满,山东水利职业学院左家臻参编;由河南工业职业技术学院朱成俊、河南航天精工制造有限公司谢长超担任主审。具体编写人员为:刘立新(项目1),赵晓燕(项目2、项目5),刘志刚(项目3),顾满(项目4),国磊、左家臻(项目6)。

本书在编写过程中,得到了河南工业职业技术学院及生产企业人员的大力支持和帮助,同时也得到了相关院校领导的大力支持和帮助,在此一并致以诚挚的谢意!

由于编者水平有限,书中难免存在不妥之处,恳请读者批评指正。

编　者

2023年7月

目 录

项目 1　SolidWorks 基本操作与草图设计

SolidWorks 是 Windows 平台下的机械设计软件,完全融入了 Windows 软件使用方便和操作简单的特点,该软件可以最大限度地满足设计者的设计意图,操作简单,功能强大,容易上手,可以完成复杂的产品设计、高性能的大型装配、高级曲面造型和设计修改等,是工程设计的一个好工具。

【知识与技能目标】

1. 掌握 SolidWorks 基本操作方法。
2. 掌握二维草图设计的基本知识。
3. 掌握 3D 草图绘制方法。

任务 1　SolidWorks 入门

【学习目标】

1. 了解 SolidWorks 用户界面。
2. 掌握 SolidWorks 文件管理操作。
3. 掌握 SolidWorks 操作技巧。

【任务内容】

熟悉 SolidWorks 工作界面,练习 SolidWorks 入门基本操作。

【知识与技能准备】

1　SolidWorks 启动

通过以下两种方法可以启动 SolidWorks:

(1)双击桌面 SolidWorks 图标。

(2)选择【开始】|【程序】|【SolidWorks2020】。

启动命令后,进入如图 1-1-1 所示的初始界面。

单击菜单栏中【文件】|【新建】或标准工具栏新建图标,打开【新建 SOLIDWORKS 文件】对话框(见图 1-1-2)。它提供了三种设计模式:零件、装配体、工程图,用户根据需要选择其中的一种。

图 1-1-1　初始界面

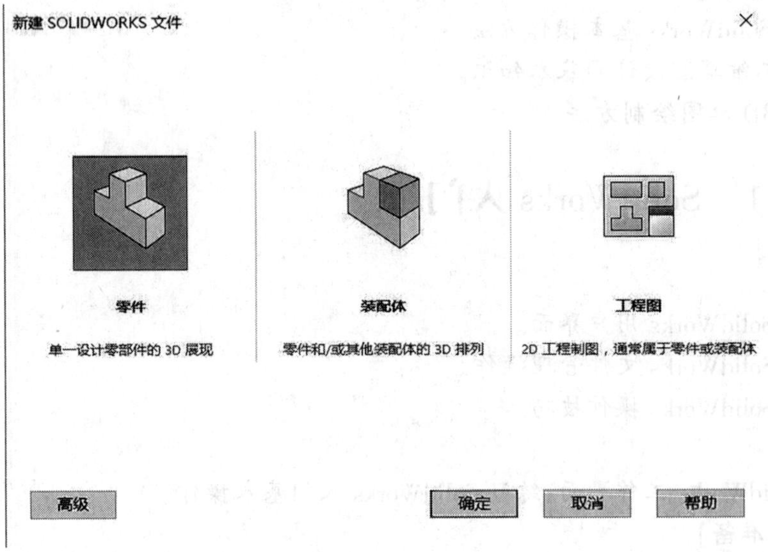

图 1-1-2　【新建 SOLIDWORKS 文件】对话框

2　SolidWorks 用户界面

SolidWorks 用户界面与设计模式有关，不同模式界面有所不同，图 1-1-3 是零件设计模式用户界面。

码 1-1　微课：界面简介

2.1　菜单栏

菜单栏里包含了 SolidWorks 几乎所有命令，当进行某些任务操作时，不起作用的命令会临时变灰。

2.2　工具栏

工具栏包括标准工具栏和自定义工具栏。它是启动命令的一种方式。工具栏按功能进行组织，每个工具栏由代表特定工具的各个图标组成。

启动自定义工具栏的方法：选择菜单栏【视图】|【工具栏】命令，或在视图工具栏中单击鼠标右键，打开如图 1-1-4 所示的【工具栏】菜单项。

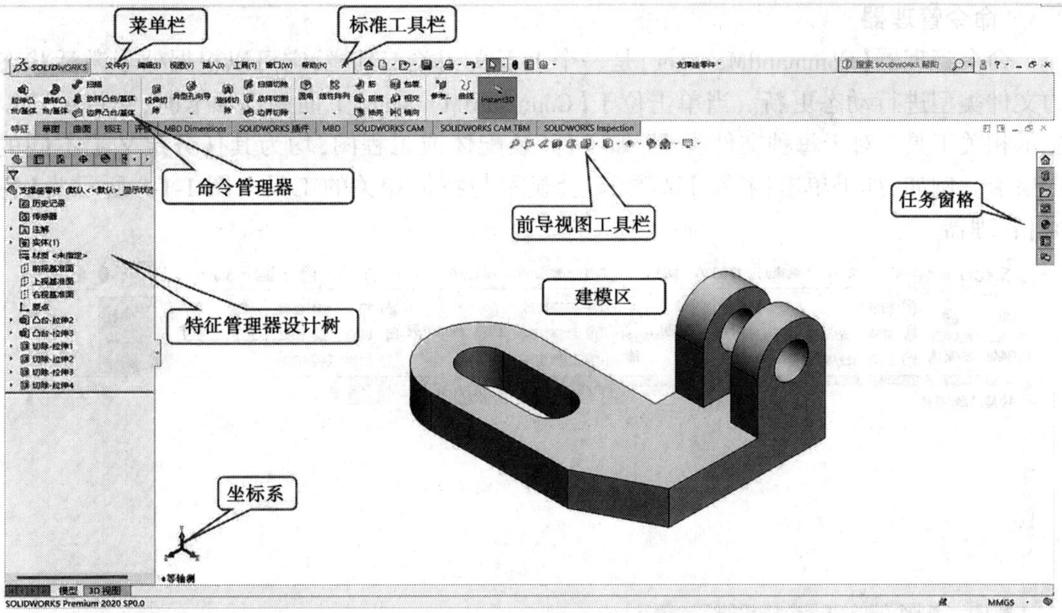

图 1-1-3　零件设计模式用户界面

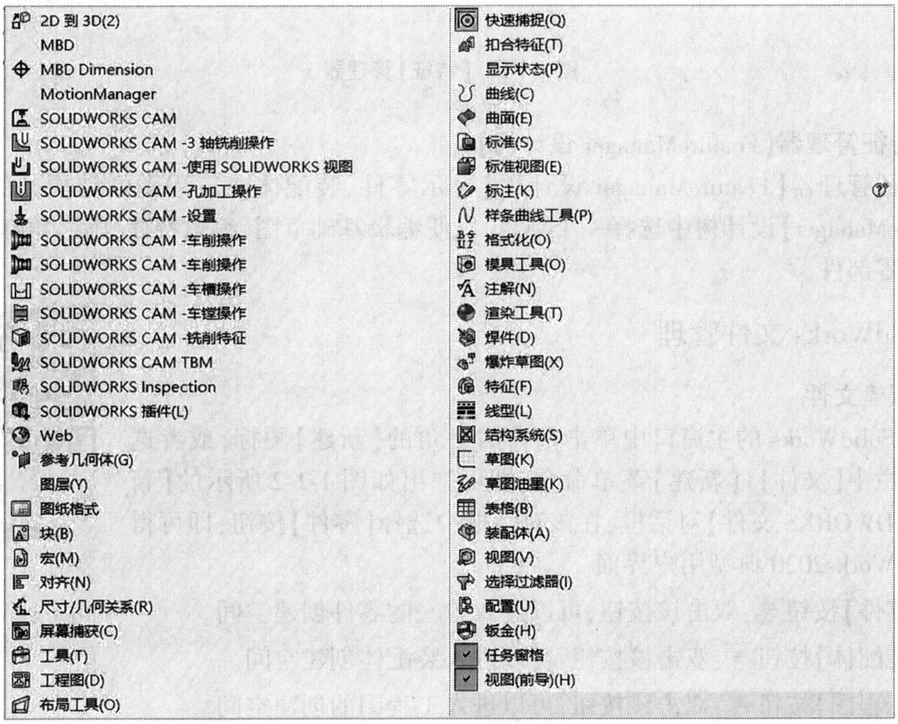

图 1-1-4　【工具栏】菜单项

当使用工具栏或工具栏中的命令时，将鼠标指针悬停在每个图标上方时会显示工具提示。

2.3 命令管理器

命令管理器【CommandManager】是一个上下文相关工具栏，它可以根据处于激活状态的文件类型进行动态更新。当单击位于【CommandManager】下面的选项卡时，它将更新以显示相关工具。对于每种文件类型，如零件、装配体或工程图，均为其任务定义了不同的选项卡。例如，如果单击【特征】选项卡，会显示与特征相关的工具。图 1-1-5 所示为【特征】管理器。

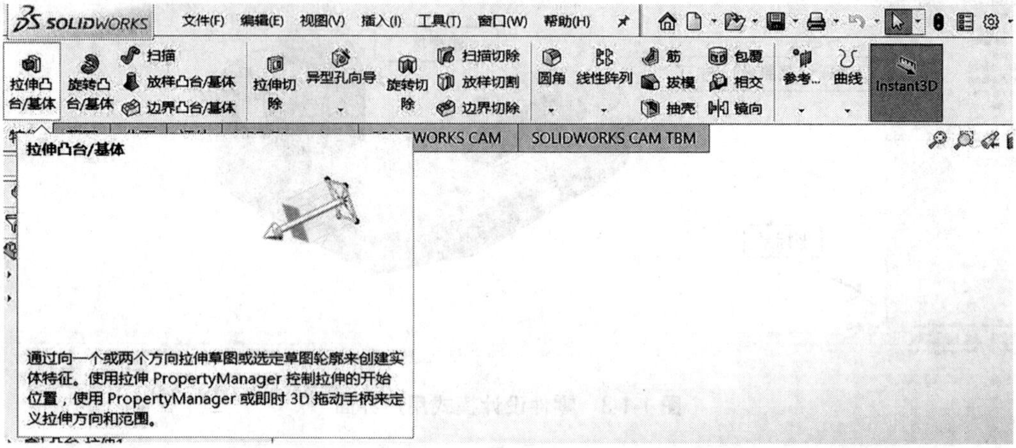

图 1-1-5 【特征】管理器

2.4 特征管理器【FeatureManager 设计树】

特征管理器【FeatureManager 设计树】显示零件、装配体或工程图的结构。例如：从【FeatureManager】设计树中选择一个项目，以便编辑基础草图、编辑特征、压缩和解除压缩特征或零部件。

3 SolidWorks 文件管理

3.1 新建文件

码 1-2 微课：文件管理

在 SolidWorks 的主窗口中单击窗口右上角的【新建】图标，或者选择菜单栏中【文件】|【新建】菜单命令，即可弹出如图 1-1-2 所示的【新建 SOLIDWORKS 文件】对话框，在该对话框中选择【零件】按钮，即可得到 SolidWorks2020 典型用户界面。

【零件】按钮：双击该按钮，可以进入单一的零件创建空间。

【装配体】按钮：双击该按钮，可以进入装配体创建空间。

【工程图】按钮：双击该按钮，可以进入工程图的创建空间。

单击【高级】按钮 高级 ，此时的【新建 SOLIDWORKS 文件】对话框如图 1-1-6 所示。

SolidWorks 软件可以分为零件、装配体及工程图 3 个模块，针对不同的功能模块，其文件类型各不相同，再单击【确定】按钮，即可打开一张空白的零件图文件，后续存盘时，系统默认的扩展名为列表中的.sldprt。

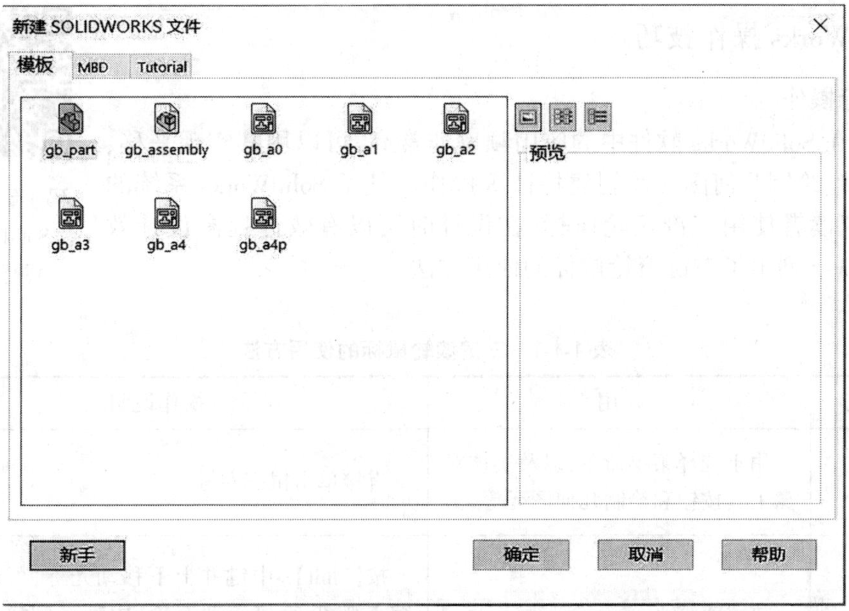

图 1-1-6　【新建 SOLIDWORKS 文件】对话框

3.2　打开文件

单击【新建 SOLIDWORKS 文件】对话框中的【零件】图标，可以打开一张空白的零件图文件，或者单击【标准】工具栏中的【打开】按钮，打开已经存在的文件并对其进行编辑操作（见图 1-1-7）。

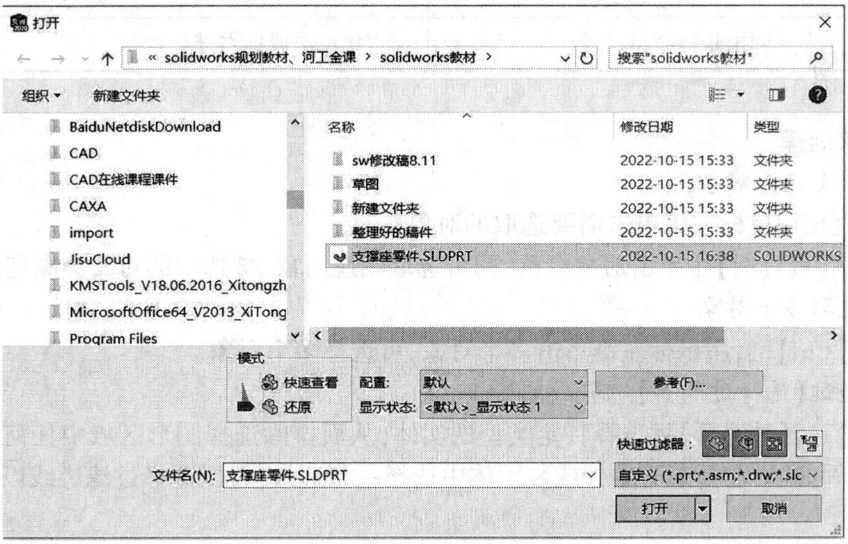

图 1-1-7　【打开】按钮

3.3　保存文件

单击标准工具栏图标，或选择【文件】|【保存】菜单命令，在弹出的对话框中输入保存的文件名，以及设置文件保存路径，便可以保存当前文件。

4 SolidWorks 操作技巧

码 1-3 微课：SolidWorks 操作技巧

4.1 鼠标操作

鼠标在 SolidWorks 软件中的应用频率非常高，可以用其实现平移、缩放、旋转、绘制几何图元及创建特征等操作。基于 SolidWorks 系统的特点，建议读者使用三键滚轮鼠标，在设计时可以有效地提高设计效率。表 1-1-1 列出了三键滚轮鼠标的使用方法。

表 1-1-1 三键滚轮鼠标的使用方法

鼠标按键	作用	操作说明
左键	用于选择菜单命令，以及实体对象工具按钮和绘制几何图元等	直接单击鼠标左键
滚轮（中键）	放大或缩小	按【Shift】+中键并上下移动光标，可以放大或缩小视图；直接滚动滚轮（中键），同样可以放大或缩小视图
	平移	按【Ctrl】+中键并移动光标，可将模型按鼠标移动的方向平移
	旋转	按住鼠标中键不放并移动光标，即可旋转
右键	弹出快捷菜单	直接单击鼠标右键

4.2 对象选择

4.2.1 单个选取对象

（1）直接用鼠标左键单击需要选取的对象。

（2）在【设计树】中单击对象名称，即可选取相应对象，被选中的对象会高亮显示。

4.2.2 选取多个对象

按住【Ctrl】键，用鼠标左键单击多个对象，可选择多个对象。

4.2.3 通过【选择过滤器】选取对象

通过【选择过滤器】可选择特定类型的实体，从而排除选择图形区域中任何其他类型的实体。例如：要在复杂的零件或装配体中选择一条边线，可以选择过滤边线以排除其他实体。

过滤器并不限于面、曲面或轴之类的实体。不仅可以使用【选择过滤器】来选择特定的工程图注解，如注释和零件序号、焊接符号、形位公差等，也可以使用【选择过滤器】来选择多个实体。例如：要应用使边线圆滑化的圆角特征，可以选择由多个相邻边线组成的环。【选择过滤器】工具栏如图 1-1-8 所示。

图 1-1-8 【选择过滤器】工具栏

4.3 视图控制

在应用 SolidWorks 建模时，用户可以利用【视图】工具栏或者【前导视图】工具栏中的各项命令进行视图显示或隐藏的控制和操作，【视图】工具栏如图 1-1-9 所示。

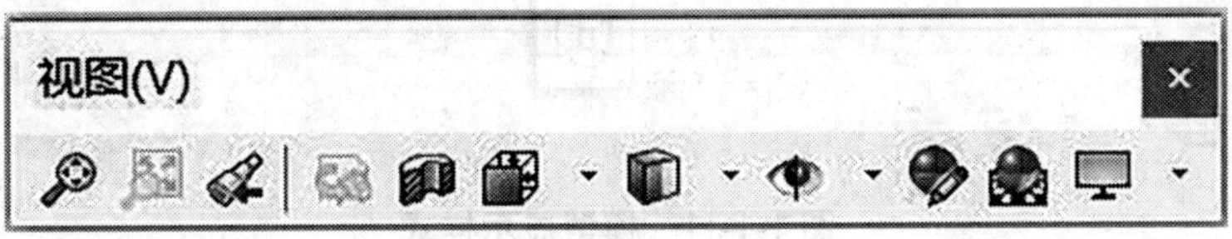

图 1-1-9 【视图】工具栏

4.3.1 缩放视图

在设计过程中，需要经常改变视角来观察模型，观察模型常用的方法有整屏显示、局部放大或缩小、放大所选范围、旋转、翻转和平移等。

(1)【整屏显示全图】：单击可将目前工作窗口中的 3D 模型图形及相关的图文资料，以可能的最大显示比例，全部纳入绘图区的图形显示区域之内。

(2)【局部放大】：单击工具按钮后，按住鼠标左键不放，可将指定的矩形范围内的图文资料放大后显示在整个绘图范围内。

4.3.2 视图定向

【视图定向】更改当前视图定向或视窗数；在设计过程中，通过改变视图的定向（前视、后视、左视、右视、上视、下视及不同轴侧方向）功能可以方便地观察模型。在【前导视图】工具栏中单击【视图定向】按钮，弹出定向视图下拉菜单（见图 1-1-10）。

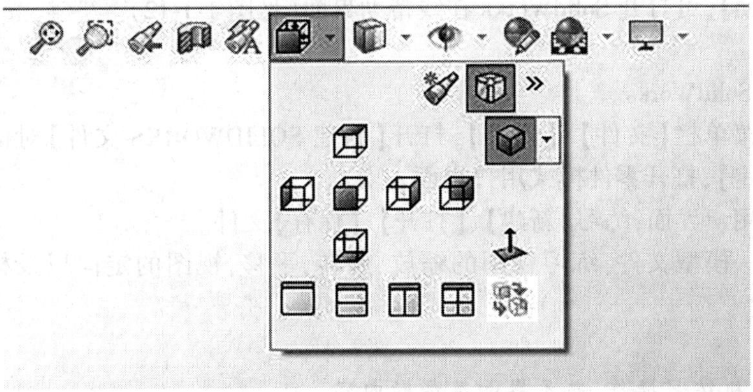

图 1-1-10 【视图定向】按钮

4.3.3 模型显示样式

调整模型以线框图或着色图来显示有利于模型分析和设计操作。在【前导视图】工具栏中单击【显示类型】按钮，弹出模型显示样式下拉菜单(见图 1-1-11)。

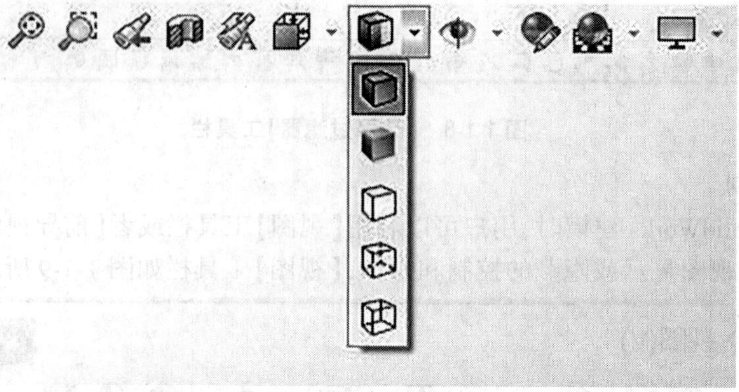

图 1-1-11　模型显示样式

(1)【带边线上色】:单击工具按钮,SolidWorks 软件会以带边线上色模式,显示工作图文件里的 3D 模型图形。

(2)【上色】:单击工具按钮,SolidWorks 软件会以上色模式显示工作图文件里的 3D 模型图形。

(3)【消除隐藏线】:单击工具按钮,SolidWorks 软件暂时不显示工作图文件里 3D 模型图形的隐藏线。

(4)【隐藏线可见】:单击工具按钮,SolidWorks 软件会以不同的颜色,分别显示工作图文件里 3D 模型的可见棱边以及隐藏线图形。

(5)【线架图】:单击可使 SolidWorks 软件以线架图模式,显示工作图文件里的 3D 模型图形。

4.3.4　帮助功能

在操作中遇到问题,可随时使用帮助来寻求答案。单击 ⑦(【标准】工具栏中),或者单击菜单【帮助】,可打开 SolidWorks 在线帮助界面(见图 1-1-12)。

【任务实施】

(1)启动 SolidWorks。

(2)单击菜单栏【文件】|【新建】,打开【新建 SOLIDWORKS 文件】对话框,选择【零件】,单击【确定】,打开零件模式用户界面。

(3)熟悉用户界面,练习【新建】、【打开】、【保存】文件。

(4)打开一模型文件,练习视图的缩放、旋转、平移,视图的定向以及模型的显示样式。

【技能训练】

1-1-1　上机练习操作,熟悉界面及帮助内容。

1-1-2　上机练习操作,熟悉【新建】、【打开】、【保存】文件。

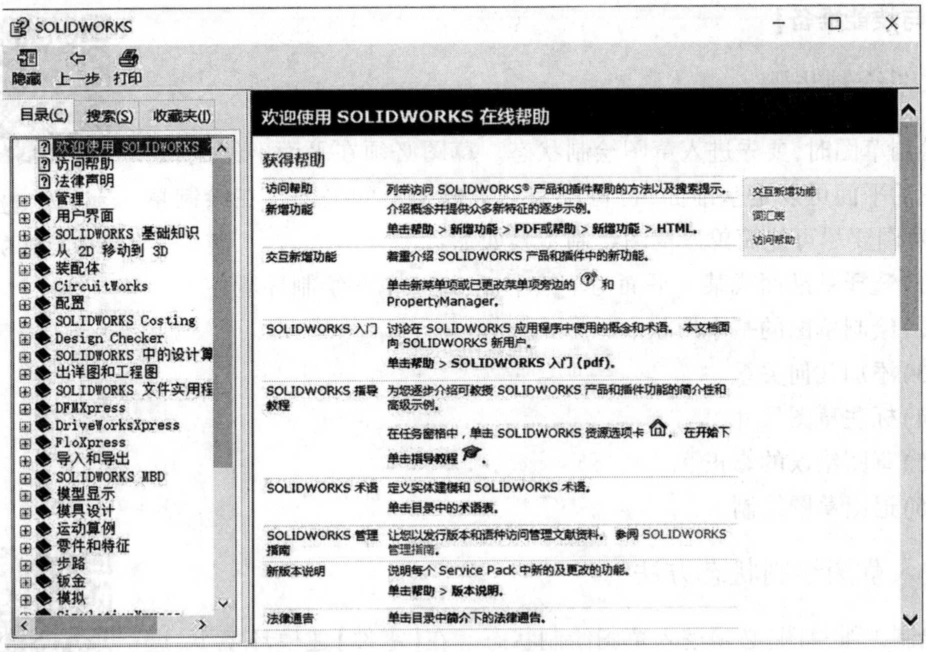

图 1-1-12 在线帮助界面

任务 2 二维草图设计

SolidWorks 大部分特征绘制是从二维草图绘制开始的，二维草图一般是由点、线、圆、圆弧等基本图形构成的封闭和不封闭的几何图形，是三维实体建模的基础。

【学习目标】

掌握 SolidWorks 二维草图的绘制方法和编辑方法。

【任务内容】

绘制如图 1-2-1 所示的草图。

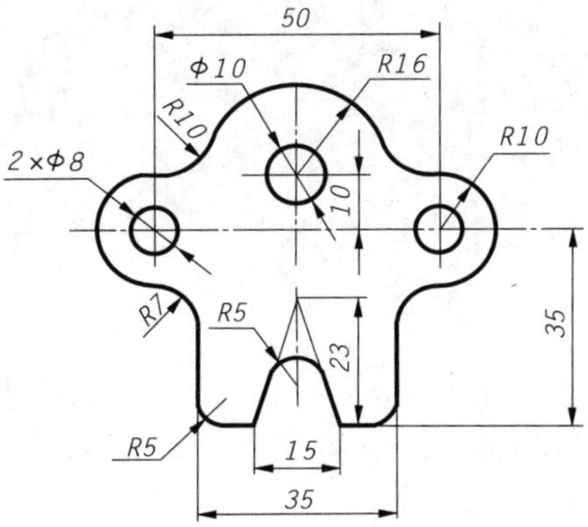

图 1-2-1 平面图形

【知识与技能准备】

码 1-4 微课：草图绘制的步骤

1 草图绘制步骤

绘制草图时，要先进入草图绘制状态。草图必须在平面上绘制，绘制草图的平面可以是基准面，也可以是三维模型上的平面。在绘制草图时，草图要尽可能简单。草图绘制步骤如下：

(1)选择基准面或某一平面为草绘平面，进入草图绘制环境。

(2)绘制草图的基本形状。

(3)添加几何关系。

(4)标注草图尺寸。

(5)草图错误的修正。

(6)退出草图绘制。

码 1-5 微课：进入草图绘制环境的方法

2 进入草图绘制状态方法

绘制二维草图，必须进入草图绘制状态。在【零件】建模环境下，进入草图绘制状态有以下几种方法。

2.1 选择草图绘制实体工具，进入草图绘制状态

操作步骤：

(1)单击【草图绘制】工具栏上的草图绘制实体工具(直线、圆等)，或单击【草图】工具栏上的【草图绘制】按钮，或单击【插入】|【草图绘制】。

(2)选择基准面：用鼠标左键单击所显示的三个基准面（前视基准面、上视基准面、右视基准面)之一(见图 1-2-2)。

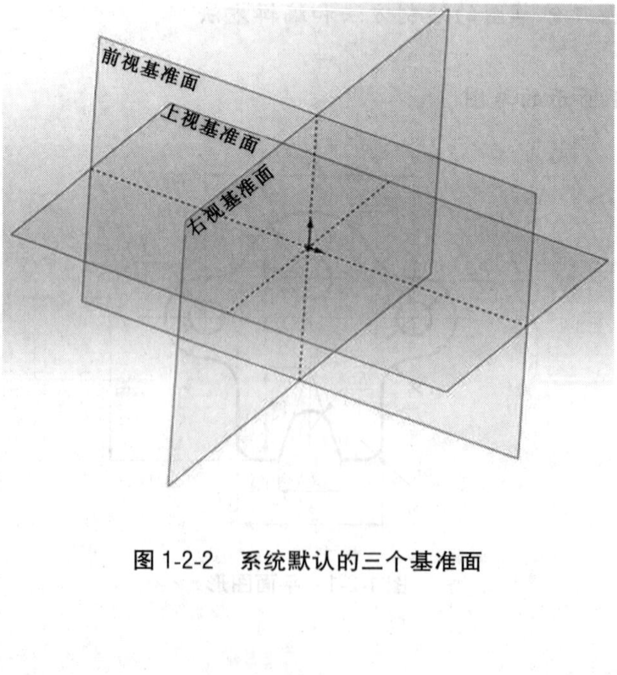

图 1-2-2 系统默认的三个基准面

(3)设置基准面方向。将基准面旋转到【正视于】方向,开始草图绘制。

2.2 选择基准面进入草图绘制状态

选择基准面进入草图绘制状态操作步骤如下:

(1)在【FeatureManager 设计树】中选择一个基准面(前视基准面、上视基准面、右视基准面之一)。

(2)单击草图绘制实体工具,或单击【草图】工具栏上的【草图绘制】按钮,开始草图绘制。

2.3 以拉伸或旋转凸台/基体进入草图绘制状态

以拉伸或旋转凸台/基体进入草图绘制状态操作步骤如下:

(1)单击特征工具栏上的【拉伸凸台/基体】或【旋转凸台/基体】或单击【插入】下拉菜单|【凸台/基体】|【拉伸】或【旋转】。

(2)选择所显示的三个基准面(前视基准面、上视基准面、右视基准面)之一。

(3)用草图绘制实体工具,或在【草图绘制】工具栏上选择某一工具开始草图绘制。

3 草图绘制

3.1 绘制草图基本形状

SolidWorks 中大部分特征都需要先利用草图绘制工具、草图编辑工具绘制截面草图轮廓。草图一般都开始于原点,原点为草图提供了定位点。因为 SolidWorks 具有尺寸驱动功能,绘制时不必刻意保持尺寸的精确性,可先绘制图形的基本形状,再通过添加几何关系和尺寸标注将其精确化。

码 1-6 微课:草图绘制与编辑

3.1.1 草图绘制工具

3.1.1.1 启动命令的方法

(1)单击【草图】工具栏按钮(见图 1-2-3)。

(2)单击【工具】下拉菜单【草图绘制实体】(见图 1-2-4)。

(3)在绘图时,单击鼠标右键,弹出的快捷菜单如图 1-2-5 所示。

图 1-2-3 【草图】工具栏

3.1.1.2 常用绘图命令

常用草图绘制工具如表 1-2-1 所示。

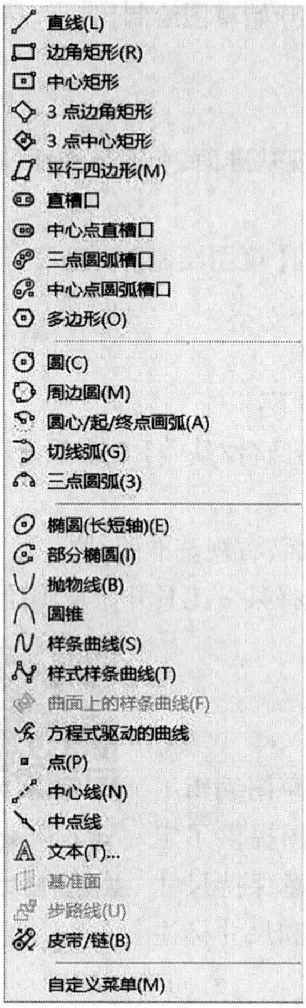

图 1-2-4 【草图绘制实体】下拉菜单

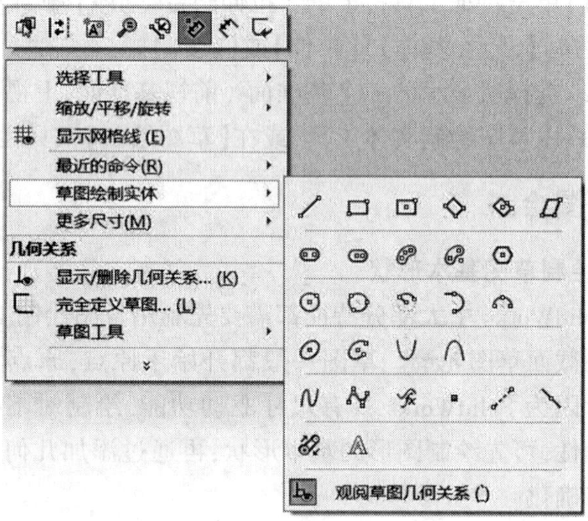

图 1-2-5 快捷菜单

表 1-2-1 常用草图绘制工具

草图绘制工具	图标	说明
直线	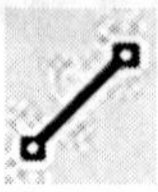	1. 单击【草图】工具栏上的直线，或单击【工具】|【草图绘制实体】|【直线】，指针形状将变为。 2. 在图形区域中单击并绘制直线。其中的【中心线】(【构造线】)不参与特征生成，可作为辅助线。 3. 修改已绘制的直线： (1) 如要改变直线的长度，选择一个端点并拖动来延长或缩短直线。 (2) 如要移动直线，选择该直线并将之拖动到另一个位置。 (3) 如要改变直线的角度，选择一个端点并将之拖动到不同的角度

续表 1-2-1

草图绘制工具	图标	说明
圆		1. 绘制中心圆： (1) 单击 。 (2) 单击绘图区来放置圆心。 (3) 拖动并单击来设定半径。 2. 绘制周边圆： (1) 单击 。 (2) 单击绘图区来放置周边。 (3) 往左或往右拖动来绘制圆。 3. 修改圆： (1) 拖动圆的边线以改变圆的大小。 (2) 通过拖动圆的中心来移动圆
矩形		1. 矩形的类型有边角矩形 、中心矩形 、3 点边角矩形 、3 点中心矩形 、平行四边形 。 2. 边角矩形 ：绘制标准矩形草图。单击左键确定矩形的第一个角点，拖动鼠标，当矩形的大小和形状正确时，单击鼠标确定矩形的另外一个点。(其他略) 3. 修改矩形的大小和形状：在打开的草图中拖动一个边或顶点
圆弧		1. 圆心、起点、终点 ：用指定的圆心、起点和终点三个条件画弧。完成后，还可以在选项板中编辑修正该弧三点的 X、Y 轴坐标值、半径值与包含的角度值。 2. 切线弧 ：用来绘制一条可以延续其他图线端点且与其相切的弧。 3. 三点圆弧 ：用来以指定的三点绘出一条弧
槽口		1. 槽口类型： (1) 直槽口 ：用两个端点绘制直槽口。 (2) 中心点直槽口 ：从中心点绘制直槽口。 (3) 三点圆弧槽口 ：在圆弧上用三个点绘制圆弧槽口。 (4) 中心点圆弧槽口 ：用圆弧半径的中心点和两个端点绘制圆弧槽口。 2. 此工具可快速绘出“键槽”，切换上述四种方法，画面会配合出现说明它的输入条件意义。然后，再于“参数”框中调整尺寸值即可

续表 1-2-1

草图绘制工具	图标	说明
多边形		1. 根据需要在多边形属性管理器中设定参数,单击图形区域以定位多边形中心,然后拖动多边形单击放置。 2. 修改多边形:通过拖动多边形的其中一边来改变多边形的大小。通过拖动多边形的顶点或中心点移动多边形。 3. 编辑多边形:用右键单击多边形的边,然后选择【编辑多边形】。在多边形属性管理器中修改多边形
样条曲线		1. 单击放置第一个点、单击放置下一个点,在样条曲线完成时双击。 2. 在两点样条曲线和其他草图实体之间可添加相切关系
椭圆		1. 使用【椭圆】工具生成完整椭圆。使用【部分椭圆】工具生成椭圆弧。 2. 单击图形区域放置椭圆的中心,拖动并单击来设定椭圆的主轴,再次拖动并单击来设定椭圆的次轴

3.1.1.3 草图绘制模式

2D 中有两种草图绘制模式:【单击-拖动】或【单击-单击】。SolidWorks 根据提示确定绘制模式:如果单击第一个点并拖动,则进入【单击-拖动】模式;如果单击第一个点并释放指针,则处于【单击-单击】模式。

3.1.1.4 在直线和圆弧之间自动过渡

(1)绘制直线时,单击直线的终点,然后将指针移开,预览显示另一条直线。

(2)将指针移回到终点,然后再移开,预览显示一切线弧,单击绘制圆弧。

(3)将指针从圆弧端点移开,预览显示一直线,可开始绘制直线。

3.1.2 草图编辑工具

3.1.2.1 启动命令的方法

(1)单击【草图】工具栏按钮(见图 1-2-3)。

(2)单击【工具】下拉菜单【草图】工具(见图 1-2-6)。

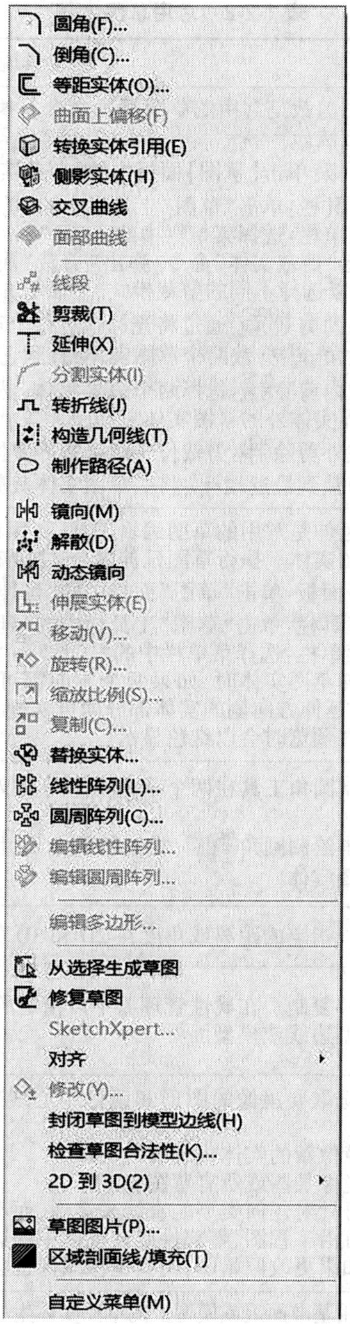

图 1-2-6 【草图】工具下拉菜单

3.1.2.2 常用草图编辑命令

常用草图工具如表 1-2-2 所示。

表 1-2-2 常用草图工具

草图工具	图标	草图工具说明
裁剪延伸	剪裁实体(T)	1. 草图剪裁是常用的草图编辑命令。执行剪裁实体命令,主要有如下 3 种调用方法。 (1)面板:单击【草图】面板中的“剪裁实体”按钮。 (2)工具栏:单击“草图”工具栏中的“剪裁实体”按钮。 (3)菜单栏:选择菜单栏中的“工具”→“草图工具”→“剪裁实体”命令。 2. 执行“剪裁实体”命令,弹出“剪裁”属性管理器,根据剪裁草图实体的不同,可以选择不同的剪裁模式,下面将介绍不同类型的草图剪裁模式。 (1)强劲剪裁:通过将光标拖过每个草图实体来剪裁草图实体。 (2)边角:剪裁两个草图实体,直到它们在虚拟边角处相交。 (3)在内剪除:选择两个边界实体,然后选择要剪裁的实体,剪裁位于两个边界实体外的草图实体。 (4)在外剪除:剪裁位于两个边界实体内的草图实体。 (5)剪裁到最近端:将一草图实体裁剪到最近端交叉实体
	延伸实体	草图延伸是常用的草图编辑工具,利用该工具可以将草图实体延伸至另一个草图实体。执行草图延伸命令,主要有如下 3 种调用方法。 (1)区面板:单击“草图”面板中的“延伸实体”按钮。 (2)工具栏:单击“草图”工具栏中的“延伸实体”按钮。 (3)菜单栏:选择菜单栏中的“工具”→“草图工具”→“延伸实体”命令。 在延伸草图实体时,如果两个方向都可以延伸,而只需要单一方向延伸时,单击延伸方向侧的实体部分即可实现,在执行该命令过程中,实体延伸的结果在预览时会以红色显示
圆角	绘制圆角	1. 绘制圆角工具在两个草图实体的交叉处剪裁掉角部,从而生成一个切线弧。 2. 单击绘制圆角后,在绘制圆角属性管理器中设定属性,选择要圆角化的草图实体
倒角	绘制倒角	用来以指定的距离或角度在 2D 和 3D 草图中修倒角
等距实体	等距实体	即位移复制。在属性管理器中以指定的距离,等距复制一个或多个草图、所选模型边线或模型面
镜像	镜向实体	通过选取要镜像的图形和镜像中心线来做镜像。镜像工具包括以下功能: (1)镜像新的实体或现有的实体。 (2)镜像某些或所有草图。 (3)可针对任何类型的直线来镜像,而不仅是构造线。 (4)可沿工程图、零部件或装配体中的边线来镜像。 (5)如果更改原始图,则其镜像图像也会随之更改
线性阵列	线性草图阵列	1. 使用基准面上或模型上的草图实体生成线性草图阵列。一般准则如下: (1)预选要阵列的实体,可以通过为实例数设置一个值来选择沿任一轴进行阵列。 (2)选取 X 轴、线性实体或模型边线来定义方向 1(选取方向 1 时会激活方向 2)。 (3)选取 Y 轴、线性实体或模型边线来定义方向 2。 2. 单击【可跳过的实例】,并使用指针在图形区域中选择不想包括在阵列中的实例

续表 1-2-2

草图工具	图标	草图工具说明
圆周阵列	圆周草图阵列	使用草图实体在基准面或模型上生成圆周草图阵列或者模型边线以定义阵列
转换实体引用	转换实体引用	可通过投影一边线、环、面、曲线或外部草图轮廓线、一组边线或一组草图曲线到草图基准面上以在草图中生成一条或多条曲线

3.2 草图几何关系

草图几何关系为草图实体之间或草图实体与基准面、基准轴、边线或顶点之间的几何约束，是设计意图中一重要创建手段。生成几何关系时，其中必须至少有一个项目是草图实体，其他项目可以是草图实体或边线、面、顶点、原点、基准面、基准轴，或其他草图的曲线在投影到草图基准面上时所形成的直线或圆弧。可以自动或手动添加几何关系。

3.2.1 自动添加几何关系

选择自动生成几何关系时，系统根据草图实体的相关位置，自动赋予草图几何关系。要选择或消除几何关系的设置方法如下：

(1)单击【工具】|【草图设定】|【自动添加几何关系】。

(2)单击【选项】|【几何关系/捕捉】，然后选择【自动添加几何关系】。

当绘制草图时，指针更改形状(见表 1-2-3)可显示能生成哪些几何关系。当选择【自动添加几何关系】时，将添加几何关系。

表 1-2-3 指针形状

几何关系	水平	重合	竖直	中点	垂直	相切
指针形状	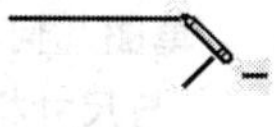	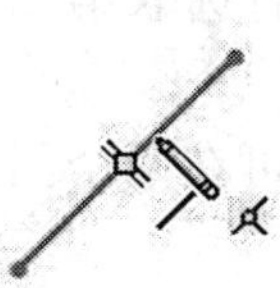	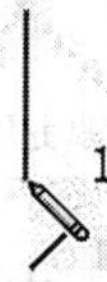 15.68,	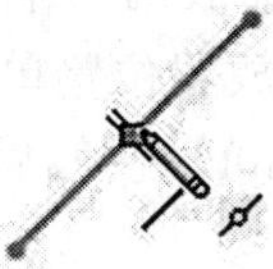	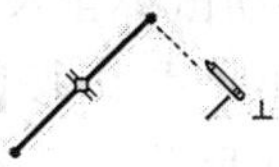	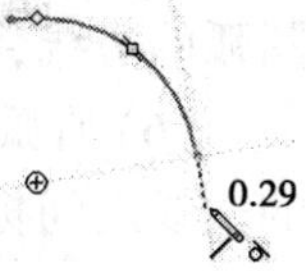 0.29

3.2.2 手动添加几何关系

绘制草图时，需要添加几何关系时，可手动添加，启动命令的方法如下：

(1)单击【工具】下拉菜单【几何关系】|【添加】；

(2)单击工具栏【尺寸/几何关系】图标。

启动命令后，系统弹出【添加几何关系】属性管理器(见图 1-2-7)。

通过在图形区域中选择实体来将实体添加到【所选实体】清单中，【现有几何关系】显示所选草图实体现存的几何关系。在【添加几何关系】选项下选择要添加的几何关系。

3.2.3 显示几何关系

单击【视图】工具栏草图几何关系，或通过【视图】下拉菜单【草图几何关系】来切换草图几何关系的显示。如果在【视图】下拉菜单【草图几何关系】中关闭几何关系的显示，在打开的草图中选取草图实体，则草图几何关系图标会出现。

3.2.4　删除几何关系

对于不想要的几何关系，可采用以下方法删除：

(1) 图形区域显示几何关系时，在图形区域选取不要的几何关系并删除。

(2) 删除属性管理器中【现有几何关系】下的几何关系。

(3) 使用【尺寸/几何关系】工具栏的【显示/删除几何关系】工具删除几何关系。

图 1-2-7 【添加几何关系】属性管理器

3.3　草图尺寸标注

对草图进行尺寸标注，方法如下：

(1) 单击【工具】下拉菜单【标注尺寸】|【智能尺寸】。

(2) 单击【草图】工具栏【智能尺寸】图标。

(3) 在草图绘制方式下，单击鼠标右键，在弹出的快捷菜单中选择【智能尺寸】。

3.3.1　常用尺寸标注方法

(1) 线性尺寸：选择直线，移动鼠标至水平方向、垂直方向、合适位置分别可标注直线的高度尺寸、宽度尺寸和长度。

(2) 圆、圆弧：选择圆、圆弧，移动鼠标至尺寸放置位置单击。

(3) 角度：分别选择两直线，移动鼠标至尺寸放置位置单击。

(4) 圆弧长度：选择圆弧，再分别选择圆弧的两个端点，移动鼠标至尺寸放置位置单击。

(5) 两圆心之间的距离：选取第一个圆弧的边线，然后选取第二个圆弧的边线，移动鼠标至尺寸放置位置单击。

(6) 圆弧边线尺寸：按【Shift】键，然后单击圆弧边线，可在两个圆弧的边线之间标注尺寸。

码 1-7　微课：草图几何关系与尺寸标注

(7) 对称尺寸：选择中心线和直线，移动鼠标至中心线和直线外侧，单击放置尺寸。

3.3.2　尺寸修改

在草图编辑状态下，双击要修改的数值，系统弹出【修改】对话框（见图 1-2-8），在对话框中输入修改的尺寸值，单击。

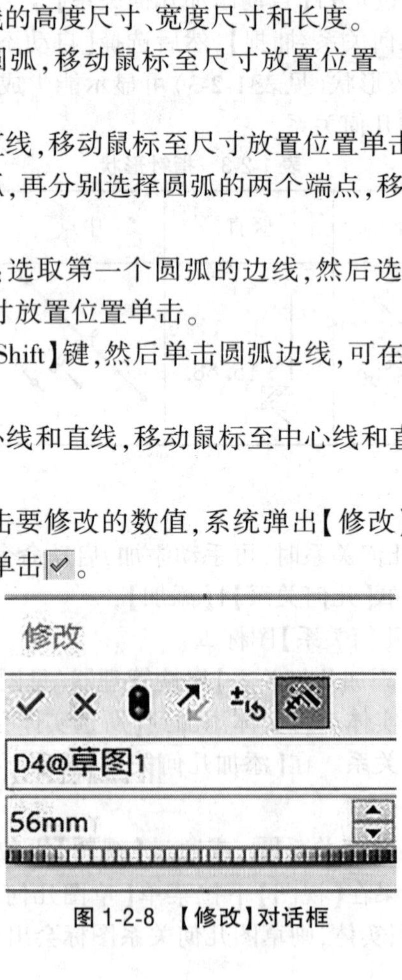

图 1-2-8 【修改】对话框

4　草图实体状况

码 1-8　微课：草图状况

草图实体状况以不同颜色显示以便识别，草图状况如下：

（1）从动：在图形区域中以灰色出现，表示冗余且不能修改的尺寸。

（2）项目冲突：在图形区域中以黄色出现，表示冗余尺寸或没必要的几何关系。

（3）欠定义：在图形区域中以蓝色出现，表示草图中的一些尺寸或几何关系未定义，可以随意改变。可以拖动端点、直线或曲线，直到草图实体改变形状。

（4）完全定义：在图形区域中以黑色出现，表示所有所需尺寸及与草图实体的几何关系都存在，没有可引起草图过定义的冗余或无必要的要素。

（5）无效：在图形区域中以黄色出现，表示无效的草图实体，生成草图而在其当前状态中无解。要求删除某些几何关系或尺寸，或将草图实体返回到其先前状态。

（6）项目无法解出：在图形区域中以红色出现，表示几何体无法决定一个或多个草图实体的位置。

草图在零件完成之前，应该完全定义。如采用【完全定义草图】工具，在用之前草图应包括一些尺寸和几何关系。

【任务实施】

码 1-9　微课：2D 草图设计实例练习

1　启动 SolidWorks

（1）双击桌面 SolidWorks 图标，进入图 1-1-1 所示初始界面。

（2）单击菜单栏【文件】|【新建】或标准工具栏新建图标，打开【新建 SOLIDWORKS 文件】对话框（见图 1-1-2）。

（3）选择【零件】，单击【确定】，进入零件建模环境。

2　进入草图绘制环境

（1）单击【草图】工具栏上的【草图绘制】按钮。

（2）选择前视基准面作为草绘面，将基准面旋转到【正视于】方向，开始草图绘制。

3　绘制中心线

添加水平与竖直两条中心线，并使其交点与坐标原点重合（见图 1-2-9）。

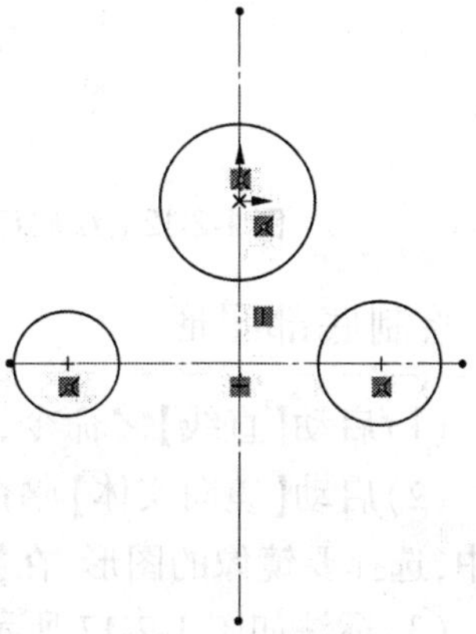

图 1-2-9　绘制中心线

4　绘制圆

（1）分别以坐标原点和水平中心线上两点为圆心，绘制三个圆（见图 1-2-9）。

（2）选择水平中心线上两个圆和竖直中心线，在弹出的【属性】管理器中，添加【对称】约束（见图 1-2-10）。

（3）单击【智能尺寸】，标注尺寸（见图 1-2-11）。

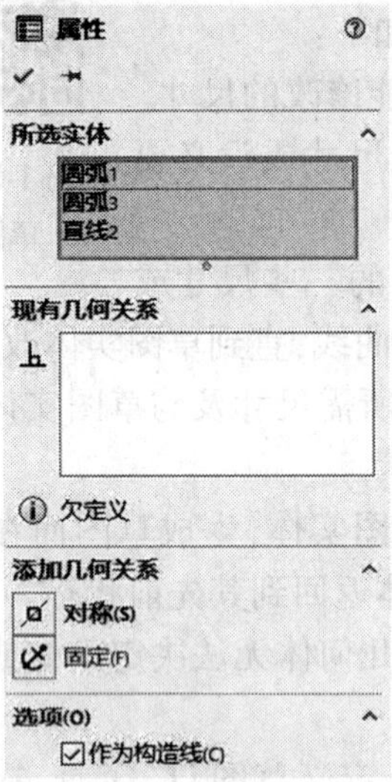

图 1-2-10 【属性】管理器

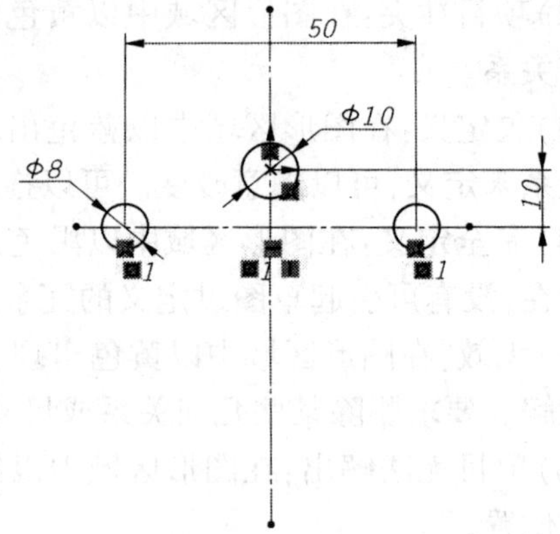

图 1-2-11 添加约束并标注尺寸

5 绘制已知弧

（1）启动 圆心/起/终点画弧(A) 命令，绘制圆弧（见图 1-2-12）。

（2）添加左右圆弧【对称】几何约束，标注尺寸（见图 1-2-13）。

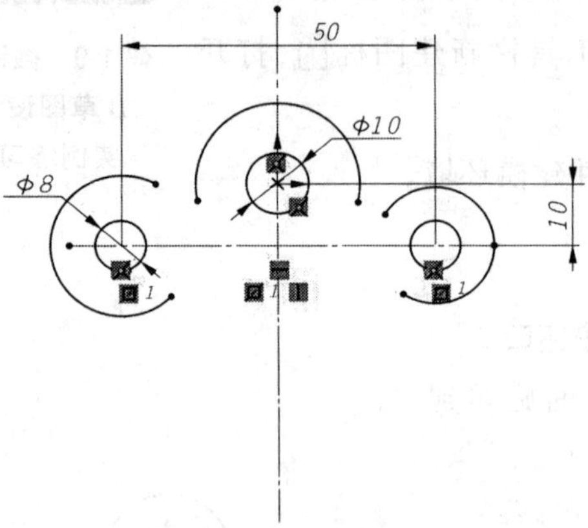

图 1-2-12 绘制已知圆弧

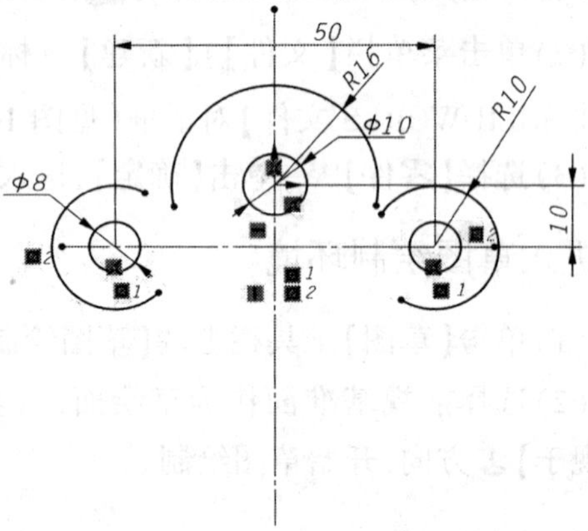

图 1-2-13 约束已知弧并标注尺寸

6 绘制底部图形

（1）启动【直线】命令，绘制图形（见图 1-2-14）。

（2）启动【镜向实体】命令，在【镜向】属性管理器（见图 1-2-15）【要镜向的实体】选项中，选择要镜像的图形，在【镜向点】选项中，镜像图形（见图 1-2-16）。

（3）标注如图 1-2-17 所示的尺寸。

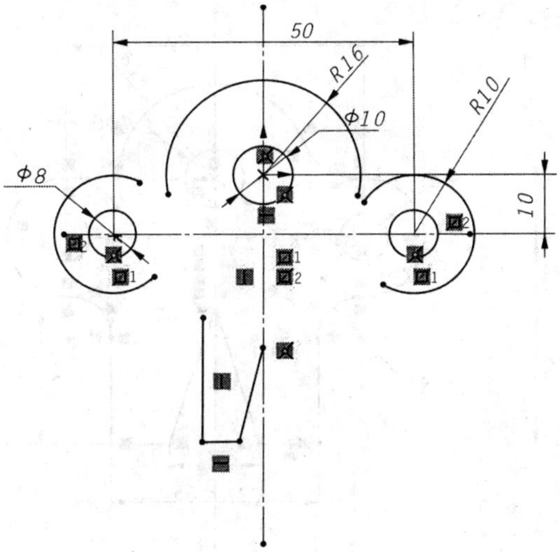

图 1-2-14 绘制图形

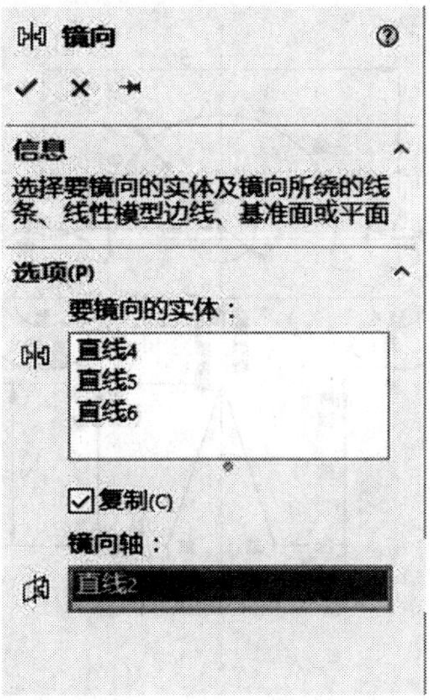

图 1-2-15 【镜向】属性管理器

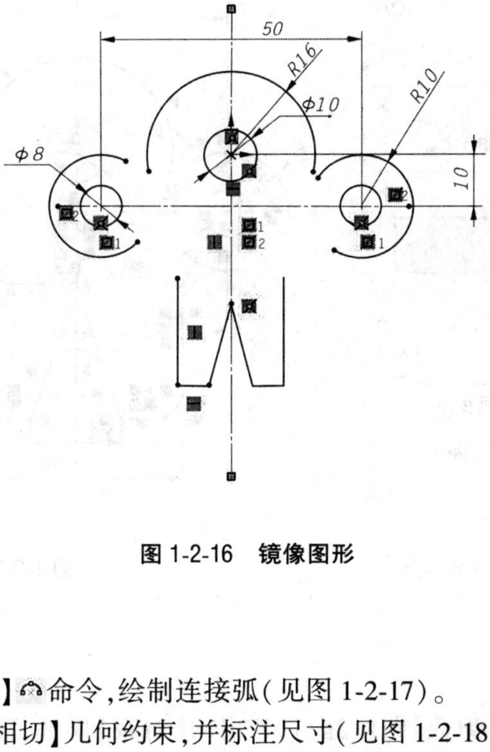

图 1-2-16 镜像图形

7 绘制连接弧

(1)启动【三点圆弧】命令,绘制连接弧(见图 1-2-17)。

(2)添加【对称】、【相切】几何约束,并标注尺寸(见图 1-2-18)。

8 倒圆角

启动【圆角】命令,在【圆角】属性管理器(见图 1-2-19)中设置圆角半径为 5 mm,在图形中选择倒圆角的直线(见图 1-2-20)。

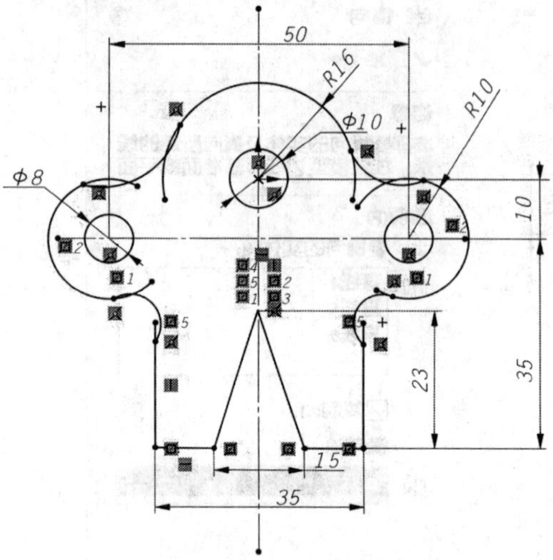

图 1-2-17　绘制连接弧

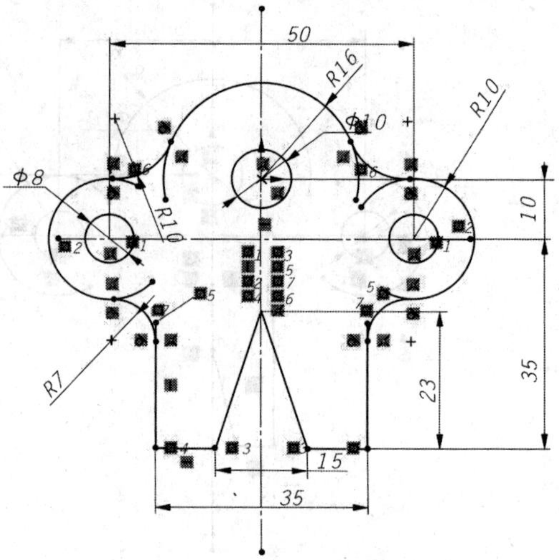

图 1-2-18　添加几何约束并标注尺寸

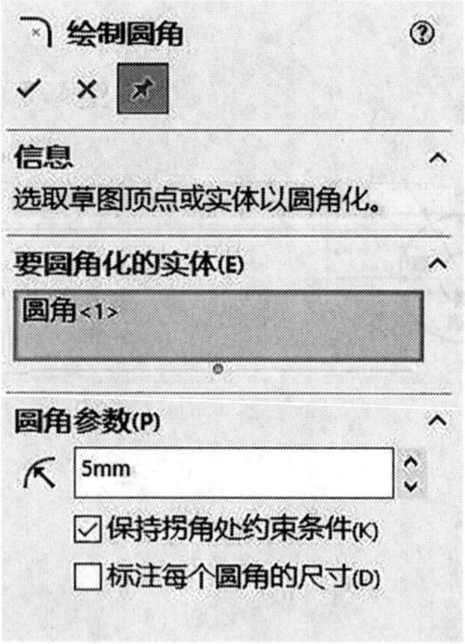

图 1-2-19　【圆角】属性管理器

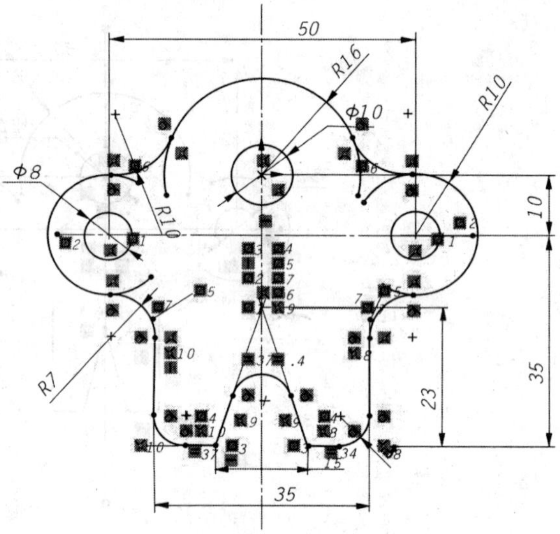

图 1-2-20　倒圆角

9　修剪图形

单击【草图】管理栏【剪裁】图标，在弹出的【剪裁】属性管理器(见图 1-2-21)中选择剪裁模式，修剪多余的图线，完成草图绘制(见图 1-2-1)。

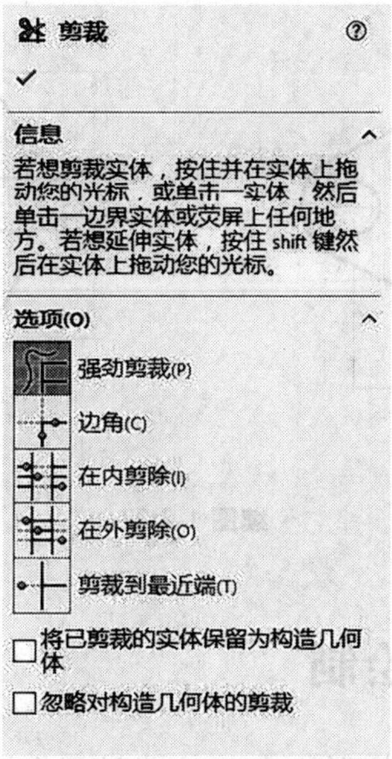

图 1-2-21　【剪裁】属性管理器

【技能训练】

用 SolidWorks 软件的草图功能绘制图 1-2-22 所示各图，并使草图完全约束。

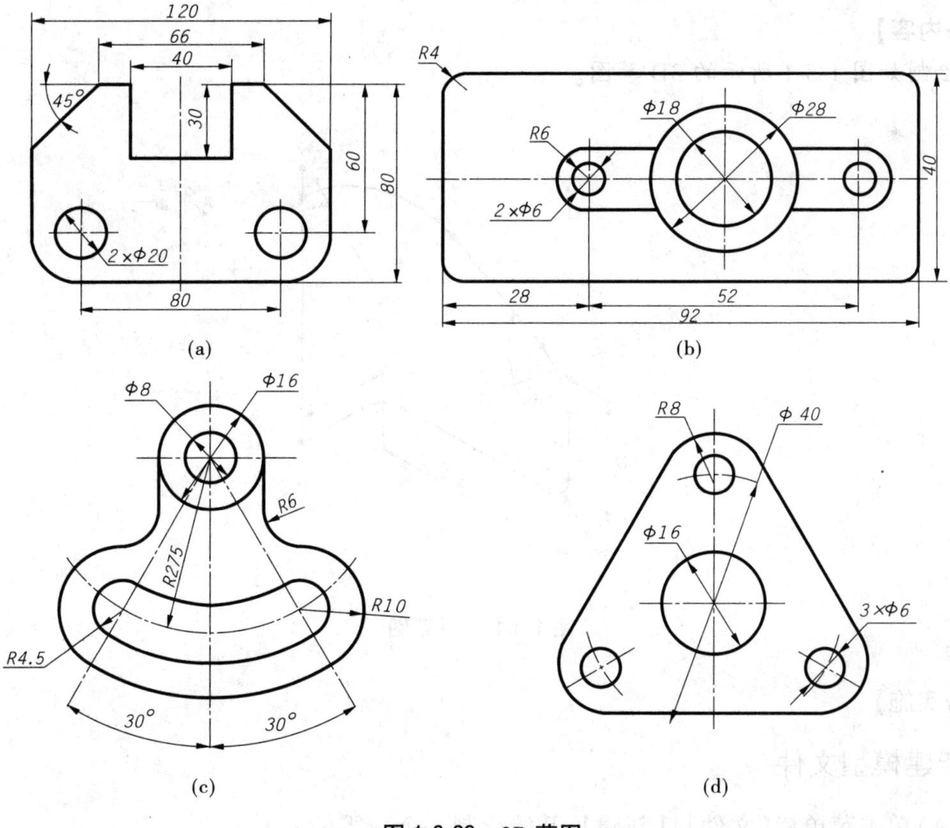

图 1-2-22　2D 草图

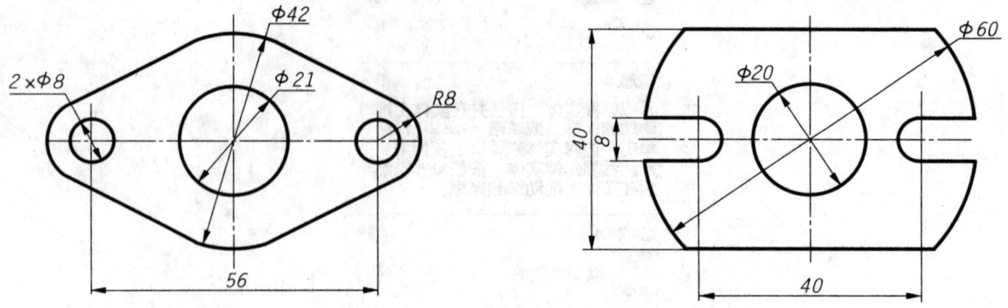

续图 1-2-22

任务 3 3D 草图绘制

3D 草图是 SolidWorks 比较特别的功能,它常被用作扫描、放样或扫描的引导线、放样的中心线或线路系统中的关键实体。

【学习目标】

掌握 SolidWorks 3D 草图绘制的方法。

【任务内容】

绘制如图 1-3-1 所示的 3D 草图。

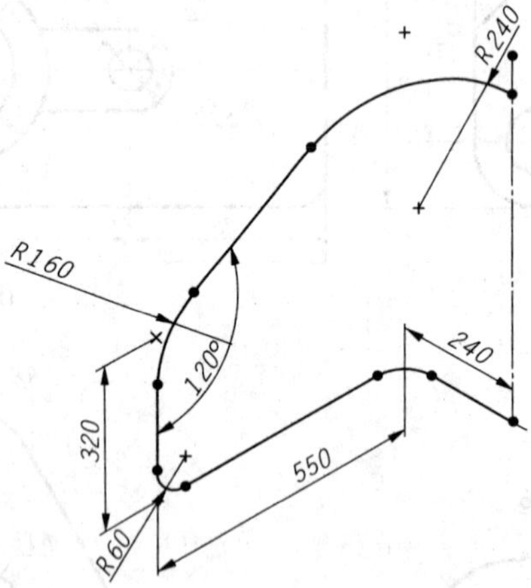

图 1-3-1 3D 草图

【任务实施】

1 新建模型文件

(1)单击菜单栏【文件】|【新建】,开始绘制一个新零件。

(2)单击【草图】工具栏【草图绘制】列表下的【3D 草图】按钮(见图 1-3-2),或单击菜单【插入】|【3D 草图】,进入 3D 草图绘制模式。

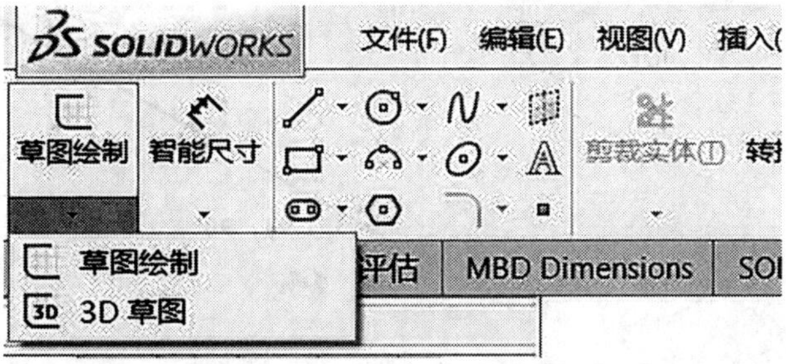

图 1-3-2　启动 3D 草图

2　绘制要点

(1)绘制直线时,其长度近似线段实长,然后标注准确尺寸。

(2)在不同基准面绘制草图时,指针形状不同。如在 XY 基准面上水平绘制草图时,指针形状变成。

(3)在绘制 3D 草图时,首先将视图方向设为等轴测。另外,空间坐标的控制很关键,空间坐标会提示视图的绘制方向,在改变绘制的方向时要按【Tab】键。

码 1-10　微课:3D 草图绘制要点

3　绘制草图

(1)单击【直线】工具栏中的【直线】按钮(见图 1-3-3)。

码 1-11　微课:3D 草图设计实例练习

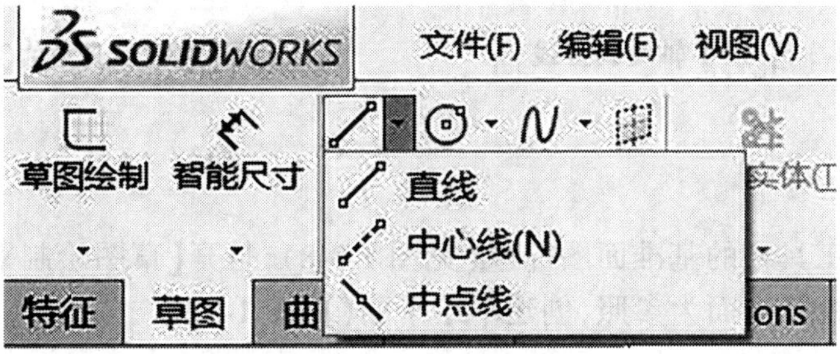

图 1-3-3　草图绘制工具

(2)在 XY 基准面上从原点开始沿 X 轴绘制一条长约 240 mm 的线段(见图 1-3-4)。

(3)绘制圆弧按【Tab】键,切换到 YZ 基准面,沿 Z 轴绘制长约 550 mm 的线段(见图 1-3-5),沿 Y 轴绘制长约 320 mm 的线段(见图 1-3-6)。

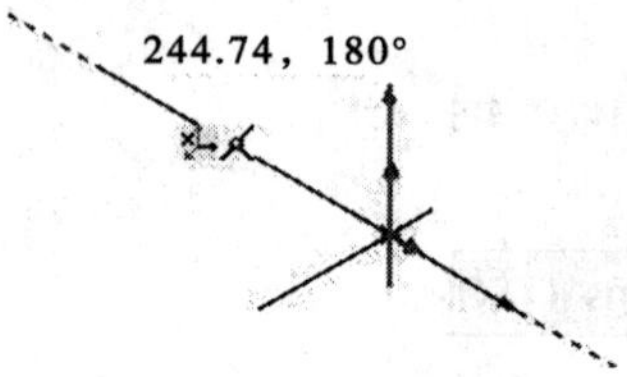

图 1-3-4　沿 *X* 轴绘制直线

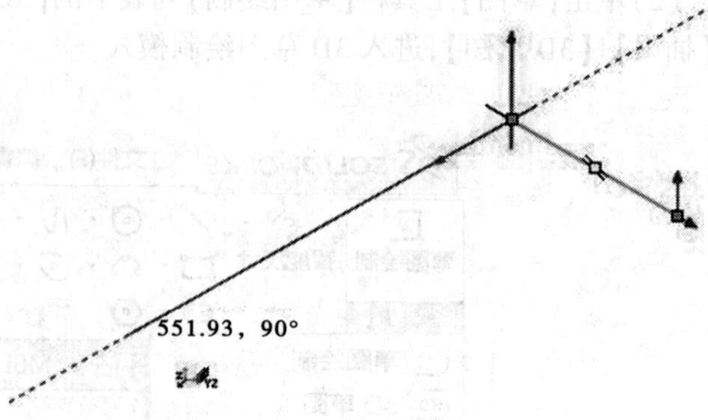

图 1-3-5　沿 *Z* 轴绘制直线

(4)沿 *YZ* 对角线绘制夹角为 120°的线段,线类型为构造线,几何约束线与右视基准面平行。再从原点开始沿 *Y* 轴绘制一条构造线(见图 1-3-7)。

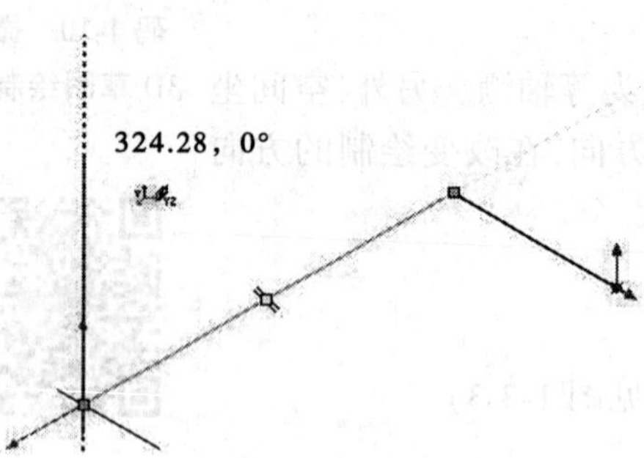

图 1-3-6　沿 *Y* 轴绘制直线

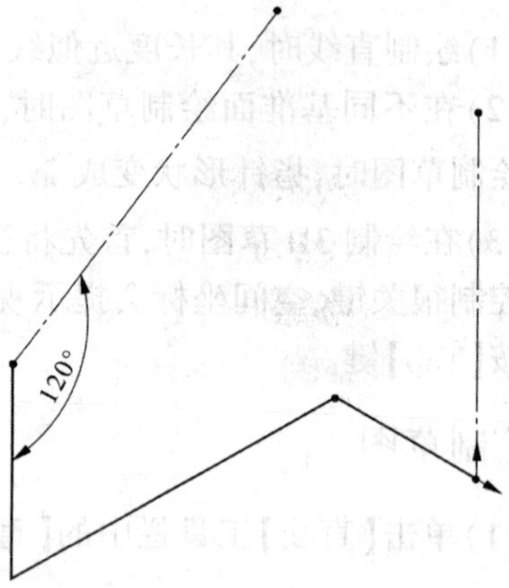

图 1-3-7　夹角为 120°直线

4　创建基准面

单击【草图】工具栏的基准面图标(见图 1-3-8),打开【草图绘制平面】属性管理器,以 120°斜线和右视基准面为参照,创建草绘平面(见图 1-3-9)。

5　绘制倾斜部分草图

(1)设置点 1 在基准面 1 上,单击【直线】工具,从点 2 开始绘制图线[见图 1-3-10(a)]。

(2)约束线 L 直线部分与构造线 2 共线,圆弧圆心与圆弧端点竖直“|”,圆弧端点与构造线上端点重合[见图 1-3-10(b)]。

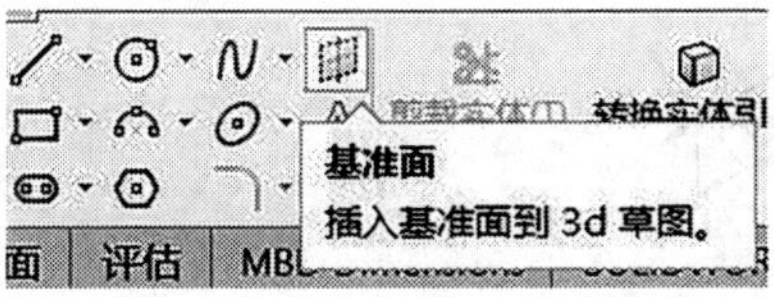

图 1-3-8 【草图】工具栏

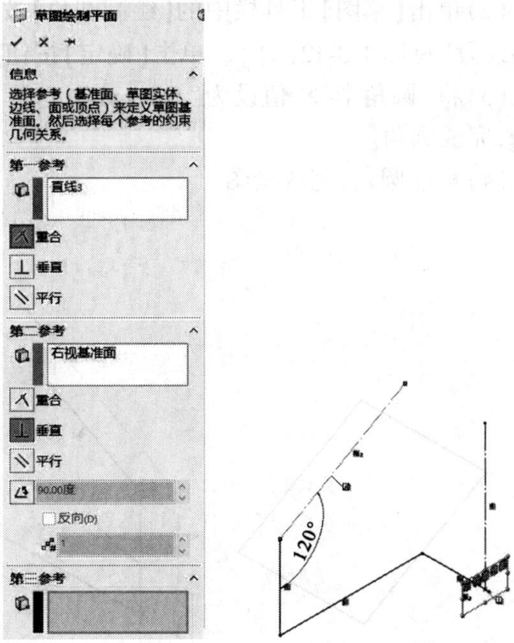

图 1-3-9 创建草图绘制平面

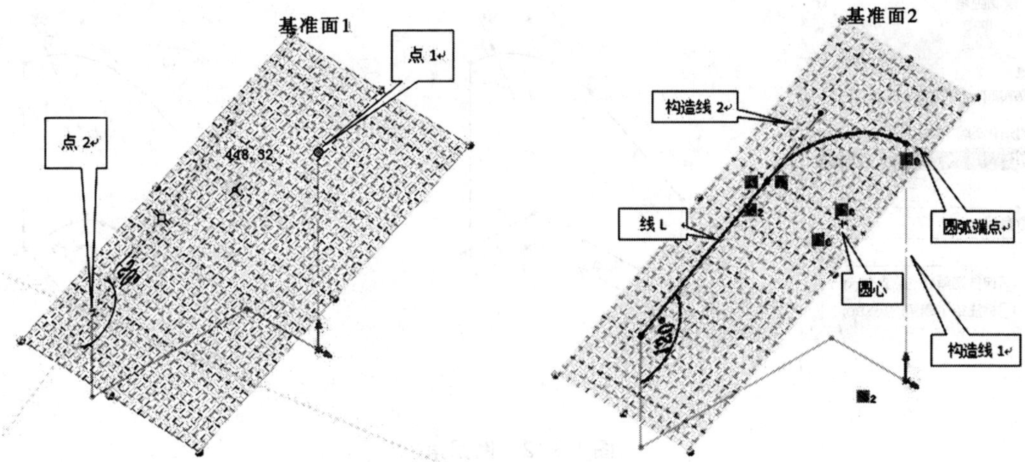

(a)　　(b)

图 1-3-10 绘制倾斜部分图线

6 标注尺寸

(1)单击【智能尺寸】按钮标注尺寸(见图 1-3-11)。

(2)单击【草图】工具栏中的【绘制圆角】按钮，将“圆角半径”值设为“60 mm”，选择各线段[见图 1-3-12(a)]。单击【确定】按钮。

(3)将“圆角半径”值设为“160 mm”，选择各线段[见图 1-3-12(b)]，单击【确定】按钮，完成圆角。

(4)标注圆角，完成绘图。

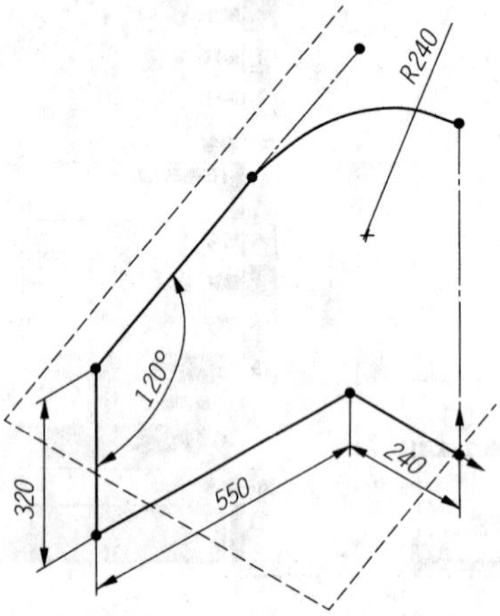

图 1-3-11　标注尺寸

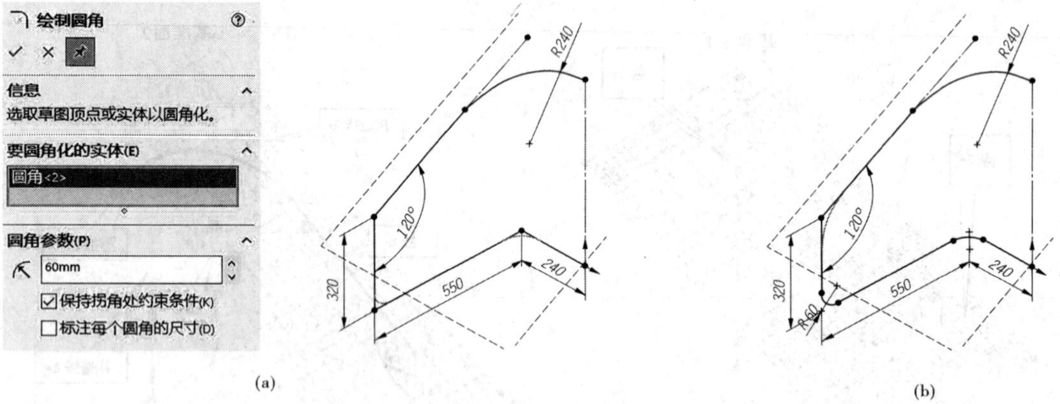

(a)　　(b)

图 1-3-12　倒圆角

【技能训练】

绘制如图 1-3-13 所示的 3D 草图。

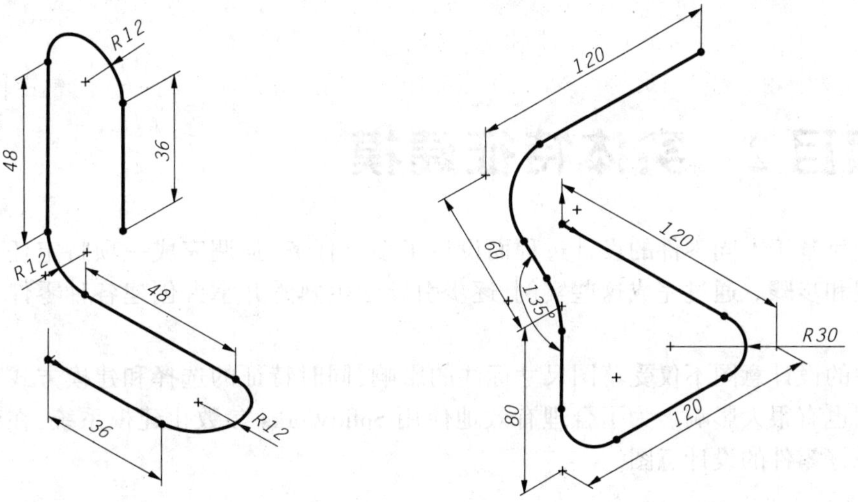

图 1-3-13　3D 草图

职业教育前途广阔、大有可为——习近平对职业教育工作作出重要指示

中共中央总书记、国家主席、中央军委主席习近平对职业教育工作作出重要指示，强调在全面建设社会主义现代化国家新征程中，职业教育前途广阔、大有可为。要坚持党的领导，坚持正确办学方向，坚持立德树人，优化职业教育类型定位，深化产教融合、校企合作，深入推进育人方式、办学模式、管理体制、保障机制改革，稳步发展职业本科教育，建设一批高水平职业院校和专业，推动职普融通，增强职业教育适应性，加快构建现代职业教育体系，培养更多高素质技术技能人才、能工巧匠、大国工匠。各级党委和政府要加大制度创新、政策供给、投入力度，弘扬工匠精神，提高技术技能人才社会地位，为全面建设社会主义现代化国家、实现中华民族伟大复兴的中国梦提供有力人才和技能支撑。

项目 2　实体特征建模

本项目基于不同零件的设计过程而设计了多个任务，强调完成一项特定任务所需遵循的过程和步骤。通过完成这些实例，逐步引导学生熟悉并掌握创建各种零件实体特征的方法。

零件的设计意图不仅受草图尺寸标注的影响，同时特征的选择和建模方式对零件的设计意图也有很大影响。为了合理有效地使用 SolidWorks 参数化建模系统，在建模之前必须考虑好零件的设计意图。

【知识与技能目标】

1. 理解如何利用特征的选择和建模方式来规划零件的设计意图。
2. 掌握基于特征的参数化实体建模方法，并进行零件设计。
3. 掌握拉伸、旋转、扫描和放样特征的创建方法。
4. 掌握圆角、倒角、筋等附加特征的创建方法。
5. 掌握阵列、镜像等编辑特征的创建方法。

任务 1　支撑座设计

【学习目标】

1. 掌握拉伸特征的创建方法。
2. 了解特征管理树的编辑、特征插入、删除、重新排序。

【任务内容】

建立如图 2-1-1 所示的支撑座零件。

【知识与技能准备】

码 2-1　微课：特征概述与分类

1　特征造型的基本知识

1.1　特征

1.1.1　特征的概述

在计算机参数化造型中，零件是由特征组成的。特征是指可以用尺寸和参数驱动的 3D 几何体，是实体的“细胞”。特征建模就是把特征“叠”起来。

1.1.2　特征的分类

特征可以分为基本特征、附加特征和参考特征（见图 2-1-2）。

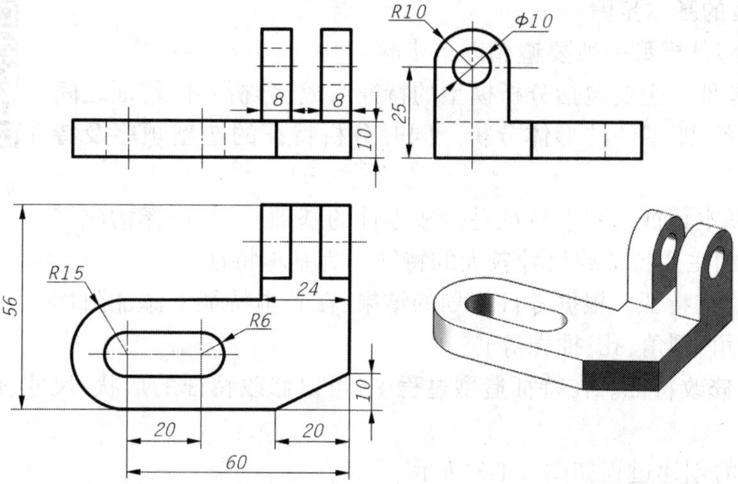

图 2-1-1 支撑座零件

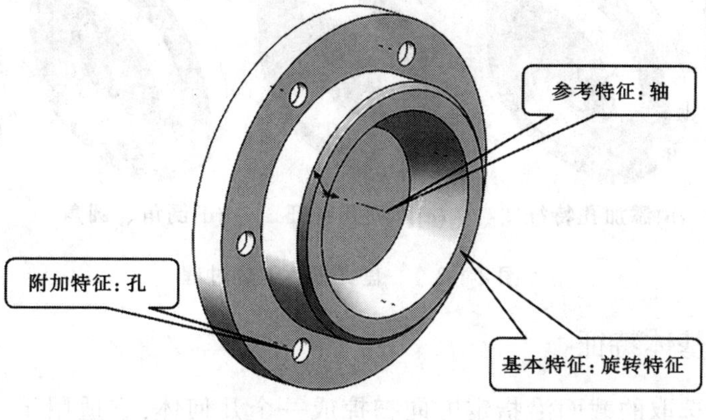

图 2-1-2 特征分类

1.1.2.1 基本特征

基本特征是造型过程中第一个创建的特征，相当于零件的毛胚，作为造型的基体，其他特征直接或间接地以基本特征为参考。基本特征可以是拉伸、旋转、扫描、放样、曲面加厚等。

1.1.2.2 附加特征

附加特征是对已有的特征进行的附加操作，包括圆角、倒角、孔、抽壳等。

1.1.2.3 参考特征

参考特征是建立其他特征的参数，如基准面、基准轴、基准点、局部坐标系等。参考特征不直接参与三维模型的生成，但在其他特征的生成和组合过程中起到基准定位作用，又称基准特征。

1.1.3 特征的编辑

SolidWorks 软件提供特征编辑功能，如矩形阵列、环形阵列、镜像、复制、移动等。造型过程中特征可以进行修改、删除、压缩、解除压缩、隐藏、显示等操作。

1.2 特征造型的基本步骤

创建三维零件模型一般要遵循以下步骤：

(1)规划零件。主要包括分析模型的特征组成、分析零件特征之间的相互位置关系，即零件的形体分析。同时分析特征的造型顺序及特征的构造方法。

码 2-2 微课：特征造型的步骤

(2)创建基本特征。基本特征是构成零件的基础，一般选择构成零件的基本形态的主要特征或尺寸较大的特征作为基本特征。

(3)添加附加特征。根据零件规划的结果，在基本特征上添加附加特征(如筋、圆角、倒角、孔、抽壳等)。

(4)编辑、修改特征。在特征造型过程中，可以修改特征的形状、尺寸、位置和从属关系等。

盘类零件的创建过程如图 2-1-3 所示。

(a)创建基本特征 (b)添加孔特征 (c)阵列孔特征 (d)倒角、圆角 (e)修改孔个数

图 2-1-3 盘类零件创建过程

2 拉伸凸台/基体特征

拉伸是将所选取的截面沿指定方向扫掠成一个几何体，它适用于构造截面相同的实体特征。在实体操作中，拉伸特征包含增料、薄壁和除料三个类型，分别如图 2-1-4(a)、(b)、(c)所示。

码 2-3 微课：拉伸特征

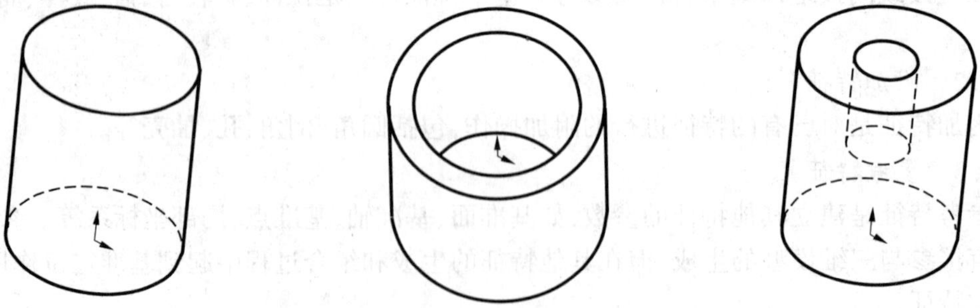

(a)拉伸凸台/基体 (b)薄壁 (c)拉伸切除

图 2-1-4 拉伸特征的类型

2.1　拉伸特征的使用方法

单击【特征】工具栏中的【拉伸凸台/基体】按钮或选择【插入】|【凸台/基体】|【拉伸】菜单命令。系统弹出【凸台-拉伸】的属性管理器(见图 2-1-5)。

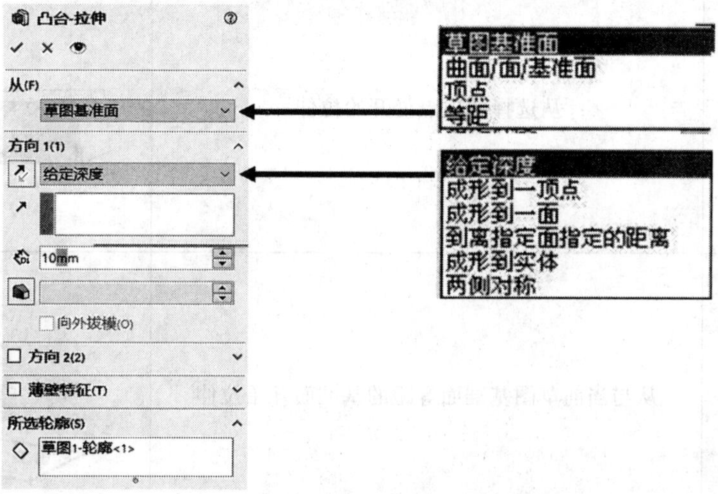

图 2-1-5　【凸台-拉伸】属性管理器

2.2　拉伸特征的属性设置

2.2.1　【从】选项组——属性管理器开始条件

该选项组用来设置特征拉伸的开始条件,其选项包括【草图基准面】、【曲面/面/基准面】、【顶点】和【等距】(见表 2-1-1)。

表 2-1-1　凸台-拉伸开始条件描述

开始条件	描述	图解
草图基准面	以草图所在的基准面作为基础开始拉伸	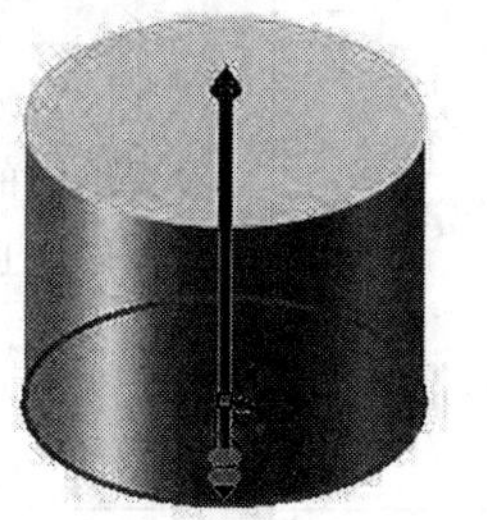
曲面/面/基准面	从指定的曲面、面或基准面开始拉伸	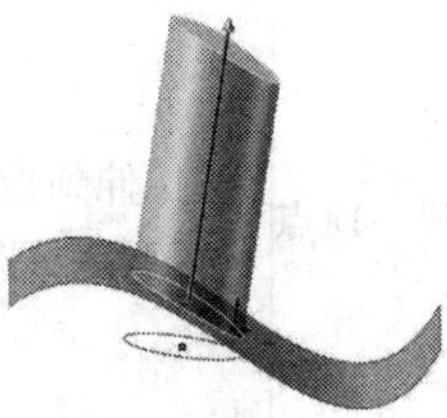

续表 2-1-1

开始条件	描述	图解
顶点	从选择的顶点处开始拉伸	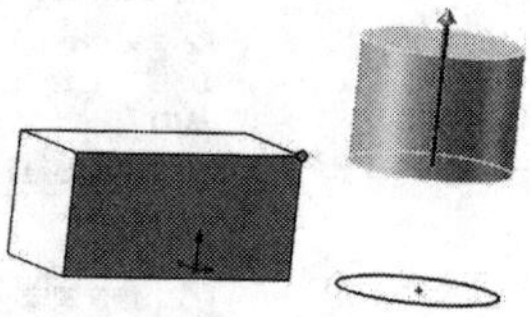
等距	从与当前草图基准面等距的基准面开始拉伸	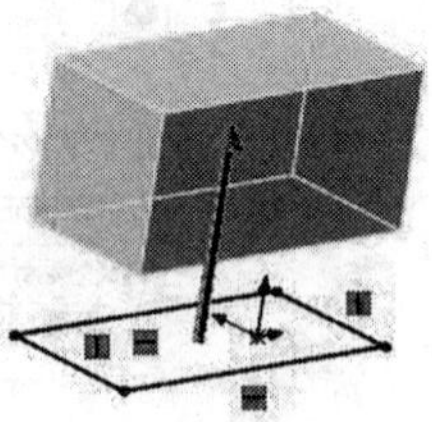

2.2.2 【方向 1】选项组——属性管理器终止条件

该选项组用来设置特征拉伸的终止条件,其选项包括【给定深度】、【成形到一顶点】、【成形到一面】、【到离指定面指定的距离】、【成形到实体】和【两侧对称】(见表 2-1-2)。

表 2-1-2 凸台-拉伸终止条件描述

终止条件	描述	参数	图解
给定深度	设置给定的深度数值以终止拉伸	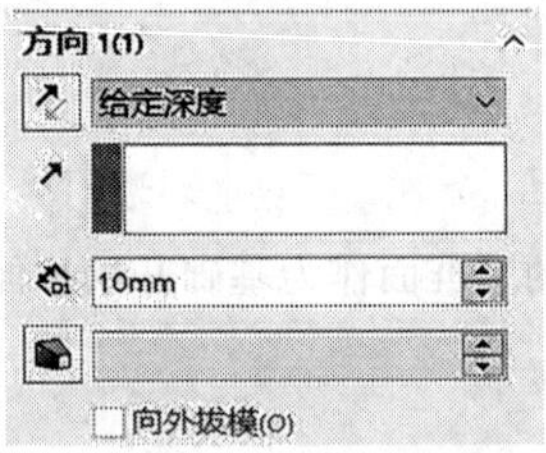	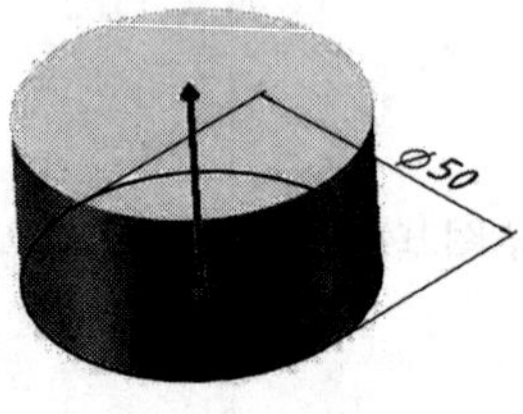
成形到一顶点	拉伸到指定的模型或草图顶点	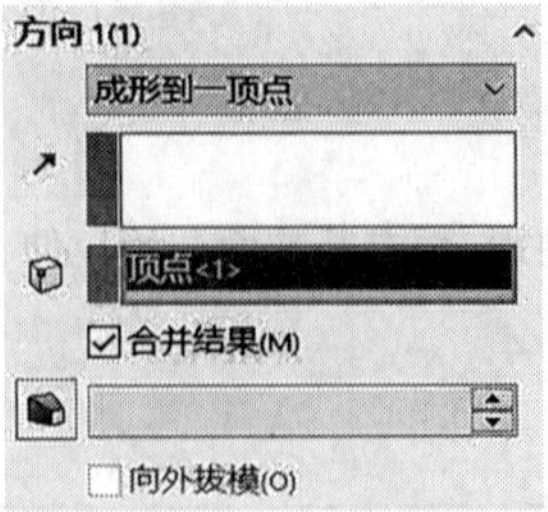	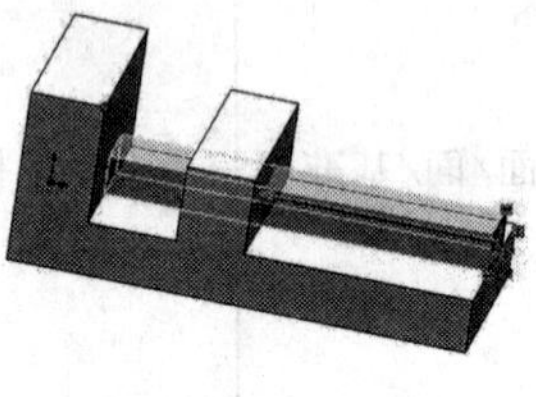

续表 2-1-2

<table>
<tr><th>终止条件</th><th>描述</th><th>参数</th><th>图解</th></tr>
<tr><td>成形到一面</td><td>拉伸到指定的曲面、面或基准面</td><td>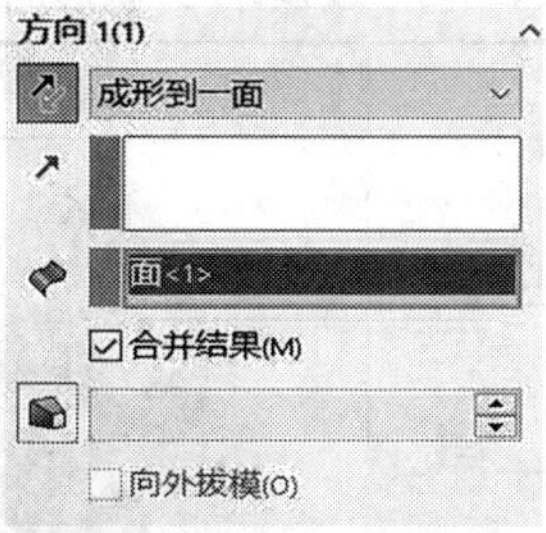
</td><td>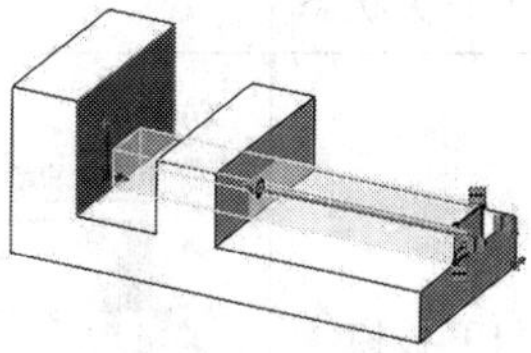</td></tr>
<tr><td>到离指定面指定的距离</td><td>拉伸到离指定面指定的距离的面</td><td>
</td><td>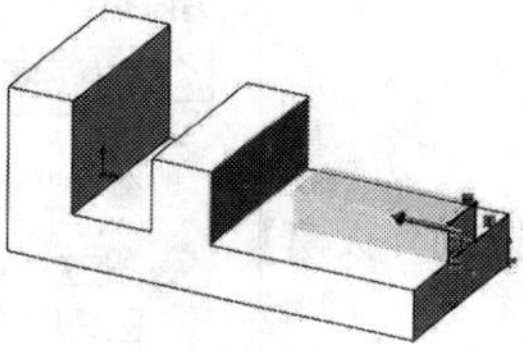</td></tr>
<tr><td>成形到实体</td><td>拉伸到指定的实体</td><td>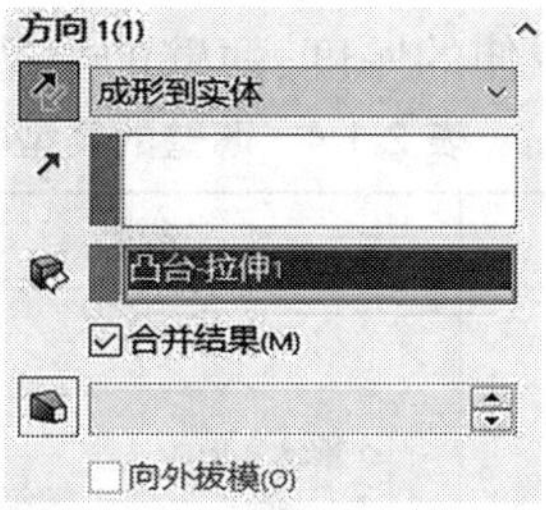
</td><td>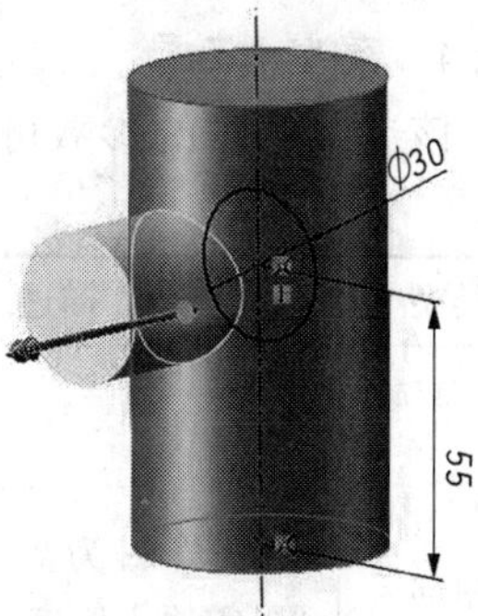
</td></tr>
<tr><td>两侧对称</td><td>从草图基准面向两个方向对称拉伸</td><td>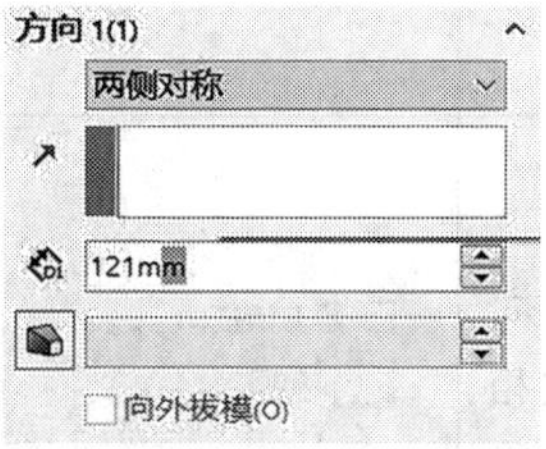
</td><td>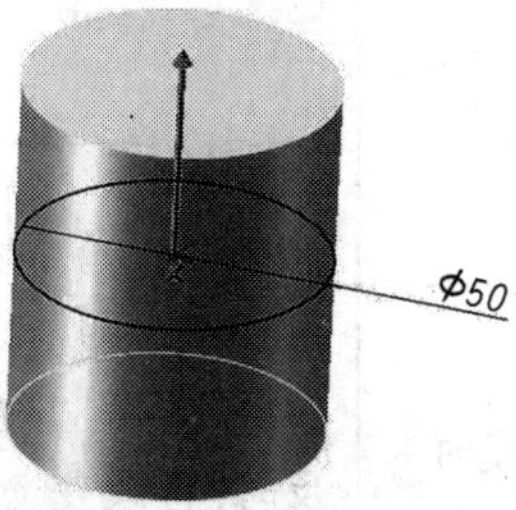
</td></tr>
</table>

注意：单击【反向】按钮，可沿预览中所示的相反方向拉伸特征。单击【拉伸方向】按钮，在图形区域中选择方向向量，并从垂直于草图轮廓的方向拉伸草图。

2.2.3 拔模开/关

设置拔模角度数值,如果有必要,启用【向外拔模】复选框(见表 2-1-3)。

表 2-1-3 拔模开/关状态的描述

拔模开关状态	参数	图解	结果
打开拔模		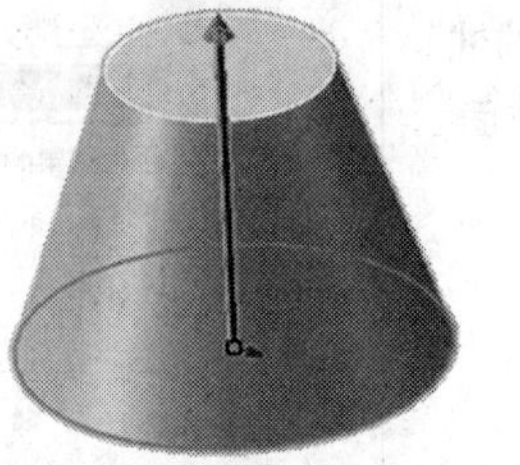	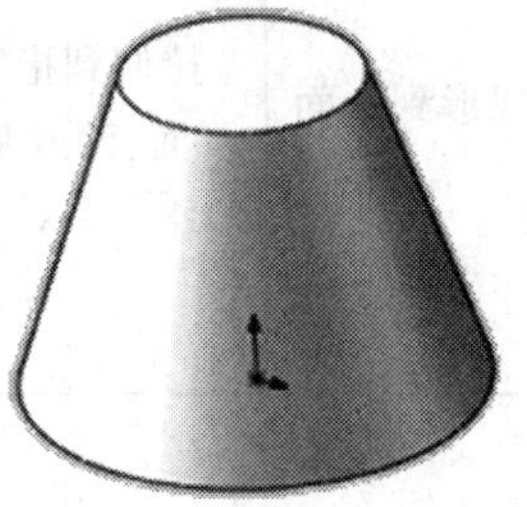
勾选【向外拔模】		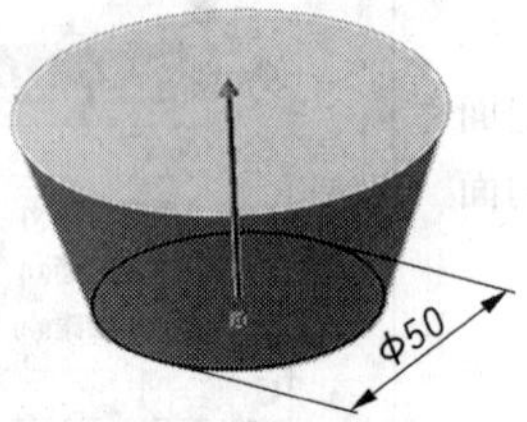	

2.2.4 薄壁特征

该选项组中的参数可控制拉伸的厚度,薄壁的类型如表 2-1-4 所示。

表 2-1-4 薄壁的类型

类型	描述	参数	图解
单向	以草图为界单方向加厚,需输入厚度值	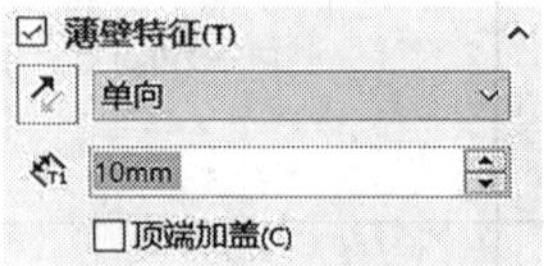	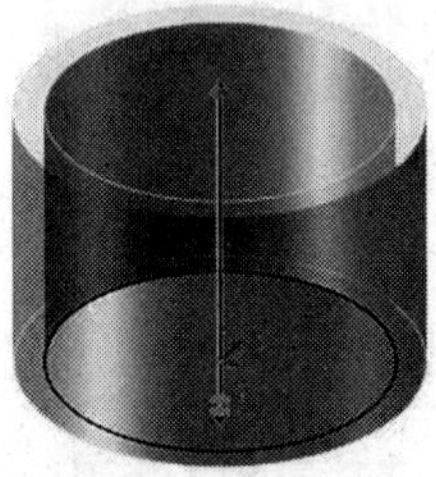
反向	这个功能适用于"单向薄壁"方式,当选择方向相反时,将改变薄壁的生成方向	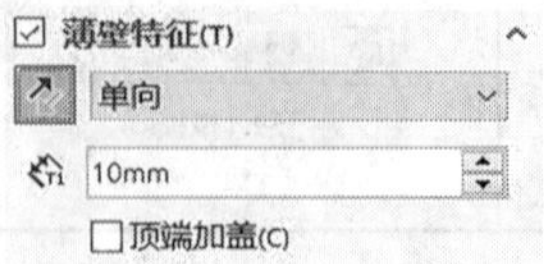	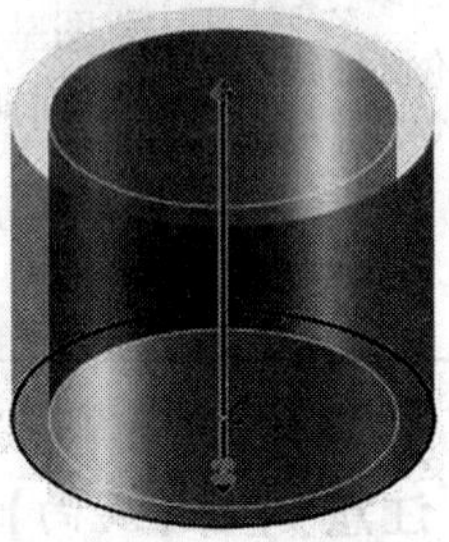

续表 2-1-4

类型	描述	参数	图解
两侧对称	以草图为界向两方向加厚,需输入总厚度值	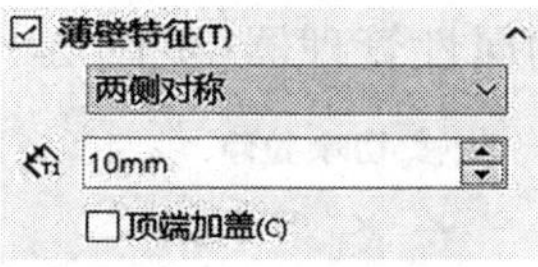	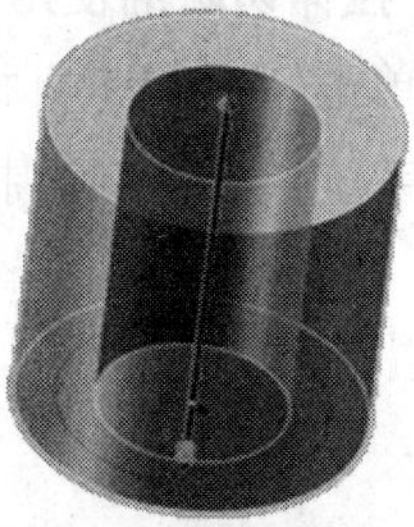
双向	以草图为界向两方向加厚,需输入两个方向厚度值	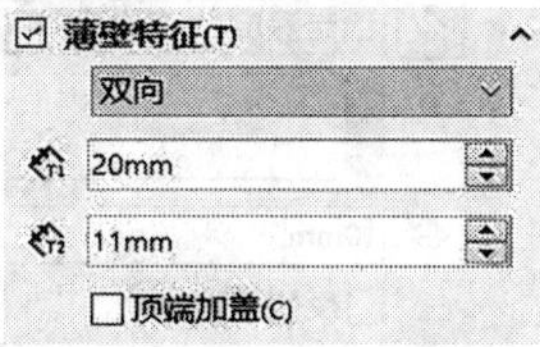	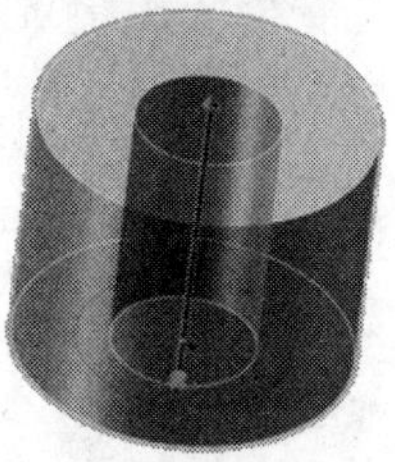
顶端加盖	薄壁特征两端加盖,生成一个中空的零件(仅限于闭环的轮廓草图)	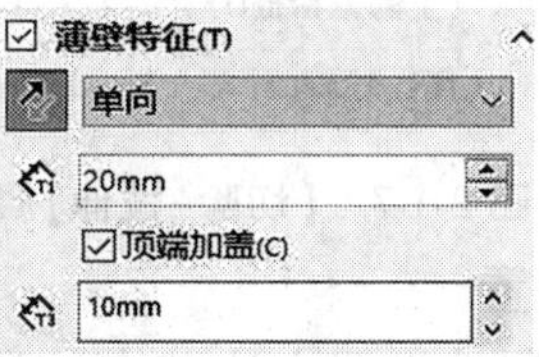	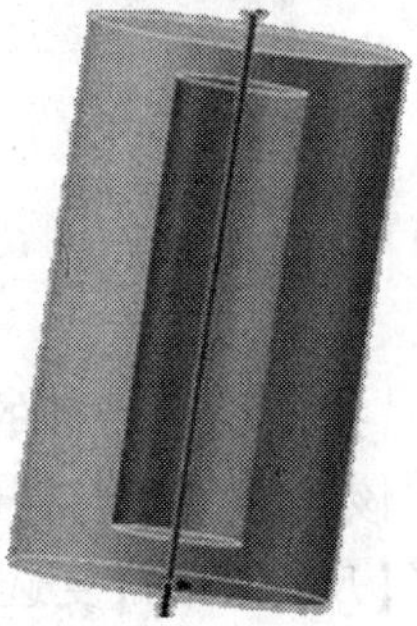

2.2.5 【所选轮廓】选项组

允许使用部分草图生成拉伸特征,可以在图形区域中选择草图轮廓和模型边线(见图 2-1-6)。

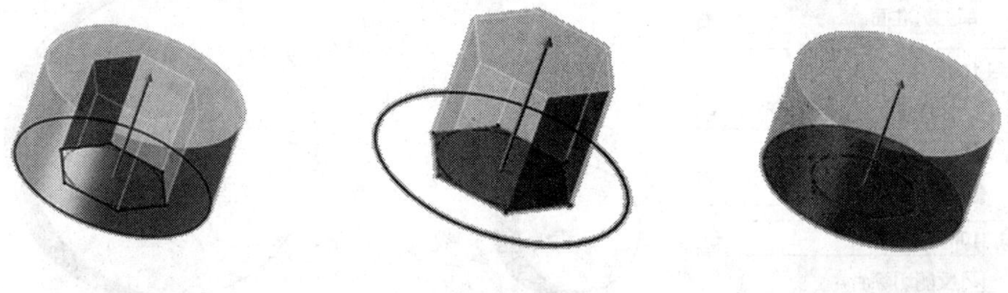

(a)默认拉伸　　(b)选择内部轮廓　　(c)选择内部、外部两个轮廓

图 2-1-6 【所选轮廓】选项组

3　拉伸切除特征

3.1　拉伸切除的使用方法

单击【特征】工具栏中的【拉伸切除】按钮或选择【插入】|【切除】|【拉伸】菜单命令。系统弹出【切除-拉伸】的属性管理器(见图 2-1-7)。

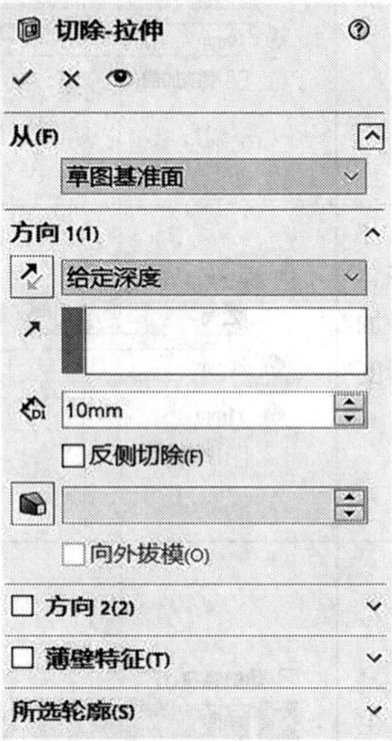

图 2-1-7　【切除-拉伸】属性管理器

3.2　拉伸切除特征的属性设置

该属性设置与【拉伸】的属性设置方法基本一致。不同之处是,在【方向 1】选项组中多了【反侧切除】复选框。

【反侧切除】(仅限于拉伸的切除)可移除轮廓外的所有部分(见图 2-1-8)。在默认情况下,从轮廓内部移除(见图 2-1-9)。

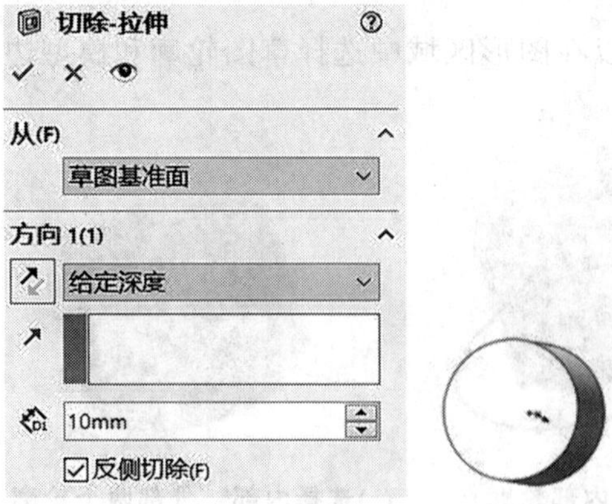

图 2-1-8　反侧切除

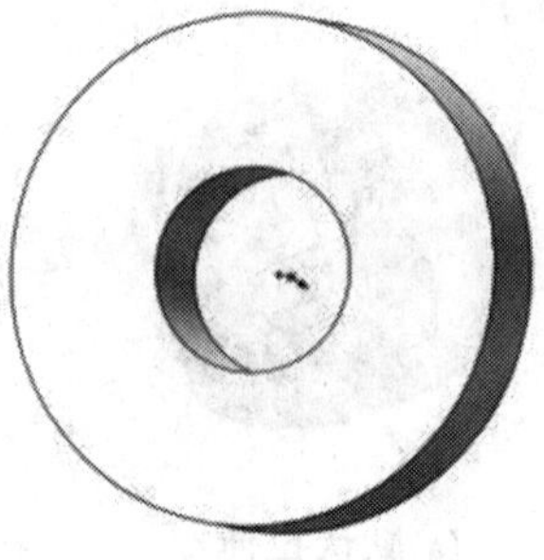

图 2-1-9　默认切除

4　编辑特征

在生成一个特征后,还可以对特征进行一系列的基本操作,包括对特征的编辑、压缩、删除、复制等。SolidWorks 特征编辑主要包括特征草图的编辑、特征参数的编辑及特征尺寸的修改。

码 2-4　微课：特征的编辑

4.1　特征草图的编辑

要修改特征草图,可以使用以下方法之一:

(1)单击特征管理器中想要编辑的特征,单击鼠标右键,在弹出的快捷菜单中选择【编辑草图】选项(见图 2-1-10)。

(2)在特征管理器中单击⊞按钮,展开该特征草图,用鼠标右键单击该草图,在弹出的快捷菜单中选择【编辑草图】选项(见图 2-1-11)。

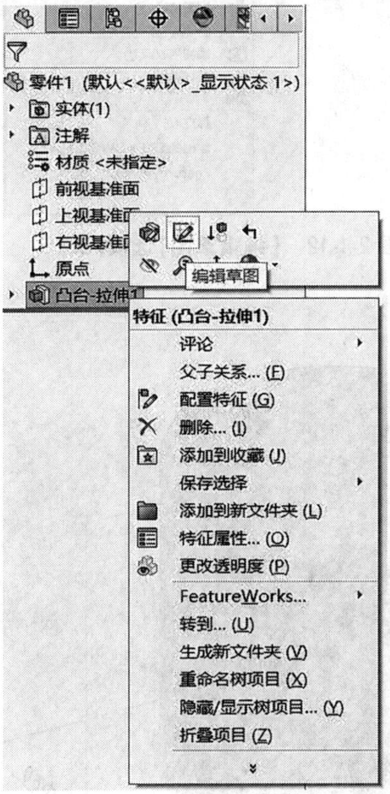

图 2-1-10　【编辑草图】选项(一)

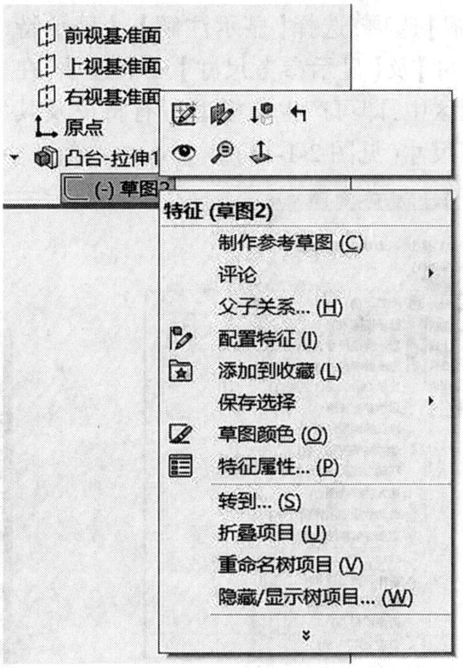

图 2-1-11　【编辑草图】选项(二)

(3)用鼠标右键单击绘图区中相应的特征,在弹出的快捷菜单中,选择【编辑草图】选项(见图 2-1-12)。

4.2　特征参数的编辑

草图是控制特征截面形状的,而特征的一些属性参数是建立特征时定义的。如果想要修改拉伸特征的深度,必须编辑其定义。其步骤如下:

(1)在特征管理器中,用鼠标右键单击想要编辑的特征,在弹出的快捷菜单中选择【编辑特征】选项,或者用鼠标右键单击绘图区中模型的相应特征,同样在弹出的快捷菜单中选择【编辑特征】选项。

(2)进入编辑状态后,系统会自动从特征管理器改变为属性管理器。

(3)在属性管理器中进行特征参数的修改,单击【确定】按钮即可。

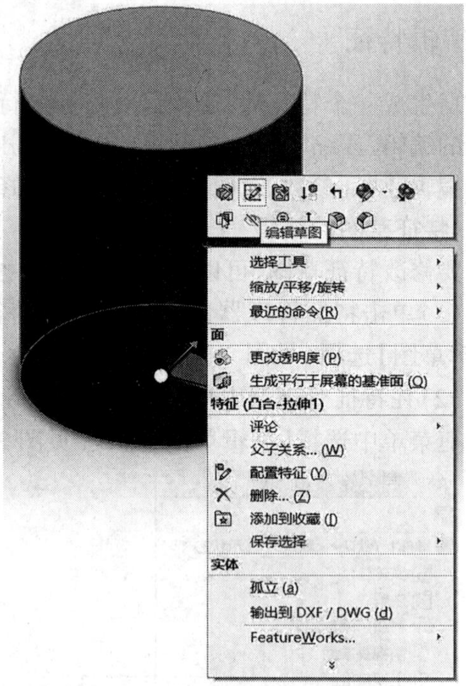

图 2-1-12 【编辑草图】选项(三)

4.3 特征尺寸的修改

SolidWorks 还提供了两种直接修改特征(包括草图)尺寸的方法。

4.3.1 显示模型所有特征尺寸

在特征管理器中,用鼠标右键单击【注解】选项,选择【显示注解】、【显示特征尺寸】及【显示参考尺寸】三个选项,在绘图区中,即可产生该模型所有特征及其草图尺寸(见图 2-1-13)。

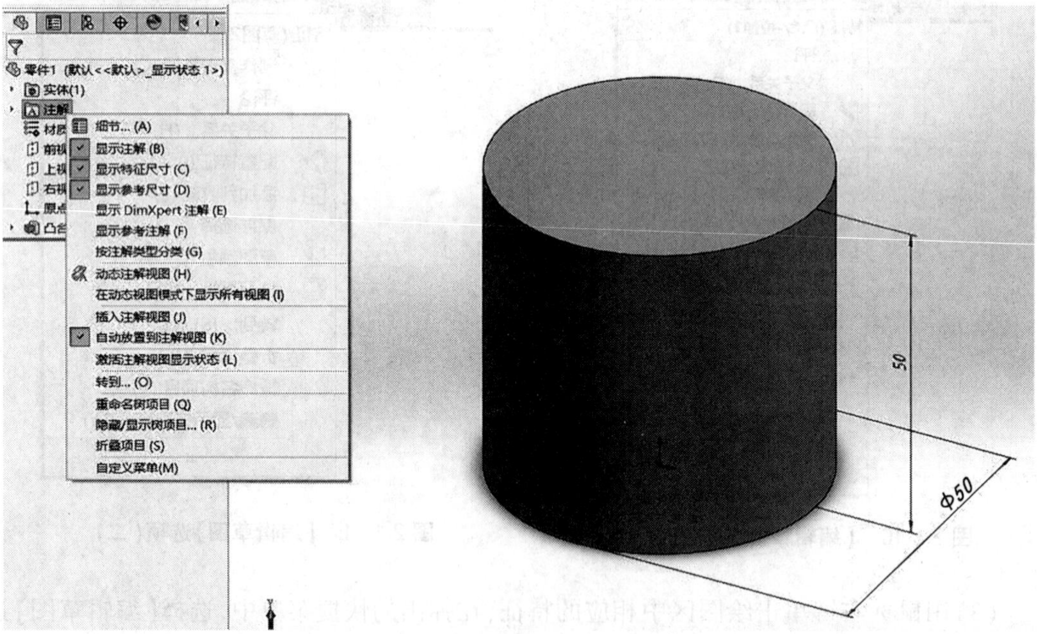

图 2-1-13 显示模型所有特征尺寸

4.3.2 显示相应特征的尺寸

在特征管理器中,用鼠标左键双击需要编辑的特征,系统会显示该特征的所有尺寸(见图 2-1-14)。

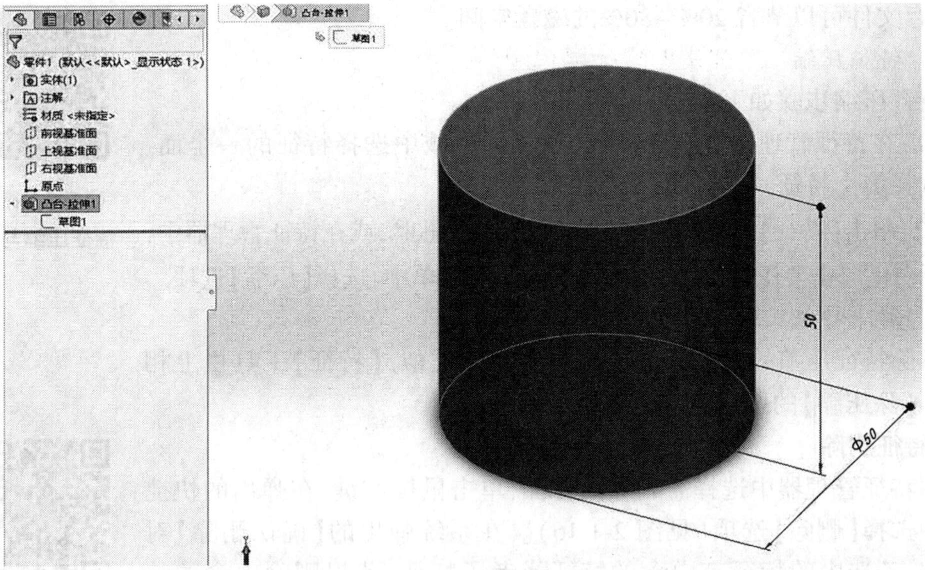

图 2-1-14 显示相应特征的尺寸

4.3.3 修改尺寸

用鼠标左键双击需要修改的尺寸，打开【修改】对话框，输入要修改的尺寸值，并单击【修改】对话框下方的【重新建模】图标，即可修改模型特征中的尺寸（见图 2-1-15）。

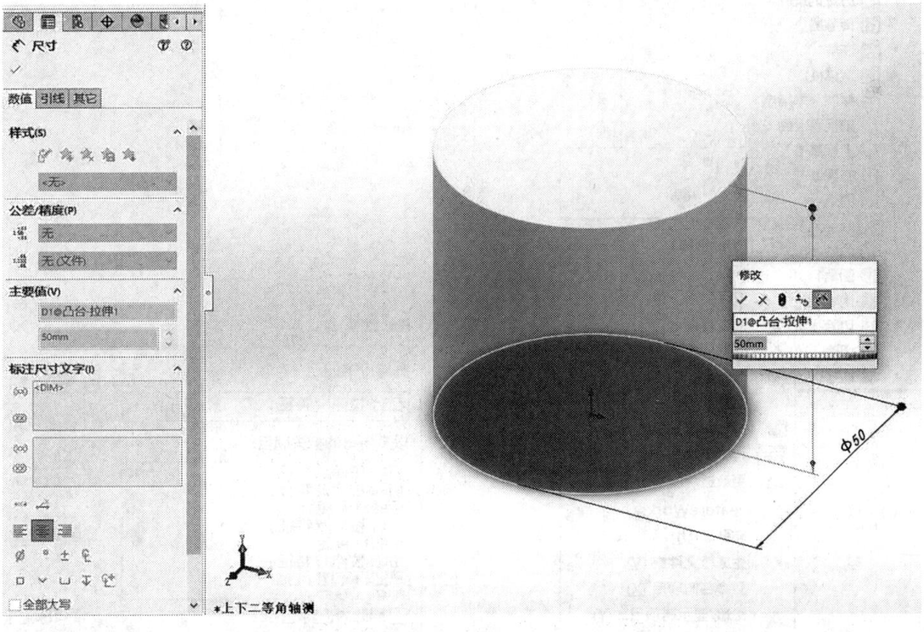

图 2-1-15 显示相应特征的尺寸

4.4 特征的压缩和解除压缩

特征被压缩后，将从模型中移除（但没有删除），并从模型视图上消失，在特征管理器中显示为灰色。零件文件在特征压缩状态下保存时，文件的大小不同，所有特征被压缩后，保存文件可以节省 20%~80%的磁盘空间。

4.4.1　特征压缩

特征压缩步骤如下：

(1)在特征管理器中选择特征，在图形区域中选择特征的一个面。如要选择多个特征，在选择时按住【Ctrl】键。

(2)单击【特征】工具栏中的【压缩】图标按钮，或在特征管理器中，用鼠标右键单击要压缩的特征，在出现的快捷菜单中，选择【压缩】选项。

码 2-5　微课：特征压缩与解压

4.4.2　解除特征压缩

解除特征压缩的方法与特征压缩的方法类似，【特征】工具栏上相应的【解除压缩】的按钮为。

4.5　特征删除

在特征管理器中选择需删除的特征，单击鼠标右键，在弹出的快捷菜单中选择【删除】选项(见图 2-1-16)。在系统弹出的【确认删除】对话框中，若选中的特征有内含的特征或者子特征，若想删除内含的特征，选中【同时删除内含特征】复选框；若想删除所有的子特征，选择【也删除所有子特征】复选框，单击【是】图标按钮(见图 2-1-17)。

码 2-6　微课：特征删除

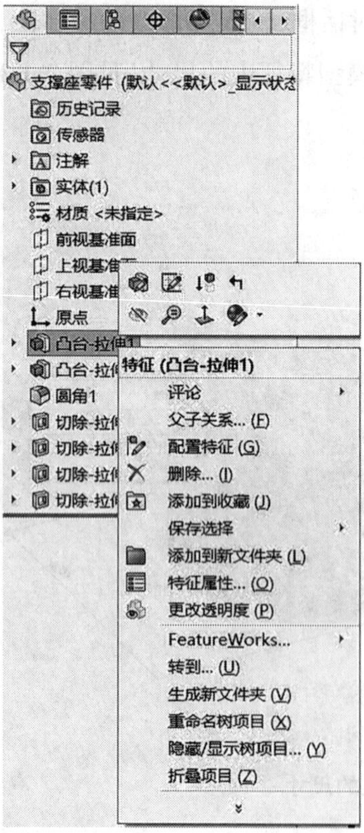

图 2-1-16　特征【删除】快捷菜单

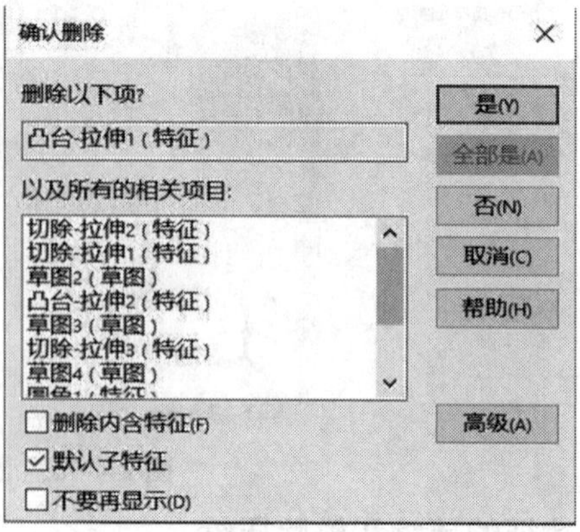

图 2-1-17　特征删除确认对话框

特征删除的方法与压缩类似。删除特征后，对于草图特性，在特征管理器中，会残留建立草图特征时所绘制的草图。删除草图的过程与上述内容类似。

【任务实施】

1 思路分析

图 2-1-1 所示的支撑座零件分为底座与支撑两大部分，属于较简单的零件，此零件总体上属于拉伸类零件，应用【拉伸增料】与【除料】命令比较合适，其操作步骤依次为(a)→(b)→(c)→(d)→(e)→(f)(见图 2-1-18)。

码 2-7 微课：支撑座设计实例练习

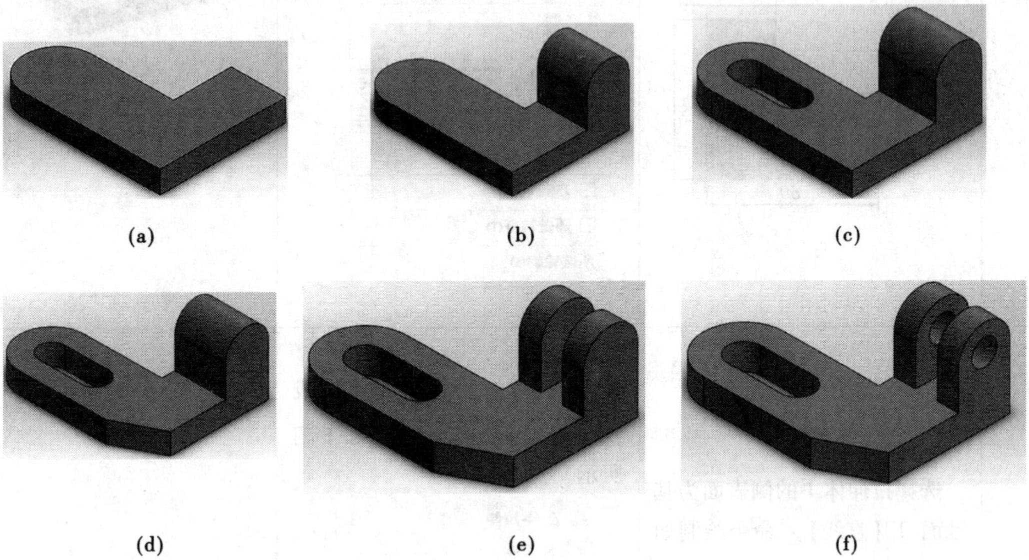

图 2-1-18 支撑座设计意图

2 建模步骤

2.1 创建文档与基本操作

启动 SolidWorks 软件，单击【文件】|【新建】，弹出【新建 SOLIDWORKS 文件】对话框，单击【零件】图标，再单击【确定】按钮 确定 ，完成零件的新建过程，进入 SolidWorks 建模环境。

2.2 创建模型

支撑座建模过程如表 2-1-5 所示。

表 2-1-5　支撑座建模过程

特征	草图	参数	实体
拉伸体 1	选择上视基准面，将原点定在右下角，用【直线】命令绘制如下草图（注意：运用到直线过渡圆弧的画法），用【智能尺寸】标注尺寸，使之完全定位。 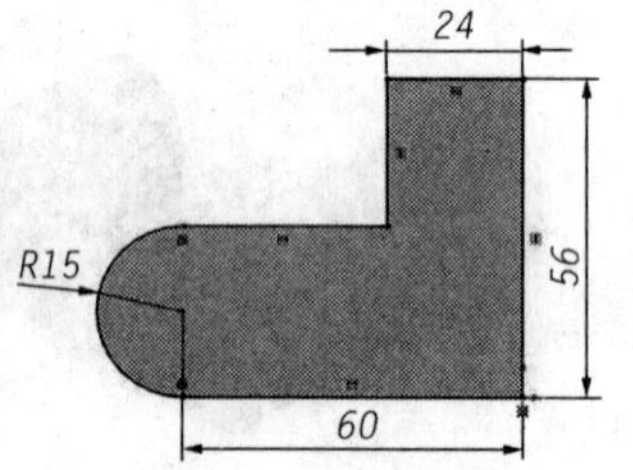 	用【凸台-拉伸】命令完成拉伸体 1，拉伸参数设置如下图所示。 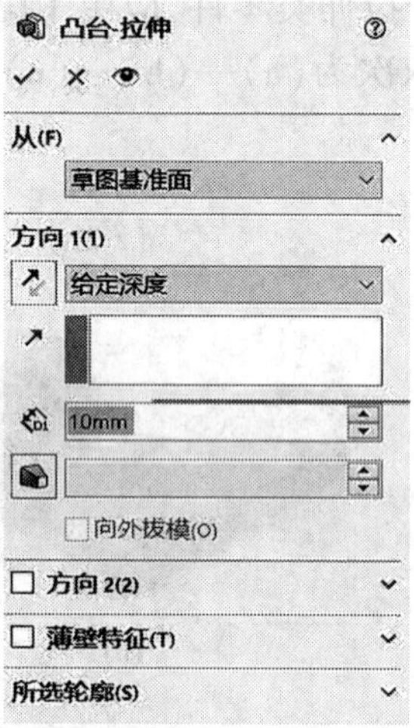 	
拉伸体 2	选择拉伸体 1 的侧表面为基准面，用【直线】命令绘制如下草图（注意：运用到直线过渡圆弧的画法），用【智能尺寸】标注尺寸，使之完全定位。 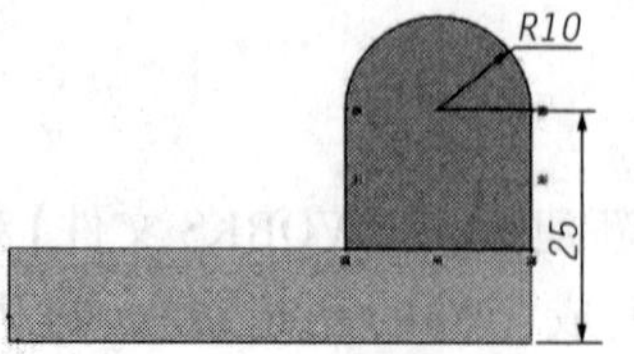 	用【凸台-拉伸】命令完成拉伸体 2，拉伸参数设置如下图所示。 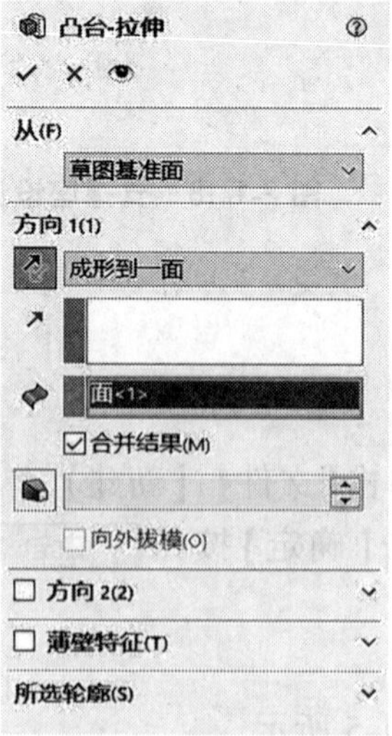 	

续表 2-1-5

特征	草图	参数	实体
切除体 1	选择拉伸体 1 的上表面为基准面,用【直槽口】命令绘制如下草图,用【智能尺寸】标注尺寸,使之完全定位。 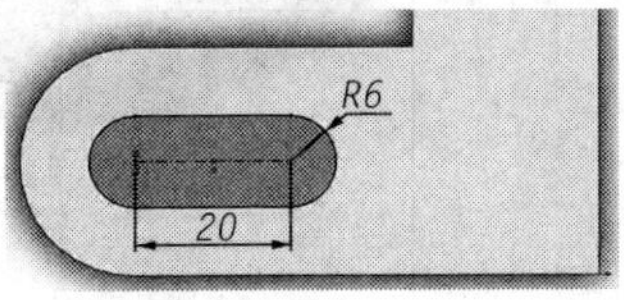	用【切除-拉伸】命令,完成切除体 1,切除参数设置如下图所示。 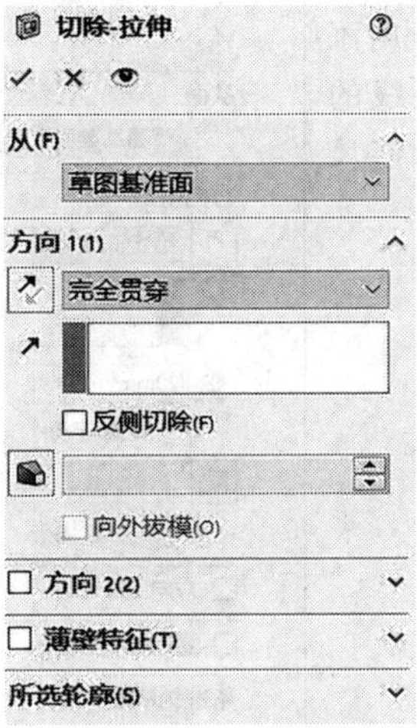	
切除体 2	选择拉伸体 1 的上表面为基准面,用【转换实体引用】和【直线】命令绘制如下草图,用【智能尺寸】标注尺寸,使之完全定位。 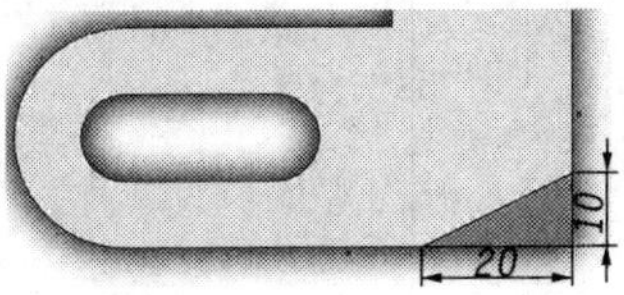	用【切除-拉伸】命令,完成切除体 2,切除参数设置如下图所示。 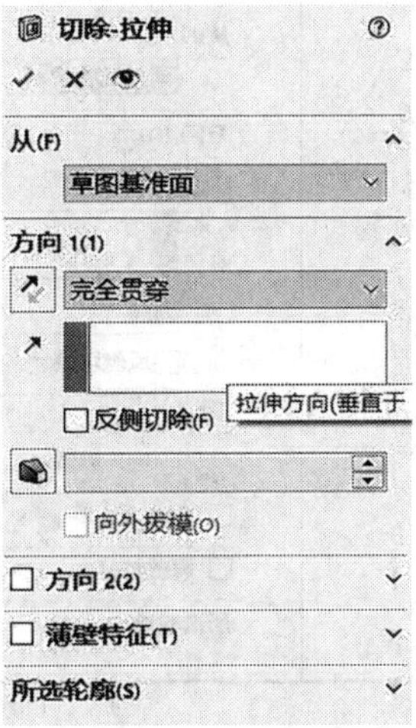	

续表 2-1-5

<table>
<tr><th>特征</th><th>草图</th><th>参数</th><th>实体</th></tr>
<tr><td>切除体 3</td><td>选择拉伸体 2 的侧表面为基准面，用【构造线】命令绘制凸起的中线，用【矩形】命令绘制如下草图，切记矩形的下边要与凸起底边重合。同时添加两条竖线相对于构造线的“对称”几何关系，用【智能尺寸】标注尺寸。
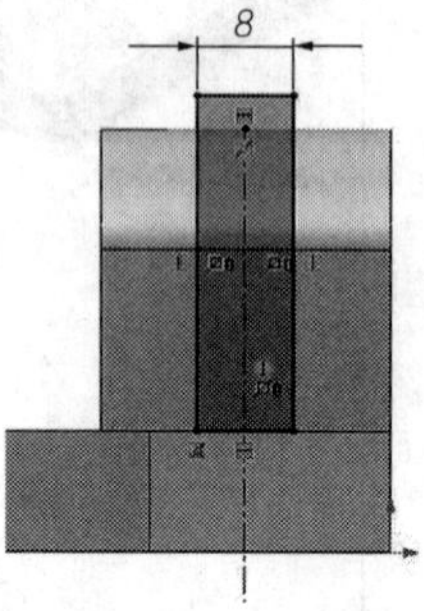</td><td>用【切除-拉伸】命令，完成切除体 3，切除参数设置如下图所示。
</td><td>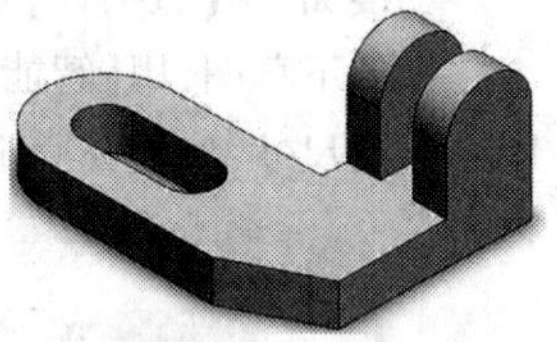</td></tr>
<tr><td>切除体 4</td><td>选择拉伸体 2 的侧表面为基准面，用【圆】命令绘制如下草图，用【智能尺寸】标注尺寸，使之完全定位。绘制如下草图。
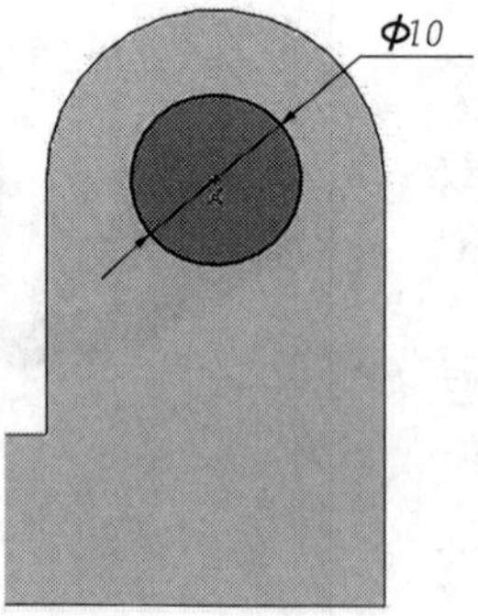</td><td>用【切除-拉伸】命令，完成切除体 4，切除参数设置如下图所示。
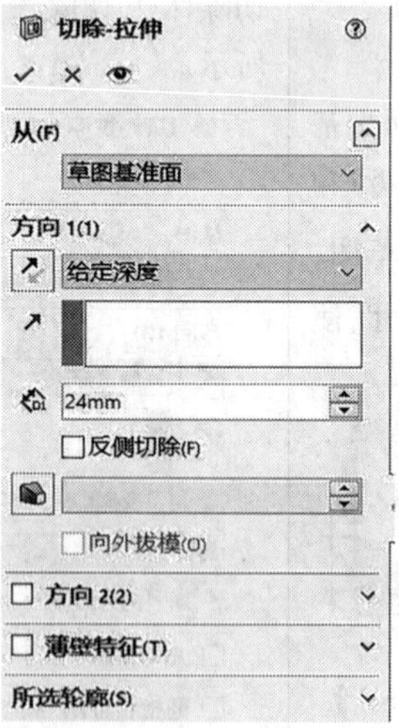</td><td></td></tr>
</table>

【技能训练】

2-1-1　根据图 2-1-19 所示的零件图进行三维建模。

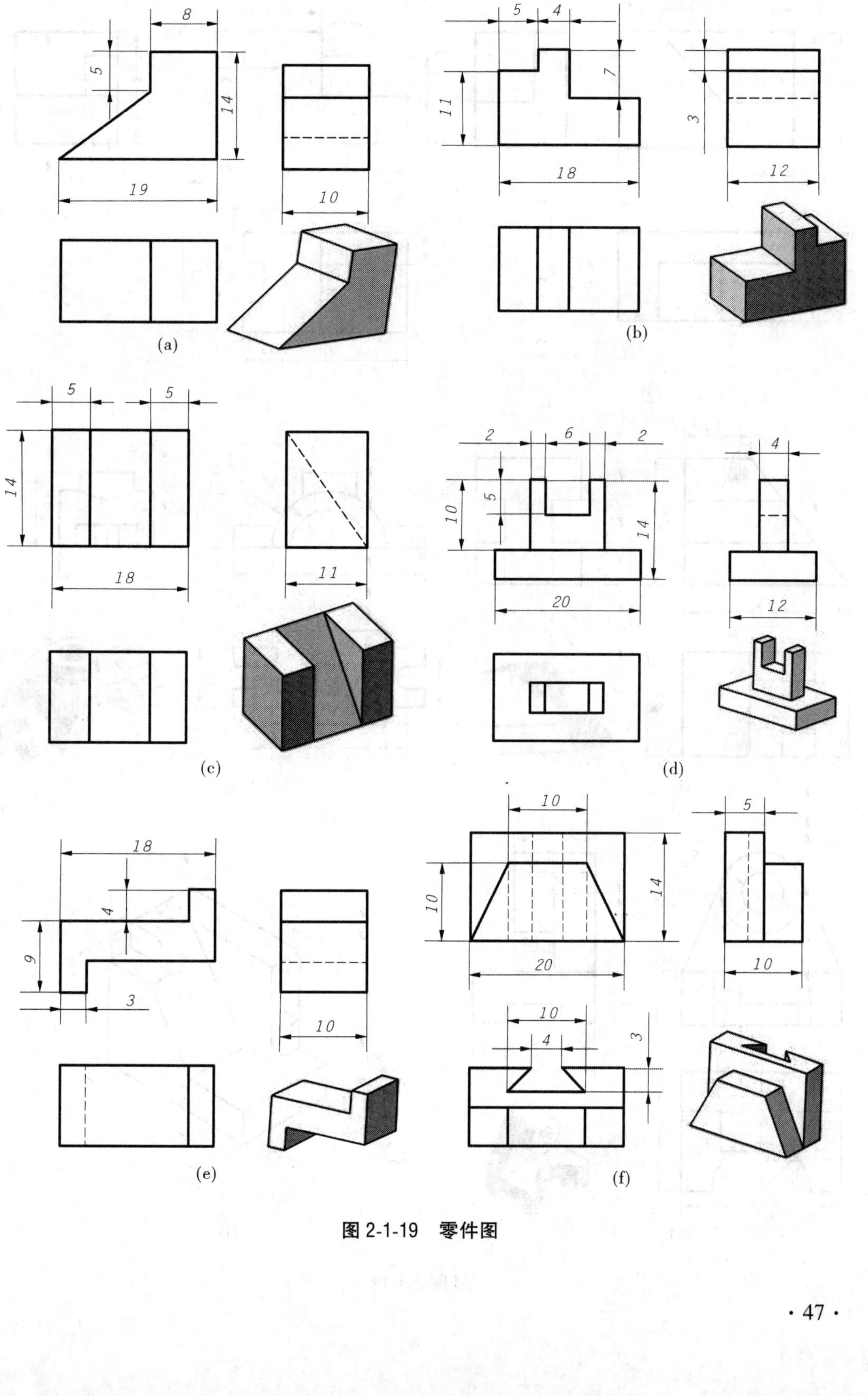
8
5
14
19
10
(a)
5
4
7
11
18
3
12
(b)
5
5
14
18
11
(c)
2
6
2
5
10
14
20
4
12
(d)
18
4
9
3
10
(e)
10
5
10
14
20
10
10
4
3
(f)

图 2-1-19 零件图

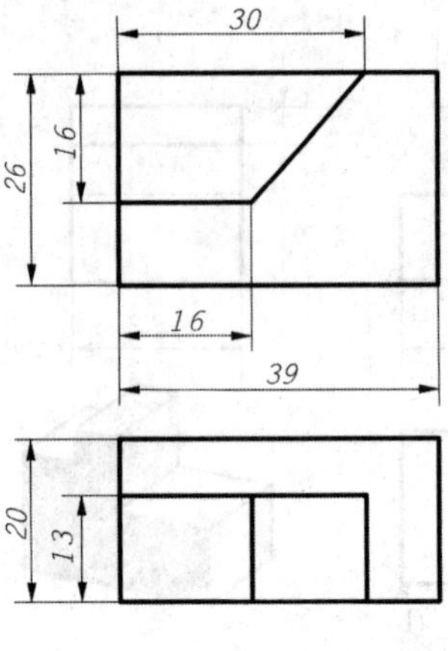

(g)

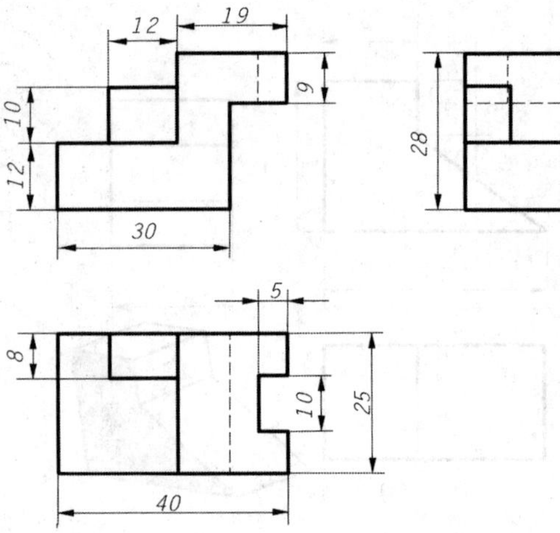

(h)

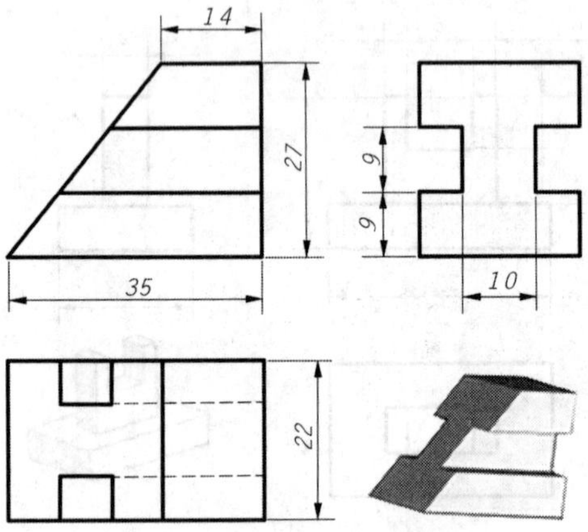

(i)

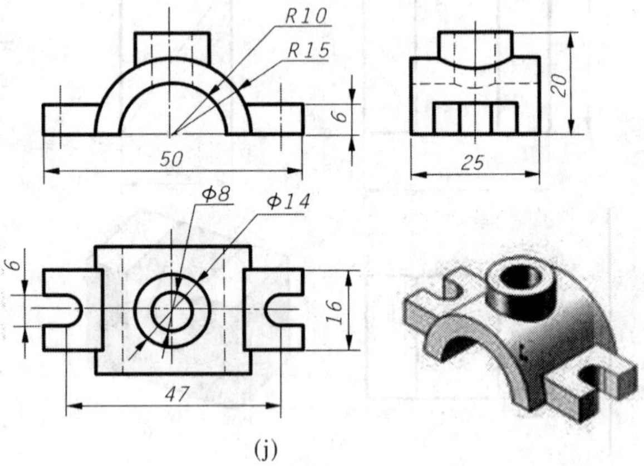

(j)

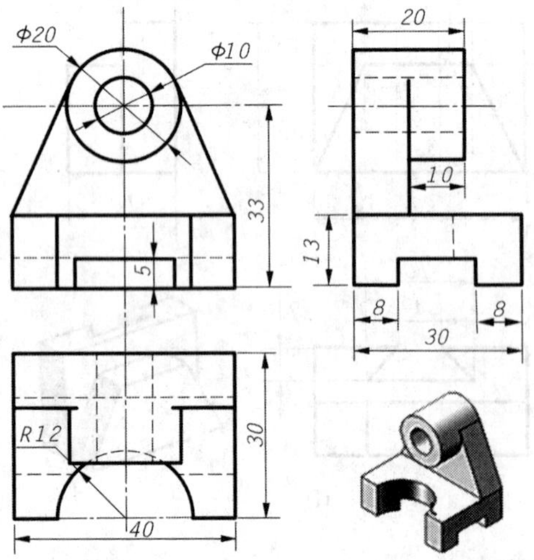

(k)

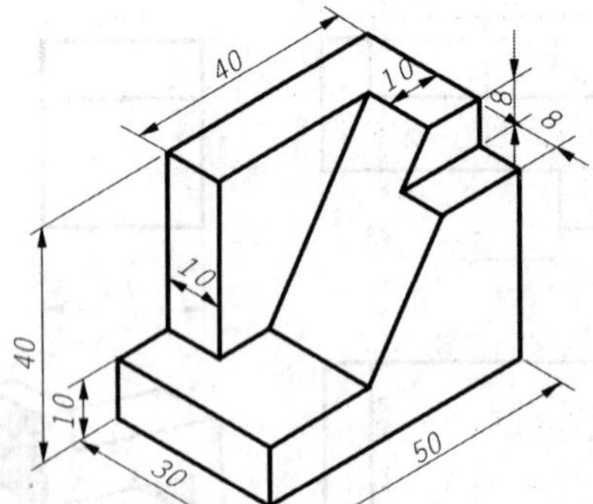

(l)

续图 2-1-19

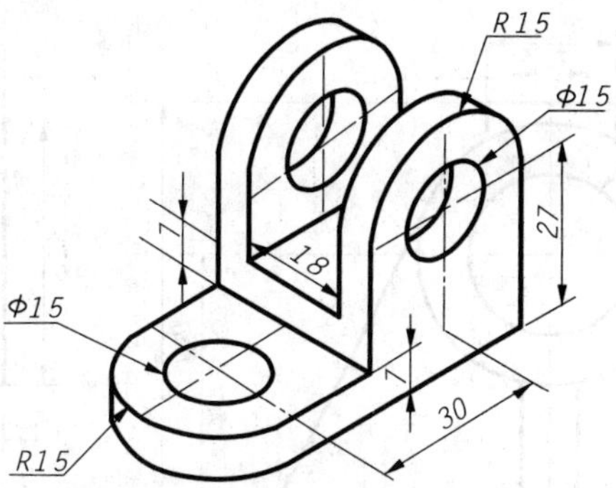

(m)

续图 2-1-19

劳模精神　劳动精神　工匠精神

在长期实践中，我们培育形成了爱岗敬业、争创一流、艰苦奋斗、勇于创新、淡泊名利、甘于奉献的劳模精神，崇尚劳动、热爱劳动、辛勤劳动、诚实劳动的劳动精神，执着专注、精益求精、一丝不苟、追求卓越的工匠精神。

——2020 年 11 月 24 日，习近平总书记在全国劳动模范和先进工作者表彰大会上的讲话

任务 2　轴承座设计

【学习目标】

1. 进一步熟悉拉伸特征。
2. 掌握筋的创建方法。
3. 掌握圆角的创建方法。
4. 掌握镜像的创建方法。

【任务内容】

建立如图 2-2-1 所示的轴承座零件。

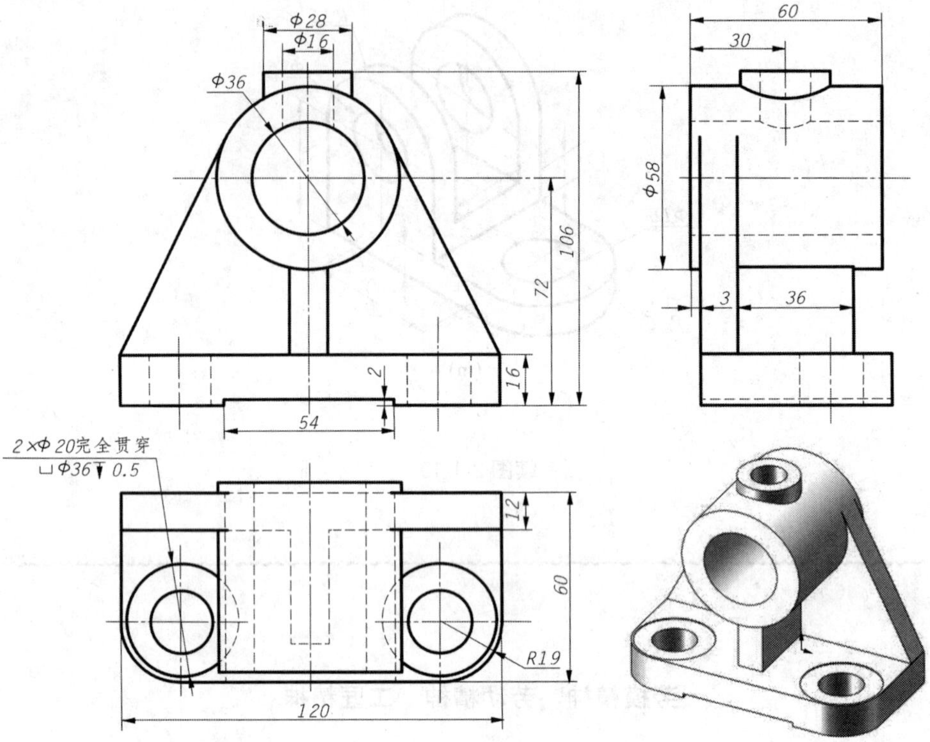

图 2-2-1　轴承座

【知识与技能准备】

1　筋特征

筋是在零件上用于增加强度的部分。生成筋特征之前，必须首先绘制一个与零件相交的草图，此草图是开环。

码 2-8　微课：筋特征

1.1　筋的操作步骤

(1) 在基准面上绘制使用以筋为特征的草图。

(2) 单击【筋】按钮，弹出【筋】属性管理器(见图 2-2-2)。在【筋】属性管理器中，设定相关选项。

(3) 单击【确定】按钮，完成筋特征。

1.2　【筋】选项说明

1.2.1　厚度

用来设定筋板的厚度方向。筋板的厚度方向有第一边、两侧对称和第二边三种形式，分别如图 2-2-3(a)、(b)、(c)所示。适当情况下可选择【反转材料方向】来更改筋的拉伸方向；直接在【厚度】文本框内输入筋板厚度值即可。

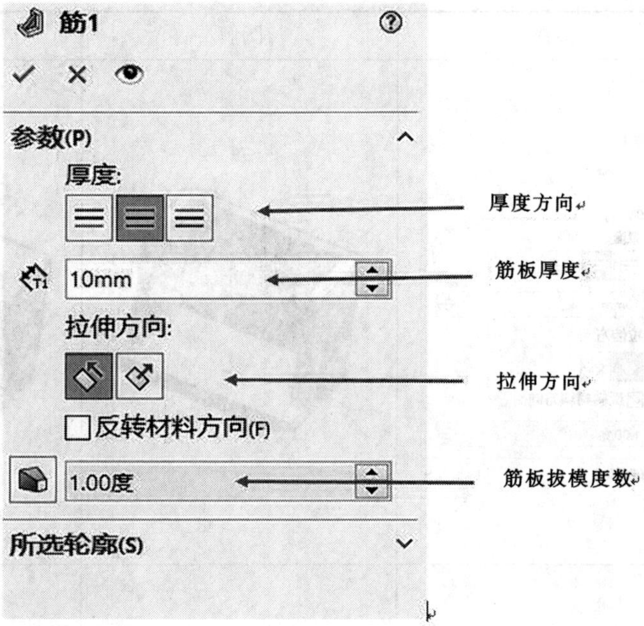

图 2-2-2 【筋】属性管理器

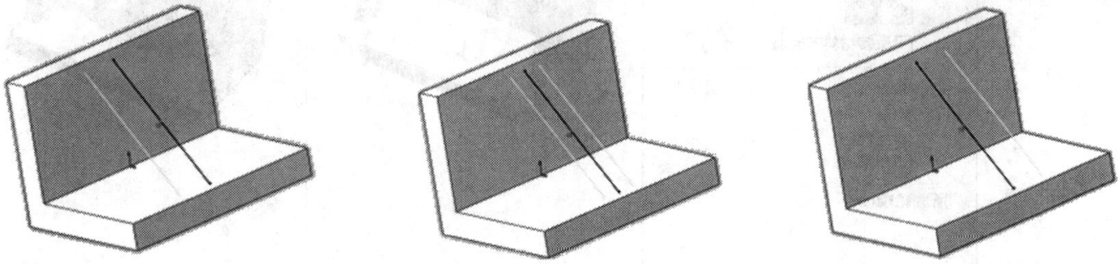

(a)第一边　　(b)两侧对称　　(c)第二边

图 2-2-3 筋板的厚度方向

1.2.2 拉伸方向

筋的拉伸方向可以分为【平行于草图】和【垂直于草图】两种，分别举例如表 2-2-1 所示。

表 2-2-1　筋的拉伸方向

<table>
<tr><th>类型</th><th>参数</th><th>图解</th><th>结果</th></tr>
<tr><td>平行于草图</td><td>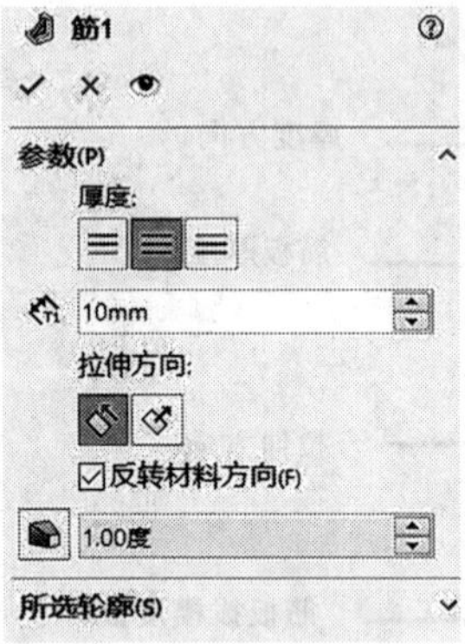
</td><td>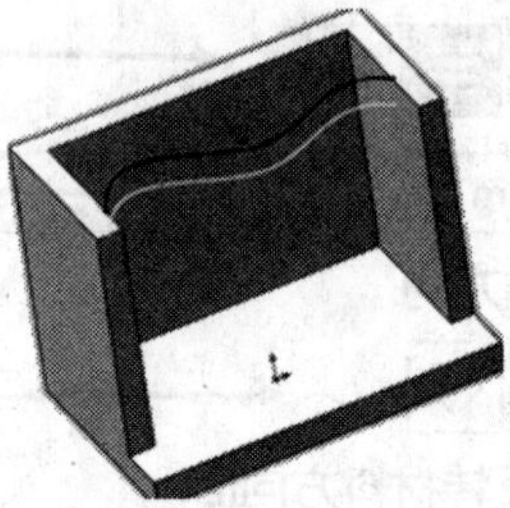</td><td>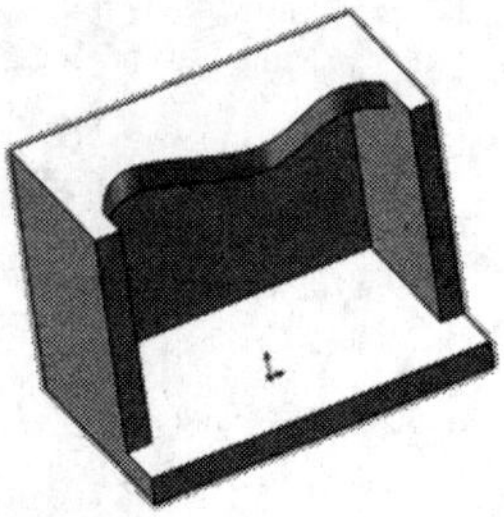</td></tr>
<tr><td>垂直于草图</td><td>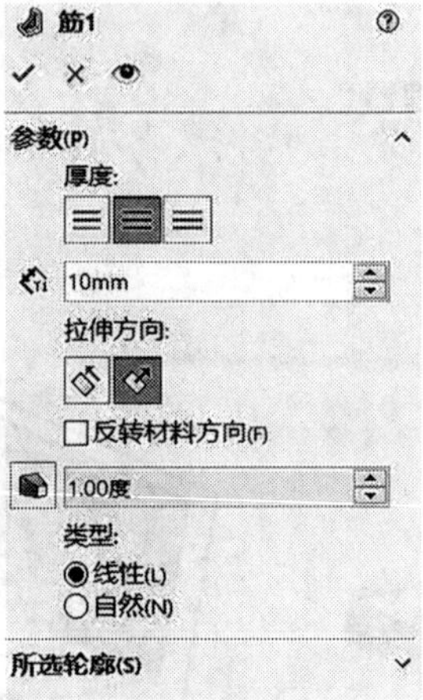
</td><td>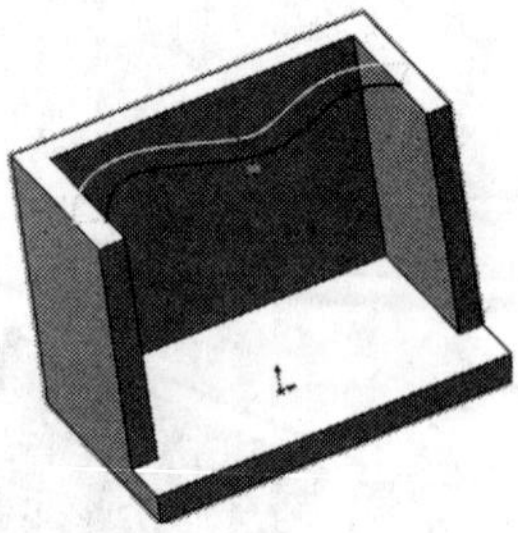</td><td>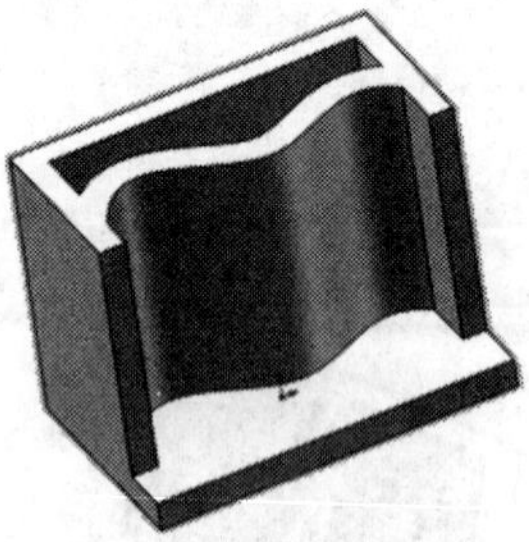</td></tr>
</table>

1.2.3　材料方向

通过【反转材料方向】可以设定筋板的拉伸方向。

1.2.4　类型

用于设定筋板的延伸方向。当筋沿着【垂直于草图】方向拉伸时，如果草图未与实体相交，软件自动将草图延伸至实体边界。筋板的延伸类型包括线性和自然两种(见表 2-2-2)。

表 2-2-2 筋板的延伸类型

类型	参数	说明	结果
线性	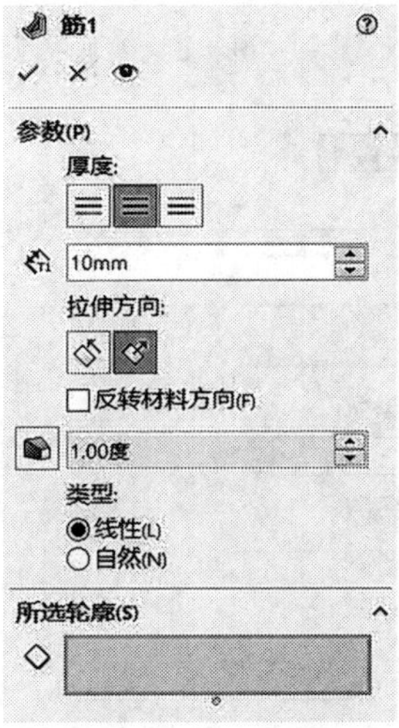	自动将现有草图沿切线方向延伸(圆弧)或共线方向延伸(直线)至实体边界,最终自动生成筋板	
自然	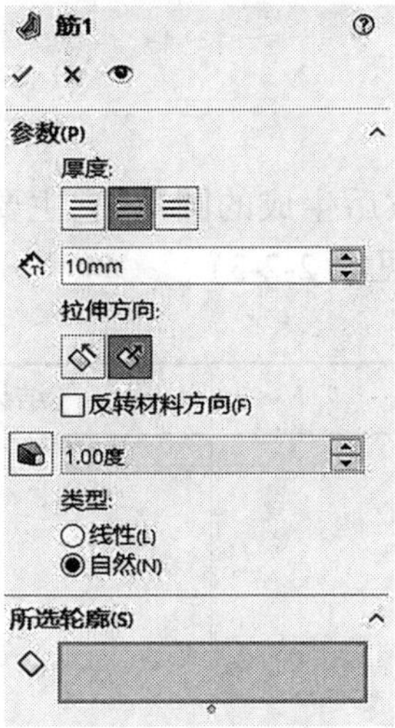	自动将现有草图以相同轮廓方式延续,直至与实体边界相交,最终自动生成筋板	

1.2.5 拔模

单击【拔模开/关】使之处于打开状态,意味着将添加拔模到筋。可以设定拔模角度来指定拔模度数。根据具体情况选择拔模,生成向外拔模角度。如消除选择,则生成一向内拔模角度。

2 圆角

圆角特征是在零件上生成内圆角或者外圆角面的一种特征,可以在一个面的所有边线上、所选的多组面上、所选的边线或者边线环上生成圆角。

码 2-9 微课:圆角特征

圆角的操作步骤:依次执行【插入】|【特征】|【圆角】命令,或者直接单击【特征】工具栏中的【圆角】按钮,系统出现如图 2-2-4 所示面板,包括【手工】类型和【FilletXpert】类型,用户通过其参数设置对实体零件进行操作。

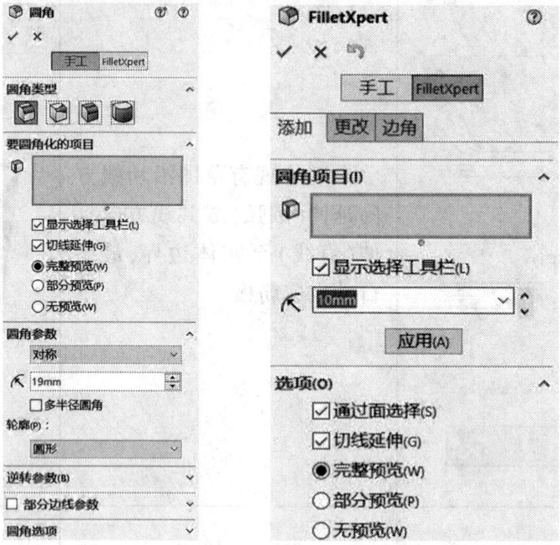

图 2-2-4 【圆角】属性栏

2.1 【手工】类型

【手工】类型中的圆角是用户通过手动设置相关参数后生成的圆角,它主要包括以下几种类型:等半径圆角、变半径圆角、面圆角、完整圆角(见表 2-2-3)。

表 2-2-3 圆角【手工】类型

类型	说明	参数	图解	结果
等半径圆角	生成整个圆角的长度都是等半径的圆角	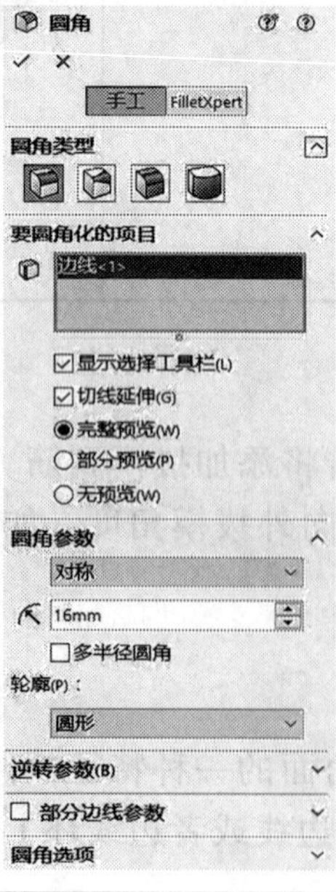	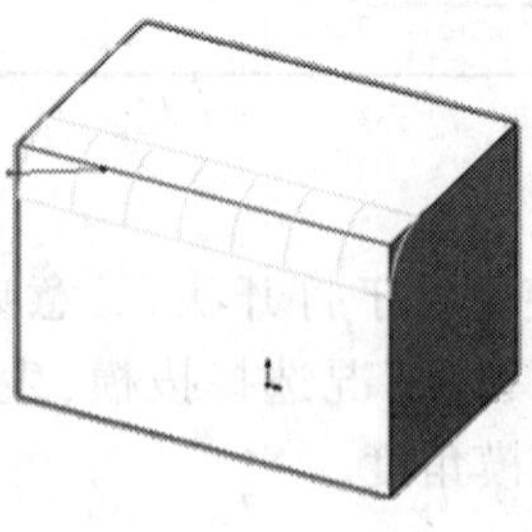	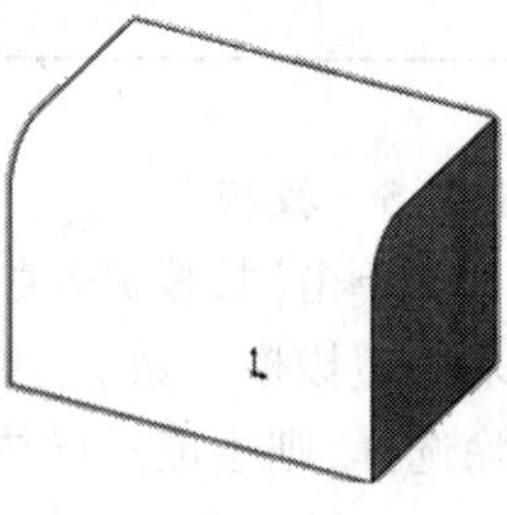

续表 2-2-3

类型	说明	参数	图解	结果
变半径圆角	对同一条边用不同的半径生成圆角	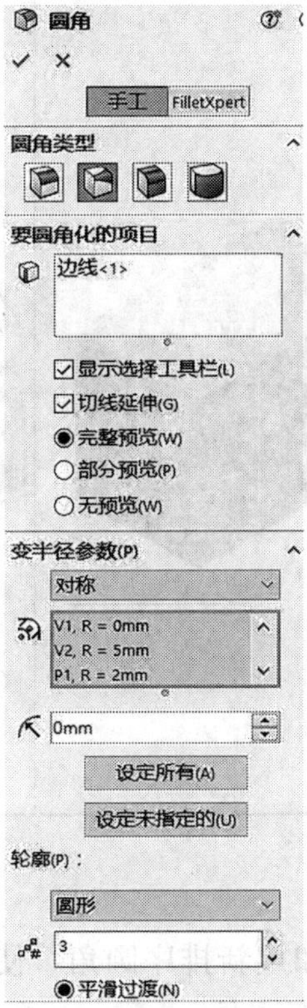	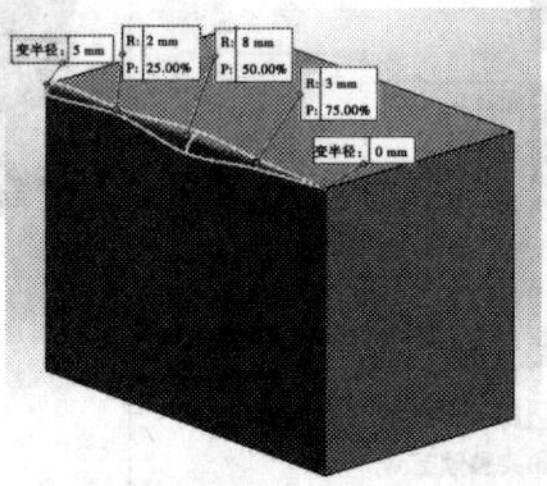	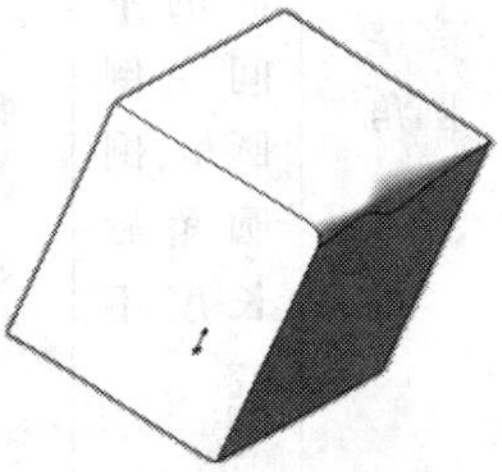
面圆角	在两个相邻面的相交处倒圆角	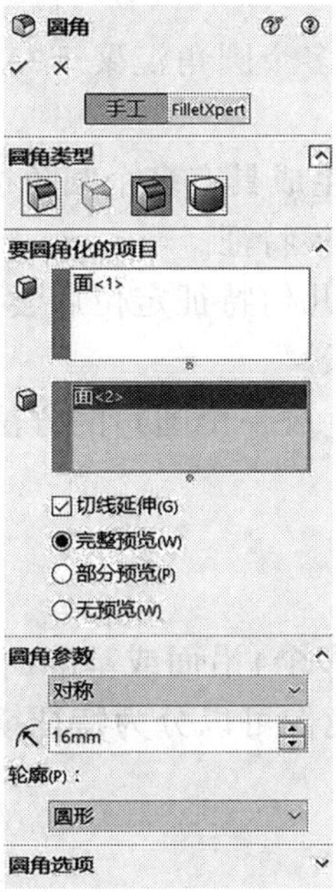	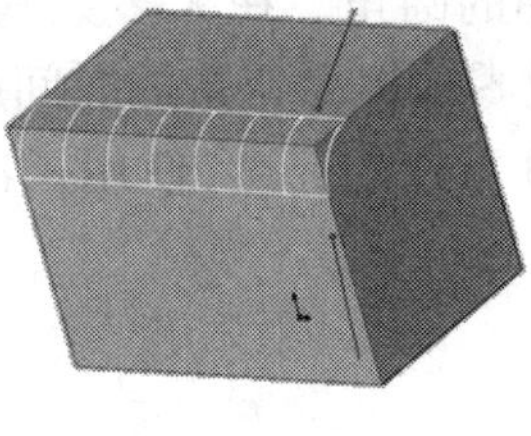	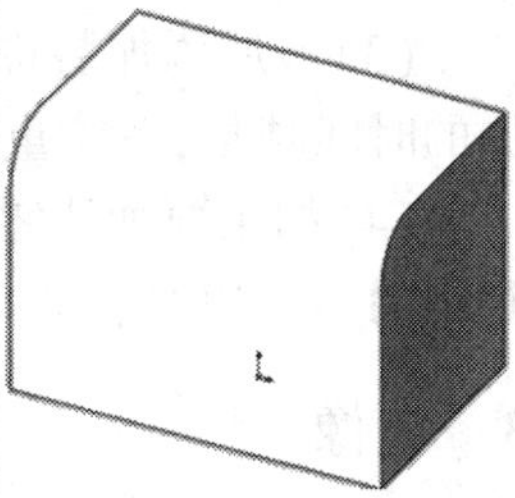

续表 2-2-3

类型	说明	参数	图解	结果
完整圆角	在三个首尾相邻的面的中间面倒圆角,倒圆角后长度不变	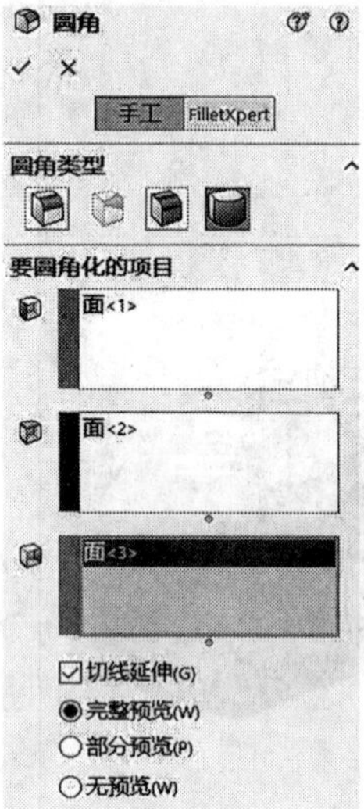	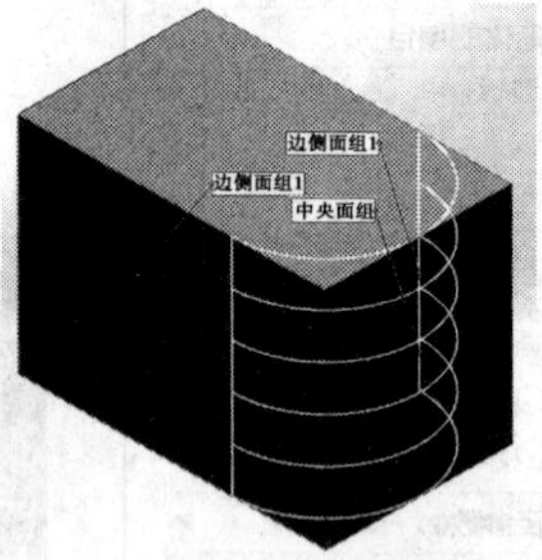	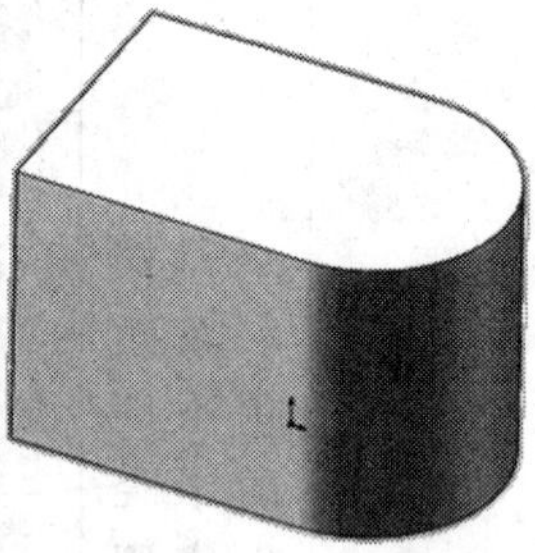

2.2 【FilletXpert】模式

在【FilletXpert】模式中,可以帮助管理、组织和重新排序圆角。使用【添加】选项卡可以生成新的圆角,使用【更改】选项卡可以修改现有圆角。

圆角特征注意事项如下:

(1)在添加小圆角之前添加较大圆角。当有多个圆角汇聚于一个顶点时,先生成较大的圆角。

(2)在生成圆角前先添加拔模特征。如果要生成具有多个圆角边线及拔模面的铸模零件,在大多数情况下,应在添加圆角之前添加拔模特征。

(3)最后添加装饰用的圆角。在大多数其他几何特征定位后尝试添加装饰圆角,添加的时间越早,系统重建零件需要花费的时间越长。

(4)如果要加快零件重建的速度,使用一次生成一个圆角的方法处理需要相同半径圆角的多条边线。

3 镜像

镜像就是把现有实体或特征(可以是一个或多个)沿面或基准面镜像,使镜像所得的特征与原始特征关于镜像基准面对称的方法。镜像可以分为特征镜像和实体镜像两种方法。

3.1　镜像特征

3.1.1　操作步骤

选择【镜向】按钮，弹出【镜向】属性管理器(见图 2-2-5)。激活【要镜向的特征】选择框，设置属性管理器中各选项，再单击【确定】按钮，即可完成镜像。

码 2-10　微课：镜像特征

3.1.2　选项说明

(1)【镜向面/基准面】：在图形区域内选择用于镜像的实体面或基准面。

(2)【要镜向的特征】：单击模型中一个或多个特征或在特征管理器设计树中选择需要镜像的特征部分。

(3)【要镜向的面】：单击图形区域中构成需镜像的特征的面。此选项对于在输入过程中包括特征的面但不包括特征本身的输入零件很有用。

所有参数设置完成，即可完成镜像特征(见图 2-2-6)。

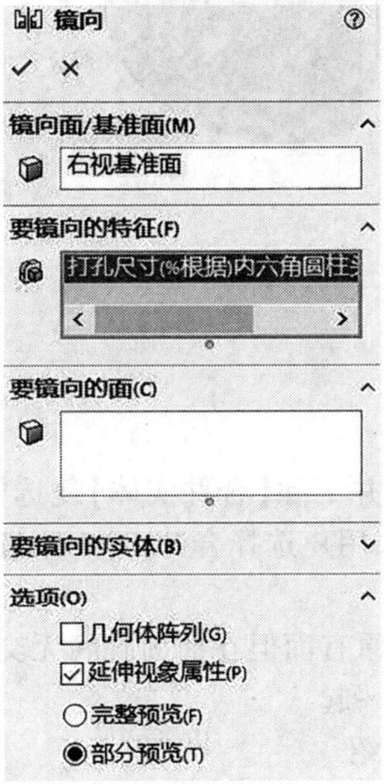

图 2-2-5　【镜向】属性管理器

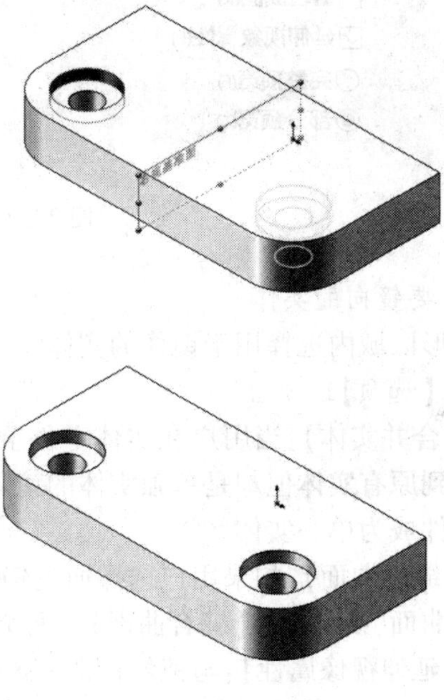

图 2-2-6　镜向特征实例

3.2　镜像实体

3.2.1　操作步骤

选择【镜向】按钮，弹出【镜向】属性管理器。激活【要镜向的实体】选择框，设置属性管理器中各选项，再单击【确定】按钮，即可完成镜向(见图 2-2-7)。(取消选项中的合并结果)

3.2.2　选项说明

3.2.2.1　镜向面/基准面

在图形区域内选择用于镜像的实体面或基准面。

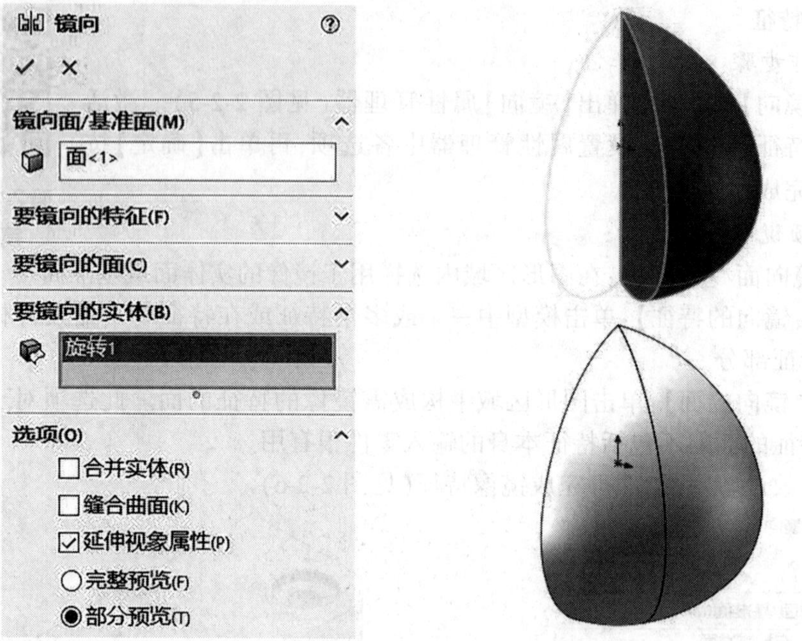

图 2-2-7　镜像实体

3.2.2.2　要镜向的实体

在图形区域内选择用于镜像的实体。

3.2.2.3　【选项】选项组

(1)【合并实体】:当用户在实体零件上选择一个面并消除【合并实体】复选框时,可生成附加到原有实体但却是单独实体的镜像实体。如果用户选择合并实体,原有零件和镜像的零件成为单一实体。

(2)【缝合曲面】:如果用户选择通过镜像面附加到原有面但在曲面之间无交叉或缝隙来镜像曲面,则可选择【缝合曲面】将两个曲面缝合在一起。

(3)【延伸视像属性】:与镜像特征一致,在此不再介绍。

所有参数设置完成,即可完成镜像实体(见图 2-2-7)。

【任务实施】

1　思路分析

如图 2-2-1 所示,轴承座可分为底板、支撑板、轴承三大部分,此零件可分别选用拉伸特征、圆角特征、镜像特征和筋特征,采用叠加组合法建模。其操作步骤依次为(a)→(b)→(c)→(d)→(e)→(f)→(g)→(h)→(i)→(j)→(k)(见图 2-2-8)。

码 2-11　微课:轴承座设计实例练习

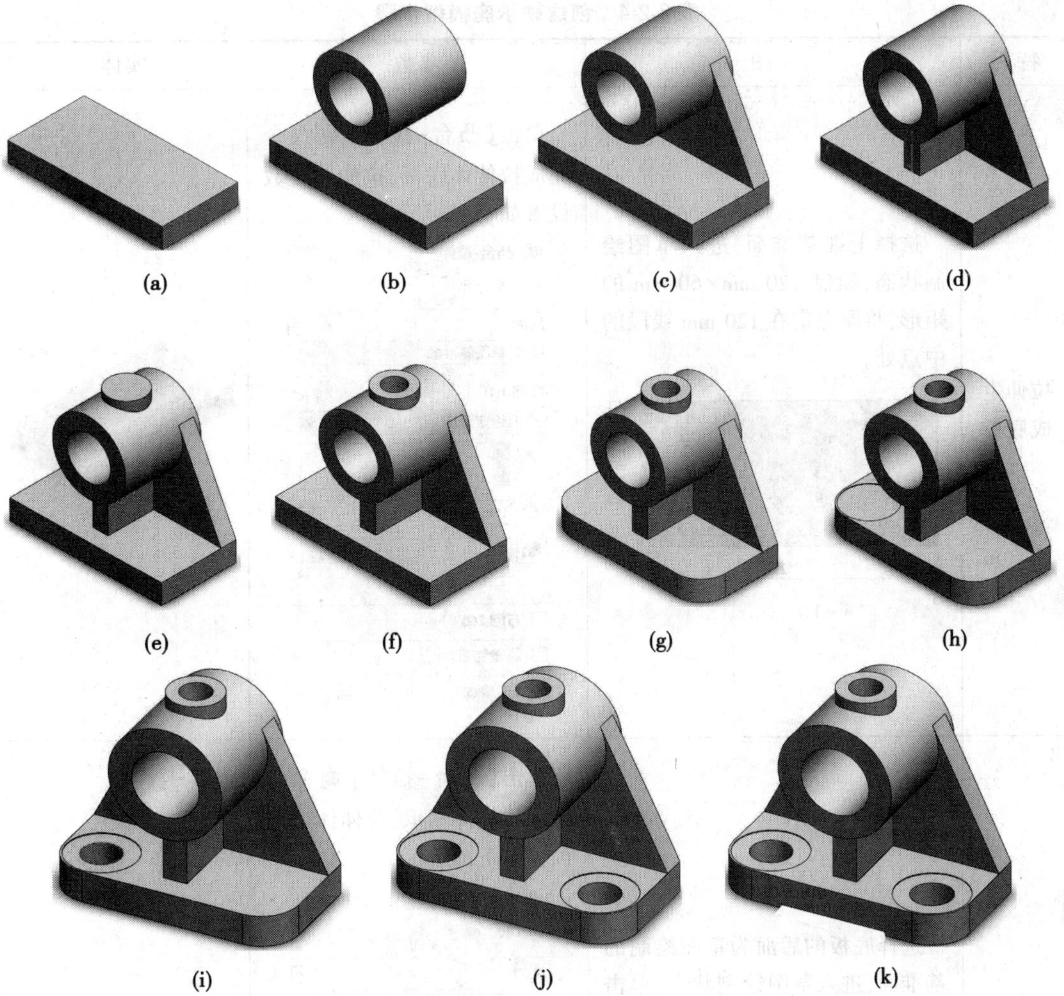

图 2-2-8　轴承座设计步骤示意图

2　建模步骤

2.1　创建文档与基本操作

启动 SolidWorks 软件，单击【文件】|【新建】，弹出【新建 SOLIDWORKS 文件】对话框，单击【零件】图标，再单击【确定】按钮［确定］，完成零件的新建过程，进入 SolidWorks 建模环境。

2.2　创建模型

创建轴承座模型步骤如表 2-2-4 所示。

表 2-2-4　创建轴承座模型步骤

<table>
<tr><th>特征</th><th>草图</th><th>参数</th><th>实体</th></tr>
<tr><td>拉伸生成底板</td><td>选择上视基准面，进入草图绘制状态，绘制 120 mm×60 mm 的矩形，将原点定在 120 mm 线段的中点处。
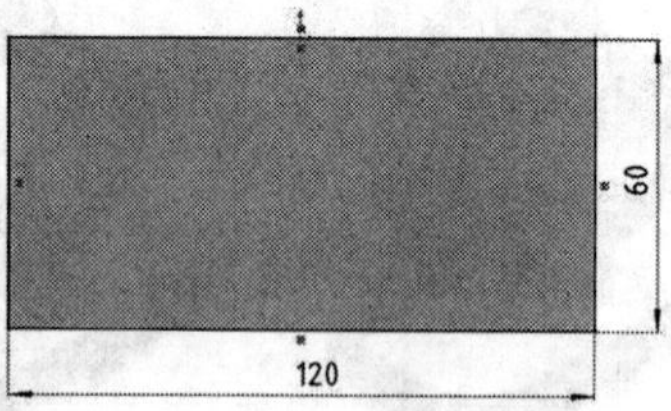</td><td>单击【凸台-拉伸】命令完成拉伸体底板，拉伸体参数设置如下图所示。
</td><td></td></tr>
<tr><td>圆筒</td><td>选择底板的后面为草图绘制的基准面，进入草图绘制状态，单击【圆】命令，绘制如下草图。
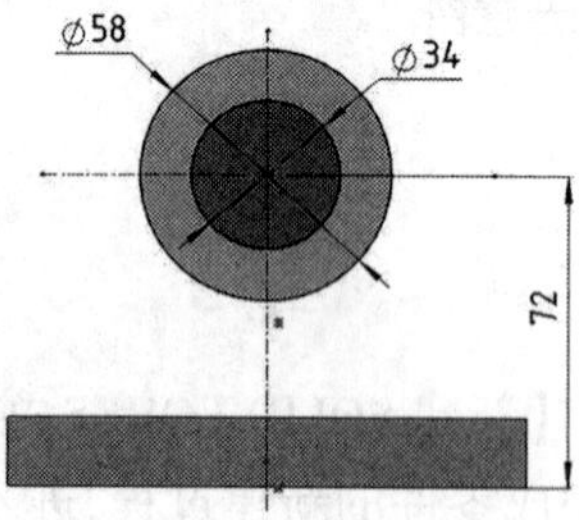</td><td>单击【凸台-拉伸】命令完成拉伸体轴承，拉伸体参数设置如下图所示。
</td><td></td></tr>
</table>

续表 2-2-4

特征	草图	参数	实体
支撑板	选择底板的后面为草图绘制的基准面，进入草图绘制状态，用【直线】和【转换实体引用】，注意添加两侧直线与圆的相切几何关系，完成支撑板的草图并标注尺寸（见下图）。 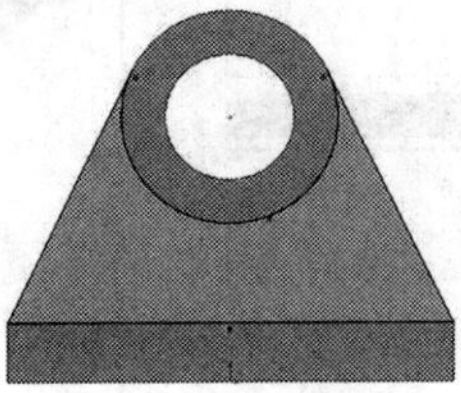	单击【凸台-拉伸】命令完成拉伸体支撑板，拉伸体参数设置如下图所示。 	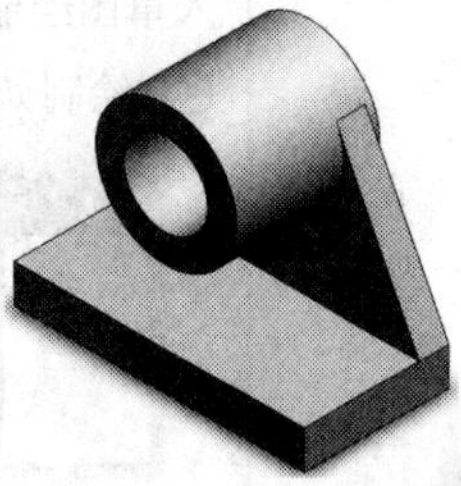
筋	选择右视基准面进入草图绘制状态，用【直线】命令绘制筋草图（注意直线的端点与轴承圆筒的下素线及底板的上面是重合的几何关系）。绘制草图如下图所示。 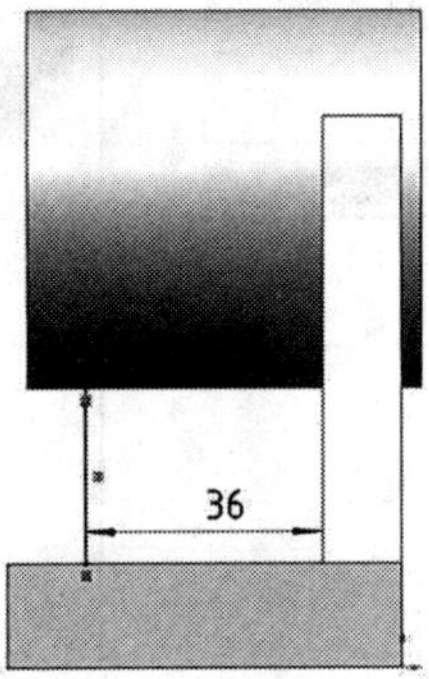	单击【筋】图标，完成筋，参数设置如下图所示。 	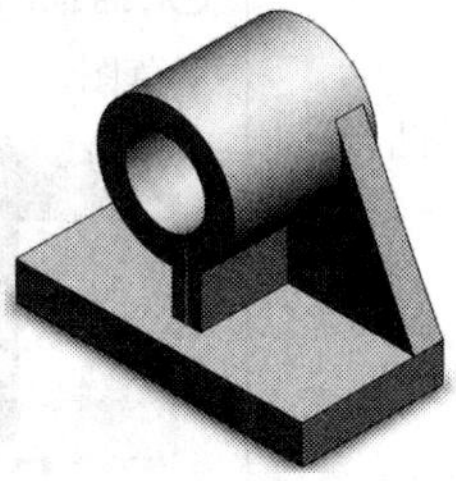

续表 2-2-4

<table>
<tr><th>特征</th><th>草图</th><th>参数</th><th>实体</th></tr>
<tr>
<td>凸台</td>
<td>选择上视基准面绘制草图,进入草图绘制状态,单击【圆】命令,绘制如下草图。

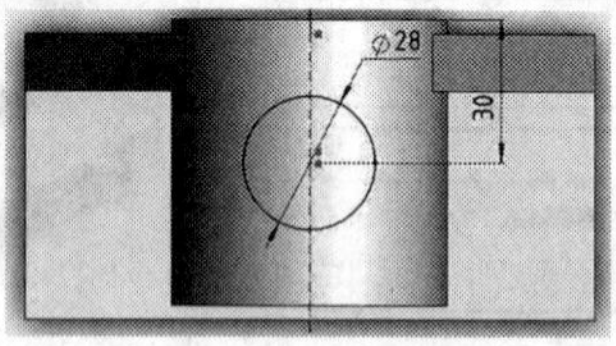

</td>
<td>单击【凸台-拉伸】命令完成拉伸体凸台,拉伸体参数设置如下图所示。

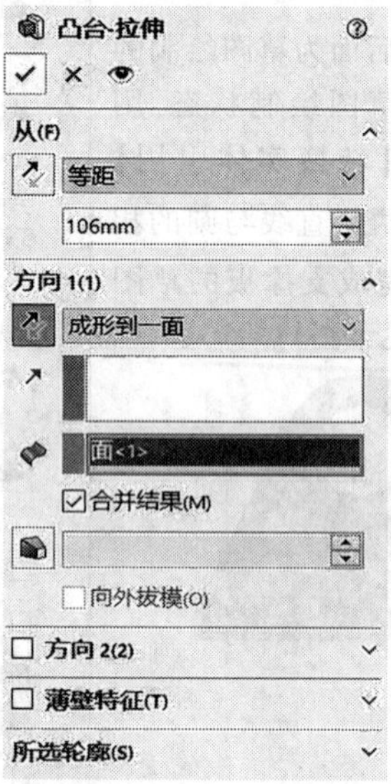

</td>
<td>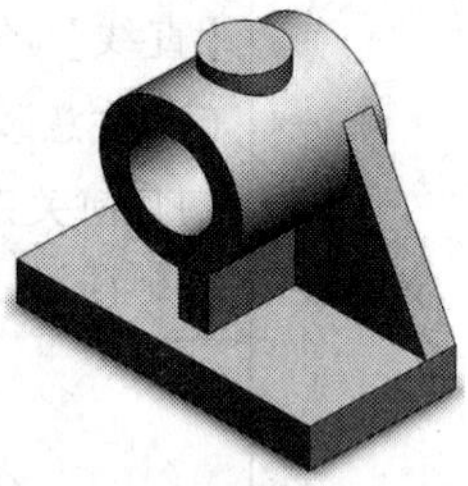</td>
</tr>
<tr>
<td>凸台孔</td>
<td>选择凸台上面为基准面,进入草图绘制状态,单击【圆】命令,捕捉凸台圆心为圆心,绘制如下草图。

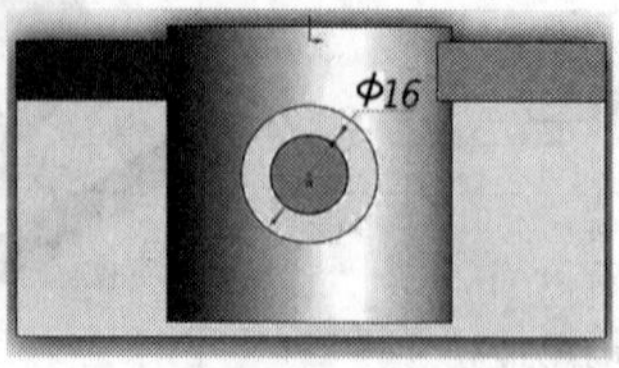

</td>
<td>单击【切除-拉伸】命令,完成凸台孔切除,切除参数设置如下图所示。

</td>
<td></td>
</tr>
</table>

续表 2-2-4

特征	草图	参数	实体
底板圆角	用等半径圆角命令生成底板圆角	单击【圆角】图标生成底板圆角，圆角参数设置如下图所示。 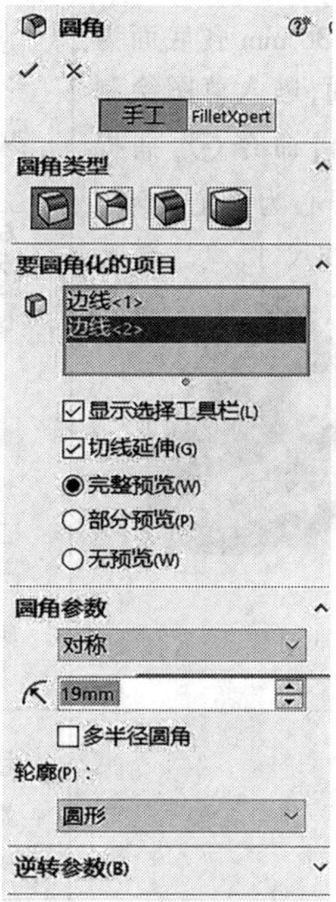 	
生成底板地脚螺钉孔	用拉伸切除命令完成ϕ 36 mm ↧0.5 mm 孔切除。选择底板的上表面为草图绘制基准面，进入草图绘制状态。单击【圆】命令，捕捉圆角的圆心，绘制如下草图，并标注尺寸。 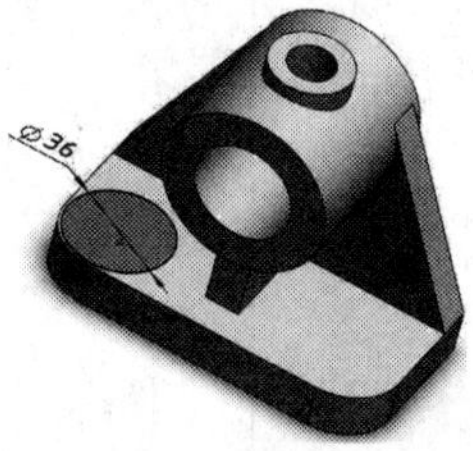 	用【切除-拉伸】命令，完成ϕ 36 mm ↧0.5 mm 孔切除，切除参数设置如下图所示。  	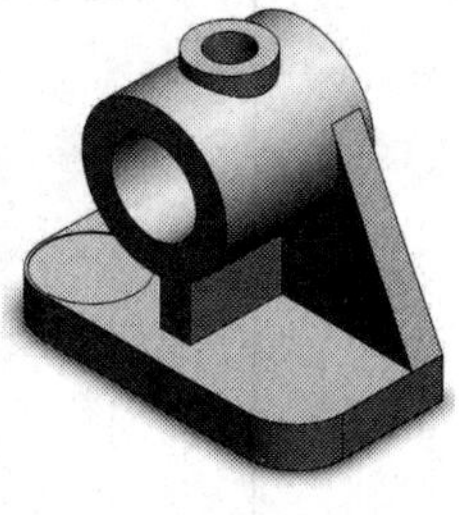

续表 2-2-4

特征	草图	参数	实体
生成底板地脚螺钉孔	用拉伸切除命令完成ϕ 20 mm孔切除。选择ϕ 36 mm孔底面为草图绘制基准面，进入草图绘制状态。单击【圆】命令，捕捉ϕ 36 mm孔的圆心为圆心，绘制如下草图，并标注尺寸。 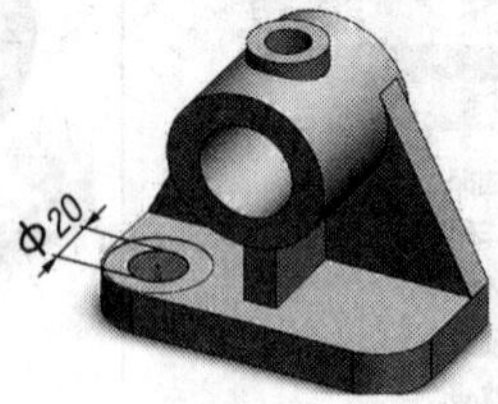	用【切除-拉伸】命令，完成ϕ 20 mm孔切除，切除参数设置如下图所示。 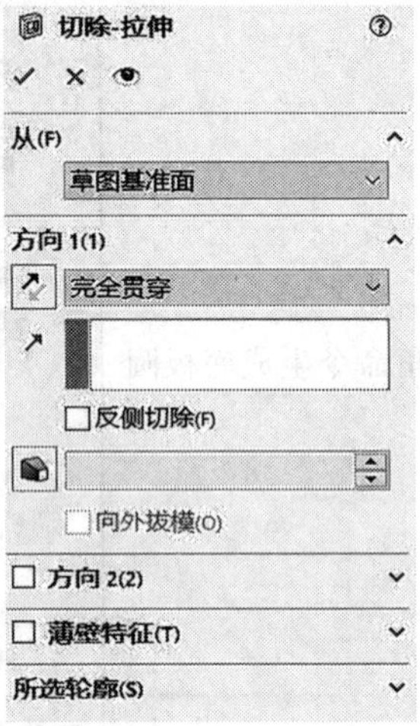	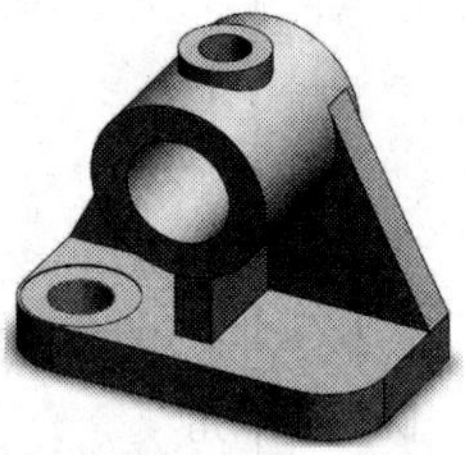
	用镜像命令完成另外一端螺钉孔	用【镜向】命令完成另外一端螺钉孔，镜像参数设置如下图所示。 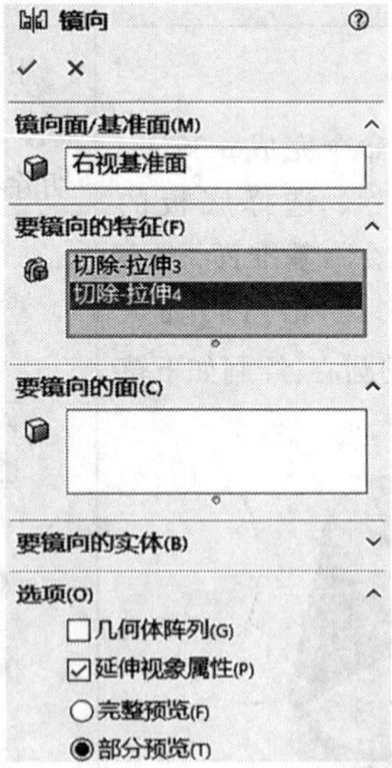	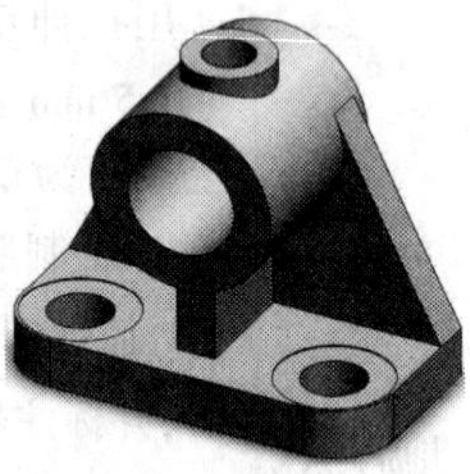

续表 2-2-4

<table>
<tr><th>特征</th><th>草图</th><th>参数</th><th>实体</th></tr>
<tr><td>切出底板下方槽</td><td>选择底板的前面为基准面，进入草图绘制状态，用【矩形】命令，完成底板下方槽的草图并标注尺寸，注意要添加原点与矩形下边线中点约束（见下图）。
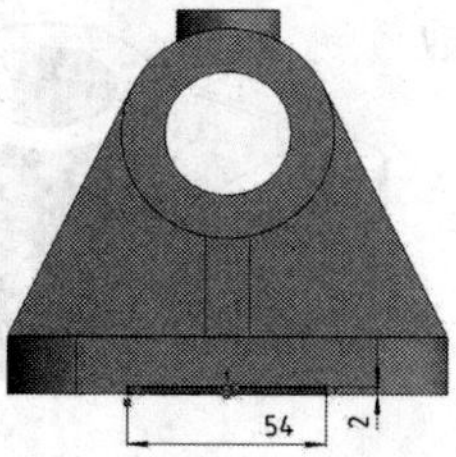
</td><td>单击【切除-拉伸】命令，完成底板下方槽切除，切除参数设置如下图所示。
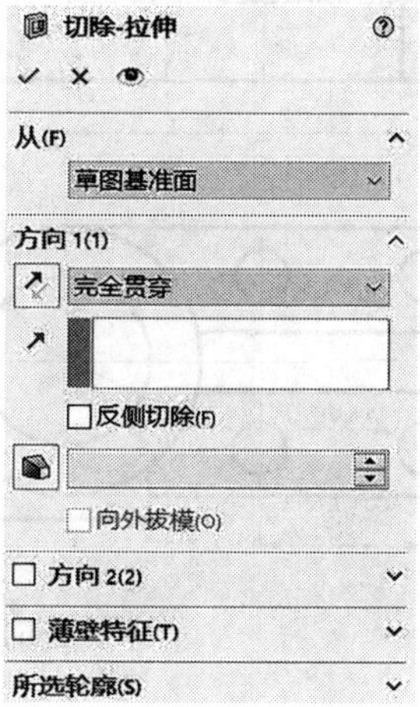
</td><td>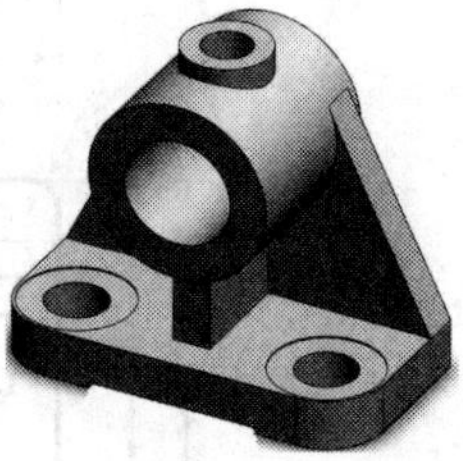</td></tr>
</table>

【技能训练】

根据如图 2-2-9 所示的零件图分别进行三维建模。

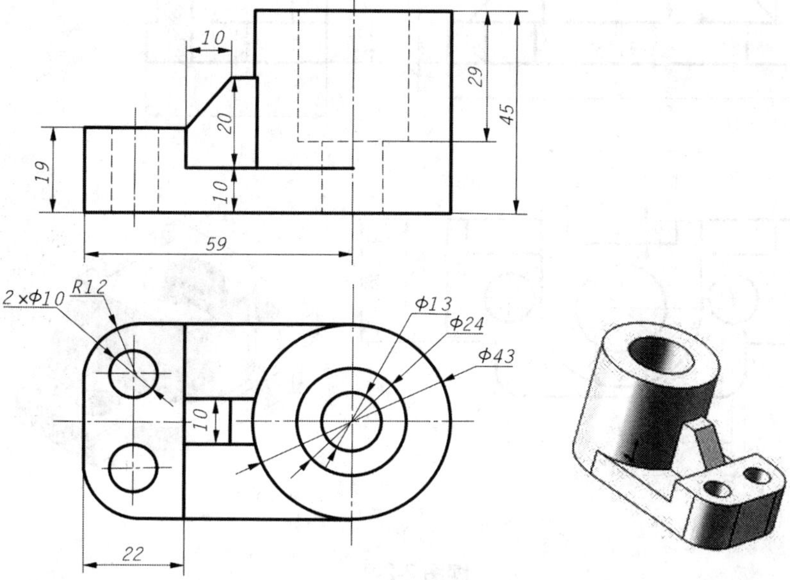

(a)

图 2-2-9　零件图

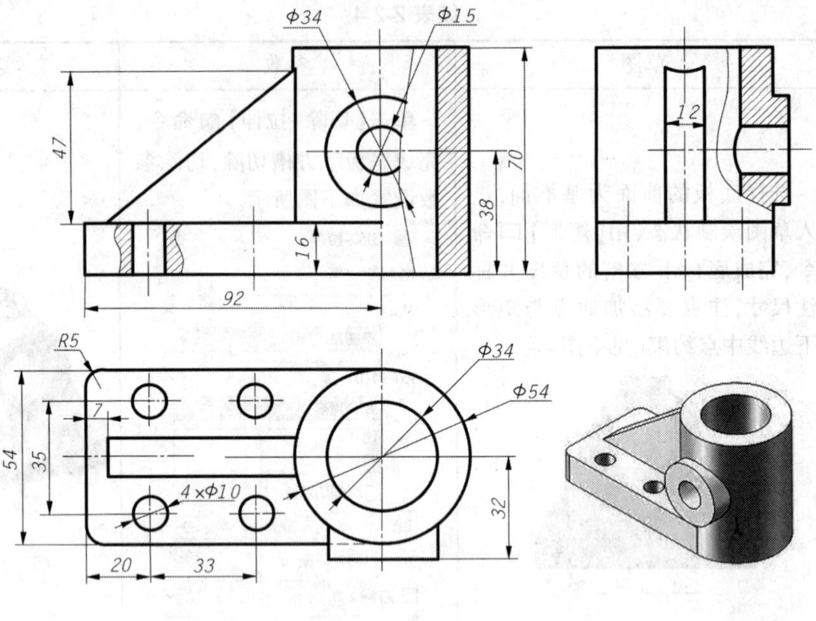
Φ34
Φ15
47
70
38
16
92
12
R5
Φ34
Φ54
7
54
35
4×Φ10
32
20
33

(b)

15
10
12
18
8
70
30
7
36
32
22
Φ18
5
16
18
25
2×Φ10
45
R6
50

(c)

续图 2-2-9

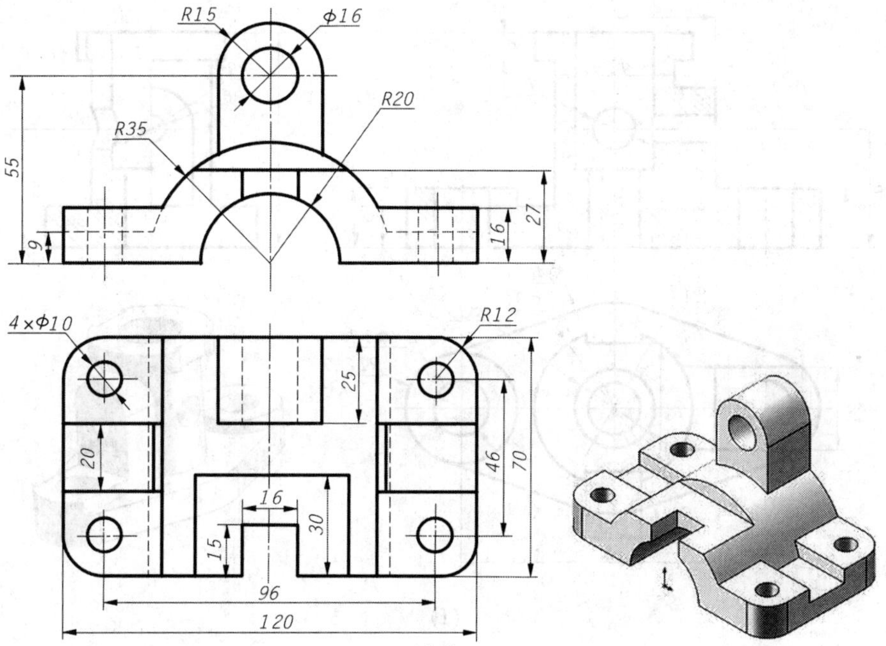
R15
Φ16
R20
R35
55
27
16
9
4×Φ10
R12
25
20
46
70
16
30
15
96
120

(d)

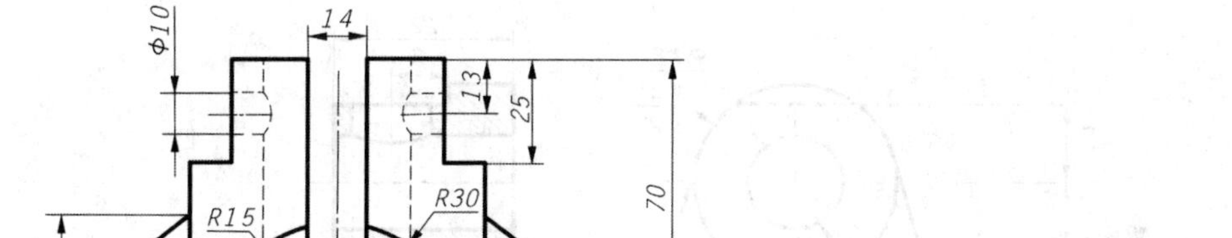
14
Φ10
13
25
70
R15
R30
20
22
12
4
50
R15
4×Φ15
Φ35
Φ70
95
65
10
50
90
120

(e)

续图 2-2-9

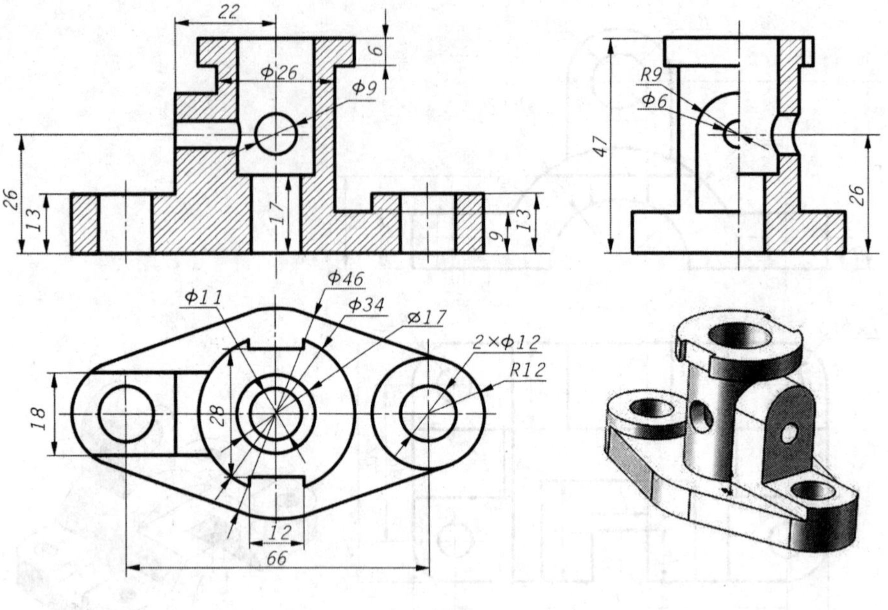
22
6
Φ26
Φ9
26
13
17
9
13
R9
Φ6
47
26
Φ46
Φ11
Φ34
Ø17
2×Φ12
R12
18
28
12
66

(f)

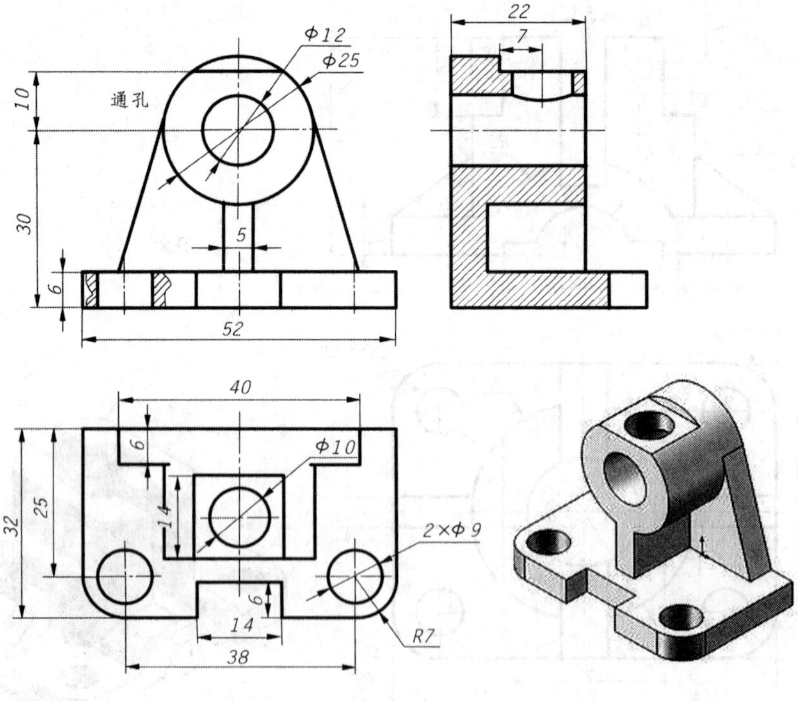
Φ12
Φ25
10
通孔
30
5
6
52
22
7
40
6
Φ10
32
25
14
2×Φ 9
6
14
R7
38

(g)

续图 2-2-9

全国劳模的筑基成材之路——从高职毕业生到全国劳动模范

2020 年 11 月 24 日，全国劳动模范和先进工作者表彰大会在北京人民大会堂隆重举行，河南工业职业技术学院毕业生余军伟被表彰为“全国劳动模范”，习近平总书记为他颁发荣誉证书。从一名普通的高职学生成长为全国劳模，学校的培养教育为他打开一扇窗，并照亮了他技能报国的人生道路。

2004 年，余军伟入校学习机械设计与制造专业。学校立足军工特色，弘扬军工文化，创新开设“导师制”研修班，聘请机械制造经验丰富的优秀教师及企业高工担任“导师”，指导学员解决生产实际中的典型技术问题。余军伟积极报名参加，在理实一体化的项目式教学中，从做中学、从学中悟，掌握了应用于生产实际的技术技能，锤炼了“忠、毅”的品性，“严、细”的作风，“精、优”的质量观念。

毕业后，余军伟工作于河南航天精工制造有限公司，凭着扎实的基础和不服输的韧劲，不断用技术创新来实现自己的航天报国梦。在面对某发动机配套研制任务时，他成功解决了高温合金材料螺栓成型缺陷和模具寿命短的问题，为企业节约大量生产成本；在完成国家某重点工程研制任务中，他以“一次镦锻成形技术”为航天事业提供高科技、高性能紧固件；在轨道交通领域，他研制的制动盘螺栓、螺母，成功替代了进口产品，打破了国外的技术垄断。工作十几年来，他获得了多项实用新型和发明专利，先后荣获“航天技术能手”“河南省五一劳动奖章”“全国五一劳动奖章”“全国劳动模范”等荣誉称号。

发挥“传、帮、带”作用，不仅体现在余军伟工作中的“师带徒”，更体现在他言传身教，激励母校学子坚定技能报国理想。2020 年 12 月，他回到母校，在“全国劳动模范座谈交流会”“军工文化大讲堂”上，畅谈自己扎根一线、攻坚克难的执着和坚守，他的学习经历、成长之路、工作成绩、奋斗精神等，成为同学们走向技能成才之路最生动、最亲切、最令人信服的教材。

“人人皆可成才、人人尽展其才”是军民融合、校企共育的显著成果。在余军伟任职的河南航天精工制造有限公司，很多校友都成长为企业的骨干，谢长超荣获“河南军工大工匠”，张钦莹带领团队研发智能检测系统，王妍走上管理岗位，他们干一行爱一行、钻一行精一行，在平凡的岗位上干出不平凡业绩，用坚定的理想信念、不懈的进取精神，脚踏实地做好每一件事，做中国制造、中国创造的生力军。

图 2-2-10　余军伟在车间操作机床

图 2-2-11　余军伟荣获“全国劳动模范”荣誉称号

任务 3 端盖建模

【学习目标】

1. 进一步熟悉拉伸特征。
2. 熟悉筋的创建方法。
3. 掌握异型孔的创建方法。
4. 掌握旋转特征的创建方法。

【任务内容】

建立如图 2-3-1 所示的端盖零件。

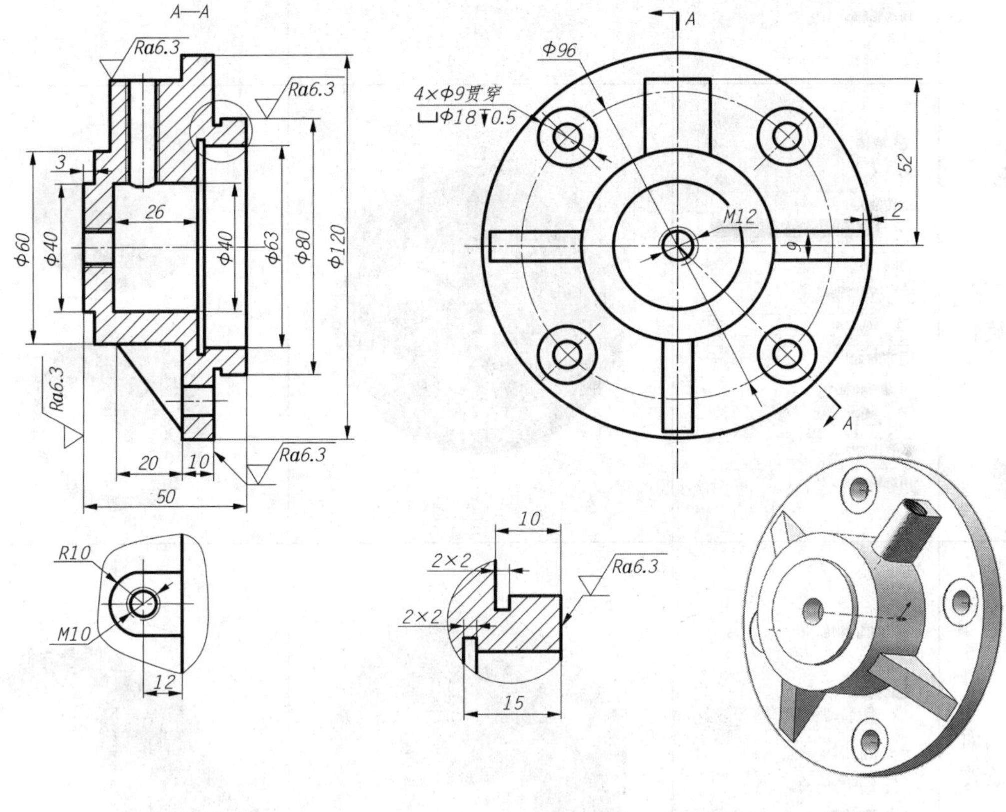

图 2-3-1 端盖零件

【知识与技能准备】

1 旋转基体特征

旋转特征是将一个或多个草图轮廓轴线旋转指定的角度而生成的几何模型。特征可以是实体、薄壁或曲面(见表 2-3-1),轴线可以是中心线、草图直线、模型边线,但旋转轴要位于草图绘制平面上。

码 2-12 微课:旋转特征

表 2-3-1 旋转特征类型

类型	参数	图解	结果
基体（凸台）旋转	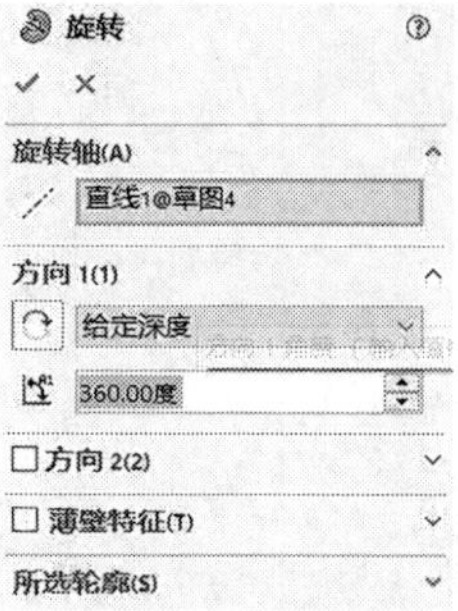	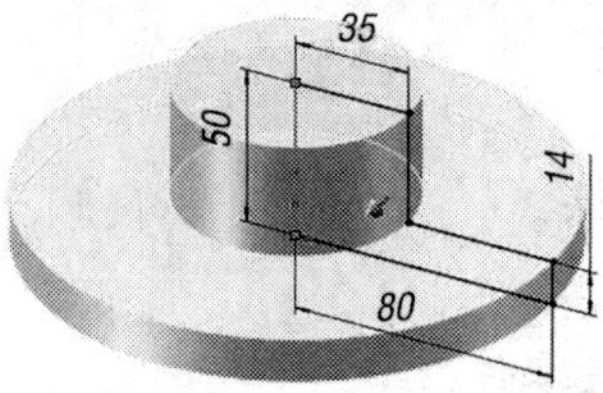	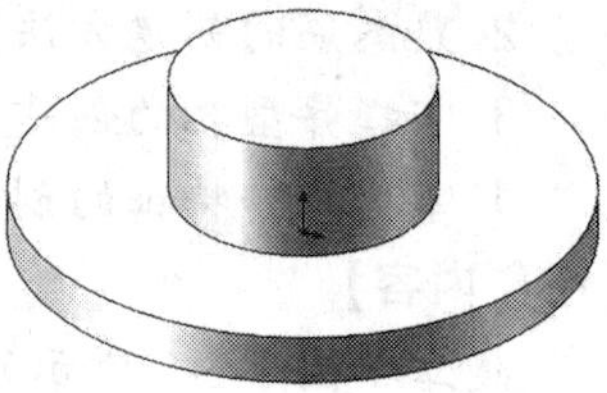
薄壁旋转		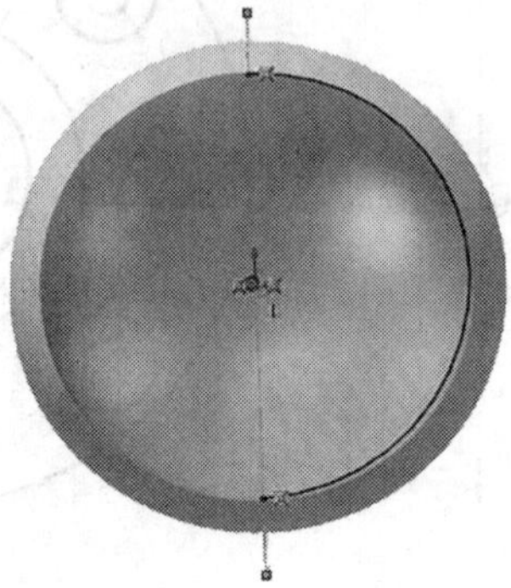	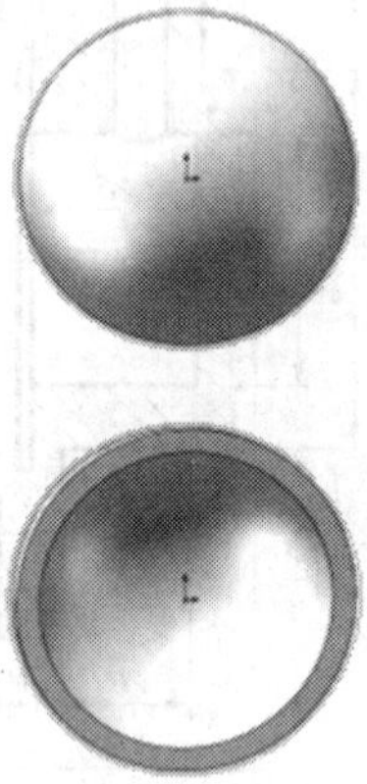
曲面旋转		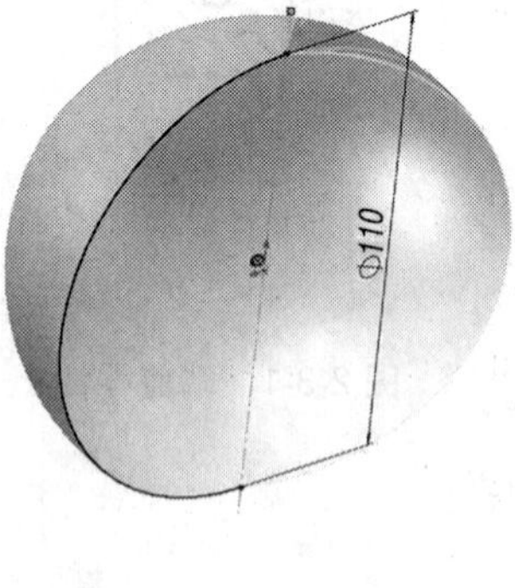	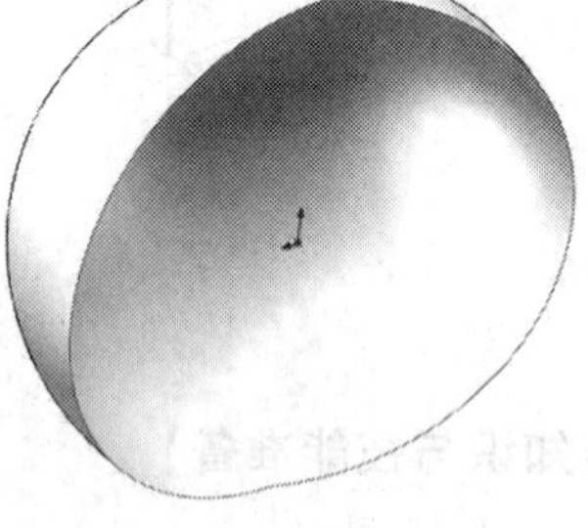

1.1 旋转操作

单击【特征】栏中【旋转凸台/基体】按钮，弹出【旋转特征】属性管理器（见图 2-3-2），设置各选项参数。

图 2-3-2　【旋转特征】属性管理器

1.2　旋转参数说明

1.2.1　旋转轴

旋转必须指定旋转轴。旋转轴可以是中心线、实线、模型边线和轴线。

1.2.2　旋转类型

旋转类型包括给定深度、成形到一顶点、成形到一面、到指定的面指定的距离和两侧对称。

(1)给定深度:从草图基准面以单方向生成旋转(沿顺时针方向从草图测量),单击反向按钮来反转旋转方向。

(2)成形到一顶点:从草图基准面生成旋转到指定顶点。

(3)成形到一面:从草图基准面生成旋转到指定曲面。

(4)到指定的面指定的距离:从草图基准面生成旋转到指定曲面的指定距离。

(5)两侧对称:从草图基准面向两个方向对称旋转。

1.2.3　合并结果

将旋转特征与已存在的实体合并。这个选项只有在做第二个特征时才会显示。

1.2.4　薄壁特征

选择这个选项,旋转产生薄壁特征,需要选择厚度和薄壁类型(见表 2-3-2)。

表 2-3-2　薄壁类型

<table>
<tr><th>类型</th><th>描述</th><th>参数</th><th>图解</th></tr>
<tr><td>单向</td><td>从草图基准面以单一方向添加薄壁体积。如有必要，单击反向按钮来反转薄壁体积添加的方向</td><td>
</td><td>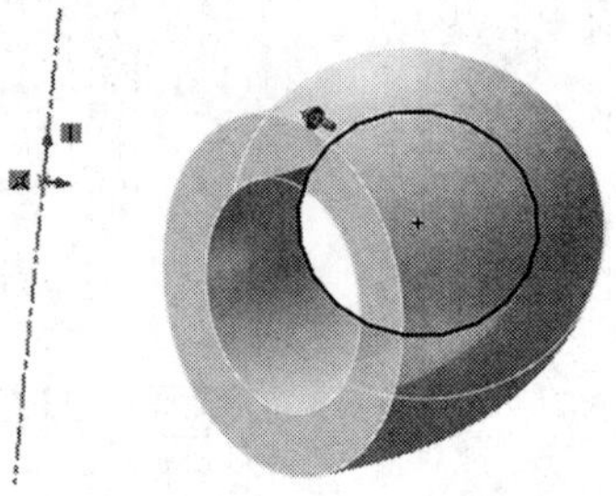</td></tr>
<tr><td>两侧对称</td><td>以草图基准面为中心，在草图基准面两侧均等添加薄壁体积</td><td>
</td><td>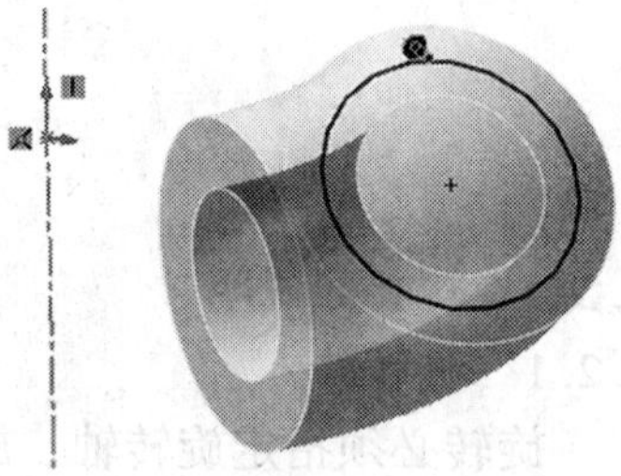</td></tr>
<tr><td>双向</td><td>在草图基准面两侧添加薄壁体积。方向 1 厚度从草图基准面向外添加薄壁体积。方向 2 厚度从草图基准面向内添加薄壁体积</td><td>
</td><td>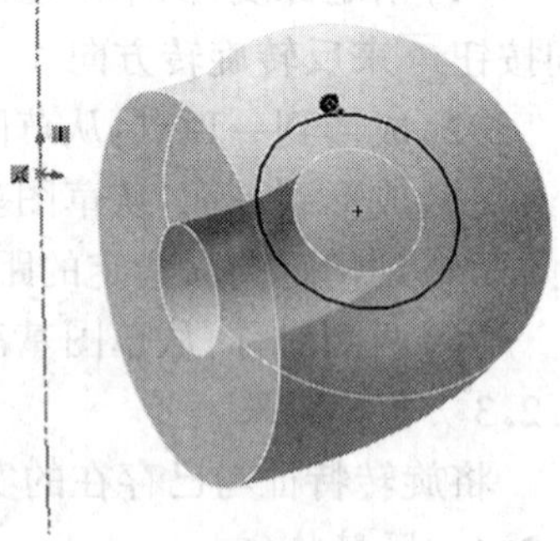</td></tr>
</table>

1.2.5　所选轮廓

当草图是多轮廓重叠时，需要指定旋转的轮廓。

在图形区域中选择轮廓来生成旋转（见图 2-3-3），步骤如下：

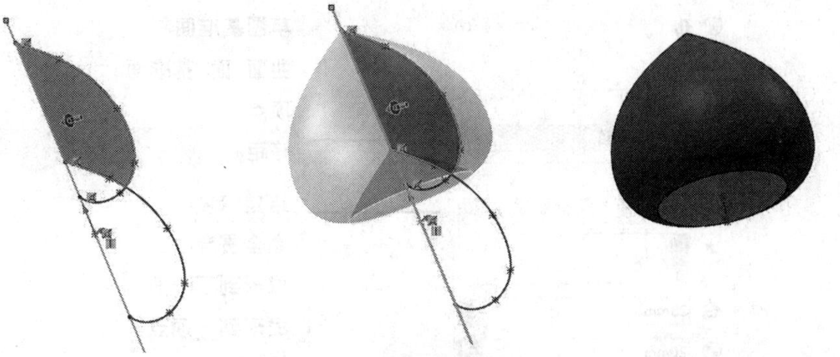

(a)选择区域　(b)预览轮廓　(c)生成旋转

图 2-3-3　所选轮廓说明

(1)将指针指在图形区域中相应位置上,位置改变颜色。

(2)单击图形区域中的位置来生成旋转的预览。草图的区域出现在所选轮廓框中。可选择任何区域组合来生成单一或多实体零件。

(3)单击【确定】按钮。

2　旋转切除特征

旋转切除是在给定的基体上,按照设计需要进行旋转切除。旋转切除与旋转特征的基本要素、参数类型和参数含义完全相同,这里不再赘述,请参考旋转特征的相应介绍。

3　孔特征

孔特征是在模型上生成各种类型的孔。在平面上放置孔并设置深度,可以通过标注尺寸的方法定义它的位置。

码 2-13　微课:孔特征

设计者一般是在设计阶段临近结束时生成孔,可以避免因为疏忽而将材料添加到先前生成的孔内。要生成不需要其他参数的孔,可以选择【简单直孔】命令;要生成具有复杂轮廓的异型孔(如锥孔等),则一般会选择【异型孔向导】命令。两者相比较,【简单直孔】命令在生成不需要其他参数的孔时,可以提供比【异型孔向导】命令更优越的性能。

3.1　简单直孔

单击菜单【插入】|【特征】|【孔】|【简单直孔】命令,弹出【简单直孔】属性管理器(见图 2-3-4),各选项功能说明如下。

3.1.1　【从】选项组

(1)【草图基准面】:从草图所在的同一基准面开始生成简单直孔。

(2)【曲面|面|基准面】:从这些实体之一开始生成简单直孔。

(3)【顶点】:从所选择的顶点位置处开始生成简单直孔。

(4)【等距】:从与当前草图基准面等距的基准面上生成简单直孔。

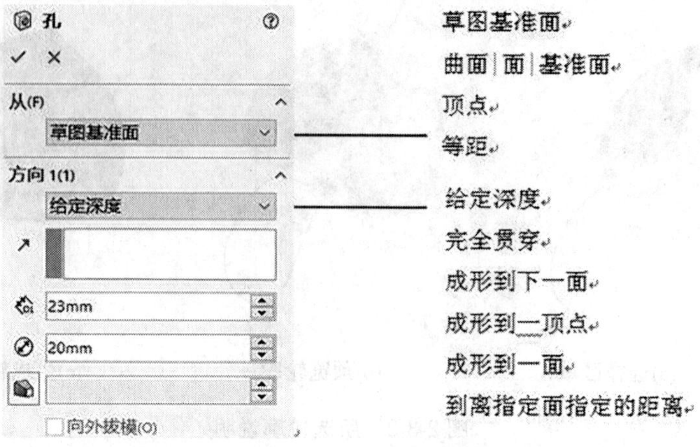

图 2-3-4 【简单直孔】属性管理器

3.1.2 【方向1】选项组

3.1.2.1 终止条件

(1)【给定深度】:从草图的基准面以指定的距离延伸特征。

(2)【完全贯穿】:从草图的基准面延伸特征直到贯穿所有现有的几何体。

(3)【成形到下一面】:从草图的基准面延伸特征到下一面(隔断整个轮廓)以生成特征。

(4)【成形到一顶点】:从草图的基准面延伸特征到某一平面,这个平面平行于草图基准面且穿越指定的顶点。

(5)【成形到一面】:从草图的基准面延伸特征到所选的曲面以生成特征。

(6)【到离指定面指定的距离】:从草图的基准面到某面的特定距离处生成特征。

3.1.2.2 拉伸方向

用于在除垂直于草图轮廓外的其他方向拉伸孔。

3.1.2.3 【深度】或【等距距离】

该项在把【终止条件】设置为【给定深度】或者【到离指定面指定的距离】时可用(在选择【给定深度】选项时,此选项为【深度】;在选择【到离指定面指定的距离】选项时,此选项为【等距距离】)。

3.1.2.4 孔直径

孔直径可设置孔的直径。

3.1.2.5 拔模开/关

添加拔模到孔,可以设置拔模角度。选择【向外拔模】选项,则生成向外拔模。

3.2 **异型孔**

单击【异型孔向导】按钮,弹出【孔规格】对话框(见图 2-3-5)。

【孔规格】的属性设置包括两个选项卡:【类型】和【位置】,可以在这两个选项卡之间进行转换。例如:选择【位置】选项卡定义孔的位置,可用添加约束方法确定孔的位置;选择【类型】选项卡定义孔的类型,然后再次选择【位置】选项卡添加更多孔。

在【类型】选项卡中,各选项功能说明如下。

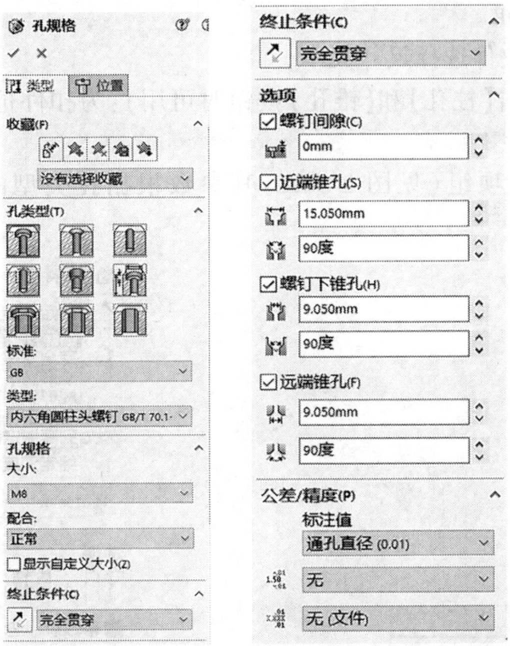

图 2-3-5 【孔规格】对话框

3.2.1 【孔类型】选项组

【孔类型】选项组会根据孔类型而有所不同，孔类型包括柱形沉头孔、锥孔、简单孔、螺纹孔、管螺纹孔、旧制孔。孔类型不同，下边各选项内容也会有所区别。

(1)【标准】：选择孔的标准，不同国家，同样形式的孔标准会有区别，如 Ansi Inch、GB 等，中国标准选 GB。

(2)【类型】：选择孔的类型，有柱形沉头孔、锥孔、简单孔、螺纹孔、管螺纹孔等（旧制孔为在 SolidWorks2000 版本之前生成的孔，在此不再赘述）。以 GB 标准为例，其选项如图 2-3-6 所示。

(a)柱形沉头孔 (b)锥孔 (c)简单孔 (d)螺纹孔 (e)管螺纹孔 (f)旧制孔

图 2-3-6 孔的类型

3. 2. 2 【孔规格】选项组

(1)【大小】:为螺纹件选择尺寸大小。

(2)【配合】(在单击【柱孔】和【锥孔】按钮时可用):为扣件选择配合形式,其选项如图 2-3-7 所示。

(3)【终止条件】选项组(见图 2-3-8):其参数根据孔类型的变化而有所不同(见图 2-3-9)。

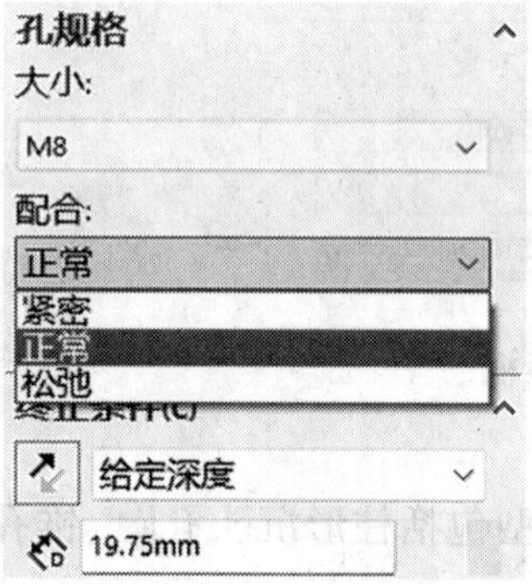

图 2-3-7 配合形式

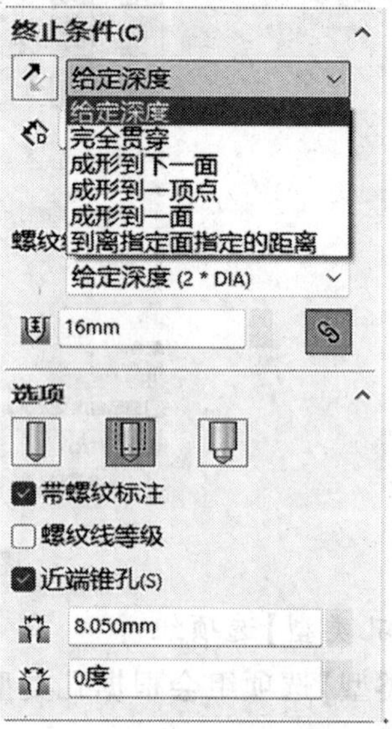

图 2-3-8 【终止条件】选项组

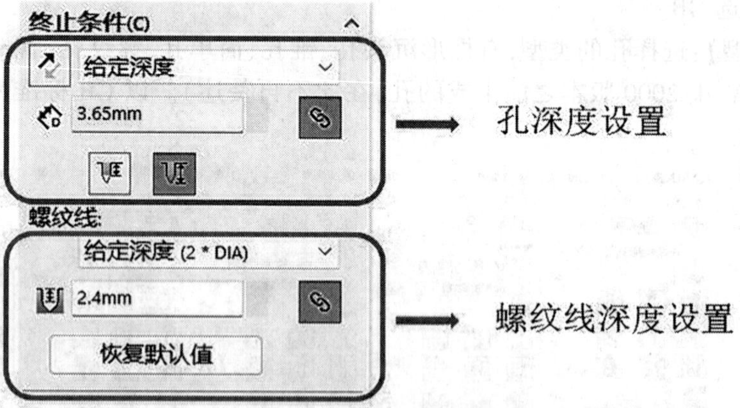

图 2-3-9 【终止条件】选项组说明

(4)【选项】选项组:如图 2-3-10 所示,【选项】选项组包括螺钉间隙、近端锥孔直径、近端锥孔角度、螺钉下锥孔直径、螺钉下锥孔角度、远端锥孔直径、远端锥孔角度等选项,可以根据孔类型的不同而发生变化。

(5)【显示自定义大小】选项组:会根据孔类型的不同而发生变化(见图 2-3-11)。

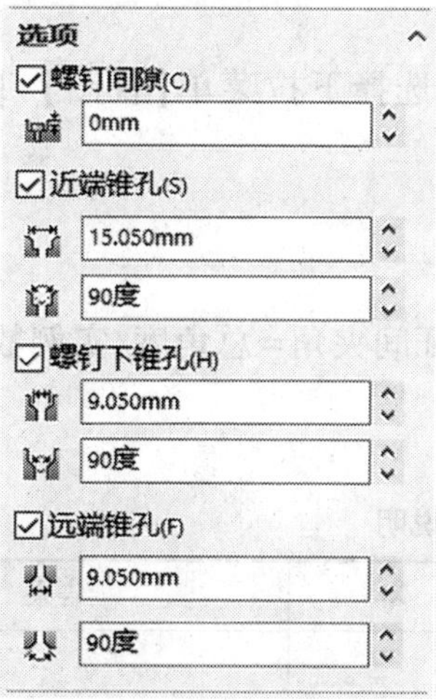

图 2-3-10 【选项】选项组

图 2-3-11 【显示自定义大小】选项组

4 圆周阵列

圆周阵列是简化三维建模的重要手段,可以减少许多不必要的重复劳动。特征的圆周阵列是将源特征围绕指定的轴线复制多个特征,特征圆周阵列使用方法介绍如下。

码 2-14 微课:圆周阵列

单击【圆周阵列】按钮,弹出【圆周阵列】属性管理器(见图 2-3-12)。

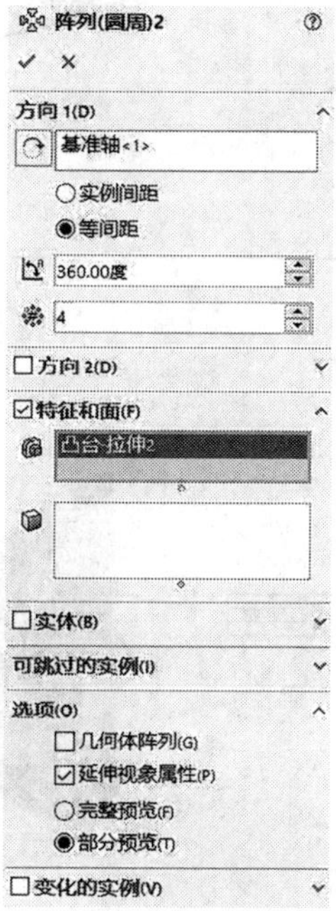

图 2-3-12 【圆周阵列】属性管理器

4.1 参数

(1)阵列轴:可为坐标轴或临时轴。临时轴启动:选择下拉菜单【视图】|【临时轴】,即显示临时轴。

(2)角度:设置每个实例之间的角度。

(3)实例数:设置复制特征的数量(含源特征)。

(4)等间距:自动设置总角度为360°,此时相邻特征间夹角=总角度/实例数。

4.2 阵列特征与实体

阵列特征与实体说明如表2-3-3所示。

表2-3-3 阵列特征与实体说明

类型	参数	说明	结果
阵列的特征	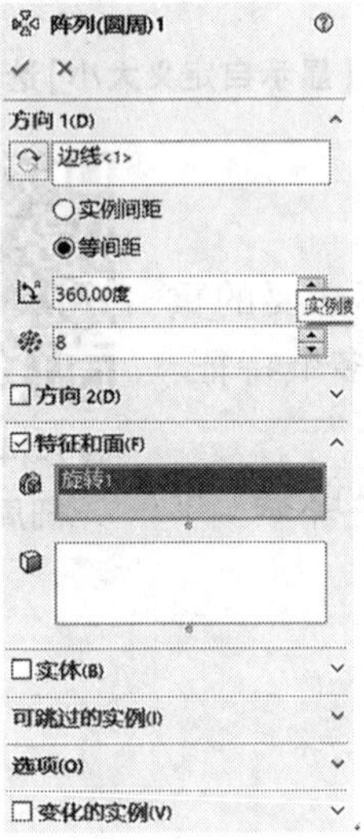	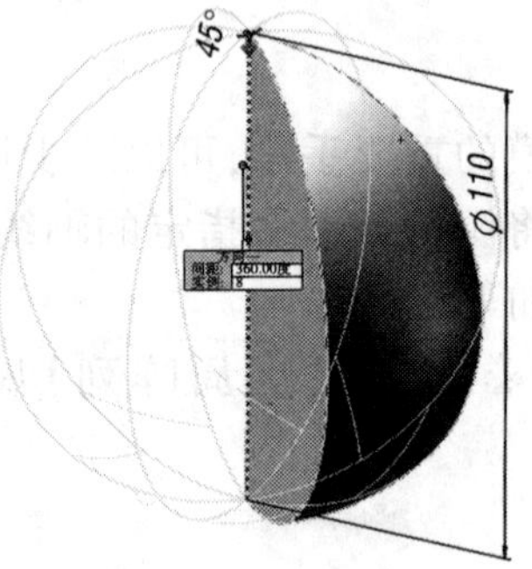	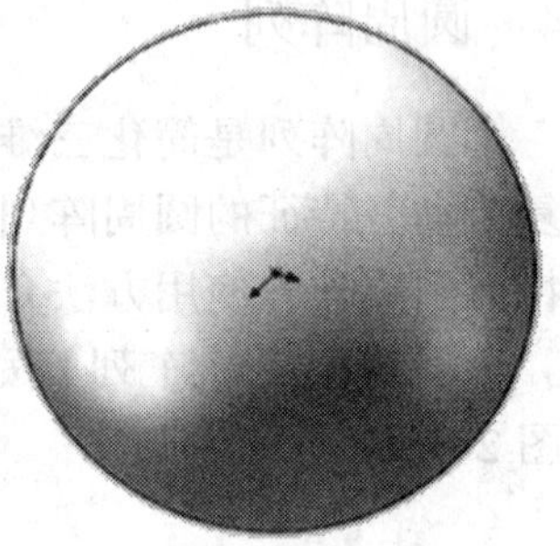
阵列的实体	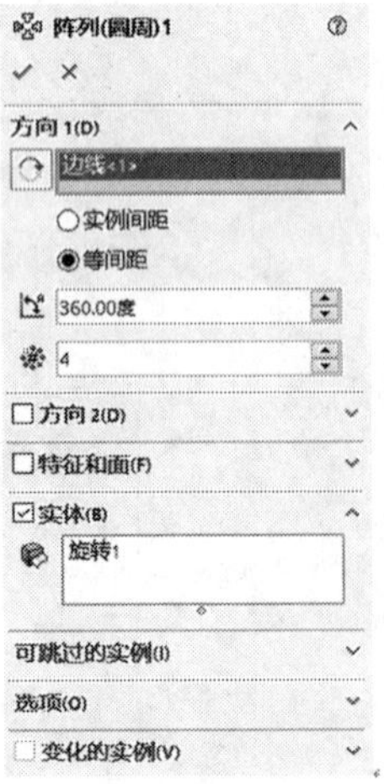	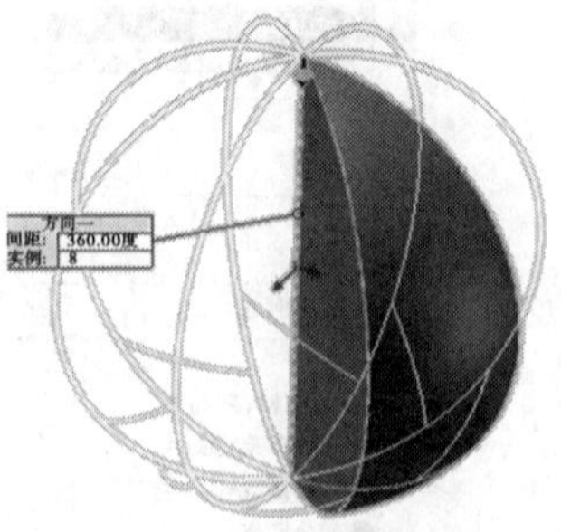	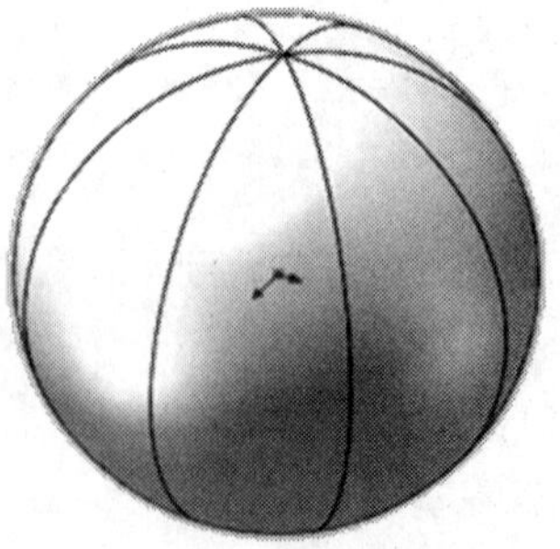

续表 2-3-3

<table>
<tr><th>类型</th><th>参数</th><th>说明</th><th>结果</th></tr>
<tr><td>可跳过的实例</td><td>
</td><td>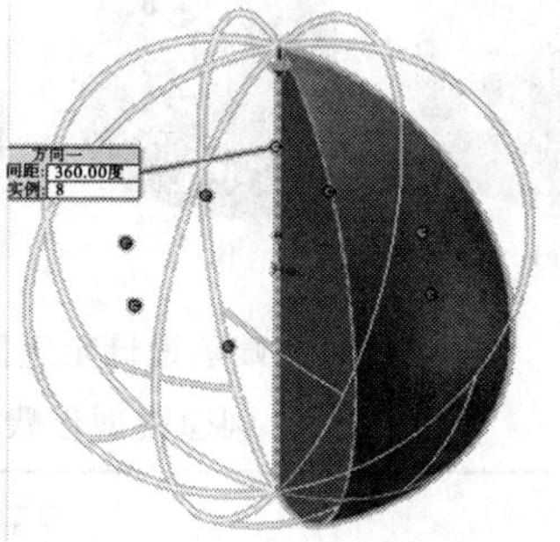
</td><td>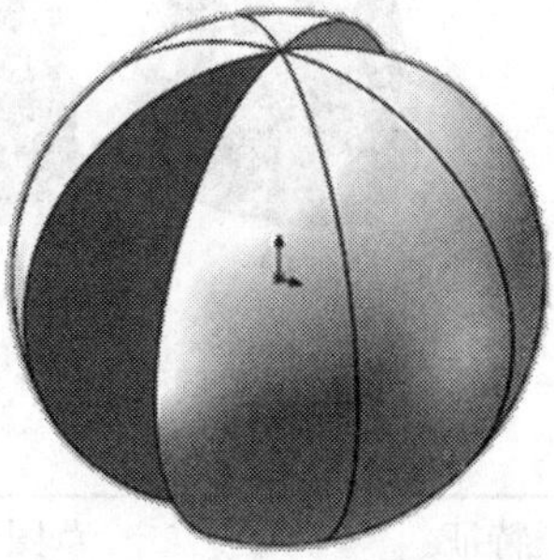</td></tr>
</table>

注意:特征是实体的一部分,通过圆周阵列后最终还是一个实体;而实体通过阵列后依然是单独的一个一个的实体。

4.3　选项

【延伸视像属性】:SolidWorks 的颜色、纹理和装饰螺纹数据延伸给所有阵列实例。

【任务实施】

1　思路分析

如图 2-3-1 所示,该零件可分别选用旋转特征、异型孔特征、圆周阵列特征和筋特征,采用叠加组合法建模。其操作步骤依次为(a)→(b)→(c)→(d)→(e)→(f)→(g)→(h)→(i)→(j)(见图 2-3-13)。

码 2-15　微课:端盖设计实例练习

2　建模步骤

2.1　创建文档与基本操作

启动 SolidWorks 软件,单击【文件】|【新建】,弹出【新建 SOLIDWORKS 文件】对话框,单击【零件】图标,再单击【确定】按钮 确定 ,完成零件的新建过程,进入 SolidWorks 建模环境。

2.2　创建模型

创建模型步骤如表 2-3-4 所示。

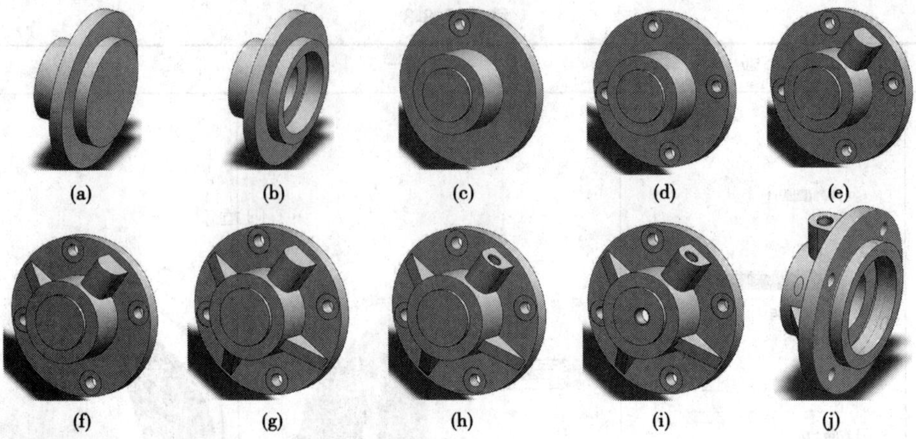

图 2-3-13　端盖设计示意图

表 2-3-4　创建模型步骤

特征	草图	参数	实体
旋转生成端盖基体	选择前视基准面进入草图绘制状态,用【直线】命令,以原点为起点,绘制下图并标注尺寸。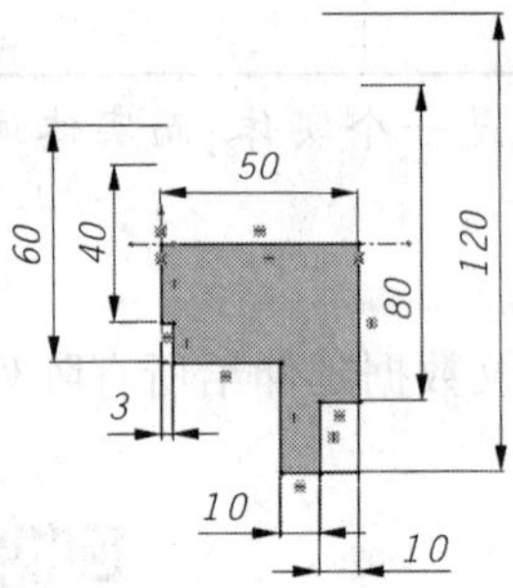	单击【旋转】按钮,以水平线为旋转轴,旋转生成端盖基体,参数设置如下图所示。	
旋转切除生成端盖内孔	选择前视基准面进入草图绘制状态,用【直线】命令,以原点为起点,绘制下图并标注尺寸。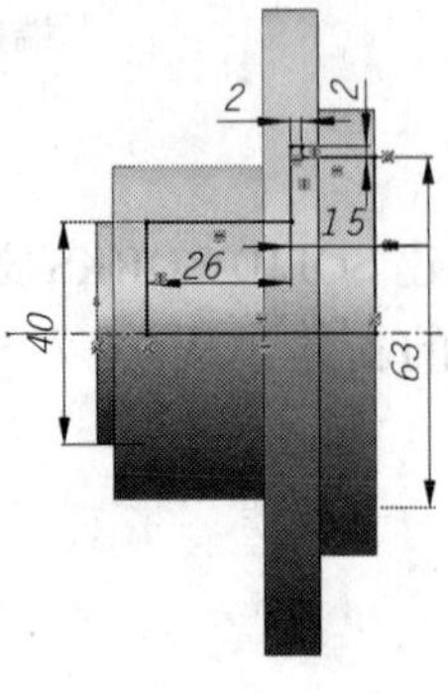	单击【切除-旋转】按钮,以水平线为旋转轴,旋转切除生成端盖内孔,参数设置如下图所示。	

续表 2-3-4

特征	草图	参数	实体
生成端盖螺钉孔	选择 ϕ 120 mm 的左端面为基准面，进入草图绘制状态，绘制如下孔定位草图（圆和直线都是构造线，在 45°斜线与 ϕ 96 mm 圆交点处绘制点，并作为孔定位点）。 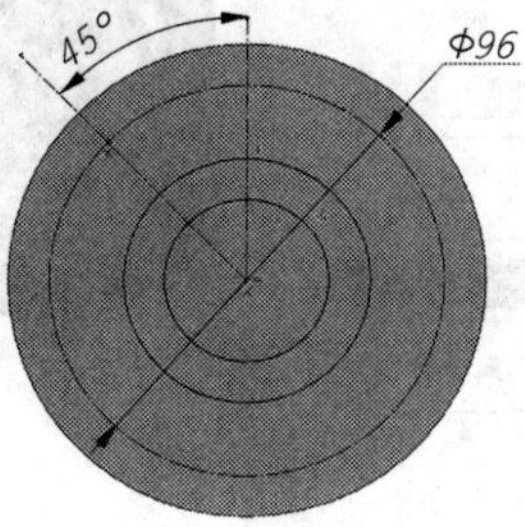 	单击【异型孔向导】按钮，选择孔信息（参数设置如下图所示），孔心位置选择构造线圆和 45°构造线交点。  	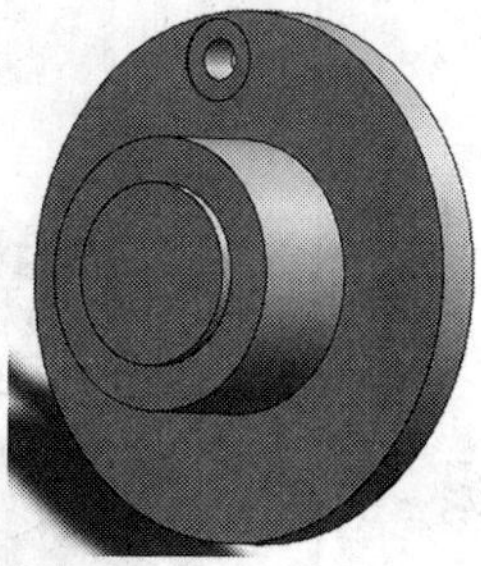
	通过圆周阵列生成另外 3 个螺钉孔。	单击【视图】的下拉菜单显示【临时轴】，单击【圆周阵列】按钮，选择临时轴为阵列中心，圆周阵列参数设置如下图所示。  	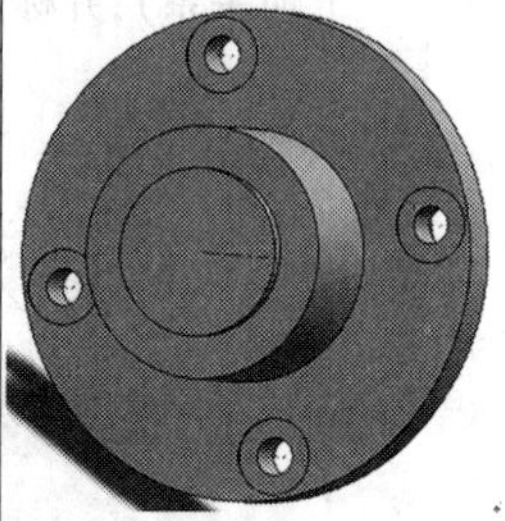

续表 2-3-4

特征	草图	参数	实体
创建凸台	选择上视基准面进入草图绘制状态，用【圆】、【直线】、【转换实体引用】命令绘制如下草图，并标注尺寸。 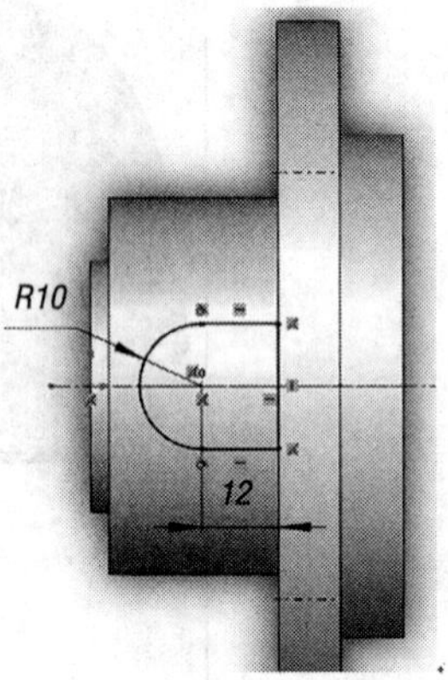	单击【凸台-拉伸】命令，拉伸完成凸台，参数设置如下图所示。 	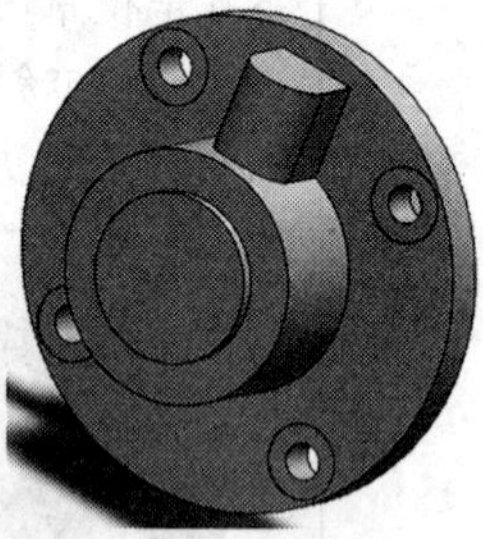
创建筋	选择上视基准面进入草图绘制状态，用【直线】命令绘制如下草图（注意直线的端点与 ϕ 120 mm 的左端面和圆柱上素线重合的几何关系），并标注尺寸。 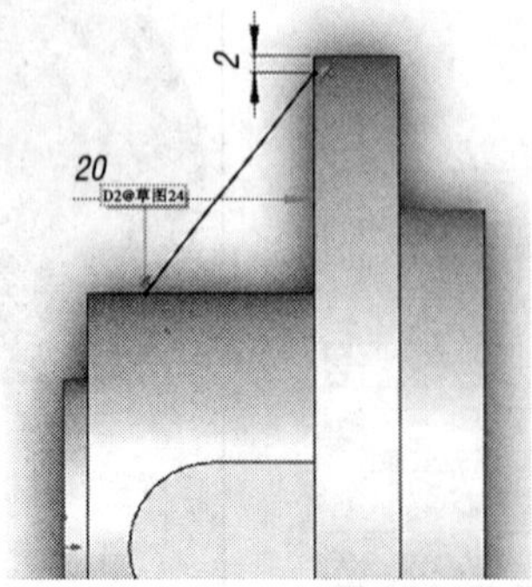	单击【筋】命令，参数设置如下图所示。 	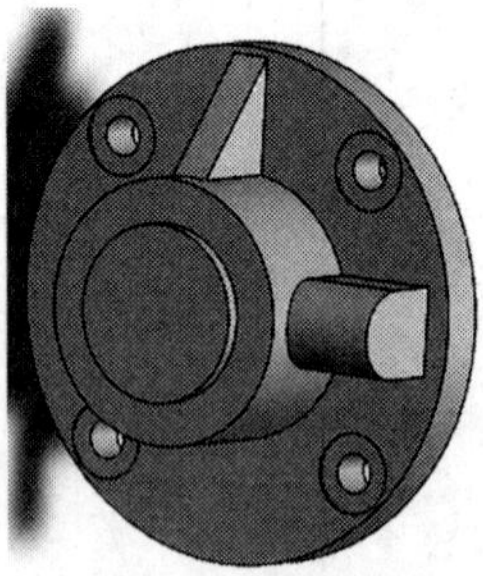

续表 2-3-4

特征	草图	参数	实体
圆周阵列	通过圆周阵列生成另外两个筋。	单击【视图】的下拉菜单激活【临时轴】，单击【圆周阵列】按钮，选择临时轴为阵列中心，圆周阵列参数设置如下图所示。  	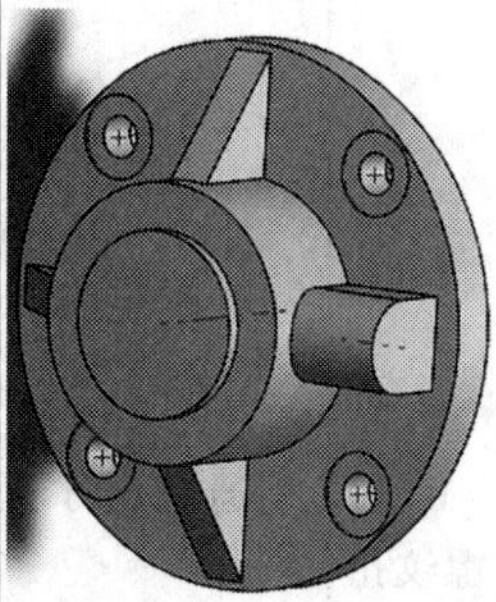
添加凸台螺纹孔	通过孔向导添加凸台螺纹孔。	单击【异型孔向导】按钮，选择孔信息（参数设置如下图所示），孔心位置选择凸台半圆圆心处。 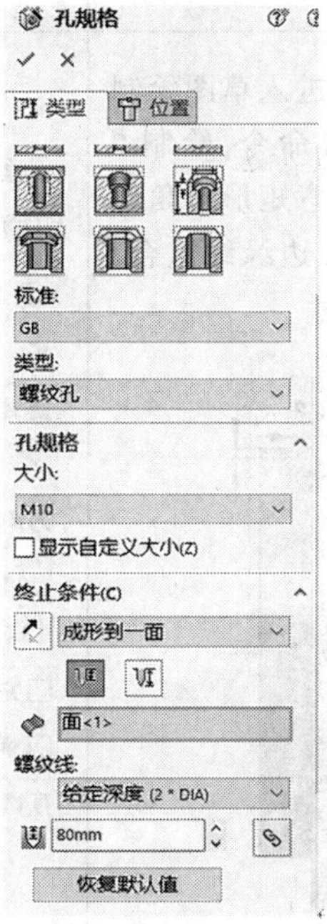 	

续表 2-3-4

特征	草图	参数	实体
添加 M12 螺纹孔	通过孔向导添加 M12 螺纹孔。	单击【异型孔向导】按钮，选择孔信息（参数设置如下图所示），孔心位置选择凸台半圆圆心处。  	
切 ϕ 80 mm 边缘处 2 mm×2 mm 的槽	选择前视基准面进入草图绘制状态，用【矩形】命令，绘制 2 mm×2 mm 矩形，注意矩形对角线断点要与 ϕ 80 mm 边缘线重合，绘制下图并标注尺寸。 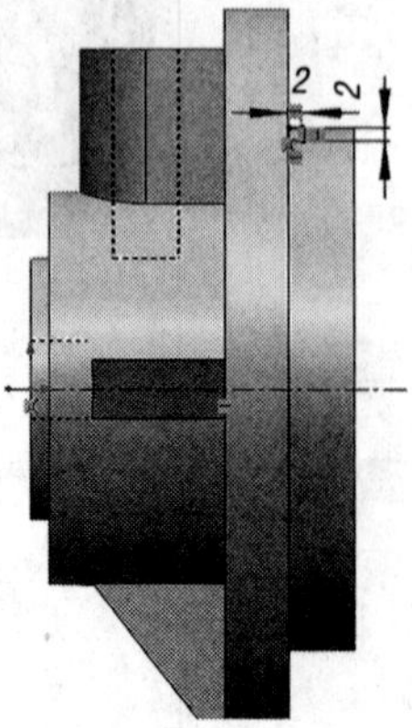 	单击【切除-旋转】按钮，切槽体，参数设置如下图所示。 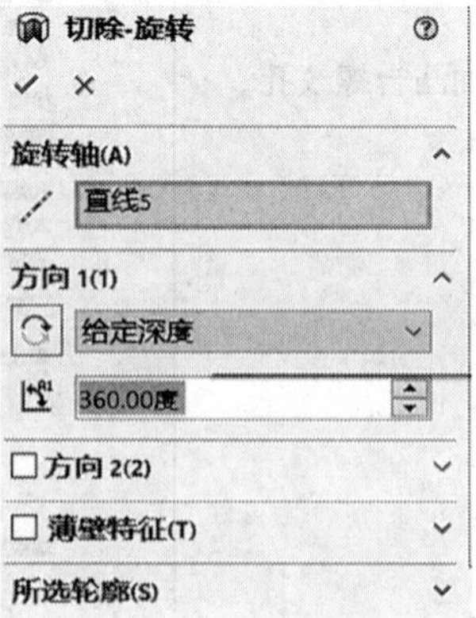 	

【技能训练】

2-3-1　参照本任务实例上机练习。

2-3-2　根据如图 2-3-14 所示的零件图进行三维建模。

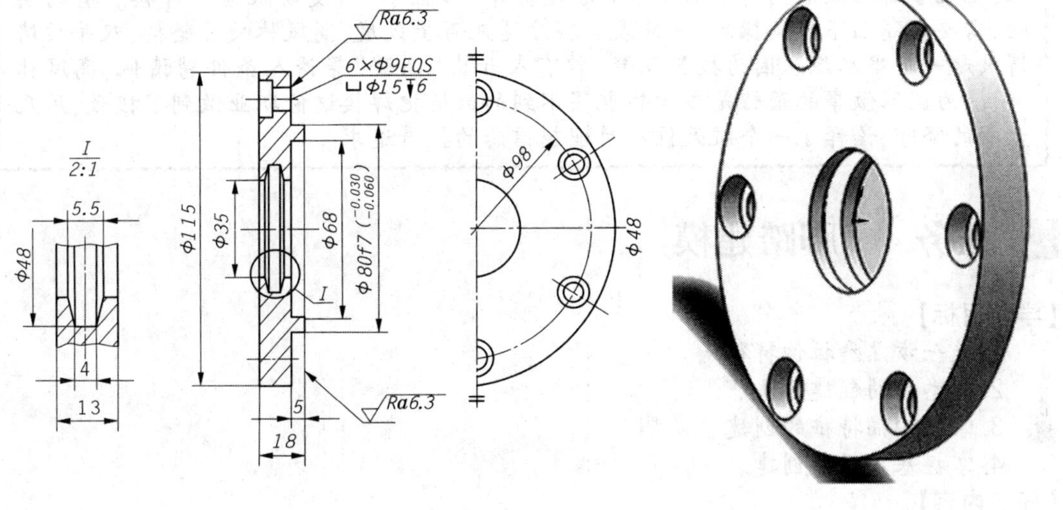

(a)端盖零件图

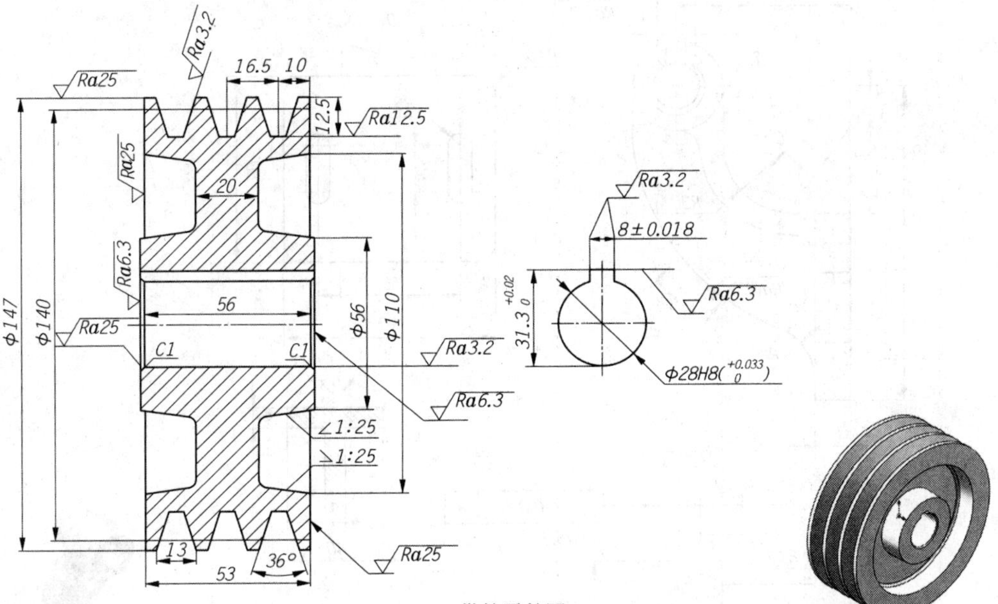

(b)带轮零件图

图 2-3-14　零件图

大国工匠——火箭“心脏”焊接人高凤林

高凤林是中国航天科技集团公司第一研究院 211 厂发动机车间班组长，几十年来，他几乎都在做着同样一件事，即为火箭焊“心脏”——发动机喷管焊接。有的实验，需要在高温下持续操作，焊件表面温度达几百摄氏度，高凤林咬牙坚持，双手被烤得鼓起一串串水泡。因为技艺高超，曾有人开出“高薪”等诱人条件聘请他，高凤林却说，为国家做事的荣耀是多少钱也买不到的。他把焊接这份职业做到了极致，用几十年的坚守，诠释了一个航天匠人对理想信念的执着追求。

任务 4　脚踏建模

【学习目标】

1. 进一步熟悉拉伸特征。
2. 熟悉筋的创建方法。
3. 掌握扫描特征的创建。
4. 掌握基准面的创建。

【任务内容】

建立如图 2-4-1 所示的脚踏零件。

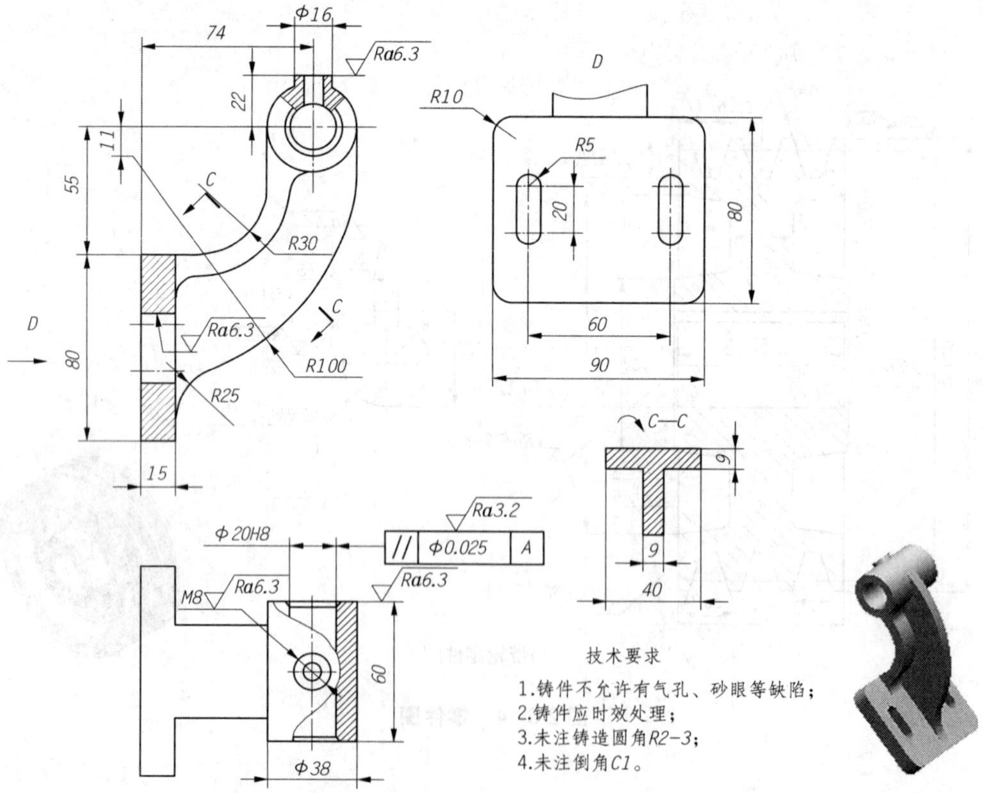

图 2-4-1　脚踏

【知识与技能准备】

1 扫描特征

码 2-16 微课：扫描特征

扫描特征是一截面轮廓沿着一条路径移动，从路径的起点到终点所经过面积的集合，常用于建构变化较多且不规则的模型。利用扫描特征可以生成基体、凸台、切除材料以及曲面，其区别如表 2-4-1 所示。

表 2-4-1 扫描基体与扫描曲面的区别

类型	截面轮廓	路径
扫描基体或凸台	截面轮廓必须是封闭的	路径可以为开放或封闭
扫描曲面	截面轮廓可以封闭也可以开放	路径可以为开放或封闭

扫描特征说明如表 2-4-2 所示。

表 2-4-2 扫描特征说明

分类	说明
扫描特征的条件	必须同时具备扫描路径和扫描轮廓，当扫描特征的中间截面要求变化时，应定义扫描特征的引导线
扫描轮廓的特点	1. 草图应该是封闭的且不能有自相交叉的情况； 2. 草图可以是嵌套或分离的，但不能违背零件和特征的定义； 3. 扫描截面的轮廓尺寸不能过大，否则可能导致扫描特征的交叉情况
扫描路径的特点	1. 只能有一条扫描路径； 2. 可以使用已有模型的边线或曲线，可以是草图中包含的一组草图曲线，也可以是曲线特征； 3. 可以是开环或闭环的； 4. 扫描路径的起点必须位于轮廓的基准面上； 5. 扫描路径不能有自相交叉的情况
引导线的作用	引导线是扫描特征的可选参数，利用引导线可以建立变截面的扫描特征。由于截面是沿路径扫描的，如果需要建立变截面扫描特征，则需要加入引导线。使用引导线扫描，扫描的中间轮廓由引导线确定。每增加一条引导线，草图数增加一个

1.1 扫描特征的使用

单击【特征】工具栏上的【扫描】按钮，弹出【扫描】属性管理器（见图 2-4-2）。

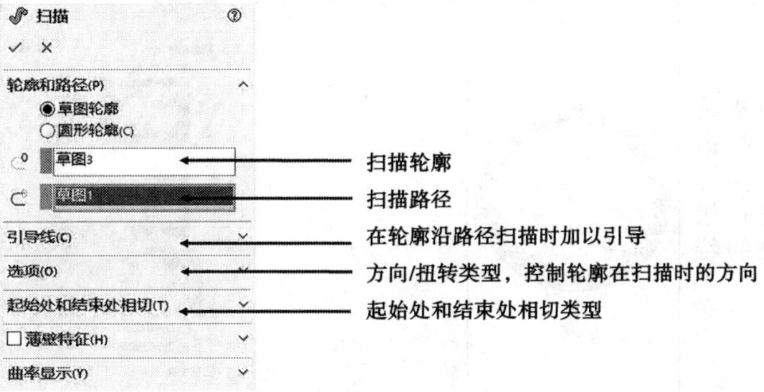

图 2-4-2 【扫描】属性管理器

选择如图 2-4-3 所示的轮廓和路径，单击【确定】按钮✓，生成扫描特征如图 2-4-4 所示。

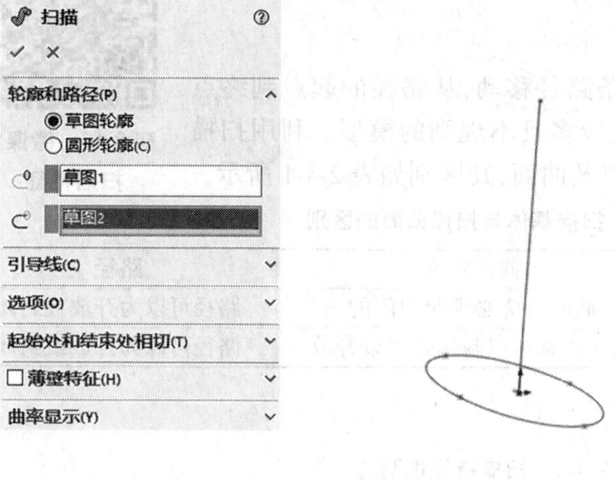

图 2-4-3　轮廓和路径

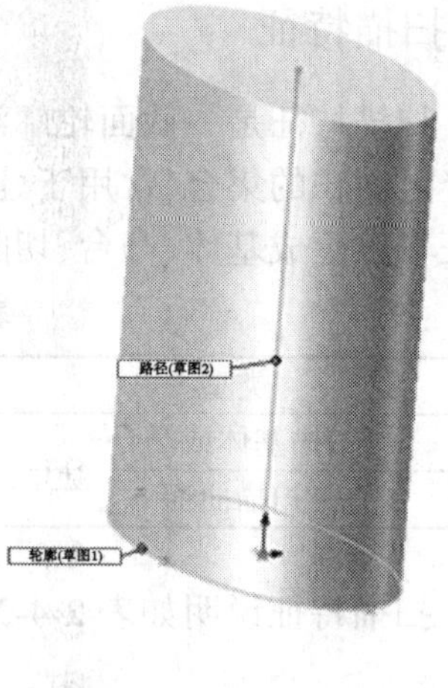

图 2-4-4　生成扫描特征

由此说明扫描特征的必备条件是：至少两个草图，即轮廓草图和路径草图。

1.2　扫描特征类型

扫描特征可以分为三种类型：简单扫描（单一路径扫描）、沿路径扭转和使用引导线扫描（见表 2-4-3）。

表 2-4-3　扫描特征类型

类型	说明	实例	草图	参数	图解
简单扫描	一个扫描轮廓和一条扫描路径组成了最简单的单一路径扫描特征，即扫描轮廓沿扫描路径，从路径起点到路径终点运动所形成的特征			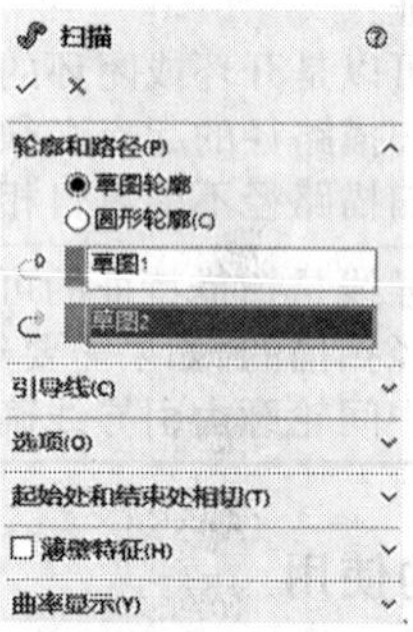	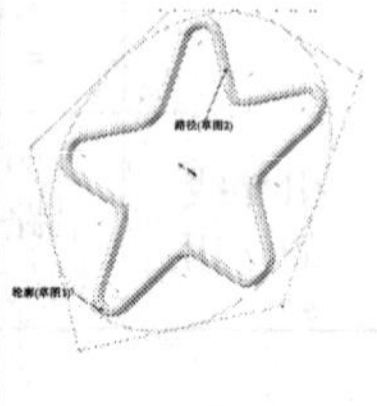
沿路径扭转	多个扫描轮廓和一条扫描路径在扫描过程中沿路径扭转所形成的特征	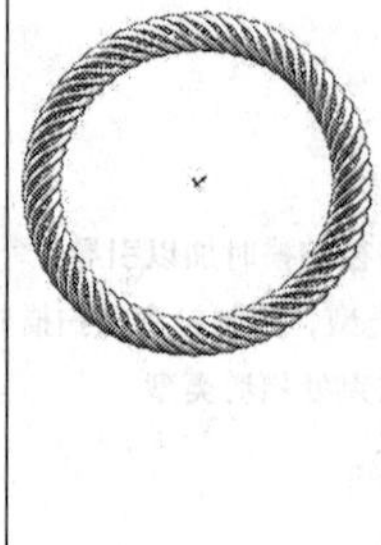		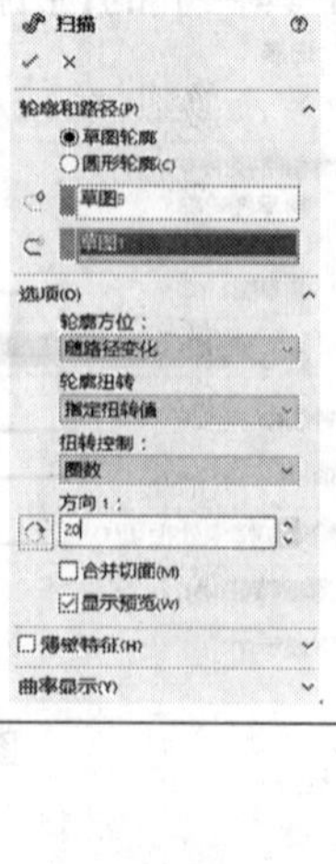	

续表 2-4-3

类型	说明	实例	草图	参数	图解
使用引导线扫描	特征截面在扫描的过程中变化时,必须使用带引导线的方式创建扫描特征,但引导线和路径必须不在同一草图内。其中路径决定扫描特征的长度,而引导线控制截面外形	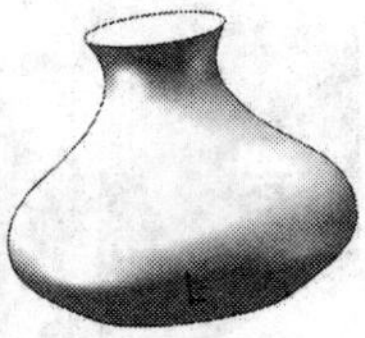	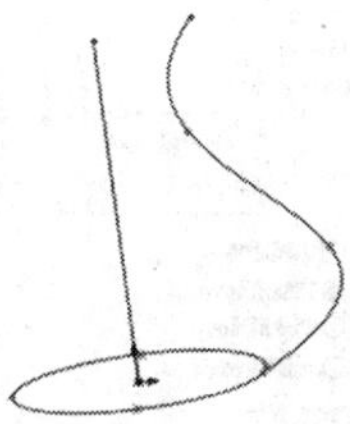		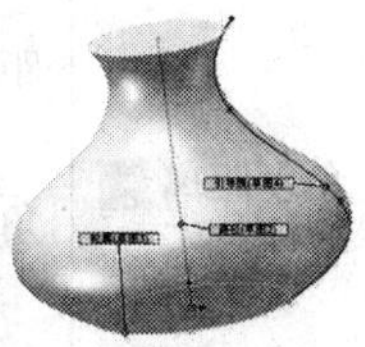

2 倒角特征

倒角特征是在所选边线、面或者顶点上生成倾斜的特征。选择【插入】|【特征】|【倒角】菜单命令,弹出【倒角】属性管理器(见图 2-4-5)。

码 2-17 微课:倒角特征

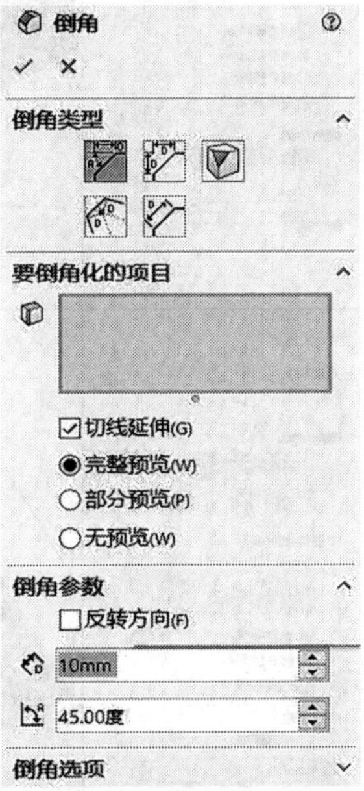

图 2-4-5 【倒角】属性管理器

倒角方式分为角度距离、距离-距离和顶点(见表 2-4-4)。

表 2-4-4　倒角方式

方式	说明	参数	图解	结果
角度距离	距离：设置倒角距离。 角度：设置倒角角度。 反转方向：改变距离所指的方向	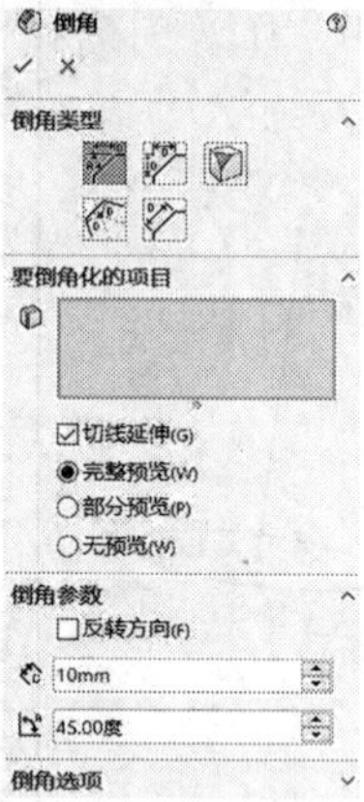		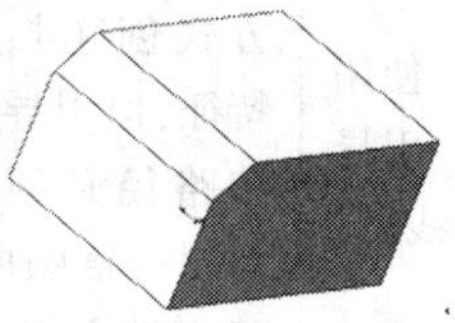
距离-距离	对称：两方向距离相等。 非对称：设置两个方向不同的距离	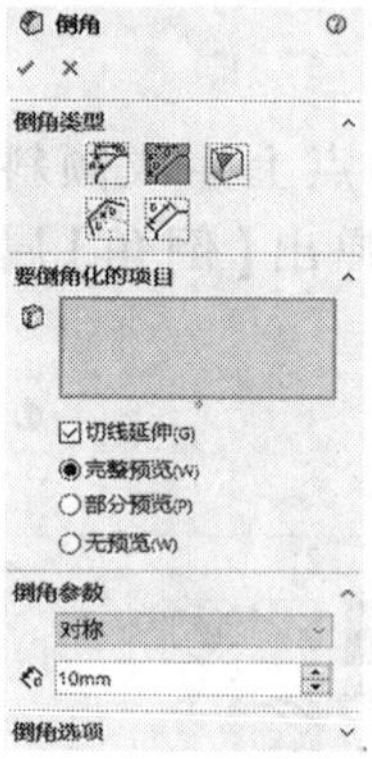	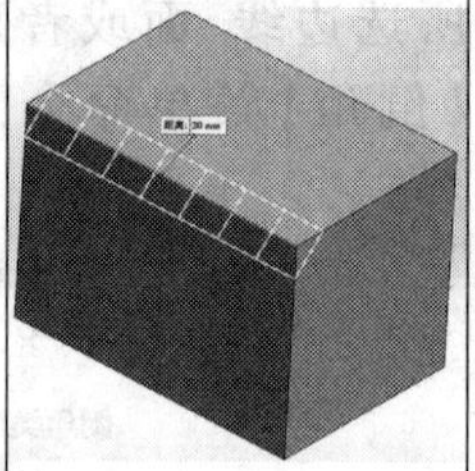	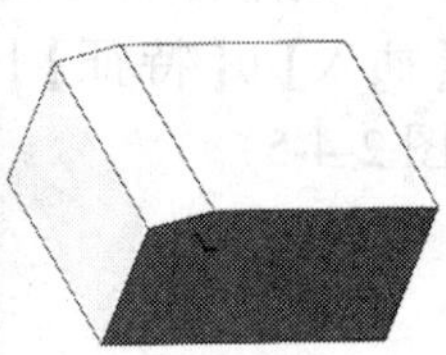
顶点	距离 1：设置倒角第一方向距离。 距离 2：设置倒角第二方向距离。 距离 3：设置倒角第三方向距离。 相等距离：设置倒角第一方向距离、第二方向距离和第三方向距离相等	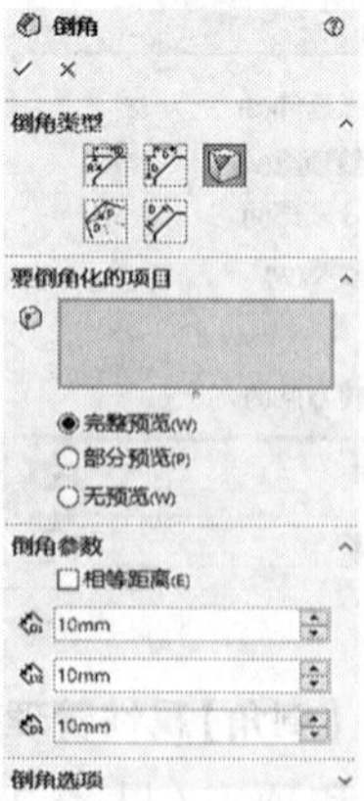	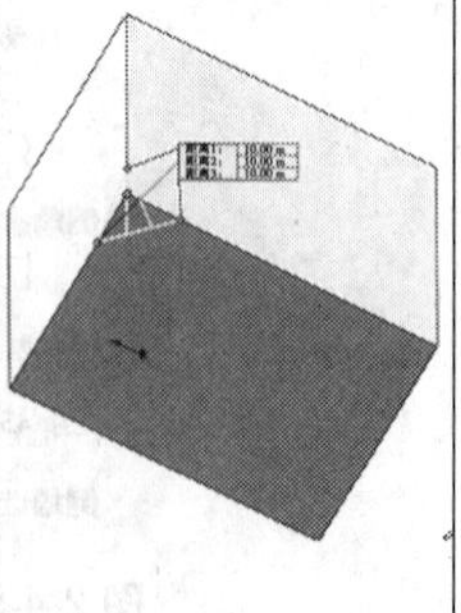	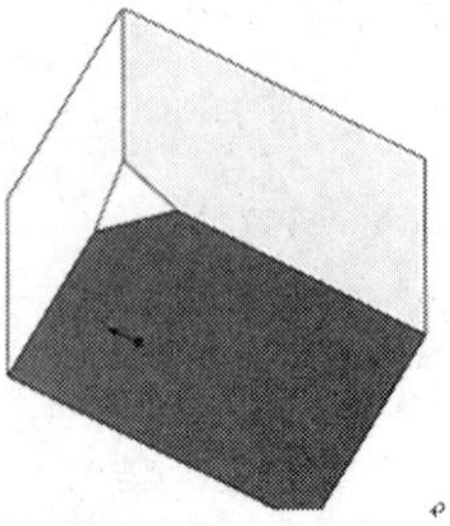

【任务实施】

1　思路分析

如图 2-4-1 所示零件可分别选用拉伸特征、扫描特征、镜像特征和筋特征,采用叠加组合法建模。其操作步骤依次为(a)→(b)→(c)→(d)→(e)→(f)→(g)(见图 2-4-6)。

码 2-18　微课:
脚踏设计实例练习

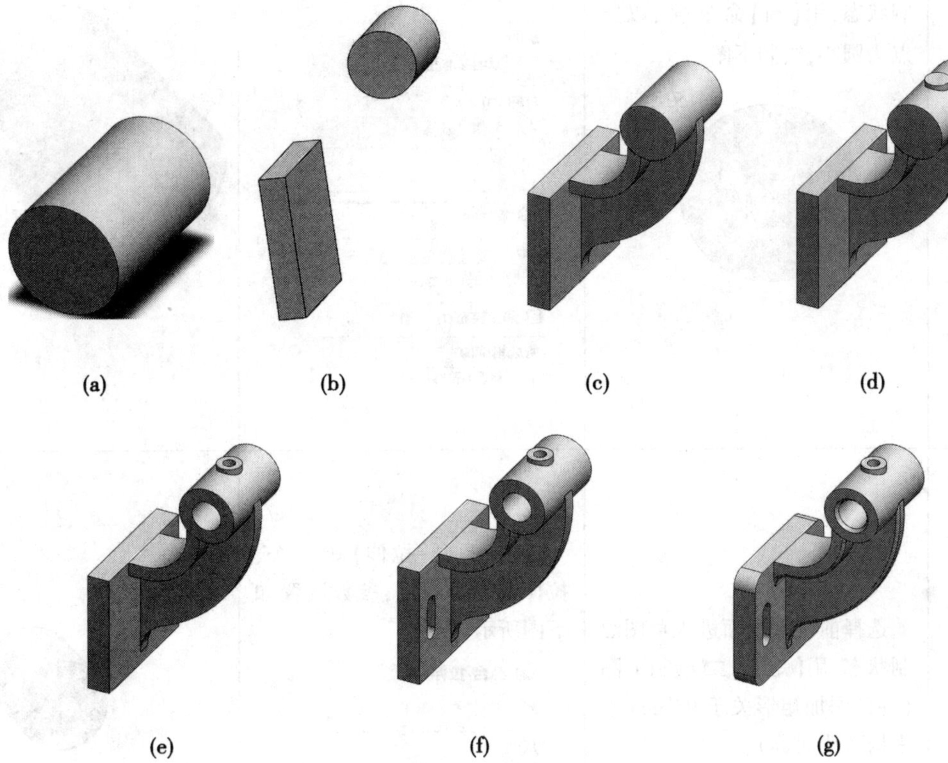

图 2-4-6　脚踏设计意图

2　建模步骤

2.1　创建文档与基本操作

启动 SolidWorks 软件,单击【文件】|【新建】,弹出【新建 SOLIDWORKS 文件】对话框,单击【零件】图标,再单击【确定】按钮,完成零件的新建过程,进入 SolidWorks 建模环境。

2.2　创建模型

脚踏设计步骤如表 2-4-5 所示。

表 2-4-5　脚踏设计步骤

特征	草图	参数	实体
拉伸生成圆柱	选择前视基准面进入草图绘制状态,用【圆】命令,以原点为圆心,绘制下图。 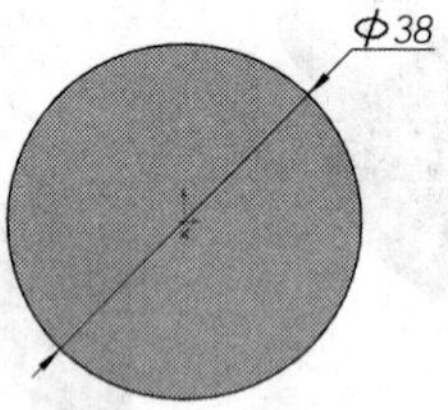 	单击【凸台-拉伸】命令,拉伸生成圆柱,参数设置如下图所示。  	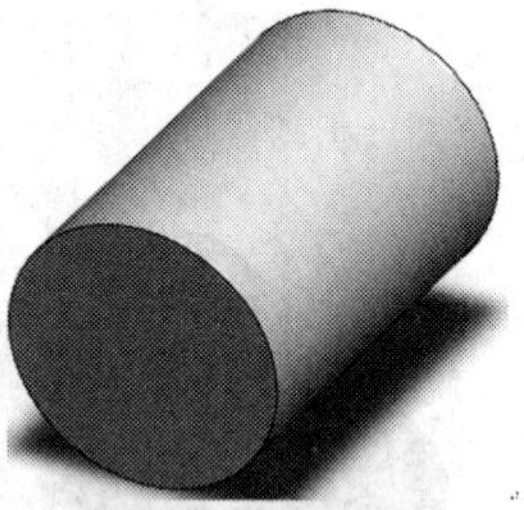
拉伸生成脚踏板	选择前视基准面进入草图绘制状态,用【矩形】绘制下图(注意添加矩形关于 95 mm 水平构造线对称)。 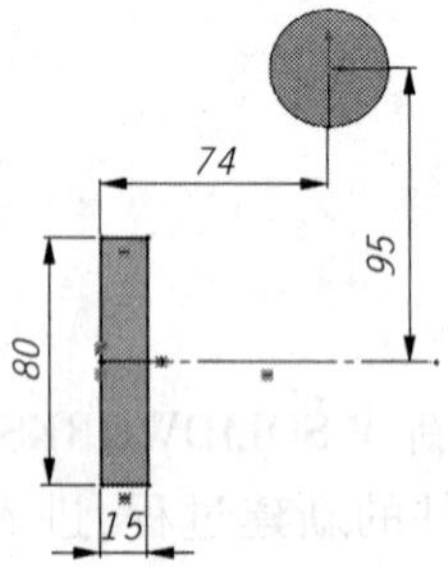 	单击【凸台-拉伸】命令,拉伸生成脚踏板,参数设置如下图所示。 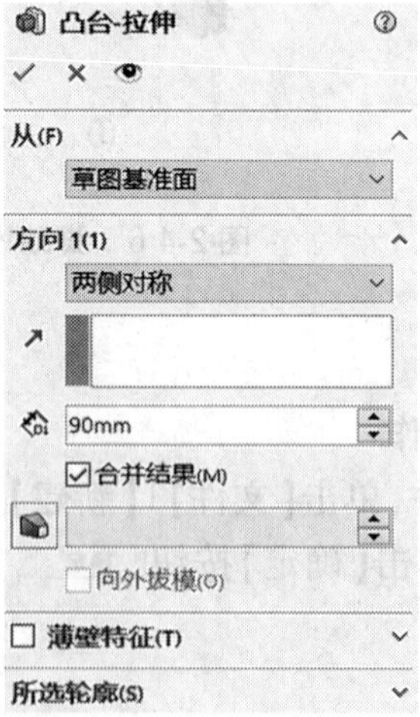 	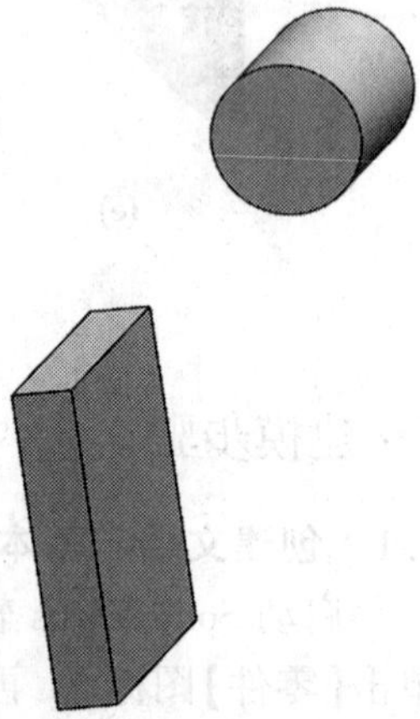

续表 2-4-5

<table>
<tr><th>特征</th><th>草图</th><th>参数</th><th>实体</th></tr>
<tr><td rowspan="2">扫描生成连接部分</td><td>选择前视基准面进入草图绘制状态，用【直线】、【圆角】命令绘制扫描路径草图(注意添加竖直线与圆柱相切的几何关系)，路径草图如下图所示。
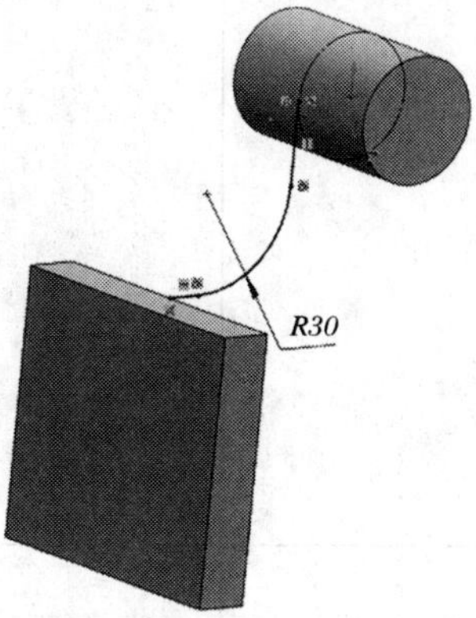
</td><td rowspan="2">单击【扫描】按钮，扫描生成连接部分，参数设置如下图所示。
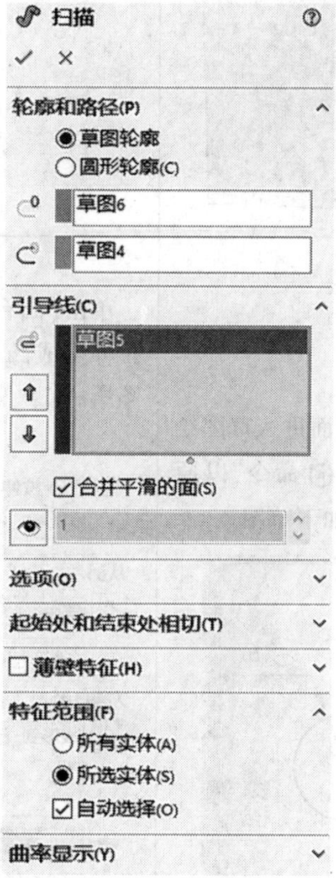
</td><td rowspan="2">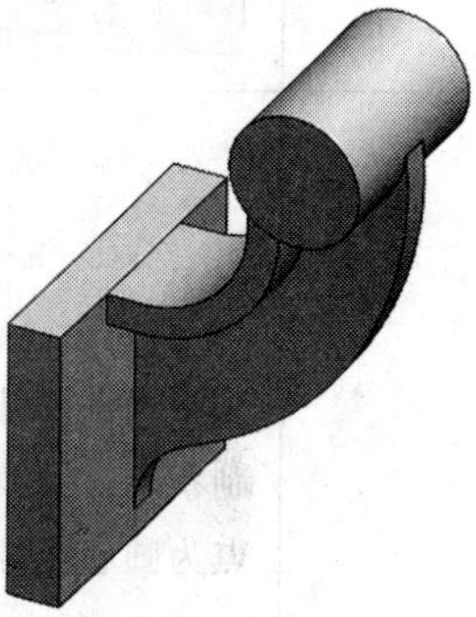</td></tr>
<tr><td>选择前视基准面进入草图绘制状态，用【圆弧】命令绘制扫描引导线草图(注意添 R100 圆弧与圆柱相切的几何关系、R100 圆弧与 R25 圆弧相切的几何关系、R25 圆弧与脚踏板右面相切的几何关系)，添加完几何关系后依照下图标注尺寸，引导线草图如下图所示。
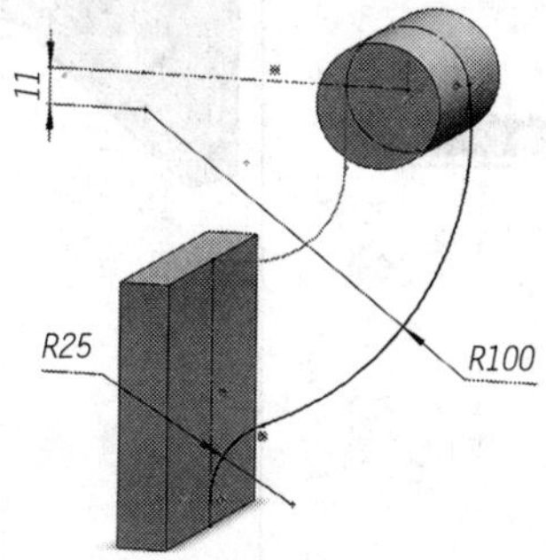
</td></tr>
</table>

续表 2-4-5

特征	草图	参数	实体
扫描生成连接部分	选择脚踏板的右面进入草图绘制状态，用【直线】、【镜向】命令绘制如下截面草图并标注尺寸。注意下截面线中点要添加与引导线的“穿透”几何关系。 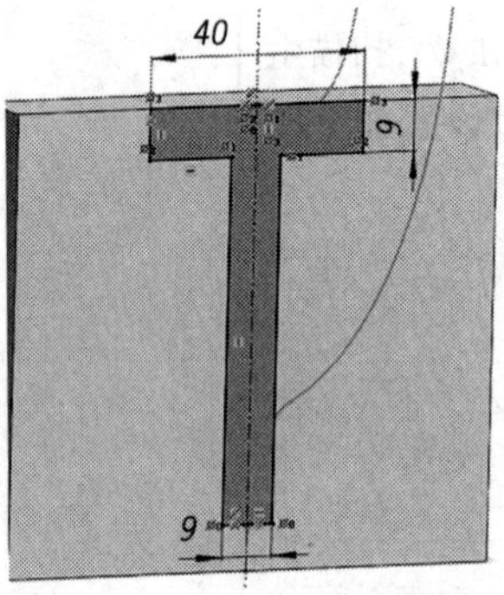 		
用拉伸命令创建凸台	选择上视基准面进入草图绘制状态，用【圆】命令，以原点为圆心，绘制如下草图。 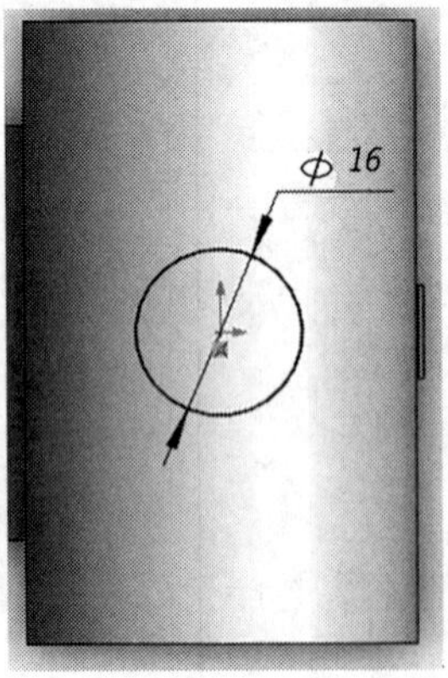 	单击【凸台-拉伸】命令，拉伸生成凸台，参数设置如下图所示。  	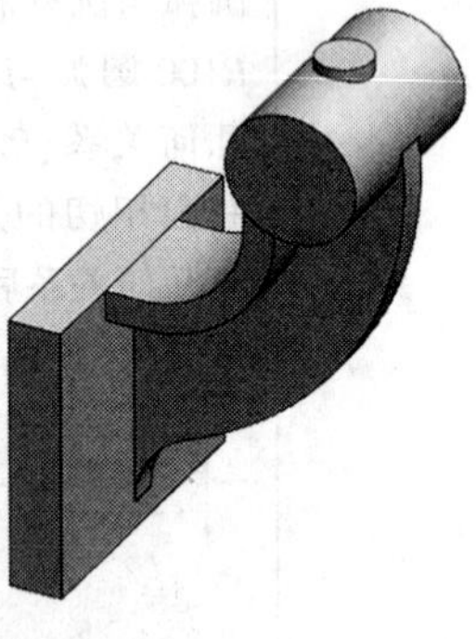

续表 2-4-5

<table>
<tr><th>特征</th><th>草图</th><th>参数</th><th>实体</th></tr>
<tr>
<td rowspan="2">用拉伸切除命令形成圆筒与视孔</td>
<td>选择 ϕ 38 圆柱前面进入草图绘制状态，用【圆】命令，以 ϕ 38 中心为圆心，绘制 ϕ 20 的圆，草图如下。
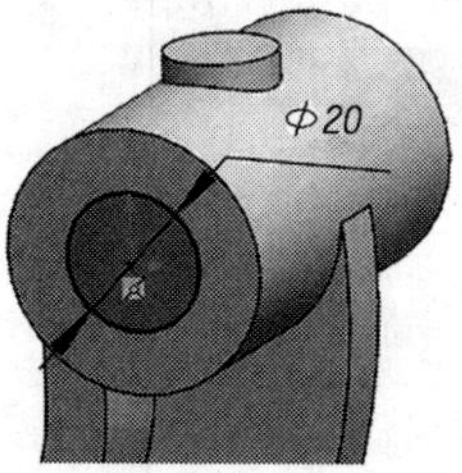
</td>
<td>单击【切除-拉伸】命令，拉伸切除生成圆筒，参数设置如下图所示。
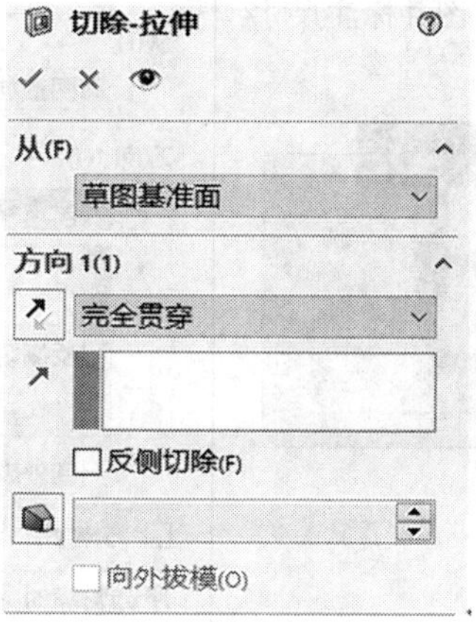
</td>
<td rowspan="2">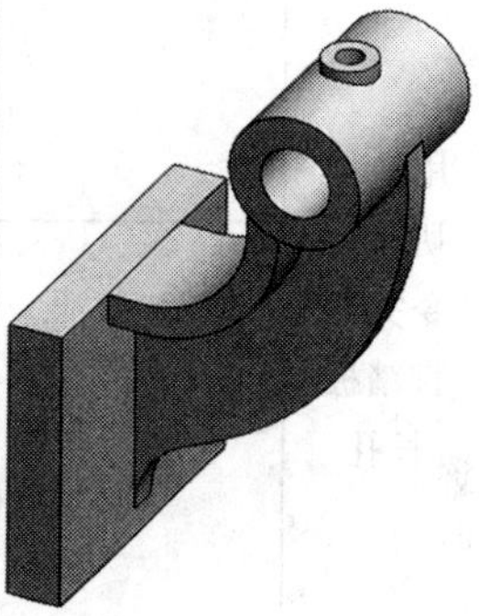</td>
</tr>
<tr>
<td>选择 ϕ 16 圆柱前面进入草图绘制状态，用【圆】命令，以 ϕ 16 中心为圆心，绘制 ϕ 8 的圆，草图如下。
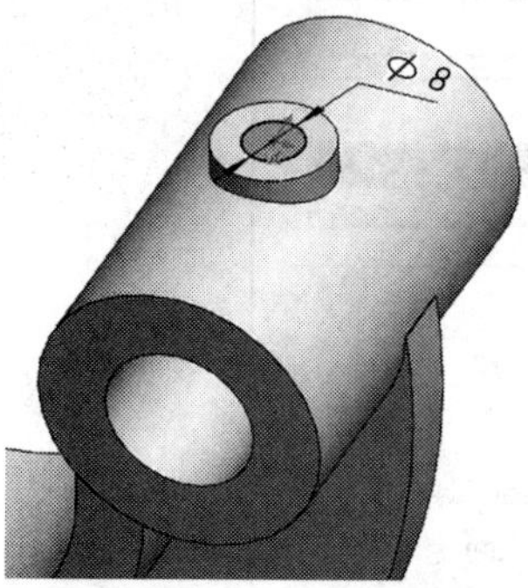
</td>
<td>单击【切除-拉伸】命令，拉伸切除生成视孔，参数设置如下图所示。
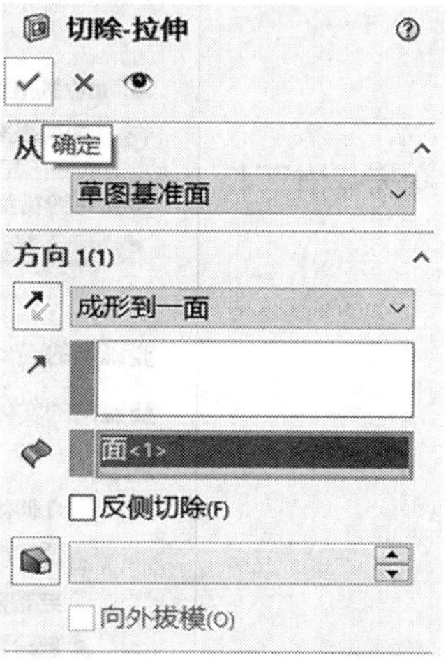
</td>
</tr>
</table>

续表 2-4-5

特征	草图	参数	实体
用拉伸切除命令完成脚踏板长孔	选择脚踏板的右面进入草图绘制状态，用【直槽口】命令，绘制长孔草图并标注尺寸，如下图所示。 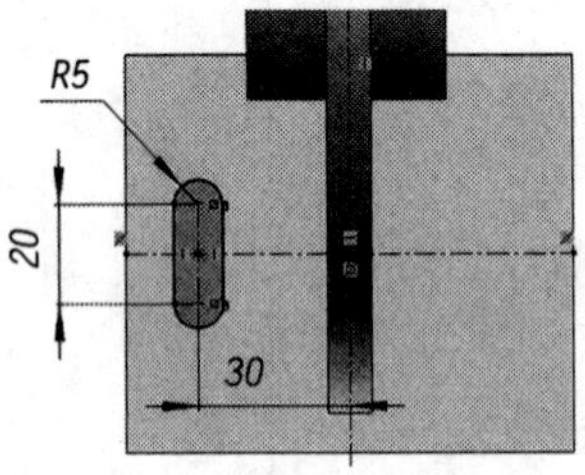 	单击【切除-拉伸】命令，拉伸切除生成长孔，参数设置如下图所示。 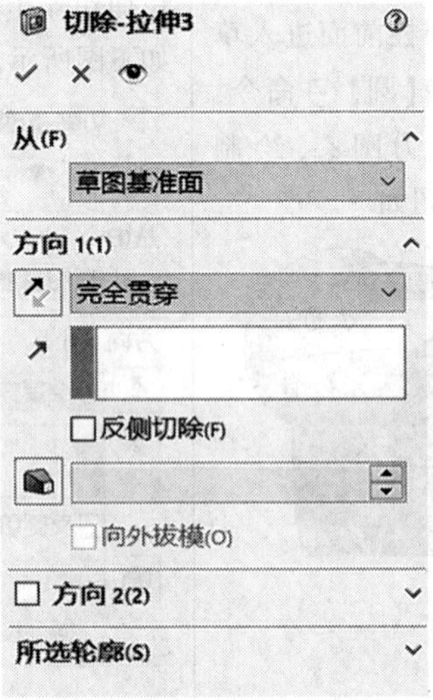 	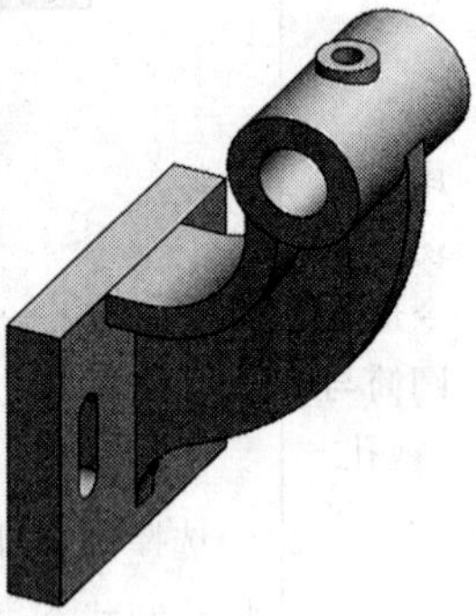
	用【镜向】命令完成右面长孔特征	单击【镜向】命令，以前视基准面为对称面，完成右侧长孔特征，参数设置如下图所示。 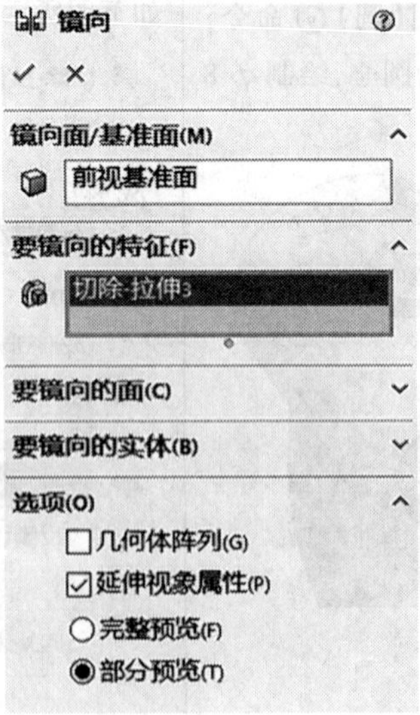 	

续表 2-4-5

特征	草图	参数	实体
铸造圆角与倒角	用【圆角】命令完成圆角部分	单击【圆角】命令,完成圆角部分	
	用【倒角】命令完成 ϕ 20 孔的内倒角	单击【倒角】命令,完成圆筒端面倒角部分,参数设置如下图所示。 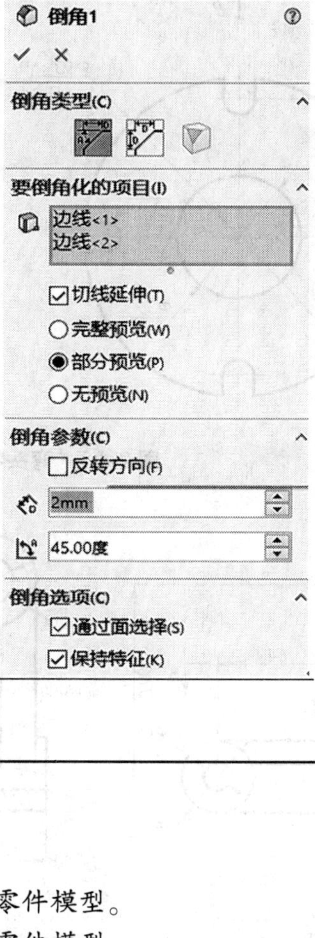 	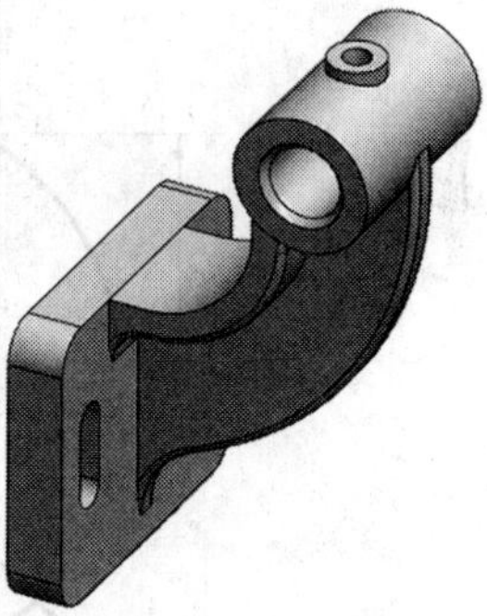

【技能训练】

2-4-1　参照本任务实例上机练习。

2-4-2　创建如图 2-4-7 所示的弯头零件模型。

2-4-3　创建如图 2-4-8 所示的悬架零件模型。

2-4-4　创建如图 2-4-9 所示的壳体零件模型。

2-4-5　创建如图 2-4-10 所示的滑块零件模型。

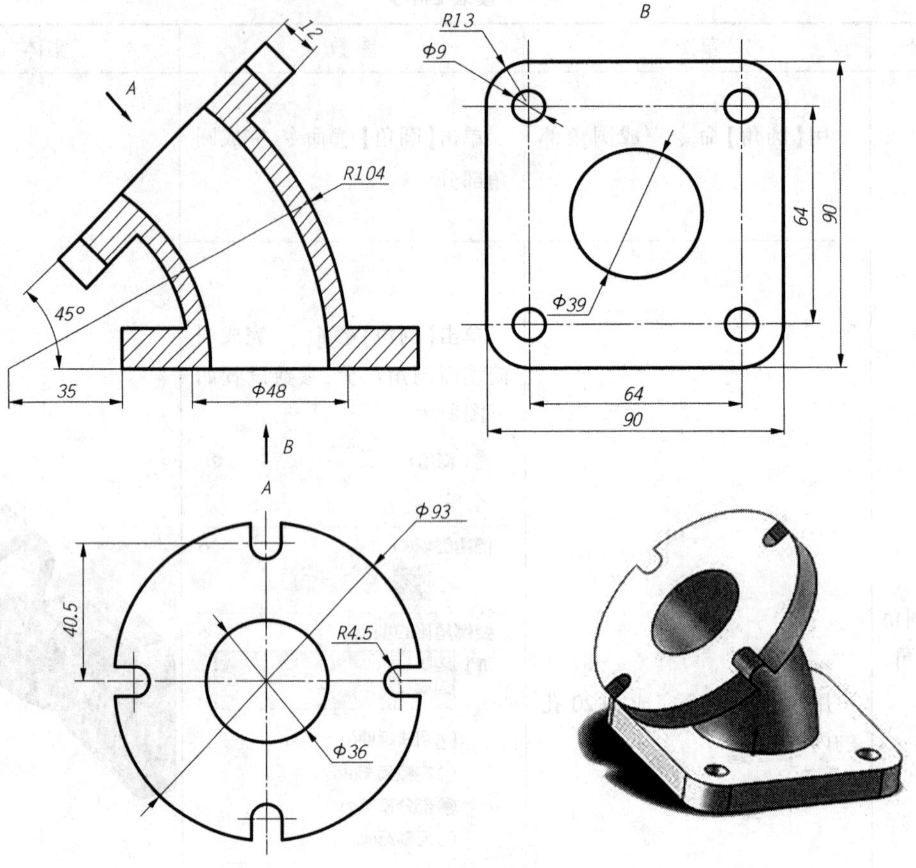

图 2-4-7　弯头零件

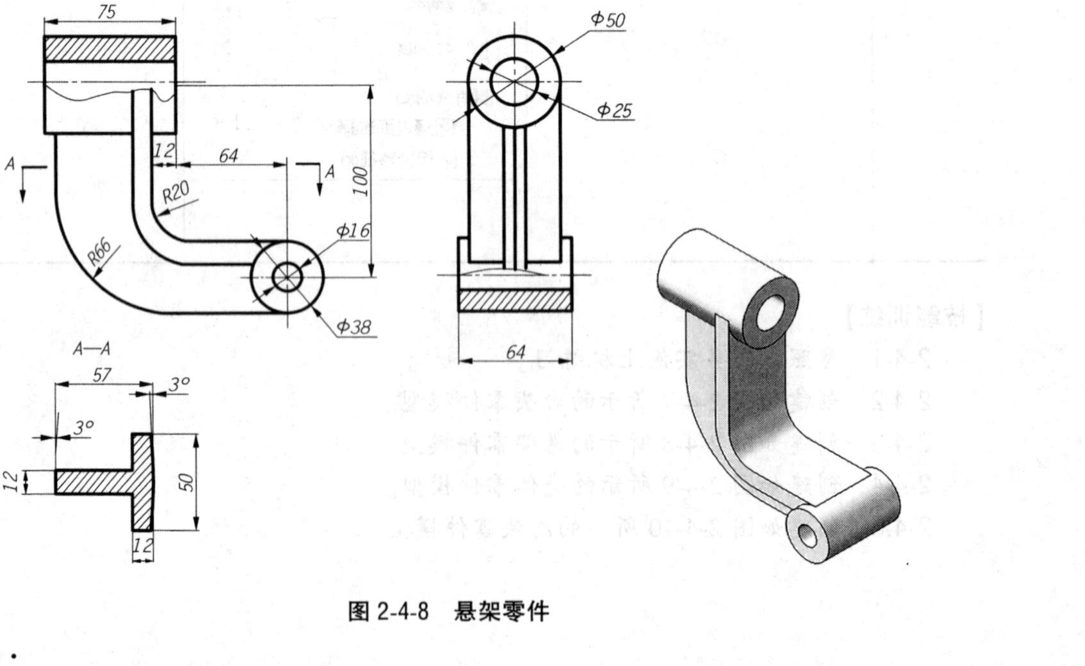

图 2-4-8　悬架零件

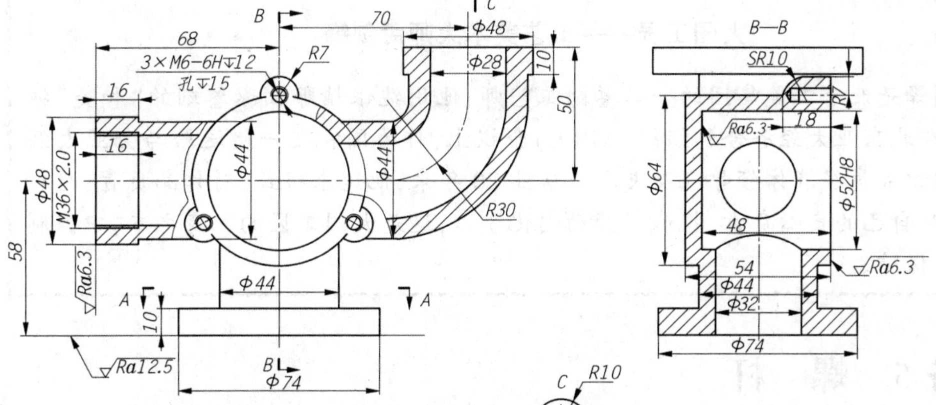

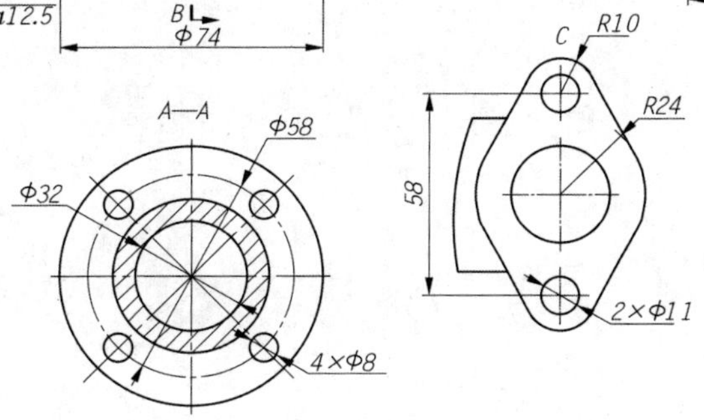

技术要求

1.铸件不得有气孔、裂纹及砂眼等缺陷；
2.未注圆角为R2-3；
3.非加工面涂防锈漆；
4.未注尺寸公差按GB/T 1804—2000-m；
5.未注几何公差按GB/T 1184—1996-K。

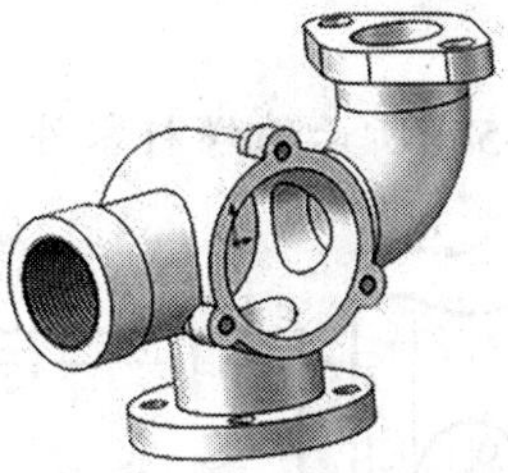

图 2-4-9 壳体零件

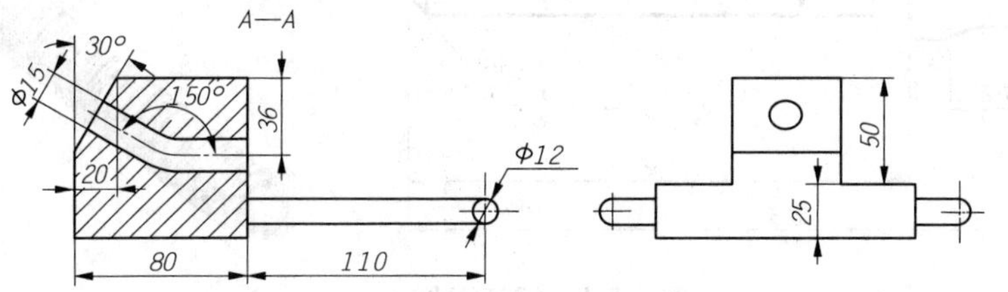

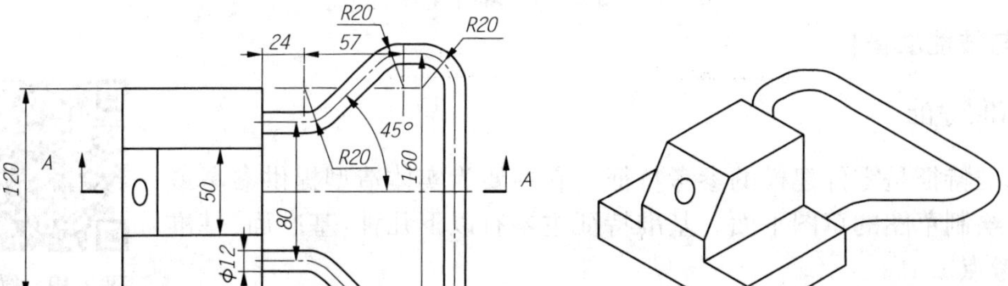

图 2-4-10 滑块零件

大国工匠——工艺美术大师孟剑锋

孟剑锋是北京工美集团的一名錾刻工艺师,他用纯银精雕细琢錾刻的“和美”纯银丝巾,在北京亚太经济合作组织(APEC)会议上,作为国礼之一赠送给与会亚太经济合作组织成员经济体领导人及夫人。从业20年来,他追求极致,对作品负责,对口碑负责,对自己的良心负责,将诚实劳动内化于心,这是大国工匠的立身之本,中国制造的品质保障。

任务5　螺　杆

【学习目标】

1. 进一步熟悉旋转特征。
2. 熟悉扫描的创建方法。
3. 掌握螺旋线的创建方法。
4. 掌握基准面的创建方法。

【任务内容】

建立如图2-5-1所示的螺杆零件。

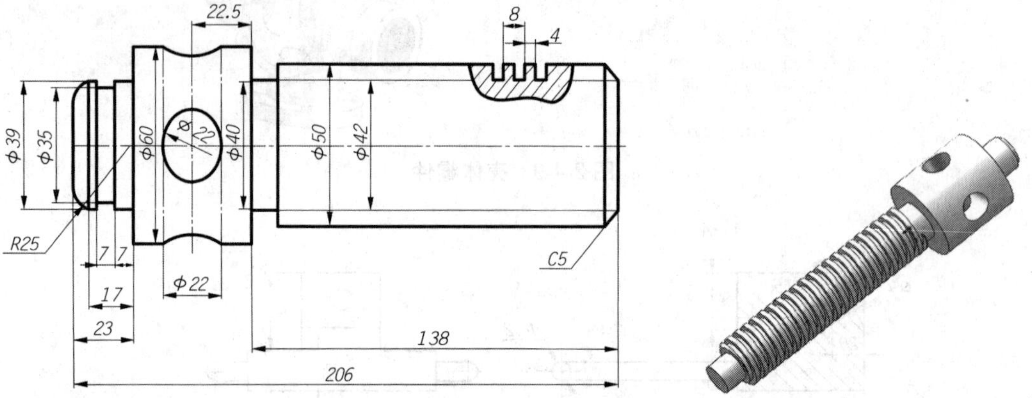

图2-5-1　螺杆零件

【知识与技能准备】

1　基准特征

基准特征是零件建模的参考特征。它主要为实体造型提供参考或是作为绘制草图的草图平面。基准特征主要有以下几种:基准面、基准轴、参考点。

码2-19　微课:基准特征

1.1　基准面

在SolidWorks软件中,基准面最常用的功能是作为草图绘制平面。除软件中默认的3

个基准面(前视基准面、右视基准面、上视基准面)外,其他基准面的绘制主要靠【基准面】命令进行创建。

1.1.1 默认的 3 个基准面

在 SolidWorks 软件中有前视基准面、右视基准面、上视基准面 3 个系统默认的正交基准面,若能用好这 3 个基准面,可以大大提高绘图效率。具体创建方法:只要在【Feature-Manager 设计树】中单击选中前视基准面、右视基准面、上视基准面,再单击右键,单击【显示】按钮即可(见图 2-5-2)。

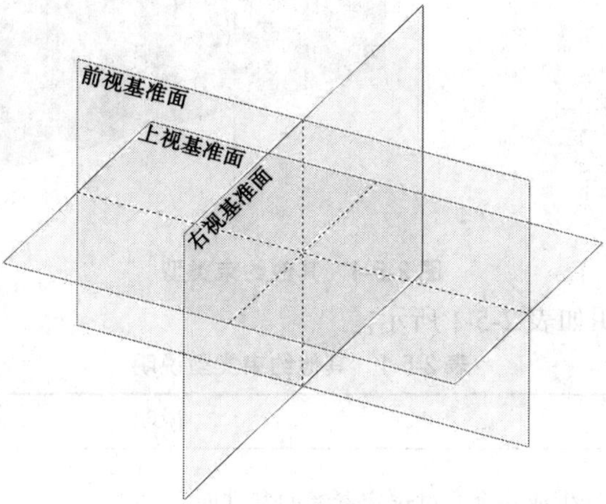

图 2-5-2 系统默认的 3 个基准面

1.1.2 创建基准面

单击【基准面】按钮,弹出【基准面】属性管理器(见图 2-5-3)。选项设置完成后,单击【确定】按钮,即可完成基准面的创建。

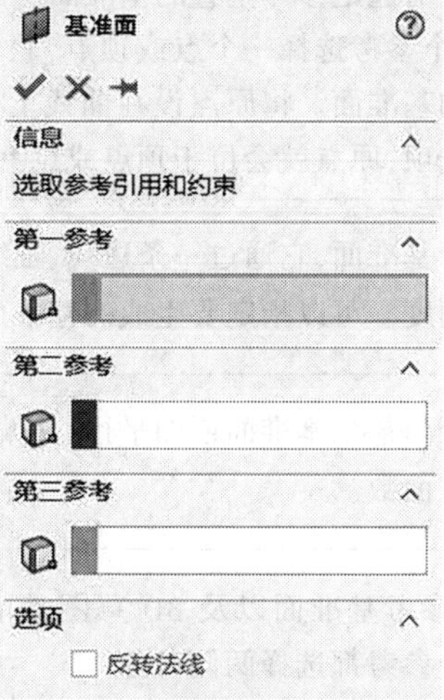

图 2-5-3 【基准面】属性管理器

1.1.3 基准面信息

1.1.3.1 第一参考

选择第一参考来定义基准面。根据选择,系统会显示其他约束类型(见图 2-5-4)。

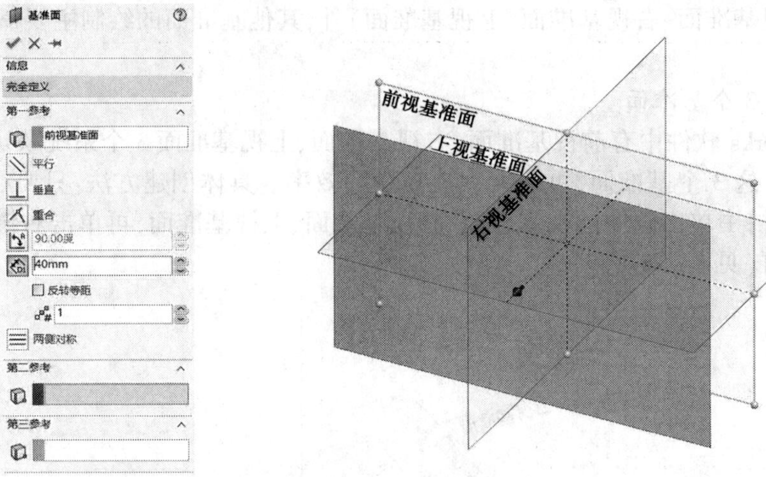

图 2-5-4　其他约束类型

其他约束类型说明如表 2-5-1 所示。

表 2-5-1　其他约束类型说明

约束类型	图标	说明
重合		生成一个穿过选定参考的基准面
平行		生成一个与选定基准面平行的基准面。例如:为一个参考选择一个面,为另一个参考选择一个点,软件会生成一个与这个面平行并与这个点重合的基准面
垂直		生成一个与选定参考垂直的基准面。例如:为一个参考选择一条边线或曲线,为另一个参考选择一个点或顶点,软件会生成一个穿过这个点并与这个曲线垂直的基准面。将原点设在曲线上会将基准面的原点放在曲线上。如果清除此选项,原点就会位于顶点或点上
两面夹角		生成一个基准面,它通过一条边线、轴线或草图线,并与一个圆柱面或基准面成一定角度。可以指定要生成的基准面数
偏移距离		生成一个与某个基准面或面平行,并偏移指定距离的基准面。可以指定要生成的基准面数
两侧对称		在平面、参考基准面以及 3D 草图基准面之间生成一个两侧对称的基准面。对两个参考都选择两侧对称

1.1.3.2　第二参考和第三参考

这两个部分中包含与第一参考中相同的选项,具体情况取决于需要和模型几何体。根据需要设置这两个参考来生成所需的基准面,举例说明如表 2-5-2 所示。

表 2-5-2

<table>
<tr><th>选项</th><th>参数</th><th>第一参考</th><th>第二参考或第三参考</th><th>结果</th></tr>
<tr><td>平行</td><td>
</td><td>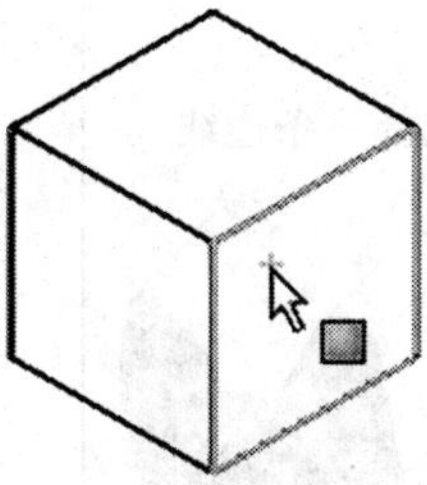</td><td>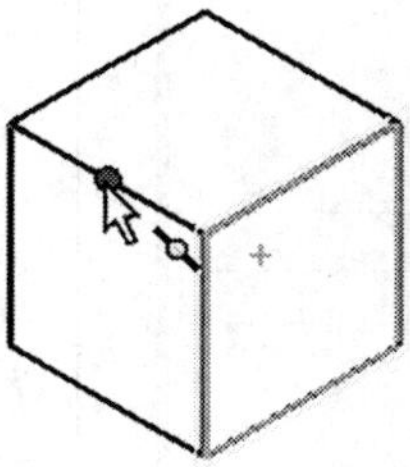</td><td>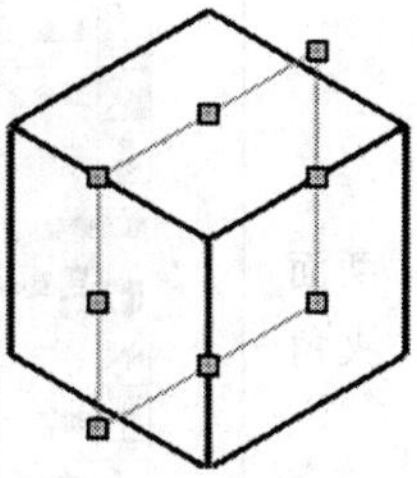</td></tr>
<tr><td rowspan="2">垂直</td><td rowspan="2">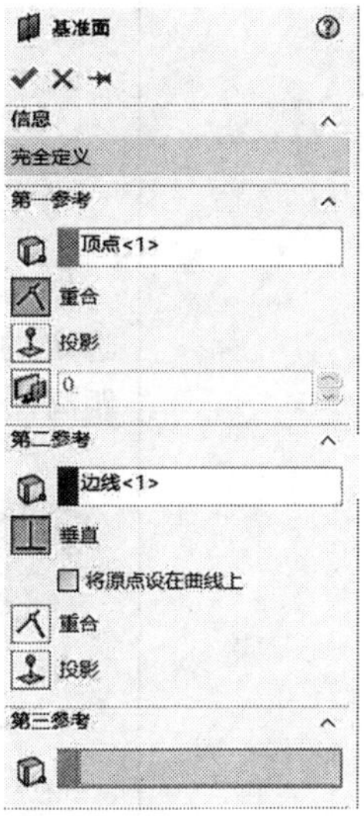
</td><td rowspan="2">第一参考为顶点
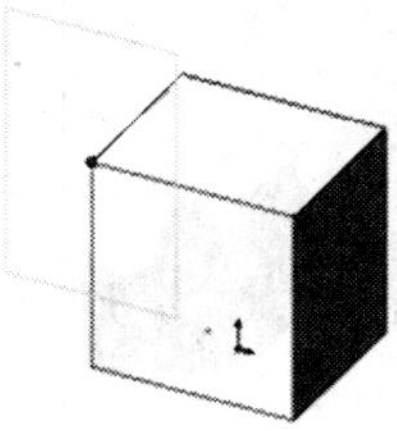</td><td>
将原点设在曲线上,为选中状态创建基准面</td><td>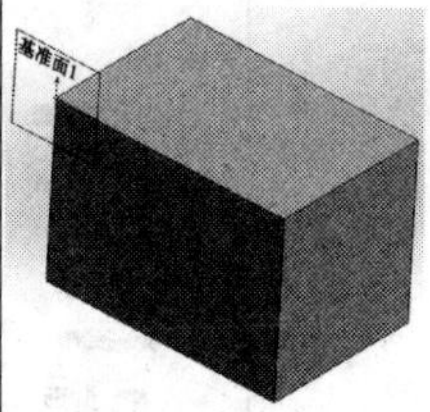
</td></tr>
<tr><td>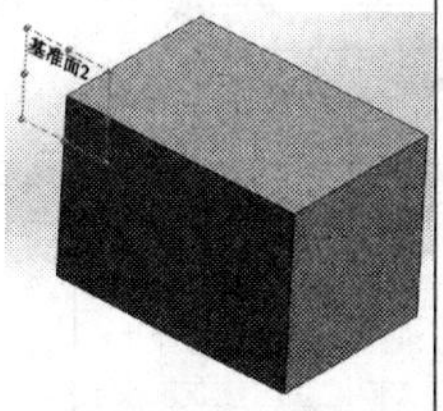

将原点设在曲线上,为清除状态创建基准面</td><td></td></tr>
</table>

续表 2-5-2

选项	参数	第一参考	第二参考或第三参考	结果
两面夹角	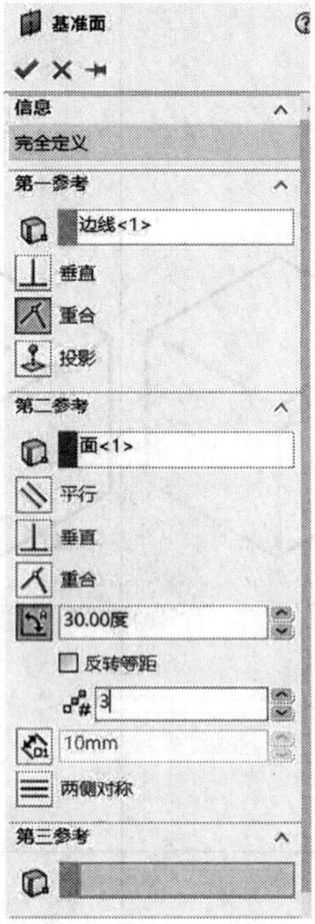	选择一条边线 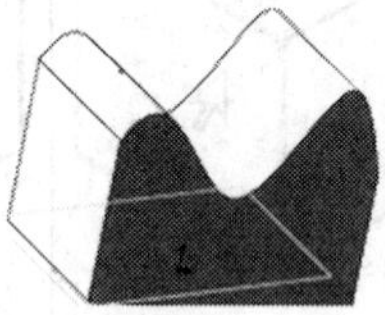	选择一个面 	生成多个面，与选定的面成一定角度 
偏移距离	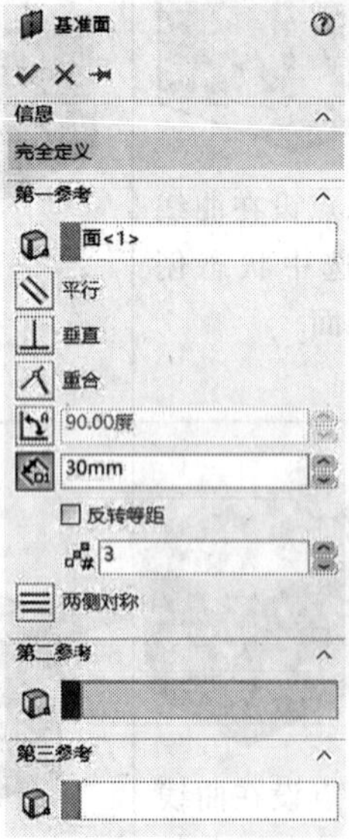	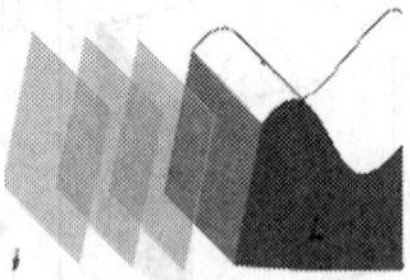		生成多个面，与选定的面成一定距离 

续表 2-5-2

选项	参数	第一参考	第二参考或第三参考	结果
两侧对称		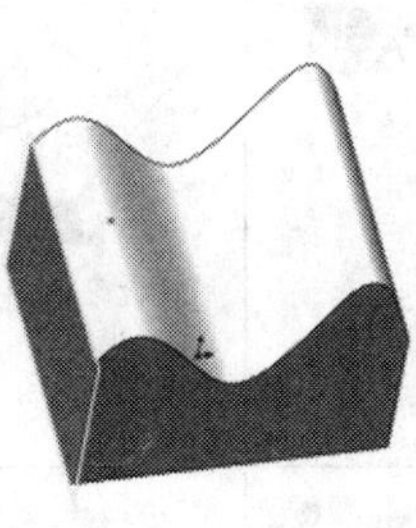	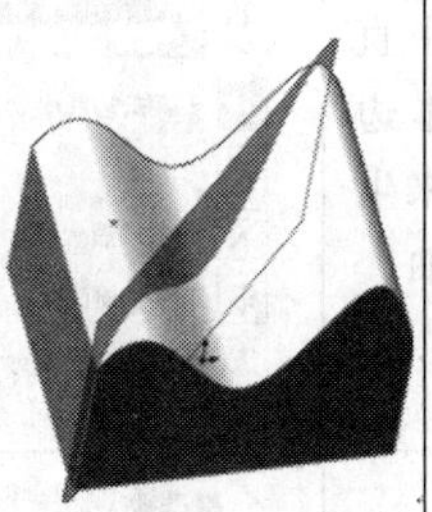	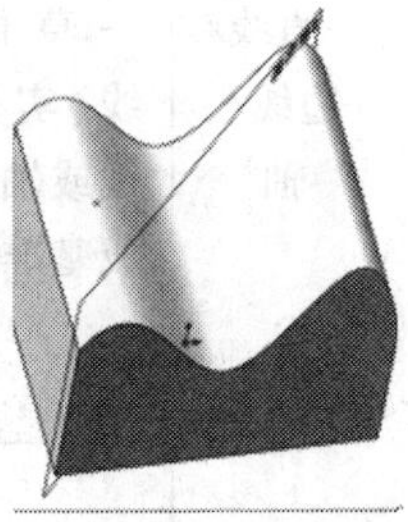

1.2　基准轴

基准轴在创建基准面、圆周阵列、同轴装配中最常见。在 SolidWorks 软件中，圆柱、圆锥、圆台这些回转体自身的中轴线被默认为临时轴，在需要显示时，可以点击【视图】工具栏中的【临时轴】按钮，使之处于摁下(显示)状态，不需使用时，再次点击，则可把所有临时轴都隐藏起来。

但在很多情况下，建立模型所需要的基准轴并不是临时轴，这时就需要创建基准轴。单击【基准轴】按钮，弹出【基准轴】属性管理器(见图 2-5-5)。选项设置完成后，单击【确定】按钮，即可完成基准轴的创建。

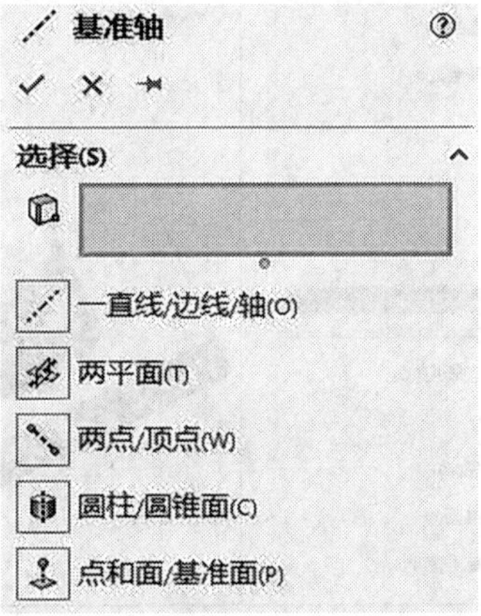

图 2-5-5　【基准轴】属性管理器

基准轴的创建方法有一直线/边线/轴、两平面、两点/顶点、圆柱/圆锥面、点和面/基准面五种，具体如表 2-5-3 所示。

表 2-5-3

类别	说明	参数	图解	结果
一直线/边线/轴	通过选择一草图直线、实体边线或轴来生成基准轴	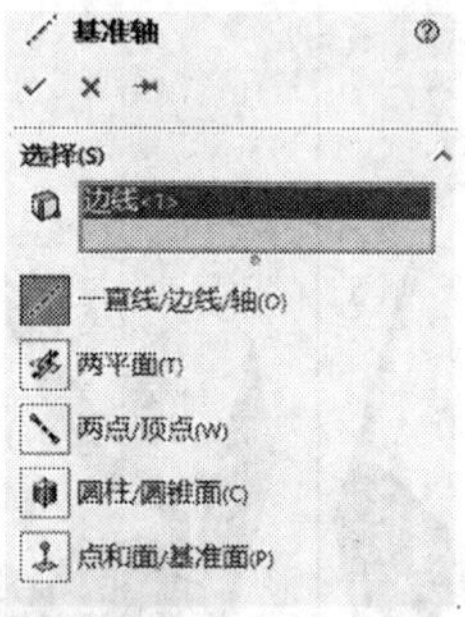	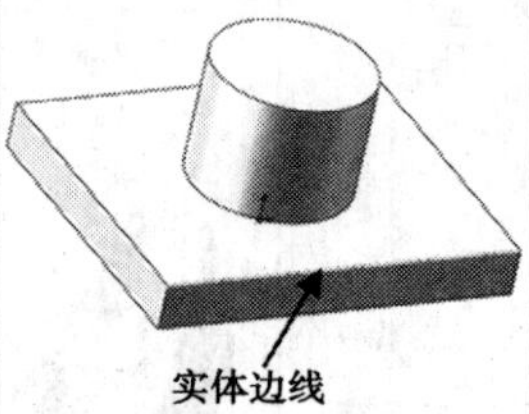	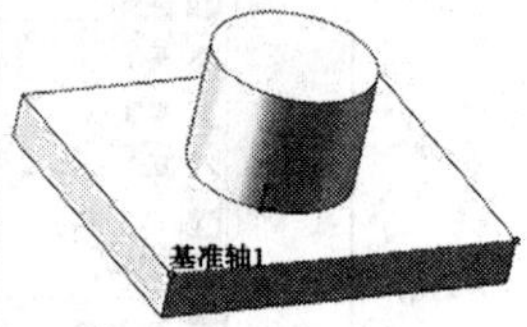
两平面	选择两个相交平面，两平面的交线即创建的基准轴	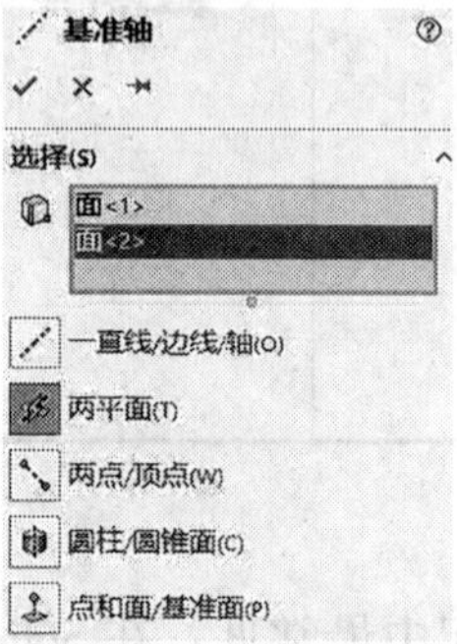	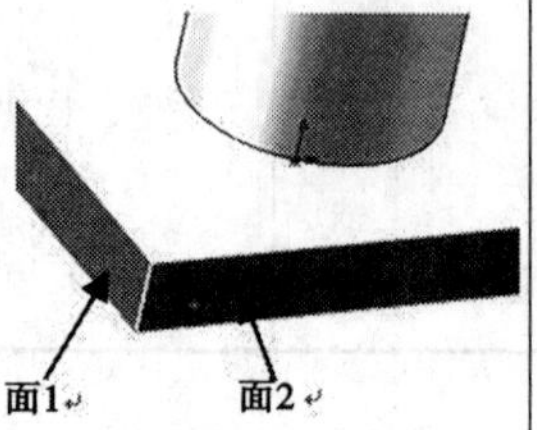	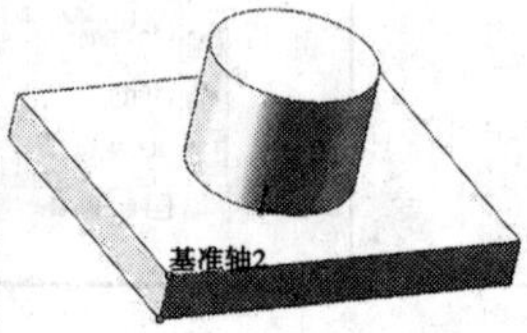
两点/顶点	选择两已知点（顶点、任意点或中点等）生成基准轴	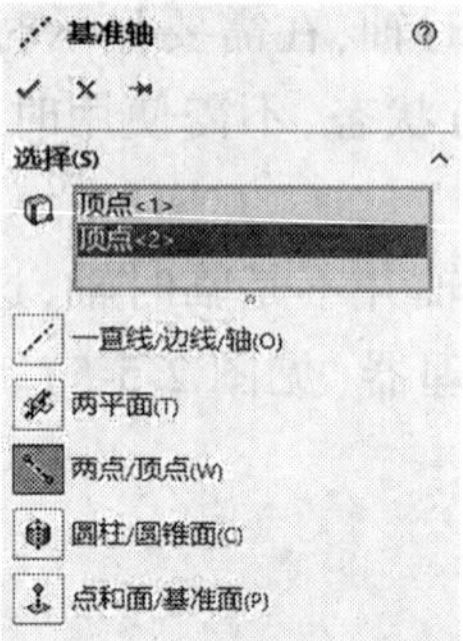	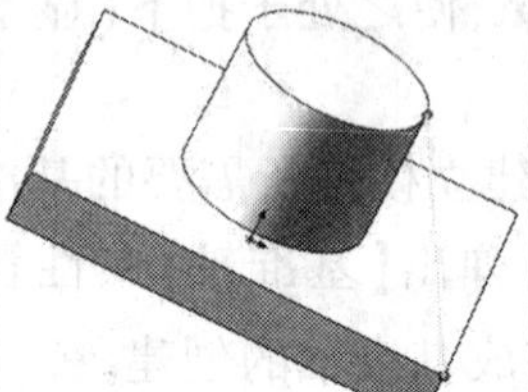	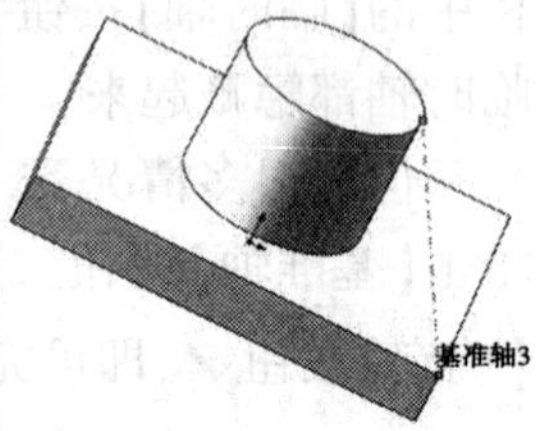
圆柱/圆锥面	选择圆柱或圆锥表面生成基准轴	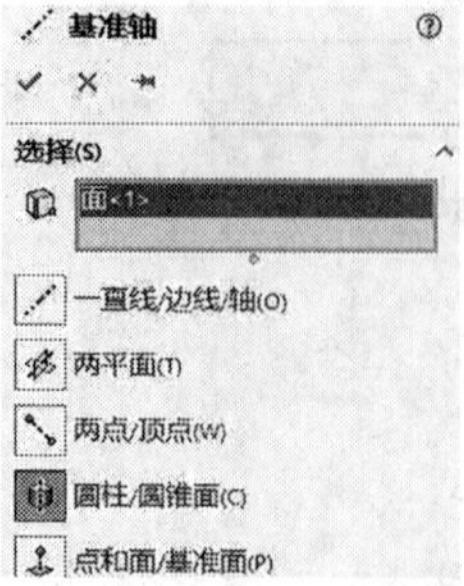	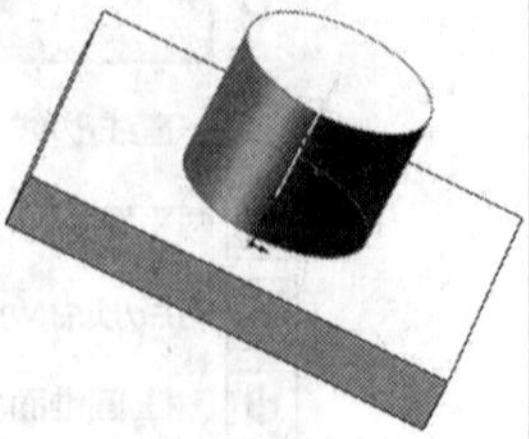	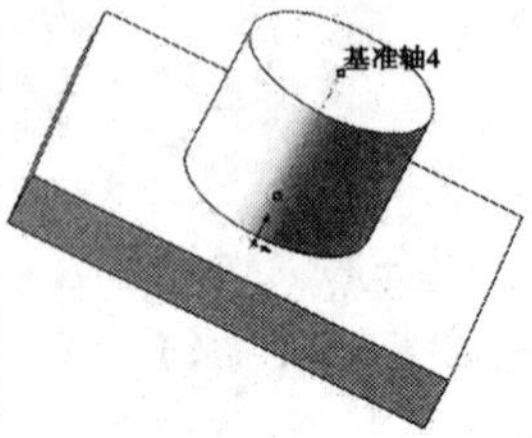

续表 2-5-3

类别	说明	参数	图解	结果
点和面/基准面	选择一个曲面（或基准面）和点，生成垂直于所选曲面，并通过所选点的基准轴	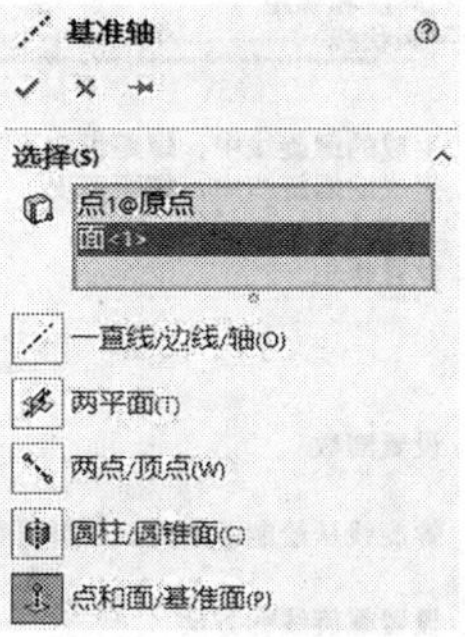	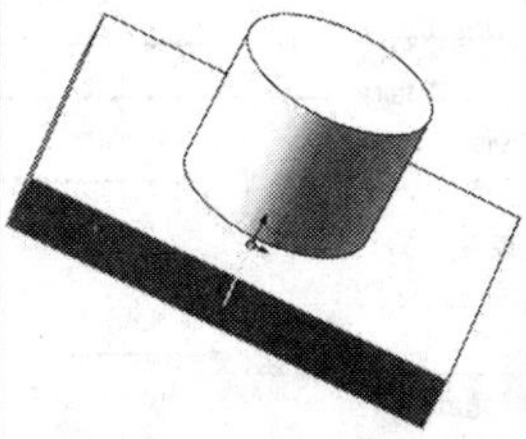	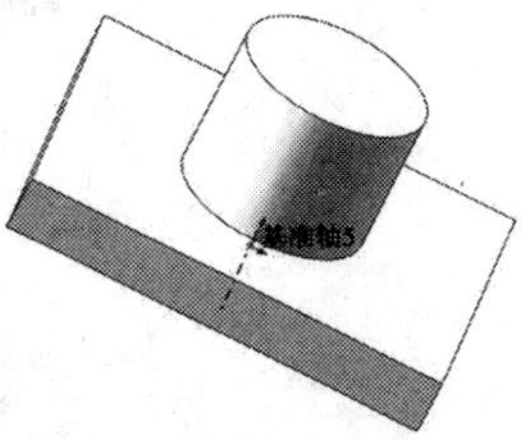

1.3 参考点

参考点主要用于空间定位，同时在创建曲面时较常用。单击【参考几何体】按钮–【点】按钮，进入【点】属性管理器（见图 2-5-6）。选择参数设置完成后，单击【确定】按钮✓，即可完成参考点的创建。

参考点的创建有圆弧中心、面中心、交叉点、投影、在点上、沿曲线距离或多个参考点 5 种方式。具体绘制过程比较直观，在此不再进行详述。其中【沿曲线距离或多个参考点】，设置点的创建方式为曲线方式。其中各选项含义如下：

（1）距离：按设定的距离生成参考点数。

（2）百分比：按设定的百分比生成参考点数。

（3）均匀分布：在实体上均匀分布的参考点数。

（4）参考点数：设定要沿所选实体生成的参考点数。

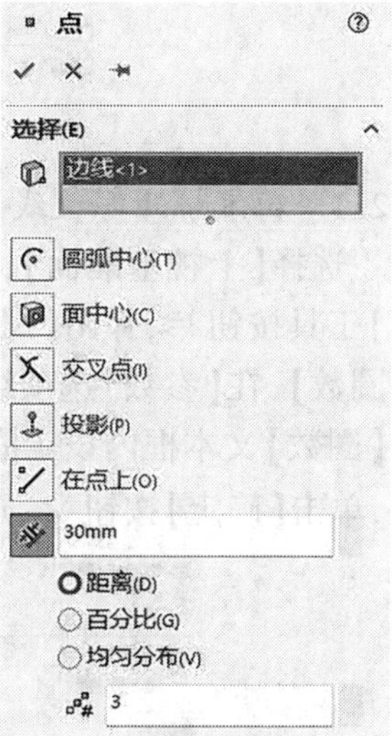

图 2-5-6 【点】属性管理器

2 螺旋线

【螺旋线】命令用于在零件中生成螺旋和涡状曲线。此曲线可以被当成一个路径或引导曲线使用在扫描的特征上，或作为放样特征的引导曲线。

码 2-20 微课：螺旋线

2.1 螺旋线/涡状线使用方法

单击【螺旋线/涡状线】工具按钮，弹出【螺旋线/涡状线】属性管理器（见图 2-5-7）。

注意：在插入螺旋线/涡状线之前，首先要打开一草图并绘制一个圆，此圆的直径可以控制螺旋线的直径。

2.2 螺旋线分类

下面分别以恒定螺距螺旋线、可变螺距螺旋线和涡状线为例，简单介绍螺旋线/涡状线的创建。

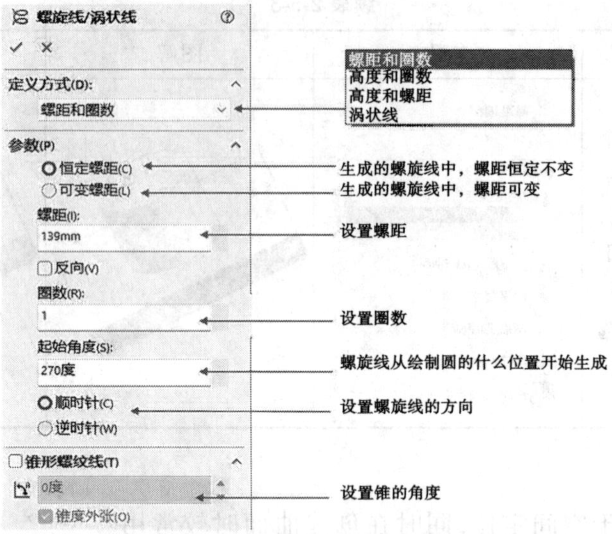

图 2-5-7 【螺旋线/涡状线】属性管理器

2.2.1 恒定螺距螺旋线

选择【上视基准面】,单击【草图绘制】按钮,绘制录入的圆。单击【螺旋线/涡状线】工具按钮,弹出【螺旋线/涡状线】属性管理器。在【定义方式】下拉框中选择【螺距和圈数】,在【参数】选项组中选择【恒定螺距】单选按钮,在【螺距】文本框内设定螺距值,在【圈数】文本框内设定圈数,在【起始角度】文本框内输入 225 度,选择【顺时针】单选按钮,单击【确定】按钮,则可完成螺旋线绘制(见图 2-5-8)。

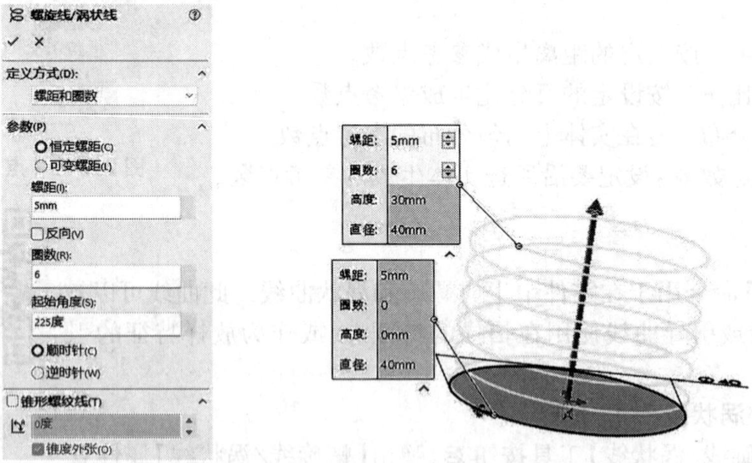

图 2-5-8 恒定螺距螺旋线

2.2.2 可变螺距

选择【上视基准面】,单击【草图绘制】按钮,绘制录入的圆。单击【螺旋线/涡状线】工具按钮,弹出【螺旋线/涡状线】属性管理器。在【定义方式】下拉框中选择【螺距和圈数】。在【参数】选项组中选择【可变螺距】单选按钮(见图 2-5-9),在【区域参数】列表框内设定螺距值并输入参数,在【起始角度】文本框内输入 225 度,选择【顺时针】单选按钮，单击【确定】按钮✓，则可完成可变螺距螺旋线绘制（见图 2-5-10）。

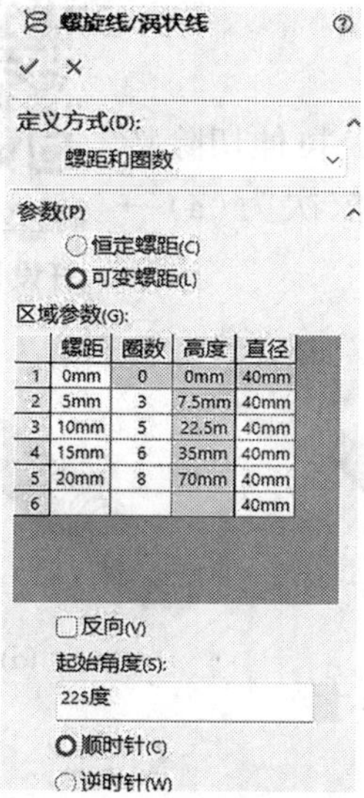

图 2-5-9 【可变螺距】属性管理器

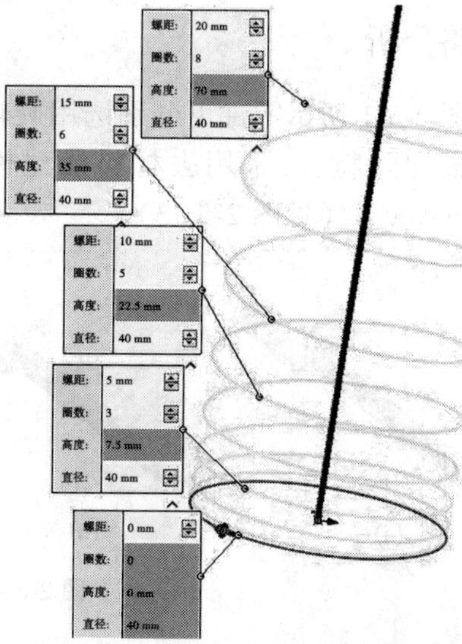

图 2-5-10 可变螺距螺旋线

2.2.3 涡状线

选择【上视基准面】，单击【草图绘制】按钮，绘制录入的圆。单击【螺旋线/涡状线】工具按钮，弹出【螺旋线/涡状线】属性管理器。在【定义方式】下拉框中选择【涡状线】选项（见图 2-5-11）。在【螺距】文本框内设定螺距值，在【圈数】文本框内设定圈数，在【起始角度】文本框内输入 225.00 度，选择【顺时针】单选按钮，单击【确定】按钮✓，完成涡状线绘制（见图 2-5-12）。

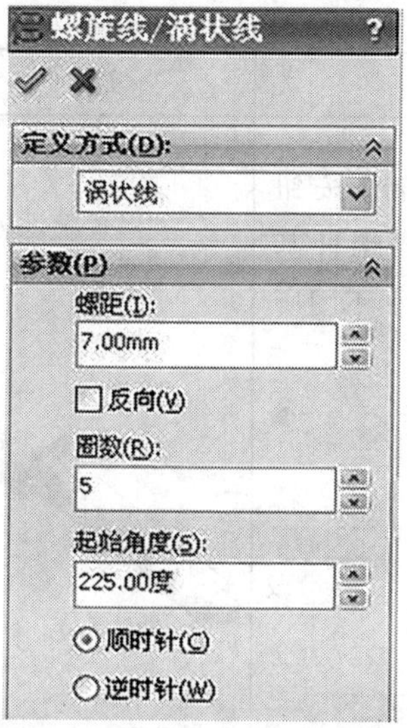

图 2-5-11 【涡状线】属性管理器

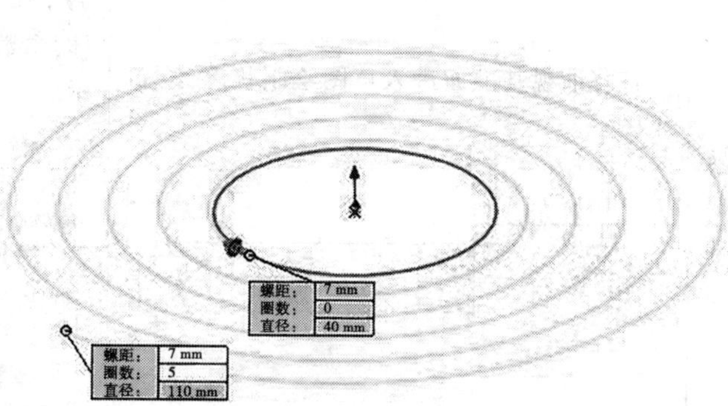

图 2-5-12 涡状线

【任务实施】

1　思路分析

如图 2-5-1 所示零件可分别选用旋转特征、倒角特征、拉伸切除特征和扫描切除特征，采用去材料法建模。其操作步骤依次为(a)→(b)→(c)→(d)(见图 2-5-13)。

码 2-21　微课：螺杆设计实例练习

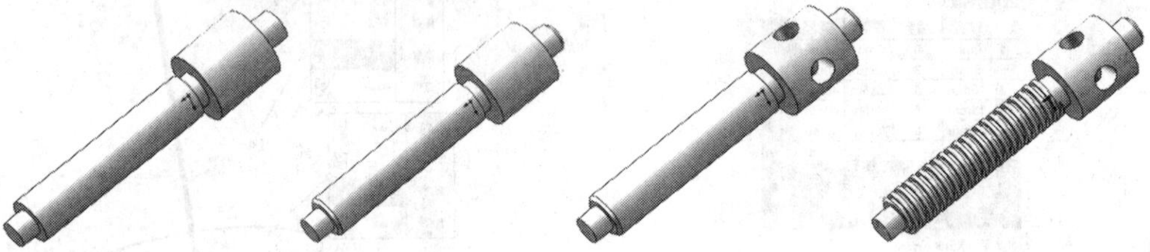
(a)　(b)　(c)　(d)

图 2-5-13　螺杆设计意图

2　建模步骤

2.1　创建文档与基本操作

启动 SolidWorks 软件，单击【文件】|【新建】，弹出【新建 SOLIDWORKS 文件】对话框，单击【零件】图标，再单击【确定】按钮✓，完成零件的新建过程，进入 SolidWorks 建模环境。

2.2　创建模型

创建螺杆模型步骤如表 2-5-4 所示。

表 2-5-4　创建螺杆模型步骤

特征	草图	参数	实体
旋转生成螺杆基体	选择前视基准面进入草图绘制状态，绘制下图。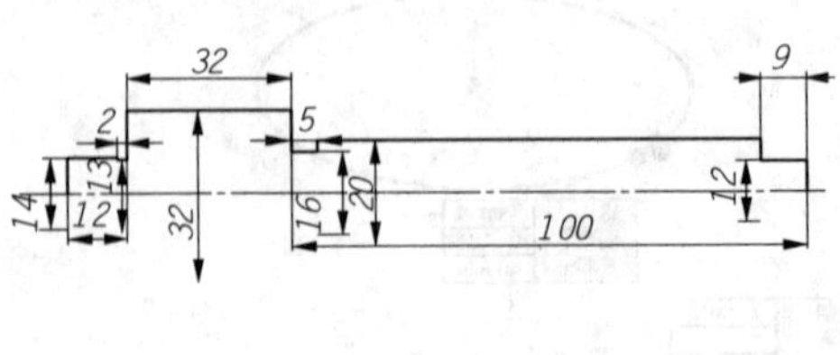	单击【旋转】按钮，旋转生成螺杆基体，参数设置如下图所示。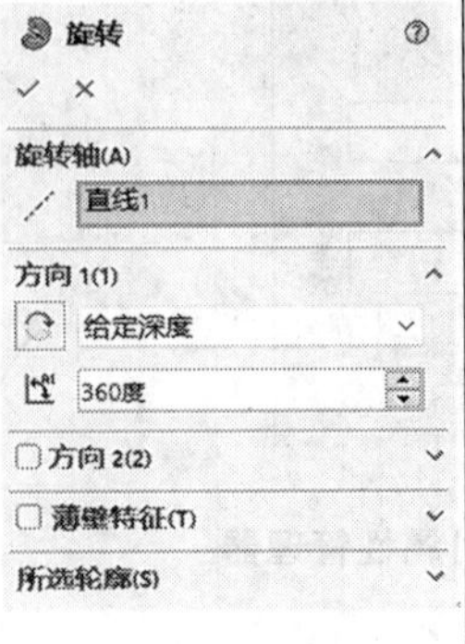	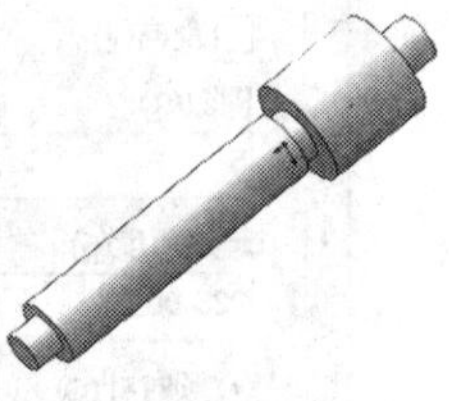

续表 2-5-4

特征	草图	参数	实体
完成轴上倒角	轴上倒角	单击【倒角】按钮，完成轴上倒角，参数设置如下图所示。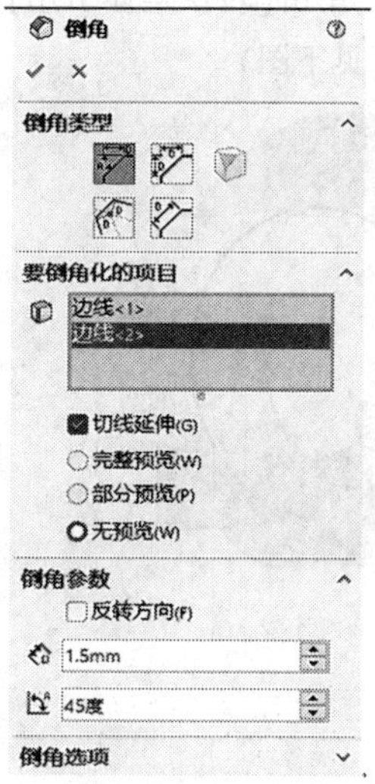	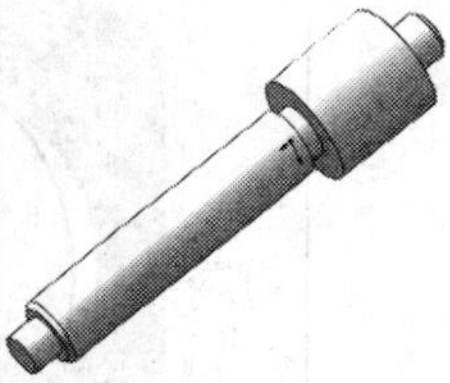
拉伸切除完成旋转杆孔	分别选择上视基准面与前视基准面绘制如下草图。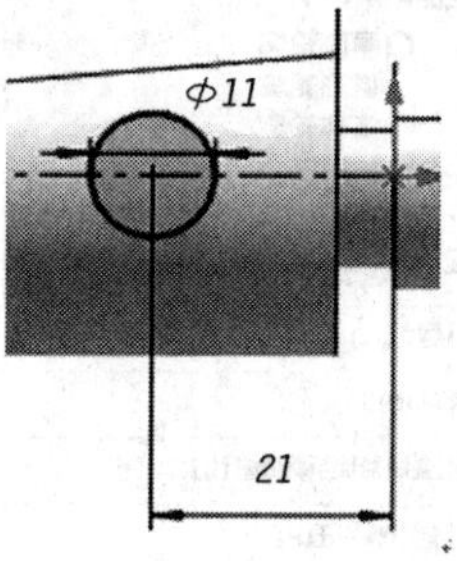	单击【切除-拉伸】按钮，完成旋转杆孔，参数设置如下图所示。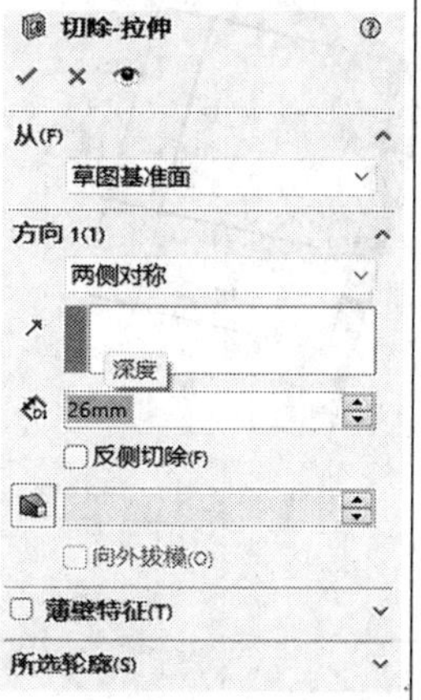	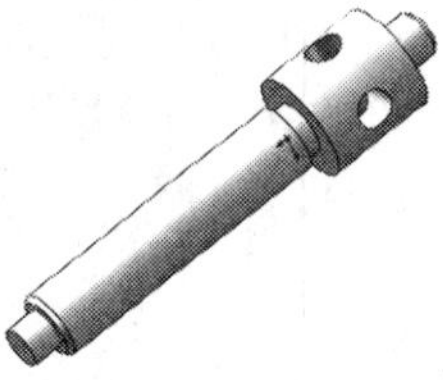

续表 2-5-4

特征	草图	参数	实体
扫描切除形成螺杆螺纹	选择右视基准面进入草图绘制状态，选择 ϕ 20 轴的边线，单击【转换实体引用】，生成螺旋线基圆（见下图）。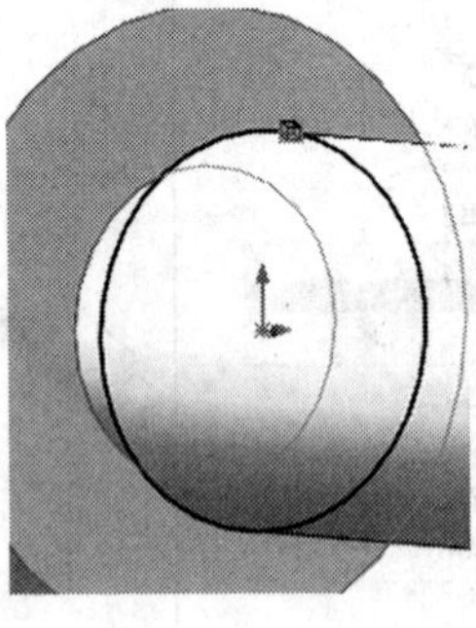	单击【曲线】工具栏中的【螺旋线/涡状线】按钮，生成螺旋线，参数设置如下图所示。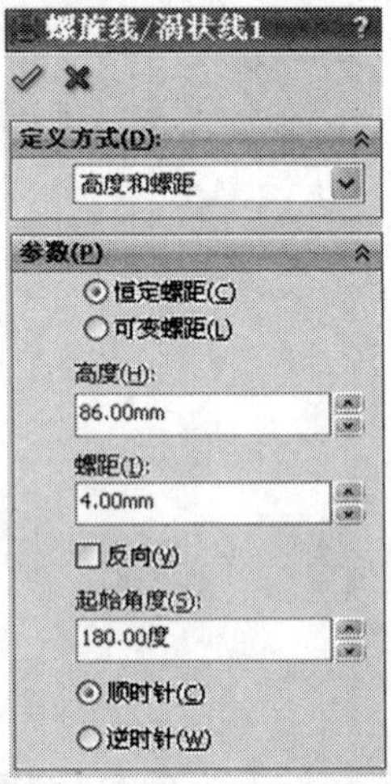	
	选择上视基准面进入草图绘制状态，用【直线】命令绘制如下草图，并标注尺寸，添加左上端点与螺旋线“穿透”的几何关系。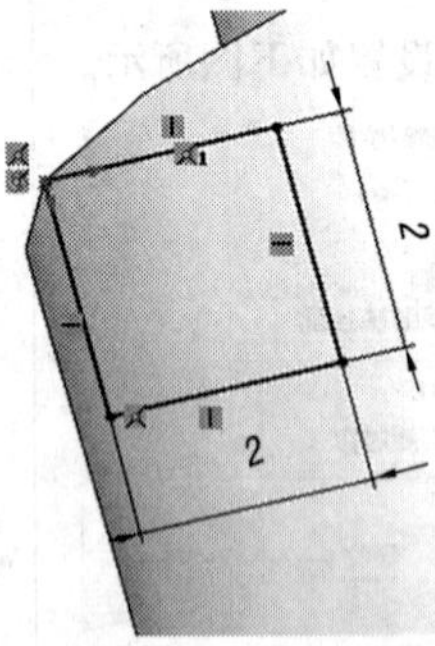	单击【切除-扫描】按钮，以螺旋线为路径，以 2 mm×2 mm 的图形为界面，扫描切除形成螺杆螺纹，参数设置如下图所示。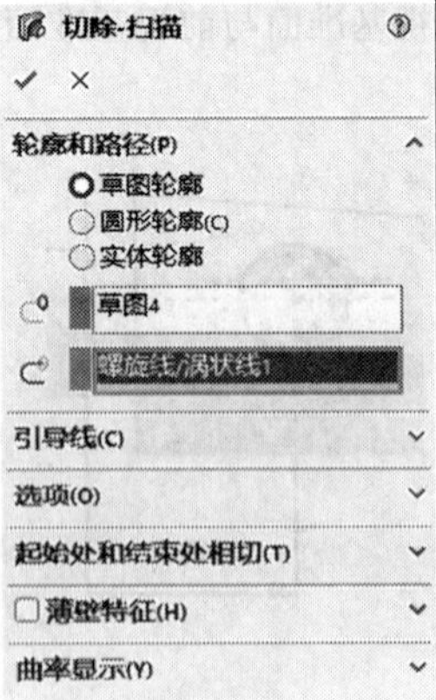	

【技能训练】

2-5-1　参照本任务实例上机练习。

2-5-2　创建如图 2-5-14 所示的轴零件模型。

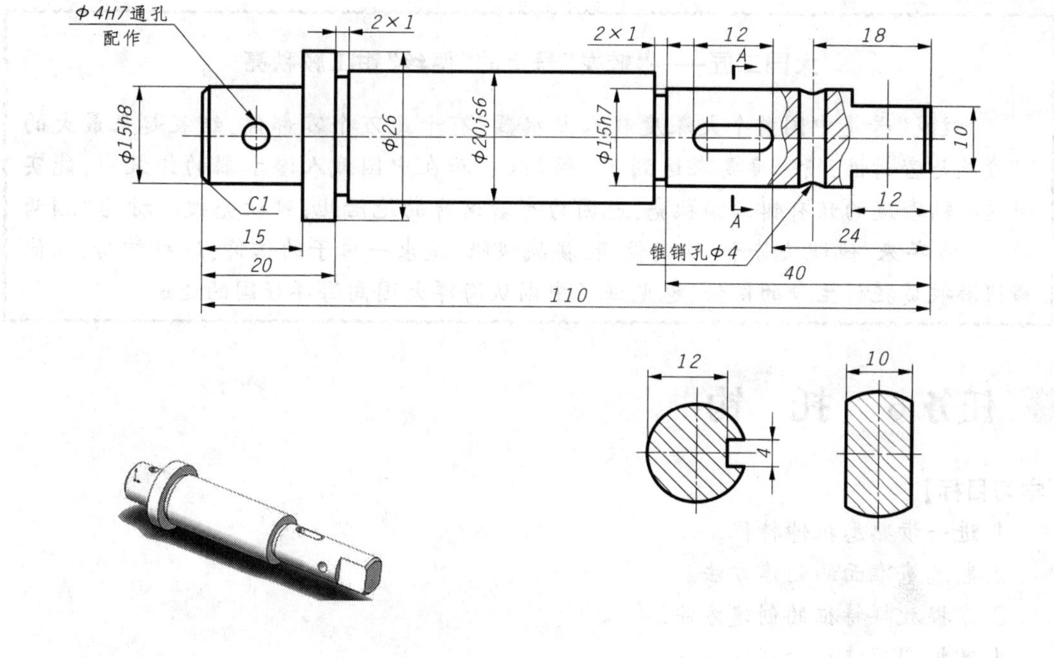

图 2-5-14　轴零件图

2-5-3　创建如图 2-5-15 所示的螺钉零件模型。

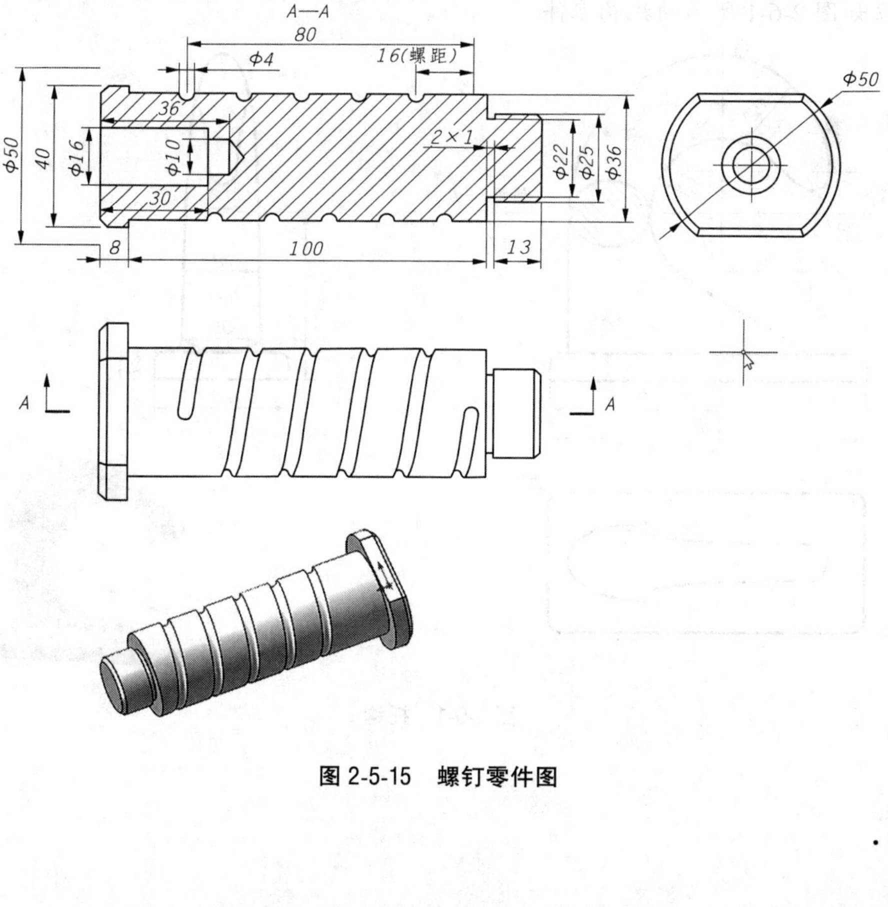

图 2-5-15　螺钉零件图

大国工匠——“蛟龙”号上的“两丝”钳工顾秋亮

“蛟龙”号是中国首个大深度载人潜水器，有十几万个零部件，组装起来最大的难度就是密封性，精密度要求达到了“丝”级。而在中国载人潜水器的组装中，能实现这个精密度的只有钳工顾秋亮，也因为有着这样的绝活儿，顾秋亮被人称为“顾两丝”。46 年来，他埋头苦干、踏实钻研、挑战极限，追求一辈子的信仰，这种信念，让他赢得潜航员托付生命的信任，也见证了中国从海洋大国向海洋强国的迈进。

任务 6　托　钩

【学习目标】

1. 进一步熟悉拉伸特征。
2. 熟悉基准面的创建方法。
3. 掌握放样特征的创建方法。
4. 掌握圆顶特征的创建方法。
5. 掌握草图工具中“从选择生成草图”的使用方法。

【任务内容】

建立如图 2-6-1 所示的托钩零件。

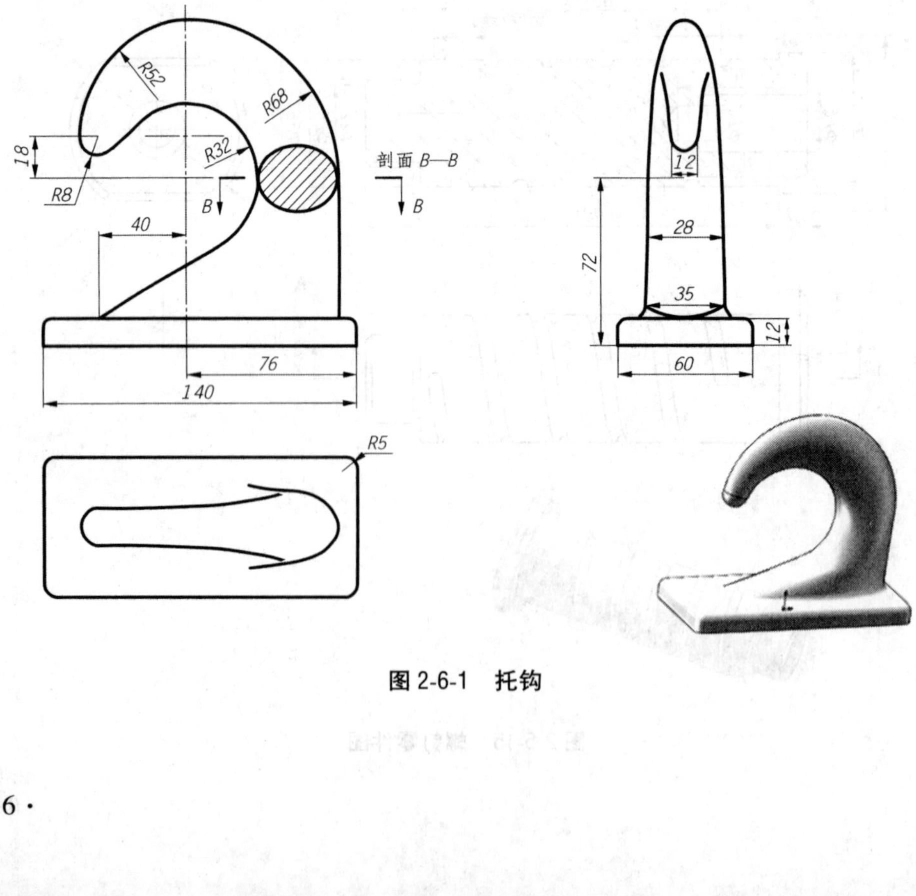

图 2-6-1　托钩

【知识与技能准备】

1　放样

1.1　放样概述

放样是通过在草图截面之间进行过渡生成特征，放样可以生成基体、凸台、薄壁特征或曲面。放样草图可以为两个或多个封闭的截面，仅第一个或最后一个轮廓可以是点，也可以这两个轮廓都是点。

码 2-22　微课：放样特征

1.1.1　放样分类

放样特征可以分成 3 种类型：简单放样、使用引导线放样和使用中心线放样（见表 2-6-1）。

表 2-6-1　放样类型

类型	说明	图例
简单放样	不设置引导线的一种放样方法，是由两个或两个以上的草图截面形成的特征，系统自动生成中间截面	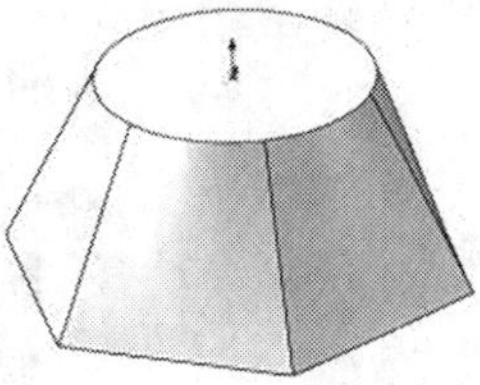
使用引导线放样	当采用简单放样生成的实体不符合要求时，可通过一条或多条引导线来控制中间截面生成放样特征。使用引导线方式创建放样特征时，引导线必须与所有轮廓穿透。轮廓可以是平面轮廓或空间轮廓	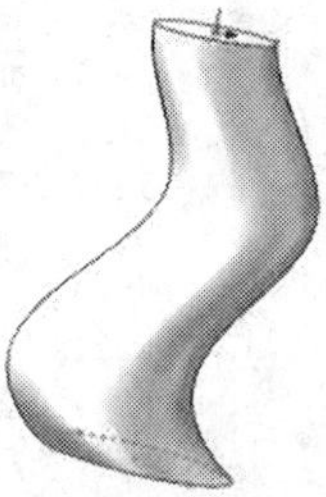
使用中心线放样	可以生成一个使用一条变化的引导线作为中心线的放样。所有中间截面的草图基准面都与此中心线垂直，此中心线可以是草图曲线、模型边线或曲线	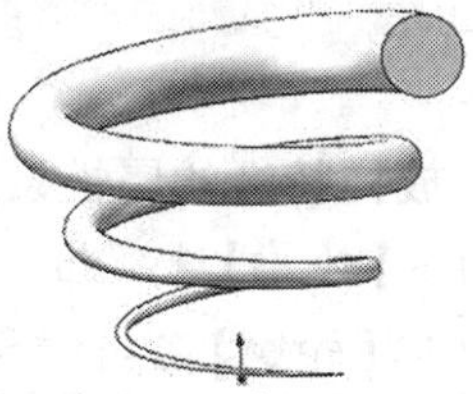

1.1.2　放样特征的基本条件

放样特征的基本条件是必须存在两个或两个以上的轮廓，轮廓可以是草图，也可以是其他特征的面，甚至是一个点。用点进行放样时，只能是第一个轮廓或最后一个轮廓（见图 2-6-2）。

图 2-6-2　鞋钉

1.1.3　放样特征操作注意事项

（1）放样特征两轮廓间在放样时对应的点不同，产生的放样效果也不同（见图 2-6-3），一般来讲，放样特征的对应点是选择不同轮廓时鼠标单击最近的点。

（2）在默认的状态下，图形区域中放样特征的轮廓以绿色表示，中心线用粉色表示，引导线用紫色表示。

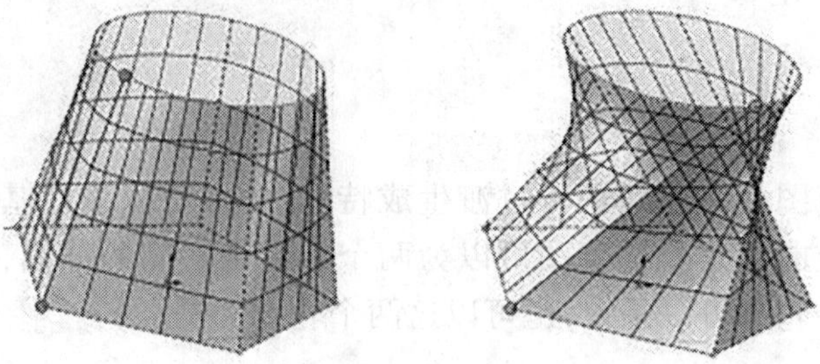

图 2-6-3　对应的点不同的效果图

1.2　放样特征的使用方法

单击【特征】工具栏上的【放样凸台/基体】工具按钮，弹出【放样】属性管理器（见图 2-6-4）。

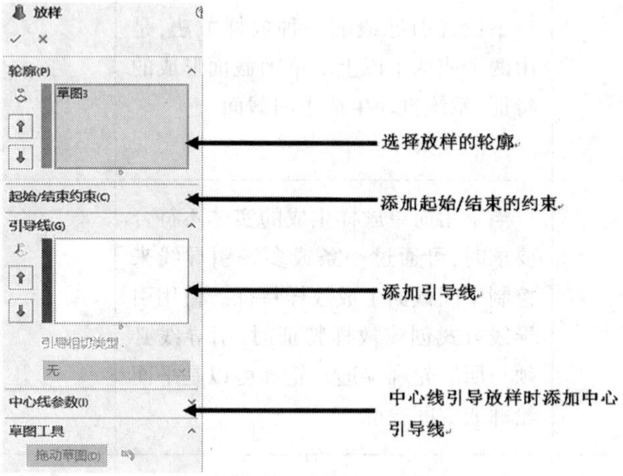

图 2-6-4　【放样】属性管理器

1.3　放样特征的属性设置

1.3.1　【轮廓】选项组

（1）【轮廓】：选择要放样的轮廓，轮廓可以是草图轮廓、面或边线。

（2）【上移】、【下移】：调整轮廓的顺序。

1.3.2　【起始/结束约束】选项组

（1）【开始约束】、【结束约束】：应用约束以控制开始和结束轮廓的相切，其选项如图 2-6-5 所示。

【无】：不应用与相切约束。

【方向向量】：根据所选的方向向量应用相切约束。

【垂直于轮廓】：应用在垂直于开始或者结束轮廓处的相切约束。

（2）【方向向量】（在设置【开始/结束约束】为【方向向量】时可用）：按照所选择的方向向量应用相切约束，放样与所选线性边线或轴相切，或所选面或基准面的法线相切（见图 2-6-6）。

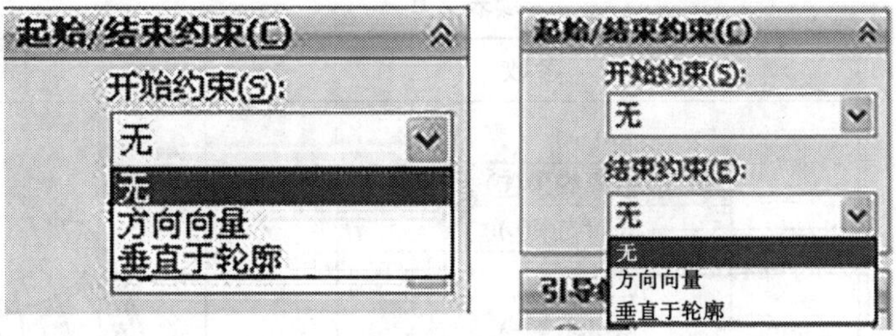

图 2-6-5　【开始约束】、【结束约束】选项

(3)【拔模角度】(在设置【开始/结束约束】为【方向向量】或【垂直于轮廓】时可用):为起始或结束轮廓应用拔模角度(见图 2-6-7)。

(4)【起始/结束处相切长度】(在设置【开始/结束约束】为【无】时不可用):控制对放样的影响量(见图 2-6-8)。

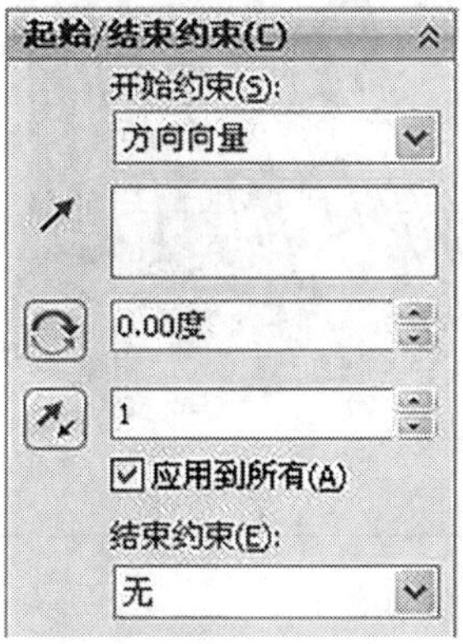

图 2-6-6　【方向向量】参数

图 2-6-7　【拔模角度】参数

图 2-6-8　【相切长度】参数

选择不同【开始约束】、【结束约束】选项时的效果如表 2-6-2 所示。

表 2-6-2　不同选项的效果

类别	参数	图解
【开始约束】、【结束约束】都为【无】	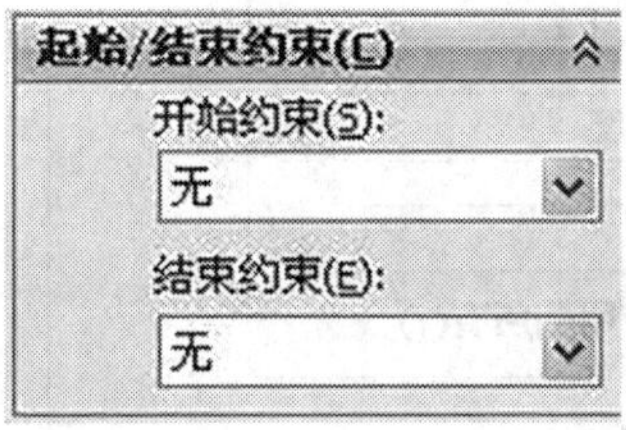	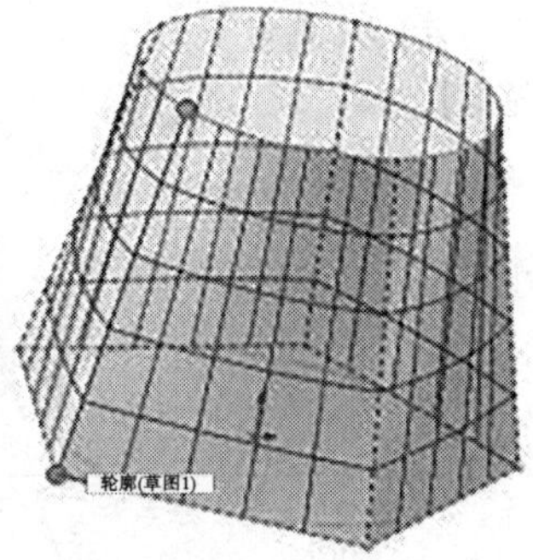

续表 2-6-2

类别	参数	图解
【开始约束】为【无】、【结束约束】为【垂直于轮廓】		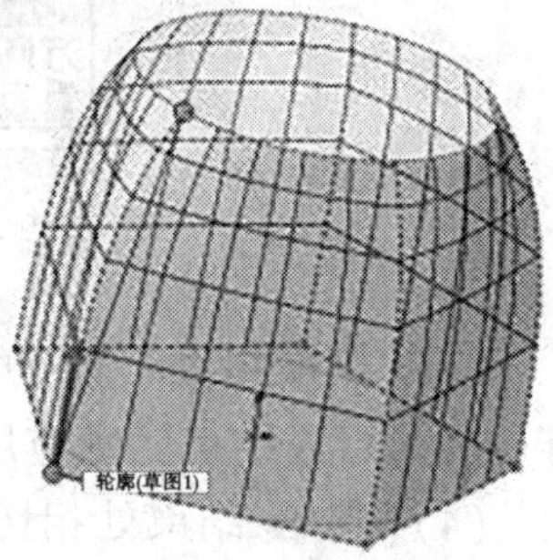
【开始约束】为【垂直于轮廓】、【结束约束】为【无】	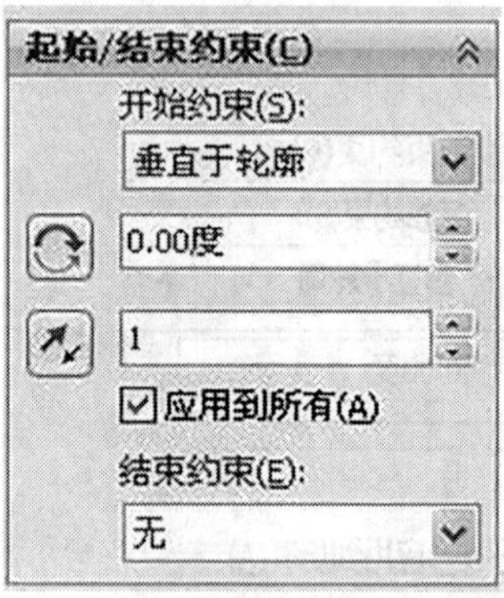	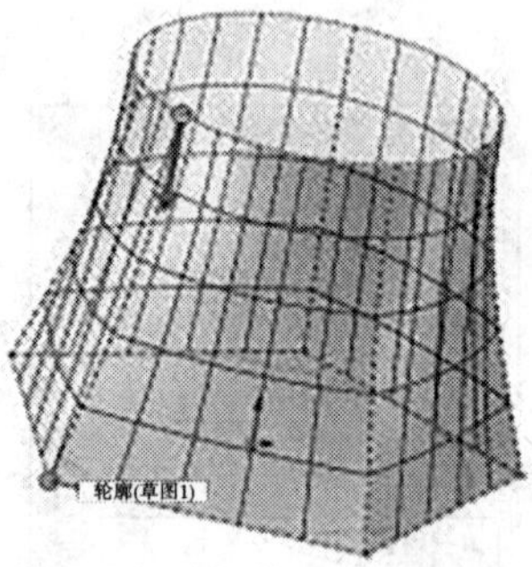
【开始约束】为【垂直于轮廓】、【结束约束】为【垂直于轮廓】		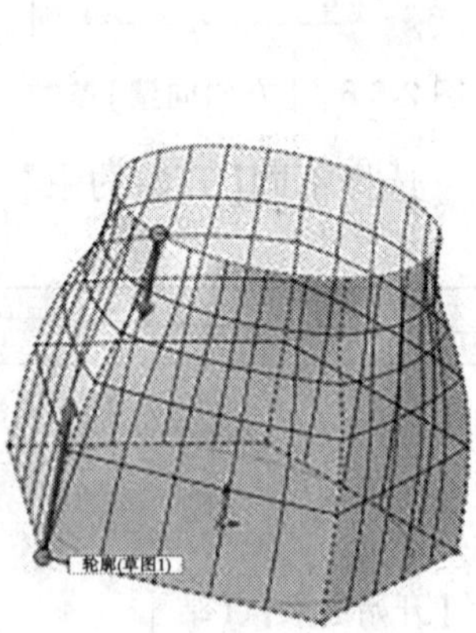

续表 2-6-2

类别	参数	图解
【开始约束】为【方向向量】、【结束约束】为【无】	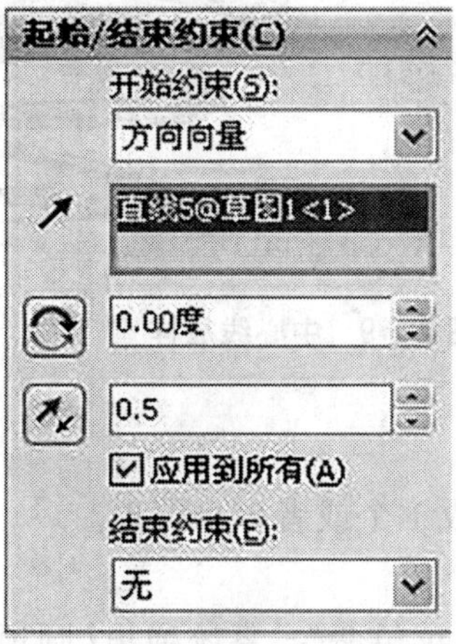	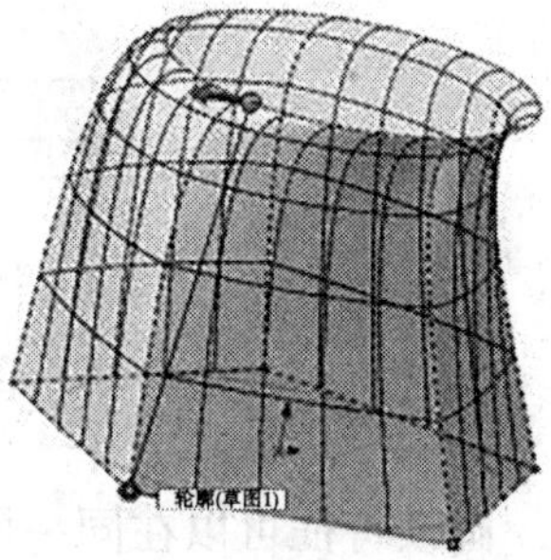
【开始约束】为【方向向量】、【结束约束】为【垂直于轮廓】	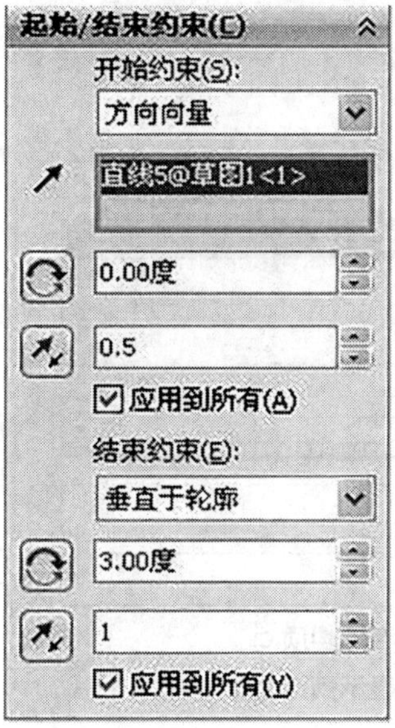	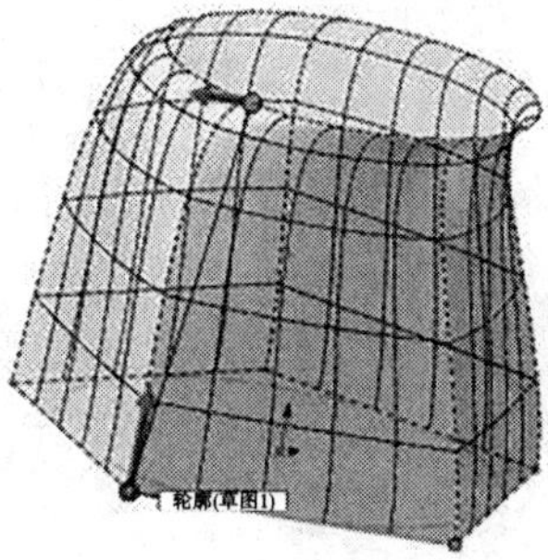

1.3.3 【引导线】选项组

(1)【引导线感应类型】:控制引导线对放样的影响力。

(2)【引导线】:选择引导线来控制放样。

(3)【上移】、【下移】:调整引导线的顺序。

1.3.4 【中心线参数】选项组

【中心线】:使用中心线引导放样形状(见图 2-6-9)。

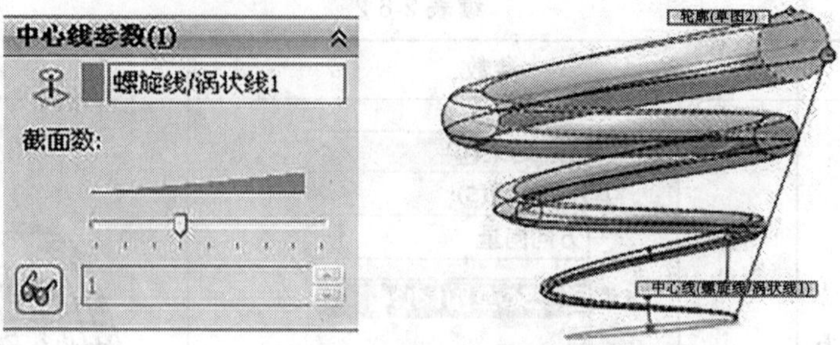

图 2-6-9　中心线放样

2　圆顶特征

圆顶特征可以在同一模型上生成 1 个或者多个圆顶。

码 2-23　微课：圆顶特征

2.1　圆顶特征属性设置

选择【插入】|【特征】|【圆顶】菜单命令，系统弹出【圆顶】属性管理器（见图 2-6-10）。

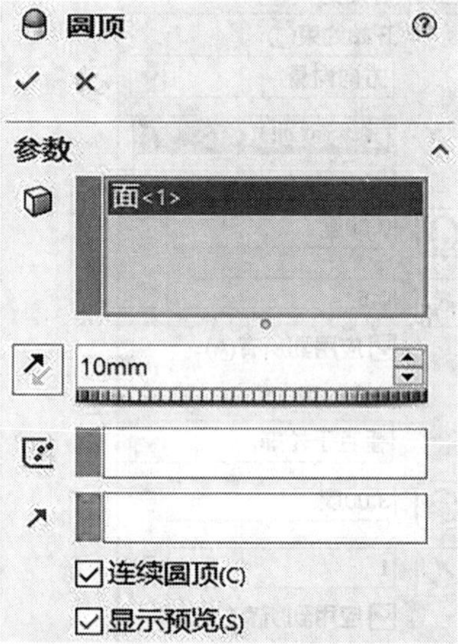

图 2-6-10　【圆顶】属性管理器

2.2　参数说明

（1）【到圆顶的面】：选择 1 个或者多个平面或非平面。

（2）【距离】10.00mm：设置圆顶扩展的距离。

（3）【反向】：单击该按钮，可以生成凹陷圆顶（默认为凸起）。

（4）【约束点或草图】：选择 1 个点或者草图，通过对其形状进行约束以控制圆顶。当使用 1 个草图为约束时，【距离】框不可用。

（5）【方向】：从图形区域选择方向向量以垂直于面以外的方向拉伸圆顶，可以使用线性边线或者 2 个草图点所生成的向量作为方向向量。

(6)【椭圆圆顶】椭圆圆顶(E):为圆柱或圆锥模型指定一椭圆圆顶。椭圆圆顶的形状为一半椭面,其高度等于椭面的半径之一。

(7)【连续圆顶】连续圆顶(C):为多边形模型指定连续圆顶。连续圆顶的形状在所有边均匀向上倾斜。如果消除连续圆顶,圆顶形状将垂直于多边形的边线而上升。

注意:连续圆顶对于四边形或在使用【约束点或草图】或【方向】向量时不可用。

2.3　圆顶特征创建步骤

选择【插入】|【特征】|【圆顶】菜单命令,系统弹出【圆顶】属性管理器。在【参数】选项组中,单击【到圆顶的面】选择框,在图形区域中选择模型的上表面,设置【距离】为40 mm,单击【确定】按钮,生成圆顶特征(见图2-6-11)。

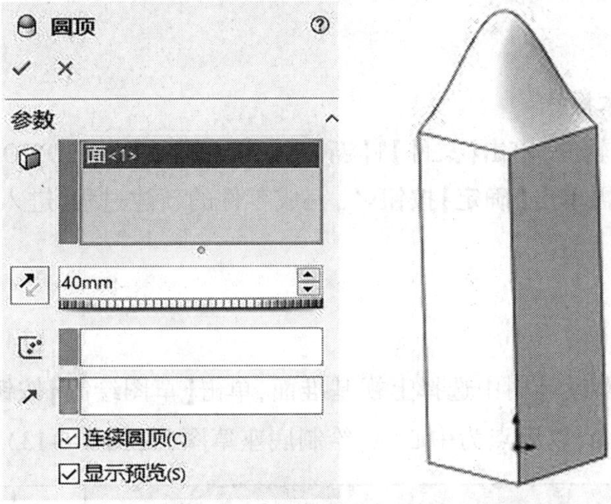

图2-6-11　生成圆顶特征

3　从选择生成草图

使用【从选择生成草图】,可只提取生成特征所需的那些草图元素(通常在输入的工程图中)。例如:可以提取草图,然后在生成特征之前对它进行修改。

码2-24　微课:从选择生成草图

【从选择生成草图】的创建步骤如下:

(1)编辑草图。

(2)选择想用在新草图中的草图实体。

(3)单击【从选择生成草图】,或单击【工具】|【草图绘制工具】|【从选择生成草图】。新草图就会显示在特征管理器设计树中。

【任务实施】

1　思路分析

如图2-6-1所示托钩零件可分别选用拉伸特征、放样特征和圆顶特征,采用叠加组合法建模。其操作步骤依次为(a)→(b)→(c)(见

码2-25　微课:托钩设计实例练习

图 2-6-12)。

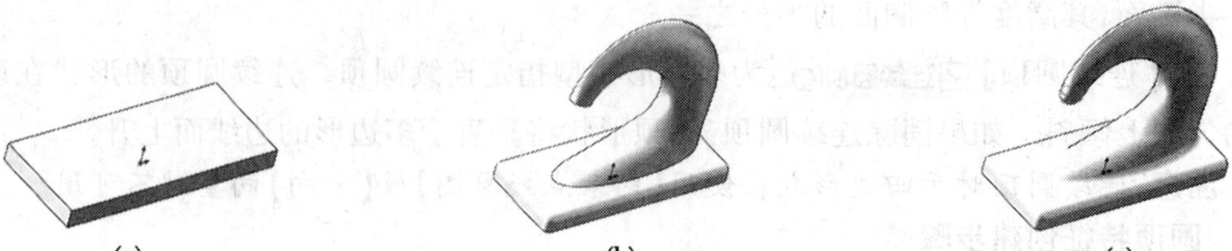

图 2-6-12　托钩设计意图

2　建模步骤

2.1　创建文档与基本操作

启动 SolidWorks 软件,单击【文件】|【新建】,弹出【新建 SOLIDWORKS 文件】对话框,单击【零件】图标,再单击【确定】按钮✓,完成零件的新建过程,进入 SolidWorks 建模环境。

2.2　创建模型

2.2.1　托钩底座

(1)在特征管理器设计树中选择上视基准面,单击【草图绘制】按钮,进入草图绘制状态,用【矩形】命令,以原点为中心点,绘制底座草图(见图 2-6-13)。

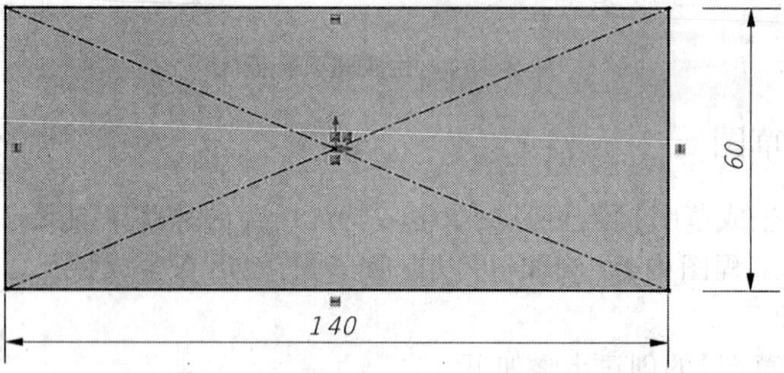

图 2-6-13　底座草图

(2)单击【凸台-拉伸】命令,拉伸生成托钩底座,参数设置如图 2-6-14 所示。单击【确定】按钮✓,完成托钩底座(见图 2-6-15)。

(3)单击【圆角】命令,设置圆角半径为 5 mm,参数设置如图 2-6-16 所示。单击【确定】按钮✓,完成铸造圆角(见图 2-6-17)。

图 2-6-14　拉伸参数设置

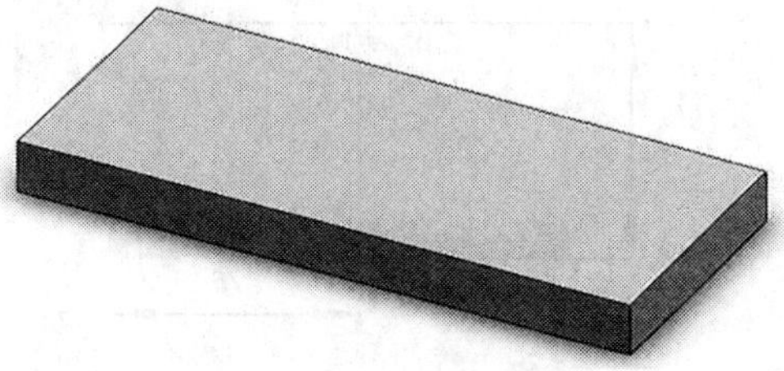

图 2-6-15　托钩底座

图 2-6-16　圆角参数设置

图 2-6-17　底板铸造圆角

2.2.2　托钩体

2.2.2.1　创建拖钩草图

(1) 在特征管理器设计树中选择前视基准面，单击【草图绘制】按钮，进入草图绘制状态。

(2)单击【中心线】命令,绘制出一条竖直线和一条水平线,并标注如图 2-6-18 所示尺寸。

(3)单击【圆心/起点/终点画弧】命令,以竖直线中心线和水平线中心线的交点为圆心,绘制 *R*32 的圆弧,单击【直线】命令,下端点与底板的上表面重合,绘制斜线,添加圆弧与直线"相切"的几何关系。单击【剪裁】命令,修剪多余的线条(见图 2-6-19)。

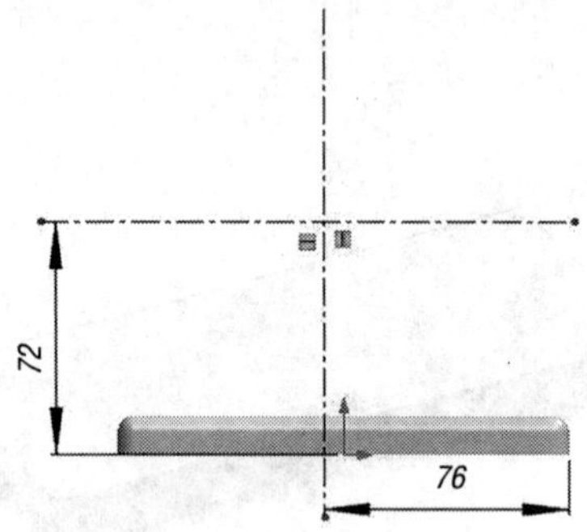

图 2-6-18 中心线草图

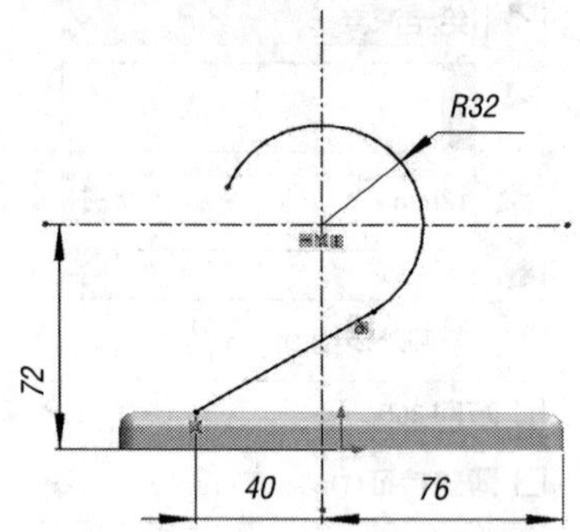

图 2-6-19 *R*32 的圆弧和直线

(4)单击【圆心/起点/终点画弧】命令,以 *R*32 圆弧的圆心为圆心,绘制圆弧,单击【直线】命令,下端点与底板的上表面重合,绘制竖直线,添加圆弧与直线"相切"的几何关系。单击【剪裁】命令,修剪多余的线条(见图 2-6-20)。

(5)单击【圆】命令,以任意一点为圆心,绘制 *R*8 圆,单击【3 点圆弧】命令,绘制 *R*52 圆弧,添加 *R*32 圆弧与 *R*8 圆弧 "相切"的几何关系,添加 *R*52 圆弧与 *R*8 圆弧 "相切"的几何关系,添加 *R*52 圆弧与 *R*68 圆弧 "相切"的几何关系。单击【剪裁】命令,修剪多余的线条(见图 2-6-21)。

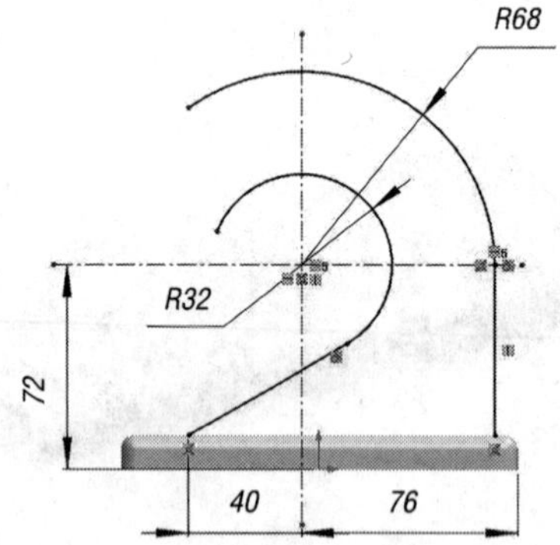

图 2-6-20 竖直线和 *R*68 圆弧

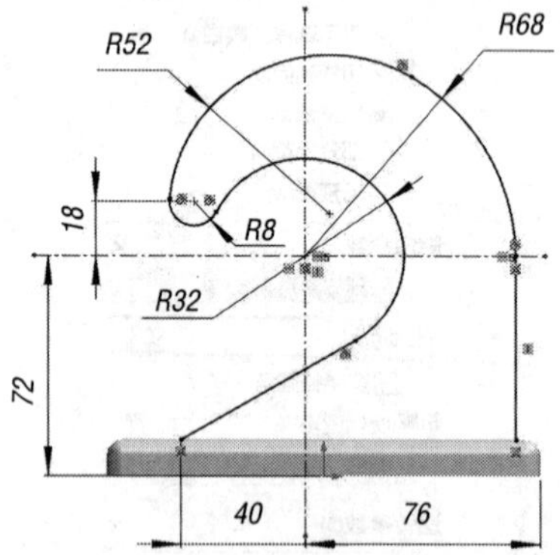

图 2-6-21 *R*8 圆弧和 *R*52 圆弧

(6)确认并退出草图,完成引导线草图绘制。

2.2.2.2 绘制放样特征引导线

(1)在特征树中选择托钩草图,单击鼠标右键,在快捷菜单中单击【编辑草图】按钮,进入拖钩草图编辑状态。

（2）按住【Shift】键，选择斜线与 $R32$ 圆弧，然后单击【工具】|【草图工具】|【从选择生成草图】按钮，生成第一条引导线草图（见图 2-6-22）。

（3）按住【Ctrl】键，选择 $R52$ 圆弧、$R68$ 圆弧和竖直线，然后单击【工具】|【草图工具】|【从选择生成草图】按钮，生成第二条引导线草图（见图 2-6-23）。

（4）确认并退出草图，完成两条引导线草图绘制。隐藏拖钩草图，显示结果如图 2-6-24 所示。

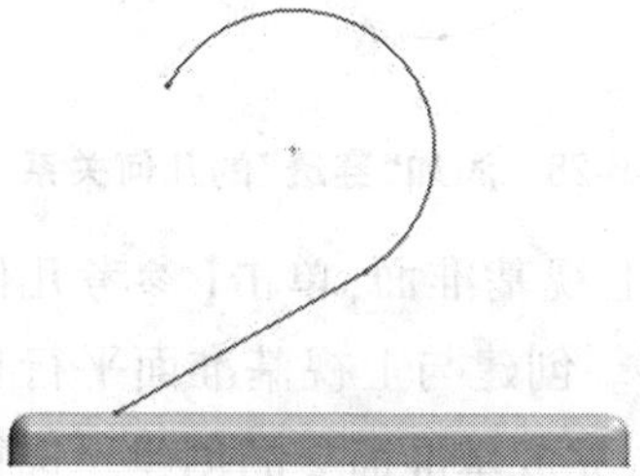

图 2-6-22　第一条引导线草图

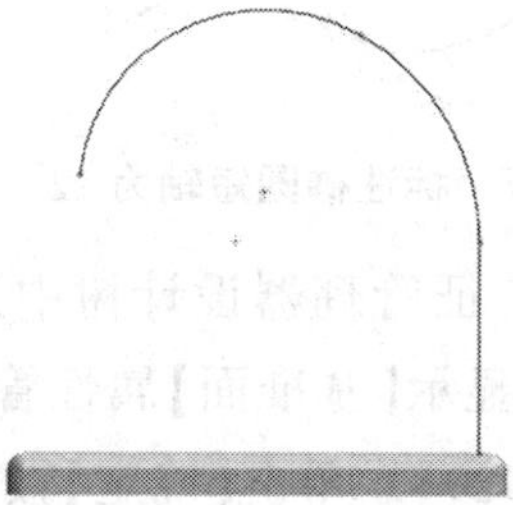

图 2-6-23　第二条引导线草图

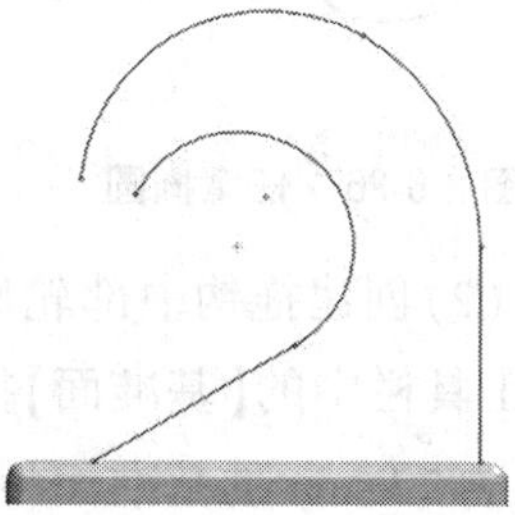

图 2-6-24　引导线草图

2.2.2.3　创建放样轮廓

（1）创建拖钩头部轮廓。在特征管理器设计树中选择前视基准面，单击【参考几何体】工具栏中的【基准面】按钮，显示【基准面】属性管理器。在图形区域选择两条引导线的端点（见图 2-6-25），单击【确定】按钮，完成基准面 1 的创建。选择基准面 1 进入草图绘制状态，单击【椭圆】命令，绘制任意椭圆（见图 2-6-26）。单击【智能尺寸】按钮，标注椭圆短轴为 12（见图 2-6-27）。单击【添加几何关系】按钮，选择椭圆长轴的两个端点并分别和两条引导线添加“穿透”的几何关系（见图 2-6-28）。确认并退出草图，完成拖钩头部轮廓草图。

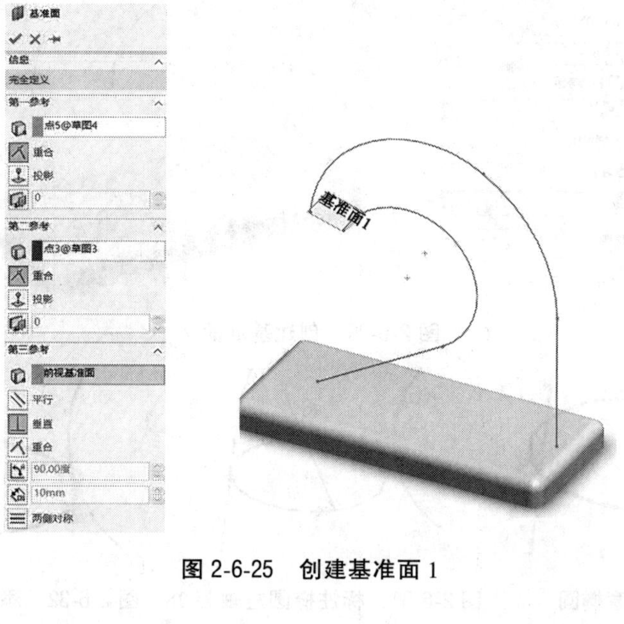

图 2-6-25　创建基准面 1

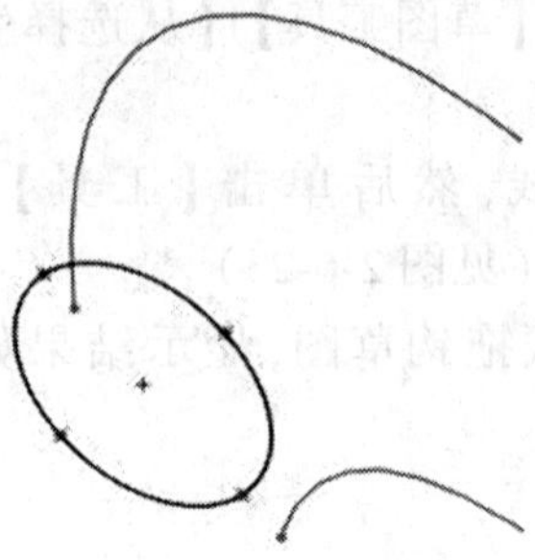

图 2-6-26　任意椭圆

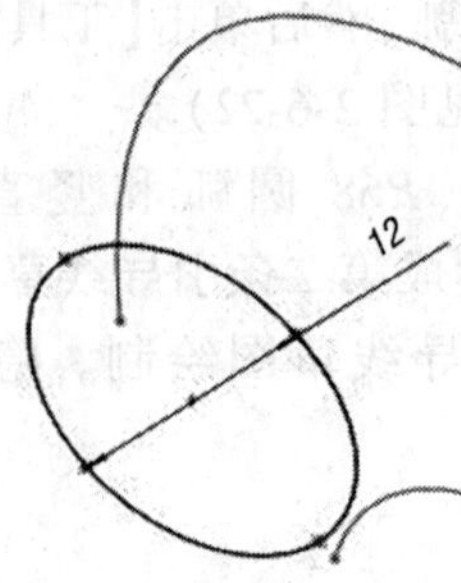

图 2-6-27　标注椭圆短轴为 12

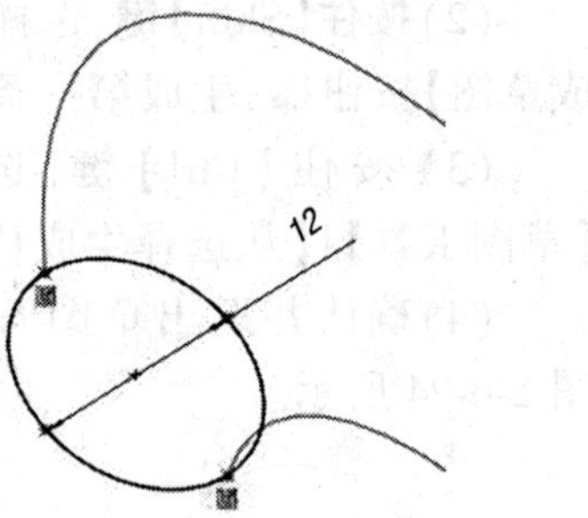

图 2-6-28　添加“穿透”的几何关系

(2)创建拖钩中部轮廓。在特征管理器设计树中选择上视基准面,单击【参考几何体】工具栏中的【基准面】按钮,显示【基准面】属性管理器。创建与上视基准面平行且距离为 72 mm 的基准面(见图 2-6-29)。单击【确定】按钮✓,完成基准面 2 的创建。选择基准面 2 进入草图绘制状态,单击【椭圆】命令,绘制任意椭圆(见图 2-6-30)。单击【智能尺寸】按钮,标注椭圆短轴为 28(见图 2-6-31)。单击【添加几何关系】按钮,选择椭圆长轴的两个端点并分别和两条引导线添加“穿透”的几何关系(见图 2-6-32)。确认并退出草图,完成拖钩中部轮廓草图。

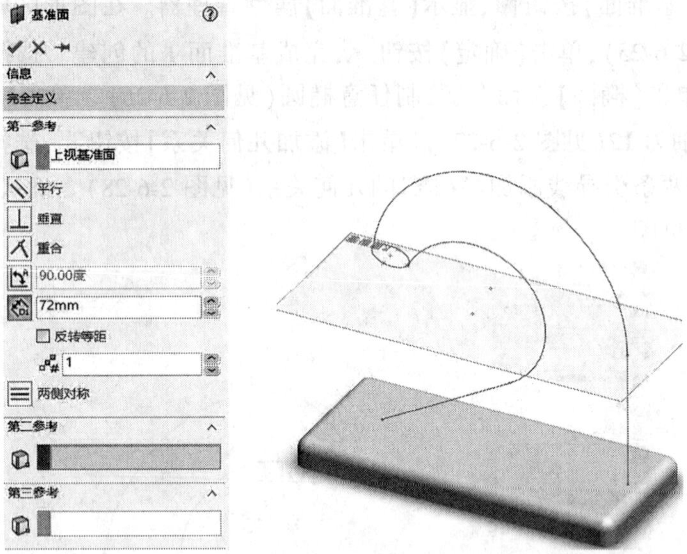

图 2-6-29　创建基准面 2

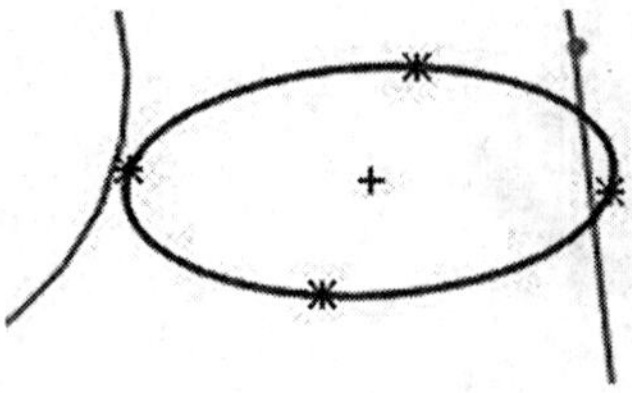

图 2-6-30　任意椭圆

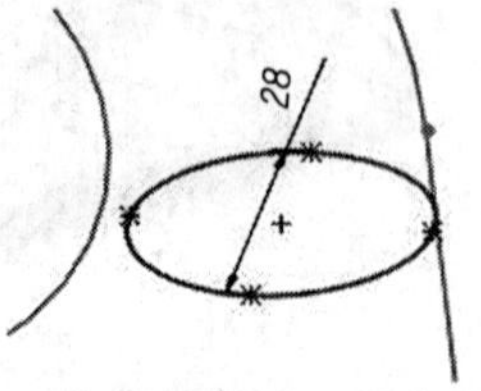

图 2-6-31　标注椭圆短轴为 28

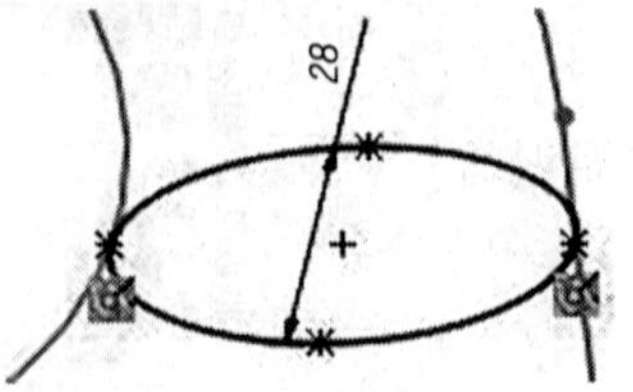

图 2-6-32　添加“穿透”的几何关系

（3）创建拖钩底部轮廓。选择底板上表面进入草图绘制状态，单击【椭圆】命令，绘制任意椭圆（见图2-6-33）。单击【智能尺寸】按钮，标注椭圆短轴为35。单击【添加几何关系】按钮，选择椭圆长轴的两个端点并分别和两条引导线添加“穿透”的几何关系（见图2-6-34）。确认并退出草图，完成拖钩底部轮廓草图。

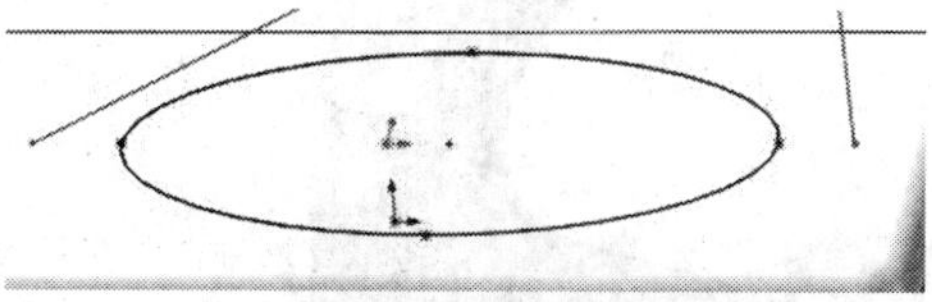

图2-6-33 任意椭圆

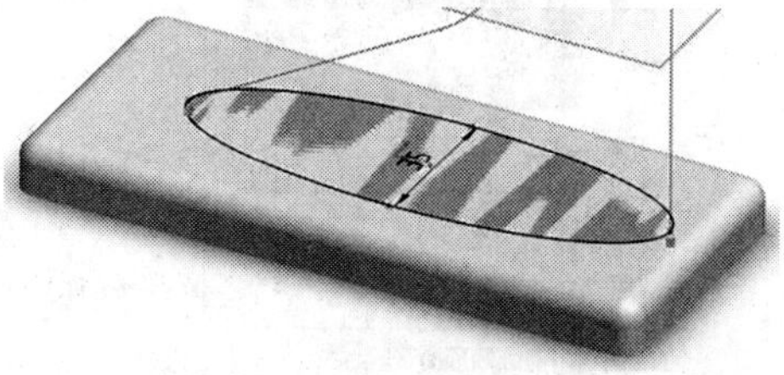

图2-6-34 添加“穿透”的几何关系

2.2.2.4 创建拖钩实体

（1）单击【特征】工具栏中的【放样】按钮，在特征管理器中选择“草图5”“草图6”“草图7”作为放样轮廓，选择“草图3”和“草图4”作为放样引导线，单击【确定】按钮，完成拖钩实体（见图2-6-35）。

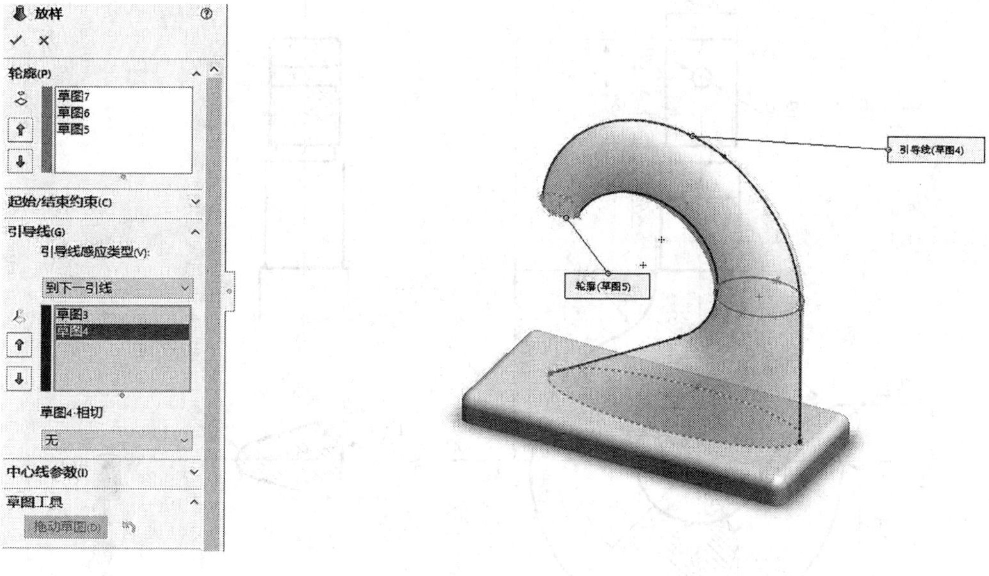

图2-6-35 放样拖钩实体

（2）单击【特征】工具栏中的【圆顶】按钮，选择拖钩头部平面，设置距离为“8 mm”，单击【确定】按钮，完成圆顶绘制（见图2-6-36）。

【技能训练】

2-6-1 参照本任务实例上机练习。

2-6-2 创建如图2-6-37所示的吊钩零件模型。

2-6-3 创建如图2-6-38所示的漏斗零件模型。

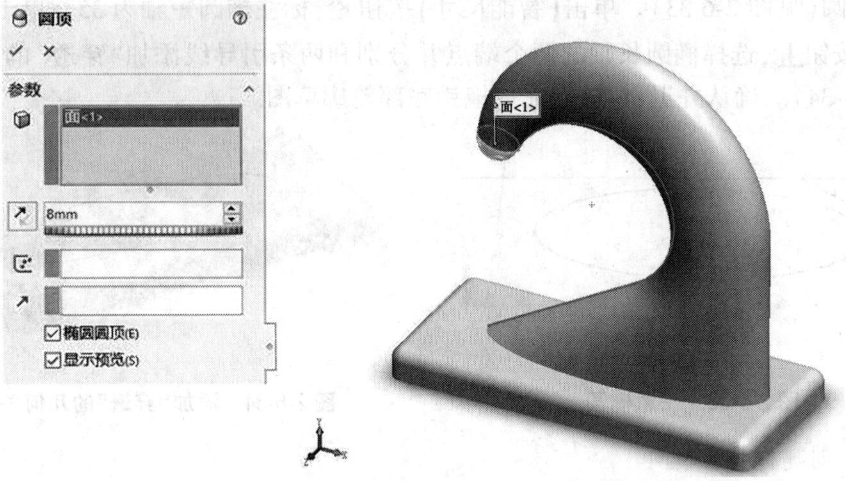

图 2-6-36　拖钩头部圆顶

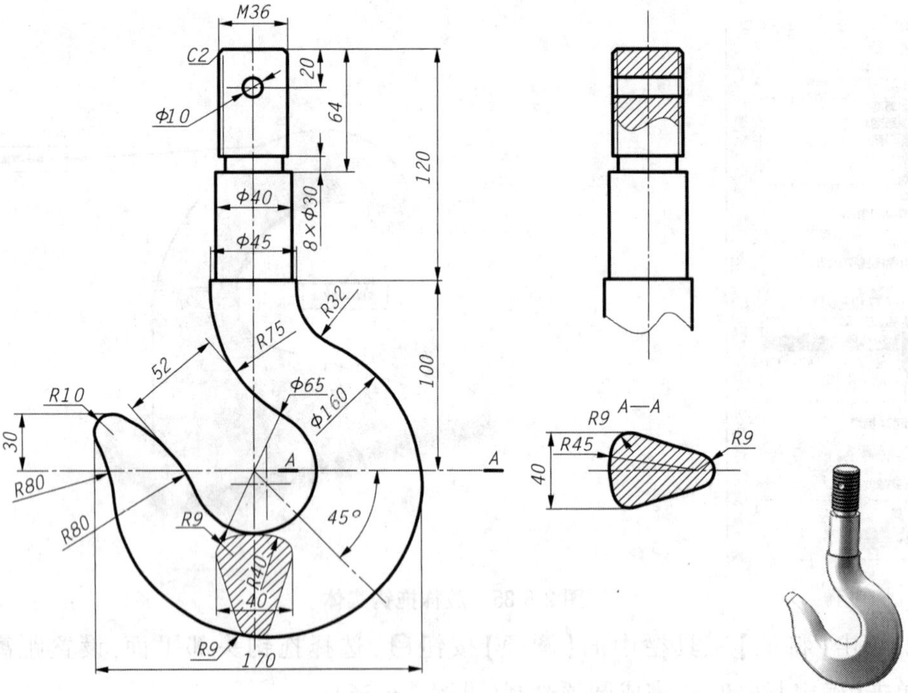

图 2-6-37　吊钩零件图

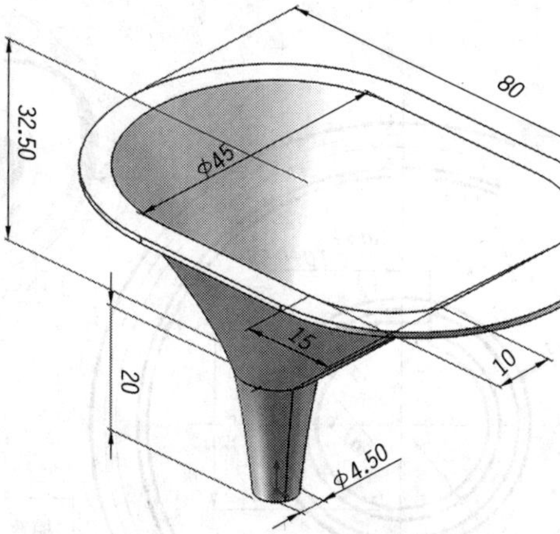

图 2-6-38　漏斗零件图

大国工匠——航天发动机固体燃料药面整形大师徐立平

徐立平，中国航天科技集团公司第四研究院 7416 厂航天发动机固体燃料药面整形组组长，国家高级技师、航天特级技师。

自 1987 年入厂，徐立平一直为导弹固体燃料发动机的火药进行微整形。固体燃料发动机是战略战术导弹装备的心脏，也是发射载人飞船火箭的关键部件。它的制造有上千道工序，要求最高的工序之一就是发动机固体燃料的微整形。雕刻固体燃料，也就是火药，极其危险，稍有不慎蹭出火花，就会引起燃烧，甚至爆炸。

火药整形在全世界都是一个难题，无法完全用机器代替。下刀的力道，完全要靠工人自己判断，火药整形不可逆，一旦多切或者留下刀痕，药面精度与设计不符，发动机点火之后，火药不能按照预定走向燃烧，发动机就很可能偏离轨道，甚至爆炸。0.5 mm 是固体发动机药面精度允许的最大误差，而经徐立平之手雕刻出的火药药面误差不超过 0.2 mm，堪称完美，让人惊叹不已。

任务 7　齿　轮

【学习目标】

1. 熟练掌握拉伸特征。
2. 掌握方程式的应用。

【任务内容】

建立如图 2-7-1 所示的圆柱齿轮。

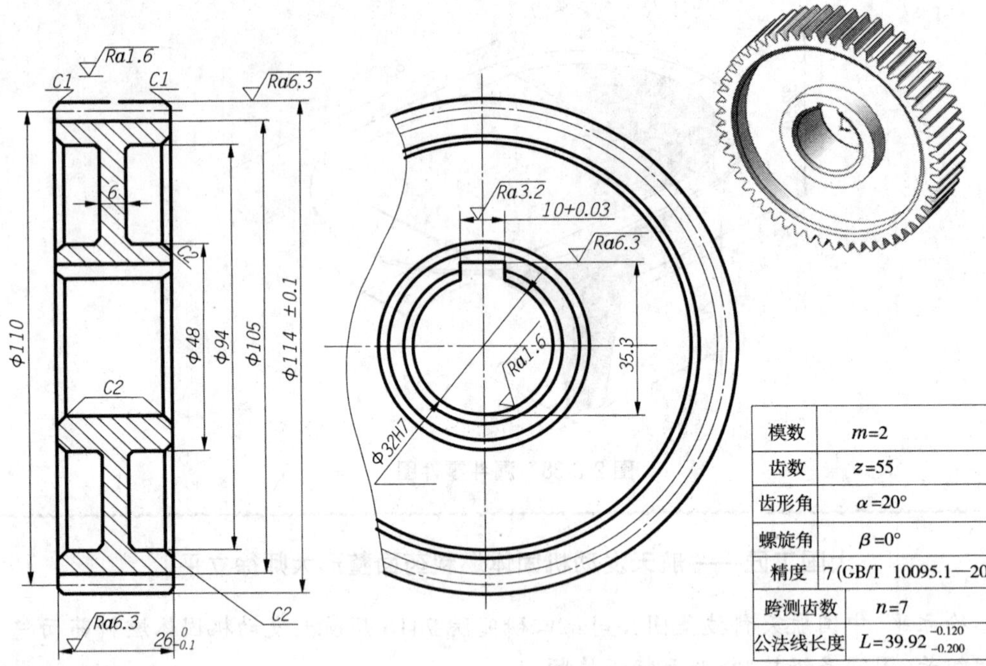

模数	m=2
齿数	z=55
齿形角	α=20°
螺旋角	β=0°
精度	7 (GB/T 10095.1—2022)
跨测齿数	n=7
公法线长度	$L=39.92^{-0.120}_{-0.200}$

图 2-7-1 圆柱齿轮

【知识与技能准备】

1 方程式

方程式就是使用全局变量和数学函数定义尺寸，并生成零件和装配体中两个或更多尺寸之间的数学关系。可在方程式中使用以下变量：尺寸名称、全局变量、其他方程式、数学关系、文件属性、尺寸测量。

码 2-26 微课：方程式

1.1 方程式的启用

可通过以下方法之一显示方程式、整体变量和尺寸对话框：

(1) 单击【工具】|【方程式】，打开方程式对话框(见图 2-7-2)。

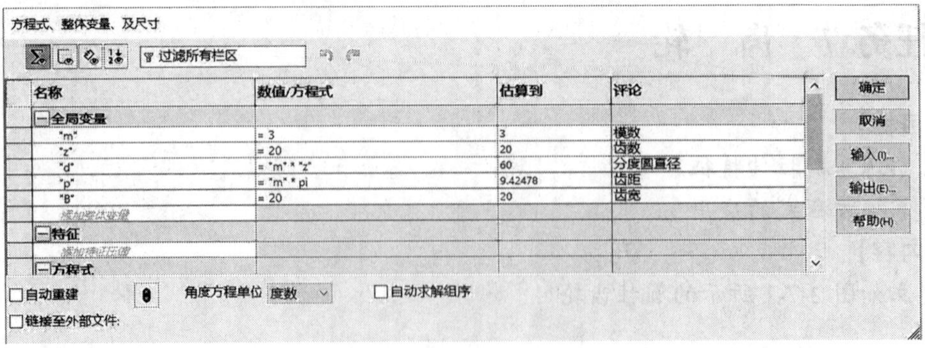

图 2-7-2 方程式对话框

(2)在特征管理器设计树中用右键单击【方程式】，然后选择【管理方程式】。同样可以打开方程式对话框(见图 2-7-3)。

图 2-7-3　在 FeatureManager 设计树中打开方程式对话框

1.2　方程式三个视图

方程式、整体变量和尺寸对话框提供三个视图。每个视图显示方程式、整体变量和尺寸的不同组合及顺序，有助于进行诸如查找特定方程式、查看用于零件中的所有尺寸及更改方程式求解顺序之类的任务。

(1)单击【方程式视图】：查看尺寸和特征的所有整体变量和方程式(见图 2-7-4)。

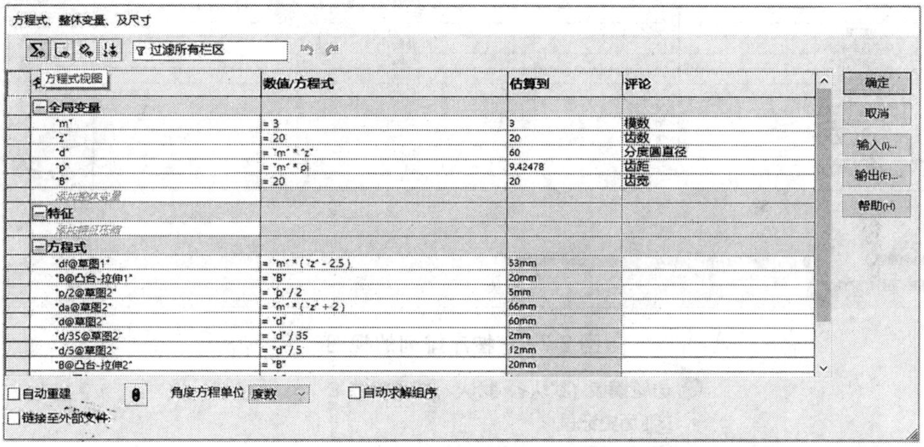

图 2-7-4　方程式视图

(2)单击【尺寸视图】：查看用于活动零件或装配体中的所有方程式、整体变量和尺寸，无论它们与方程式关联与否(见图 2-7-5)。

(3)单击【按序排列的视图】：查看按其求解顺序排列的整体变量和方程式，并查看压缩的方程式(见图 2-7-6)。

1.3　在方程式对话框中修改全局变量

(1)在特征管理器设计树中，用右键单击【方程式】文件夹(见图 2-7-7)，然后单击【管理方程式】，打开方程式对话框(见图 2-7-3)。

(2)单击【方程式视图】(见图 2-7-8)，在【全局变量】中输入“m” = 3，“z” = 35，“B” = 25。

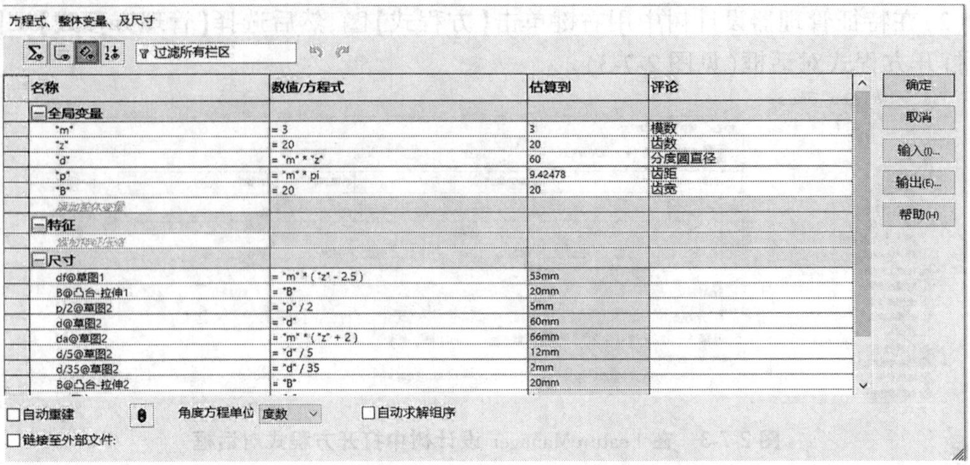

图 2-7-5 尺寸视图

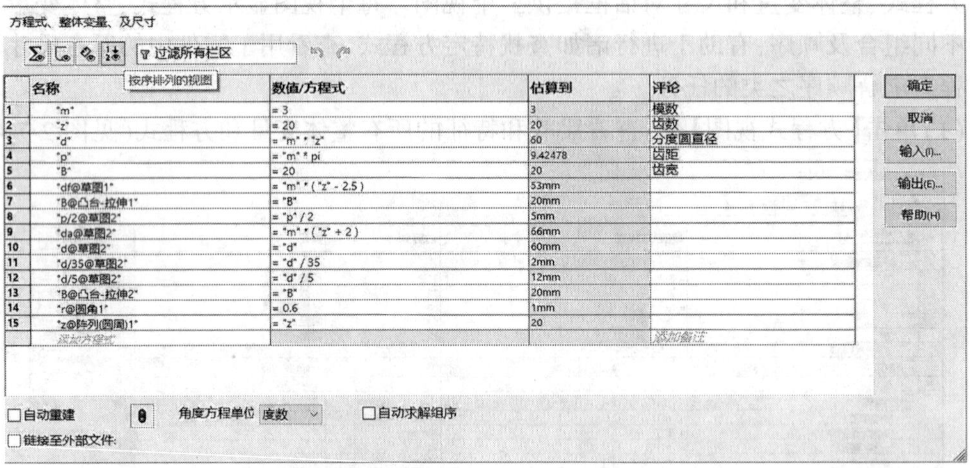

图 2-7-6 按序排列的视图

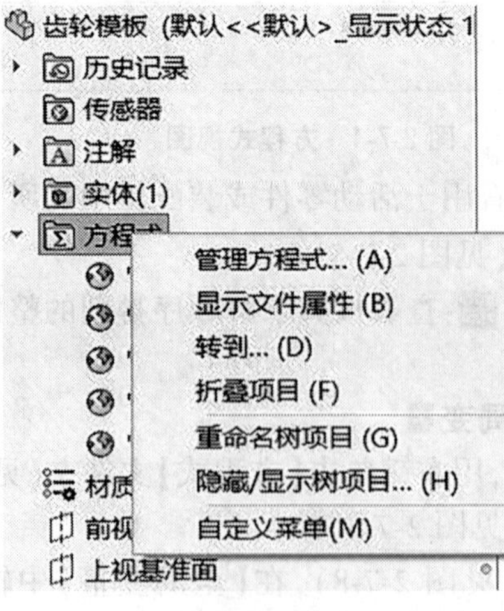

图 2-7-7 管理方程式

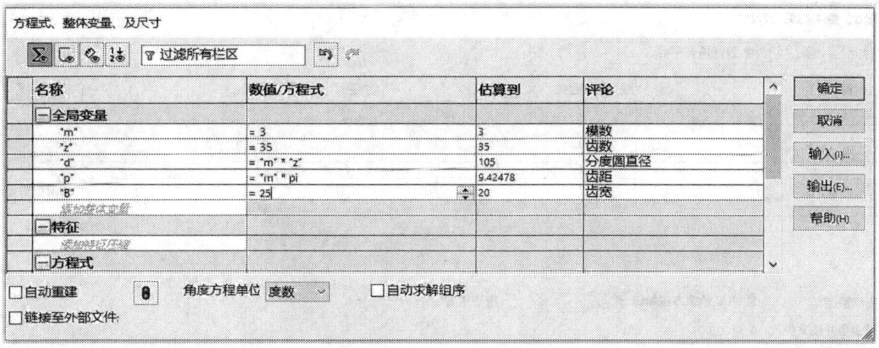

图 2-7-8　方程式视图

(3)单击【确定】，完成修改。

1.4　方程式应用

以圆柱齿轮为例，运用【方程式】命令完成圆柱齿轮的创建。要创建齿轮，必须先了解齿轮的计算公式，标准直齿齿轮的计算公式如表 2-7-1 所示。

表 2-7-1　标准直齿齿轮的计算公式

基本参数：模数 m，齿数 z 和齿形角 $\alpha(\alpha=20°)$		
名称	代号	公式
齿距	p	$p = \pi m$
齿顶高	h_a	$h_a = m$
齿根高	h_f	$h_f = 1.25m$
分度圆直径	d	$D = mz$
齿顶圆直径	d_a	$d_a = m(z+2)$
齿根圆直径	d_f	$d_f = m(z-2.5)$
齿宽	B	

设计步骤如下：

(1)开始创建一个新零件，以"圆柱齿轮. sldprt"为文件名保存文件。

(2)添加方程式，定义参数，添加整体变量。

①单击【工具】工具栏中的【方程式】按钮，系统弹出【方程式、整体变量及尺寸】对话框(见图 2-7-9)。

②单击【全局变量】列下的【添加整体变量】栏，输入 m，按【Tab】键(或【Enter】键)，光标切换到【数值/方程式】列下的栏，输入 3，按【Tab】键(或【Enter】键)，光标切换到【评论】列下的栏，输入【模数】(此列可以为空，不输入评论)，再按【Tab】键(或【Enter】键)，光标切换到下一行的【名称】列，同理输入 $z=20$。输入 $d=m*z$ 方程式时，m、z 需从弹出的【全局变量】列表中选取(见图 2-7-10)。同理，输入 $p=m*pi$、$B=25$ 方程式(见图 2-7-11)。

注意：模数 m、分度圆直径 d 的符号，与系统定义的有冲突，输入时，需要用大写，创建方程式后，可修改为小写。

③完成方程式的添加，单击方程式对话框中的【确定】按钮(见图 2-7-11)。系

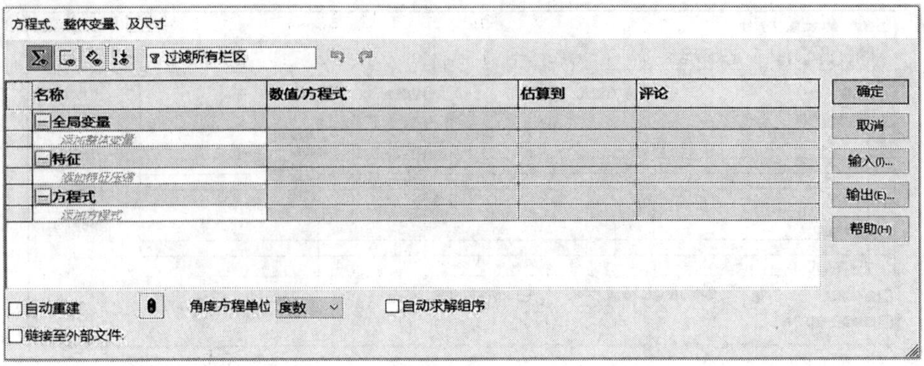

图 2-7-9 【方程式、整体变量及尺寸】对话框

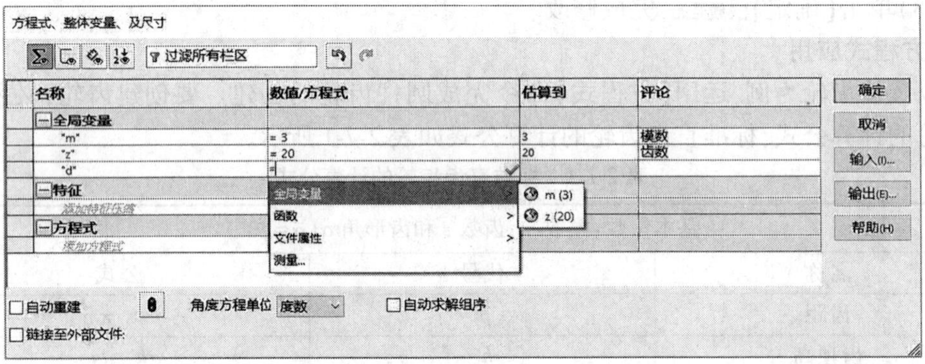

图 2-7-10 添加 $d=m*z$ 方程式

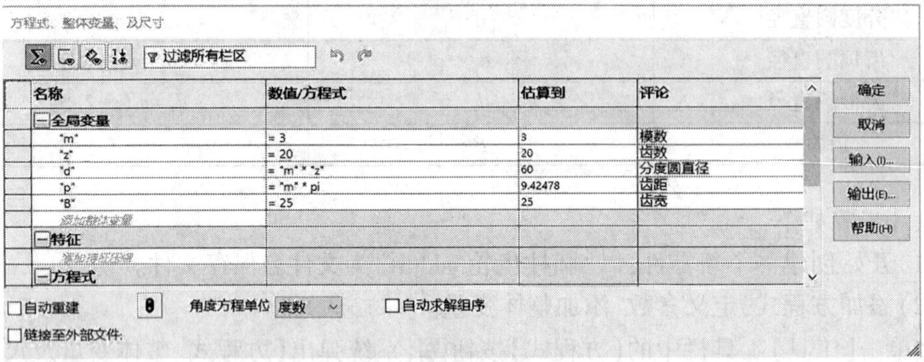

图 2-7-11 添加【全局变量】后的【方程式】对话框

统在特征管理器设计树中会添加以上方程式。

④单击特征管理器设计树 方程式 前的三角符号,展开方程式(见图 2-7-12)。

(3)以齿根圆绘制齿轮基体。

①选择 前视基准面,单击【草图绘制】按钮,插入草图 1。

②在原点绘制一个圆,并标注尺寸(见图 2-7-13),并将【尺寸】属性管理器中【主要值】下的尺寸名称改为 d_f(见图 2-7-14)。

③在图形区双击尺寸 52.5,系统弹出【修改】对话框[见图 2-7-15(a)],在数字栏输

入【-】,在弹出的列表中选择【全局变量>】m(3)[见图 2-7-15(b)],输入乘号【*】和括号【(】,在列表中选择 z(20),再输入【-2.5)】[见图 2-7-15(c)],按【Enter】键,输入的方程式如图 2-7-16 所示。

④单击【确定】按钮,完成对齿根圆方程式的添加。此时的尺寸标注修改为如图 2-7-17 所示的尺寸。

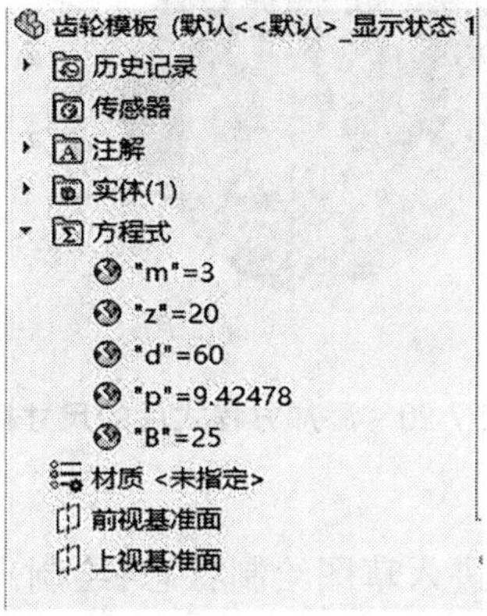

图 2-7-12　特征管理器设计树

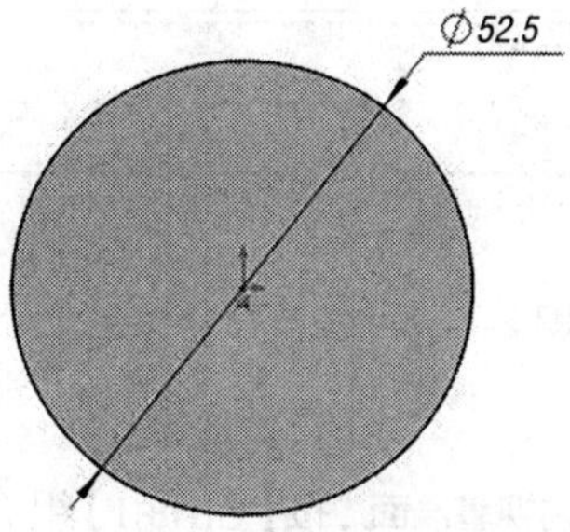

图 2-7-13　草图 1

图 2-7-14　修改尺寸名称

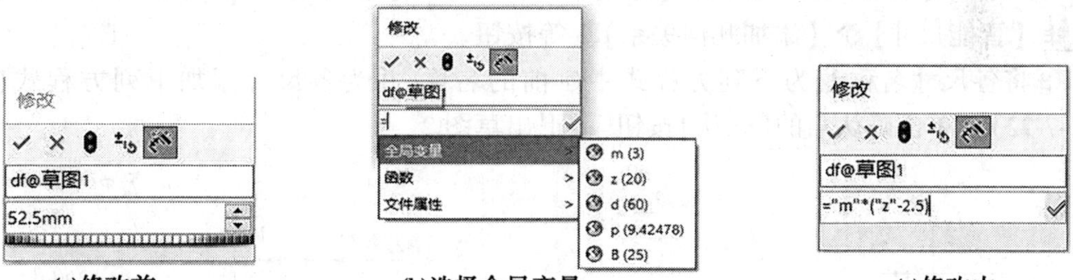

(a)修改前　　(b)选择全局变量　　(c)修改中

图 2-7-15　【修改】对话框

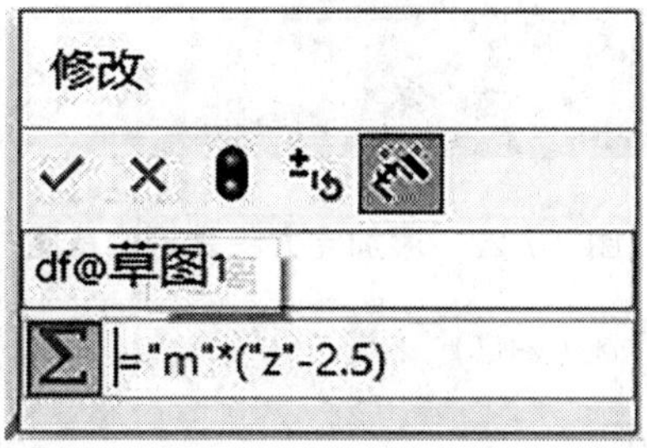

图 2-7-16　添加方程式后的【修改】对话框

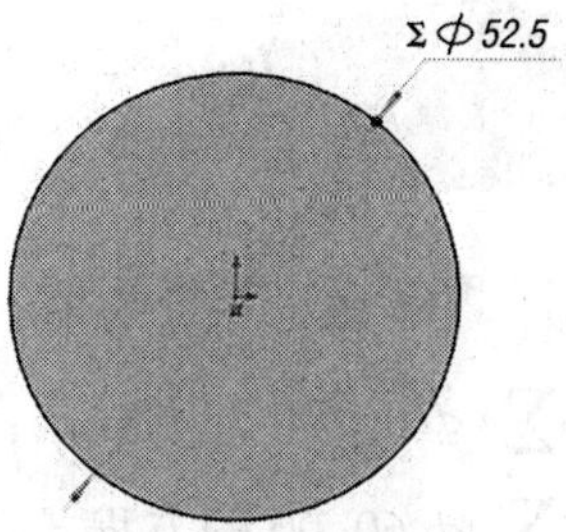

图 2-7-17　添加方程式后的尺寸标注

⑤单击确认按钮,退出草图1。

⑥单击【特征】工具栏中的【拉伸凸台/基体】按钮,在【凸台-拉伸】属性管理器中,将【深度】改为 20 mm,终止条件设置为【两侧对称】后,单击【确定】按钮✓。

⑦选择特征管理器设计树中的【凸台-拉伸】按钮,显示其尺寸,以便修改名称和添加方程式(见图 2-7-18)。

⑧修改拉伸深度尺寸名称。在图形区,双击拉伸深度尺寸 20.0(见图 2-7-18),在弹出的【修改】对话框中,将【深度】改为【B】(见图 2-7-19),在数值栏输入等号【=】,然后从【全局变量】列表中选择 B,单击【确定】按钮✓,完成尺寸修改(见图 2-7-20)。

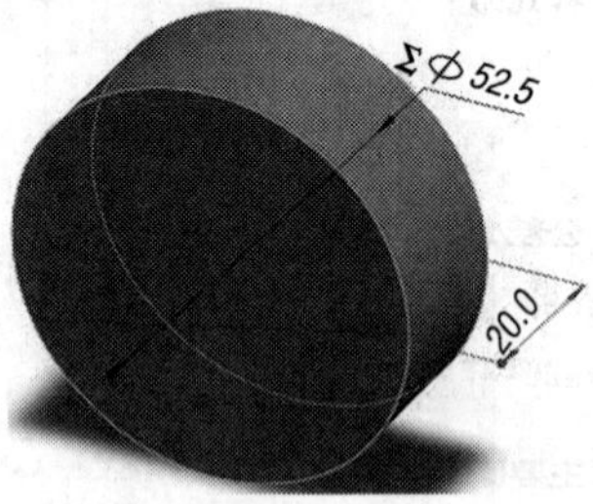

图 2-7-18　特征尺寸

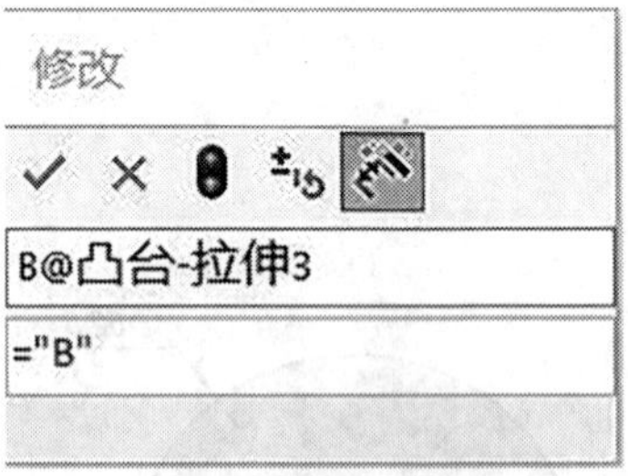

图 2-7-19　修改拉伸深度尺寸

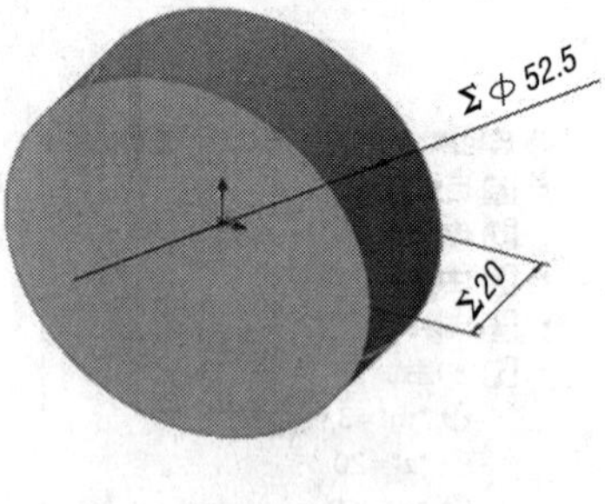

图 2-7-20　添加方程式后的尺寸标注

(4)绘制齿轮。

①选择【前视基准面】前视基准面,按【Ctrl+1】组合键,进入草图绘制状态,绘制出如图 2-7-21 所示的草图 2(要标注尺寸)。绘制草图 2 时要用到【构造线】、【圆】、【构造几何线】、【圆心/起/终点画弧】、【转换实体引用】、【镜向实体】、【点】、【剪裁】、【智能尺寸】、【添加几何关系】等按钮。

②将各尺寸名称改为下列方程式中@前的名称,并为各尺寸添加下列方程式(见图 2-7-22)。单击确认角的【确认】按钮,退出草图 2。

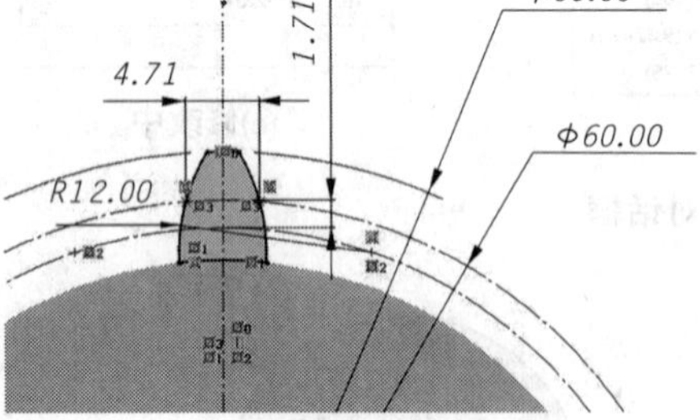

图 2-7-21　轮齿草图

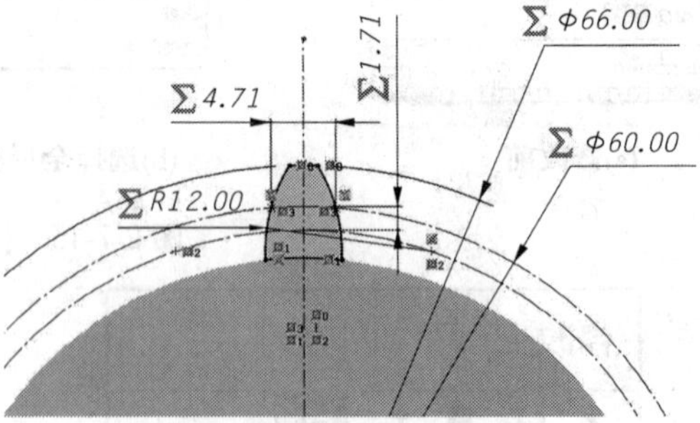

图 2-7-22　添加完方程式后的草图

尺寸 $\sum$ ϕ 66.00 的方程式:【d_a@草图】="m" * (z+2)。

尺寸 $\sum$ ϕ 60.00 的方程式:【d_a@草图 2】="d"。

尺寸 $\sum$ 1.71 的方程式:【d/35@草图 2】="d"/35。

尺寸 $\sum$4. 71 的方程式:【p/2@草图 2】="p"/2。

尺寸 $\sum$ *R*12. 00 的方程式:【d/5@草图 2】="d"/5。

③单击【特征】工具栏中的【拉伸凸台/基体】按钮,系统弹出【拉伸】属性管理器,将深度改为 20 mm,终止条件设置为【两侧对称】,单击【确定】按钮✓,完成轮齿。

④选择特征管理器设计树中的凸台-拉伸4,显示出其尺寸。参照前面的步骤⑧,为轮齿的深度尺寸添加方程式【B@凸台-拉伸 2】=【B】,并完成单个轮齿创建(见图 2-7-23)。

(5)齿根圆角。

①单击【特征】工具栏中的【圆角】按钮,圆角类型为【等半径】,选择两齿根线,将圆角半径值设为 0. 60(见图 2-7-24),单击【确定】按钮✓,完成圆角。

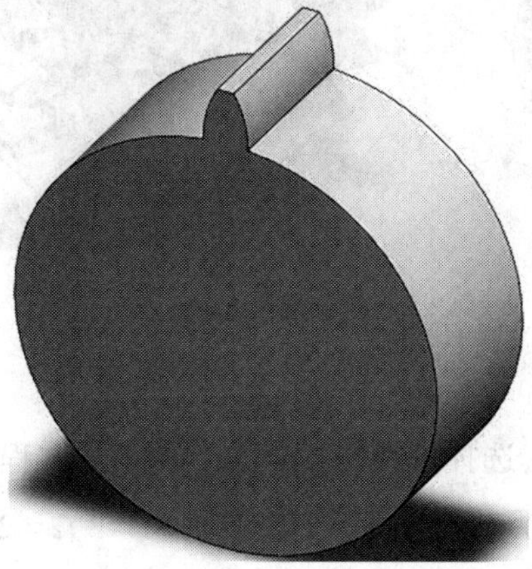

图 2-7-23　单个轮齿创建

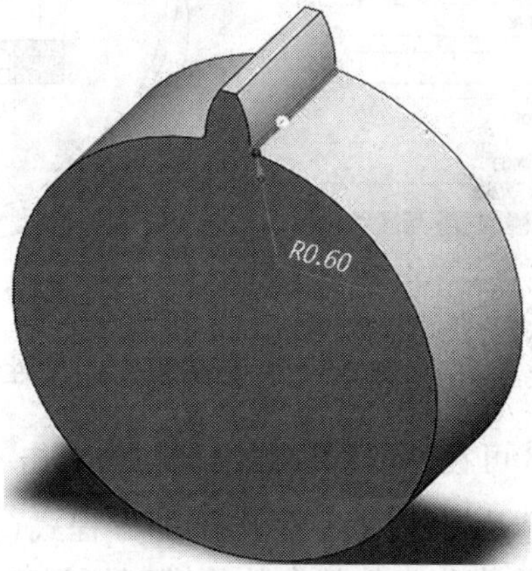

图 2-7-24　齿根圆角

②选择特征管理器设计树中的【圆角】按钮圆角2,可滚动鼠标中键滚轮,放大尺寸部位(见图 2-7-25),双击圆角尺寸 *R*0. 60,弹出【修改】对话框,将其设置成如图 2-7-26 所示的参数,按【Enter】键,单击【确定】按钮✓。

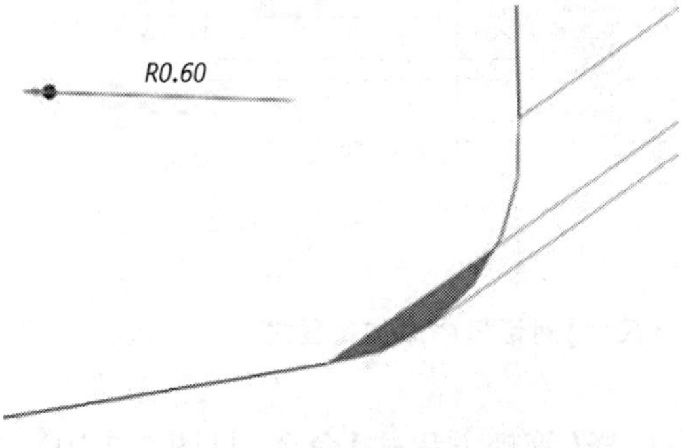

图 2-7-25　放大齿根尺寸部位

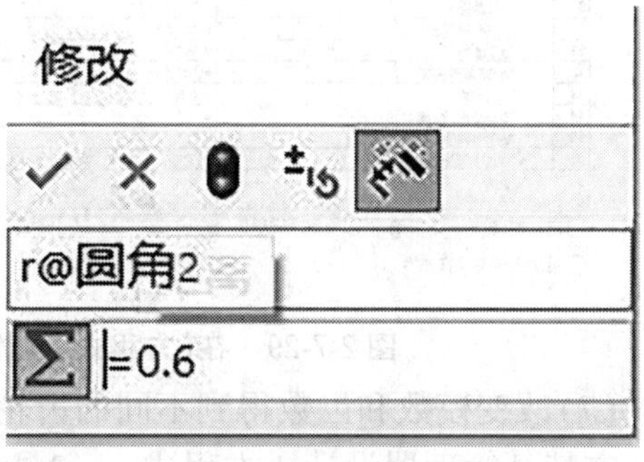

图 2-7-26　修改圆角名称并建立方程式

（6）阵列轮齿。

①单击【特征】工具栏中的【阵列圆周】按钮，单击圆柱边线，将【阵列圆周】属性设置为如图 2-7-27 所示的参数，选择特征管理器设计树中的 凸台-拉伸4 和 圆角2 图标，单击【确定】按钮。

②选择特征管理器设计树中的，显示出其尺寸（见图 2-7-28）。双击 20（齿数为阵列数量），将其尺寸名称改为“z”，并为其添加【z@阵列（圆周）1】=“z”的方程式。

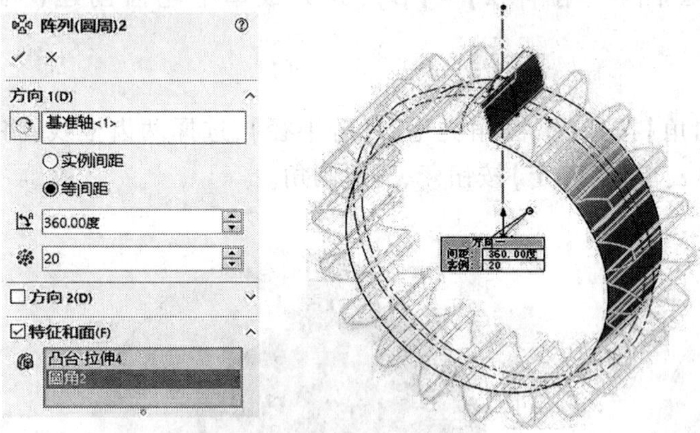

图 2-7-27　【圆周阵列】属性设置

图 2-7-28　轮齿尺寸

③可在特征管理器设计树中右击 方程式，选择 管理方程式...(A) 命令，在【方程式、整体变量及尺寸】对话框中添加方程式（见图 2-7-29）。至此，完成了参数 $m=3$、$z=20$、$B=20$ 圆柱直齿齿轮的参数化模型的创建。

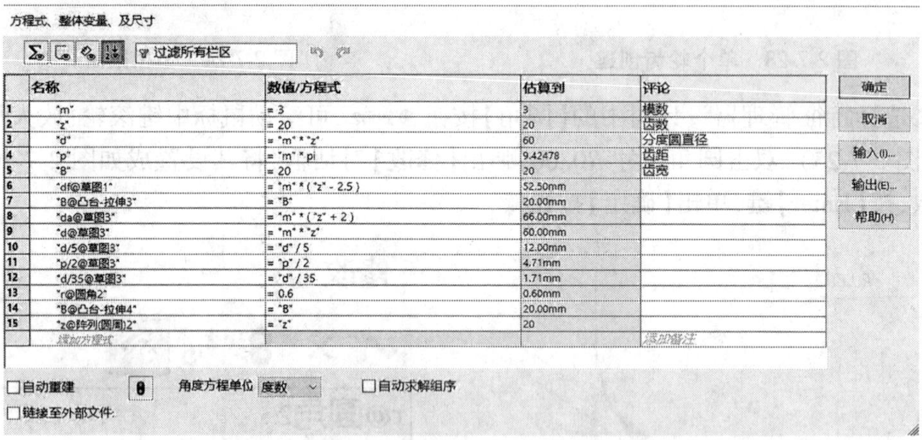

	名称	数值/方程式	估算到	评论
1	"m"	= 3	3	模数
2	"z"	= 20	20	齿数
3	"d"	= "m" * "z"	60	分度圆直径
4	"p"	= "m" * pi	9.42478	齿距
5	"B"	= 20	20	齿宽
6	"df@草图1"	= "m" * ("z" - 2.5)	52.50mm	
7	"B@凸台-拉伸3"	= "B"	20.00mm	
8	"da@草图3"	= "m" * ("z" + 2)	66.00mm	
9	"d@草图3"	= "m" * "z"	60.00mm	
10	"d/5@草图3"	= "d" / 5	12.00mm	
11	"p/2@草图3"	= "p" / 2	4.71mm	
12	"d/35@草图3"	= "d" / 35	1.71mm	
13	"r@圆角2"	= 0.6	0.60mm	
14	"B@凸台-拉伸4"	= "B"	20.00mm	
15	"z@阵列(圆周)2"	= "z"	20	
	添加方程式			添加备注

图 2-7-29　在【方程式、整体变量及尺寸】对话框中添加方程式

（7）改变模数和齿数得到不同的齿轮。

在特征管理器设计树方程式 $m=3$ 上右击，选择【管理方程式】命令（见图 2-7-30），将 m 的值改为 1.5，单击【确定】按钮 确定 ，结果如图 2-7-31 所示。可以试着改变不同参数，检验设计是否正确，如 $m=3$、$z=12$，结果如图 2-7-32 所示。可以在此基础上设计出不

同结构的圆柱直齿齿轮。

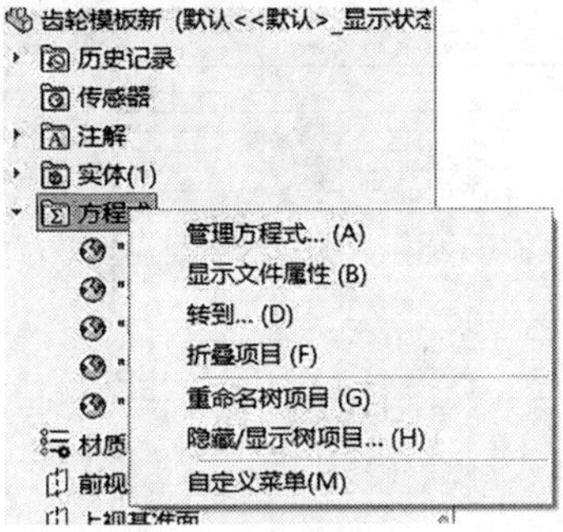

图 2-7-30　编辑方程式

图 2-7-31　$m=1.5$ 齿轮

图 2-7-32　$m=3$、$z=12$ 齿轮

【任务实施】

1　思路分析

如图 2-7-1 所示,圆柱齿轮可以通过对【方程式】圆柱齿轮参数的修改来完成。修改方程式中模数、齿数和齿厚,再用旋转切除和拉伸切除,去除多余的材料。其操作步骤依次为(a)→(b)→(c)(见图 2-7-33)。

码 2-27　微课:齿轮设计实例练习

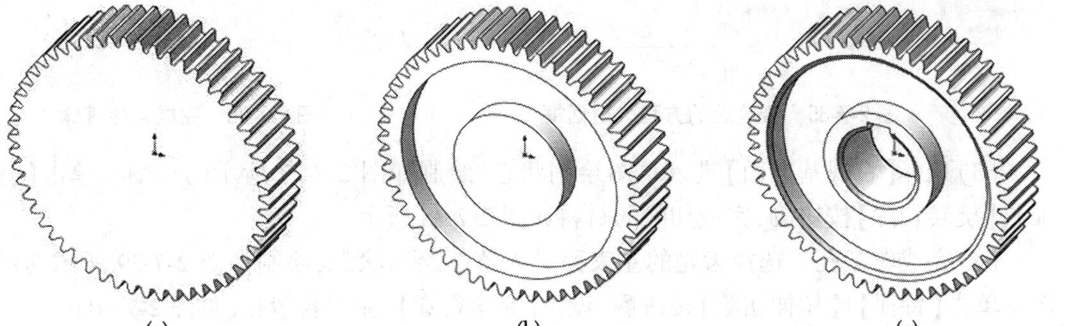

(a)　(b)　(c)

图 2-7-33　圆柱齿轮设计意图

2　建模步骤

2.1　创建文档与基本操作

启动 SolidWorks 软件,单击【文件】|【新建】,弹出【新建 SOLIDWORKS 文件】对话框,单击【零件】图标,再单击【确定】按钮,完成零件的新建过程,进入 SolidWorks 建模环境。

2.2　创建模型

在【方程式】圆柱齿轮基础上修改模数、齿数和齿厚。

(1)调出方程式圆柱齿轮,单击特征管理器设计树 方程式,单击右键【管理方程式】,打开原圆柱齿轮方程式对话框(见图 2-7-34)。

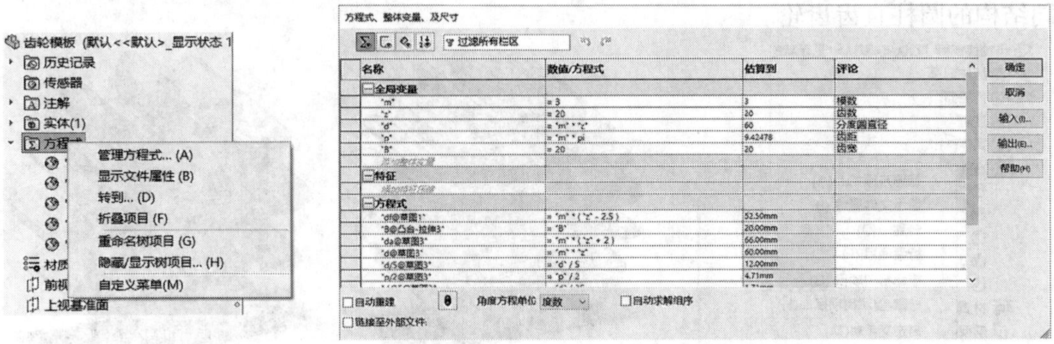

图 2-7-34　原圆柱齿轮方程式对话框

(2)在对话框中修改 m、z、B,使 $m=2$、$z=55$、$B=20$(见图 2-7-35)。单击【确定】按钮 确定 ,完成齿轮基体(见图 2-7-36)。

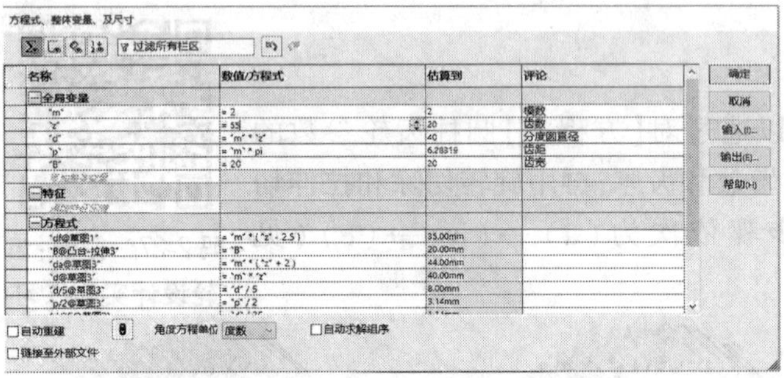

图 2-7-35　修改后的方程式对话框

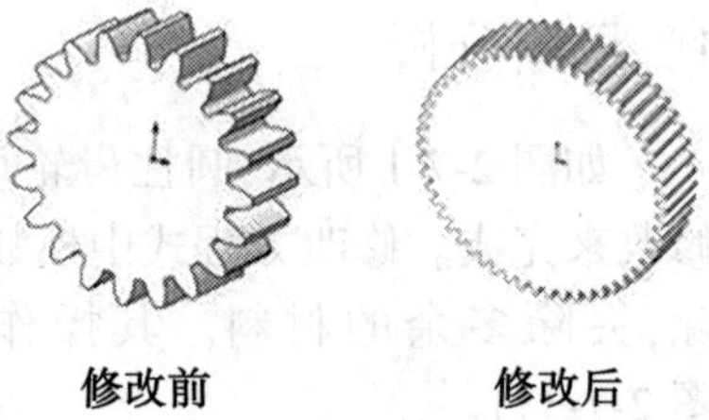

图 2-7-36　完成齿轮基体

(3)选择【右视基准面】进入草图绘制状态,绘制如图 2-7-37 所示的草图。单击【特征】|【旋转切除】按钮,完成切除的材料如图 2-7-38 所示。

(4)完成轮毂孔。选择齿轮的左表面进入草图绘制状态,绘制如图 2-7-39 所示的草图。单击【特征】|【拉伸切除】按钮,设置【完全贯穿】,完成轮毂孔(见图 2-7-40)。

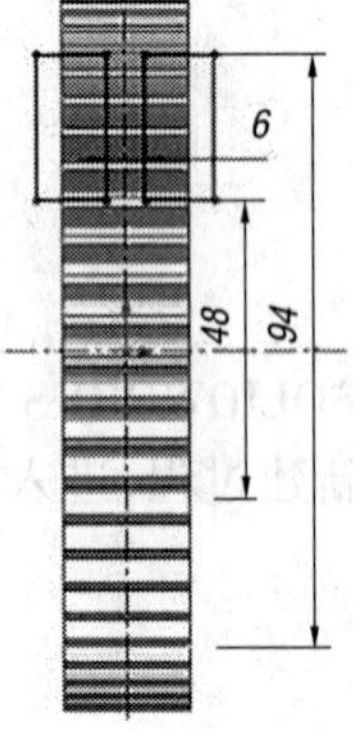

图 2-7-37　旋转切除草图

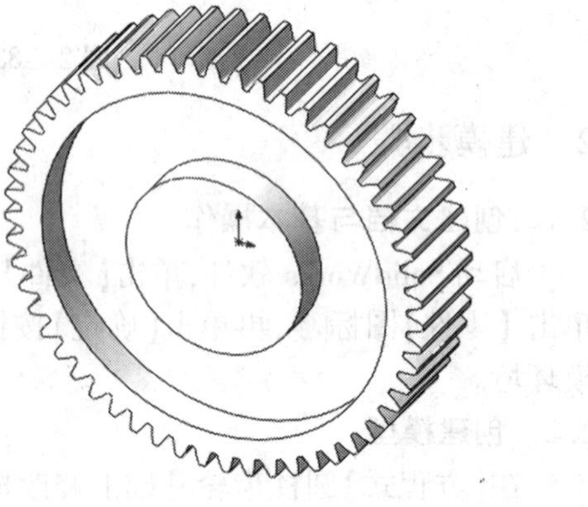

图 2-7-38　完成切除

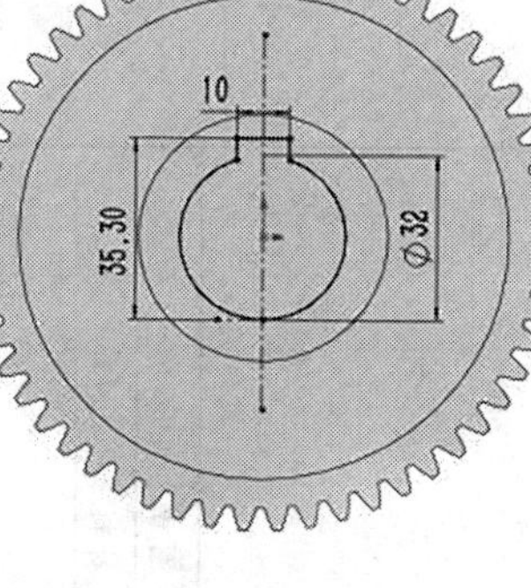

图 2-7-39 轮毂孔草图

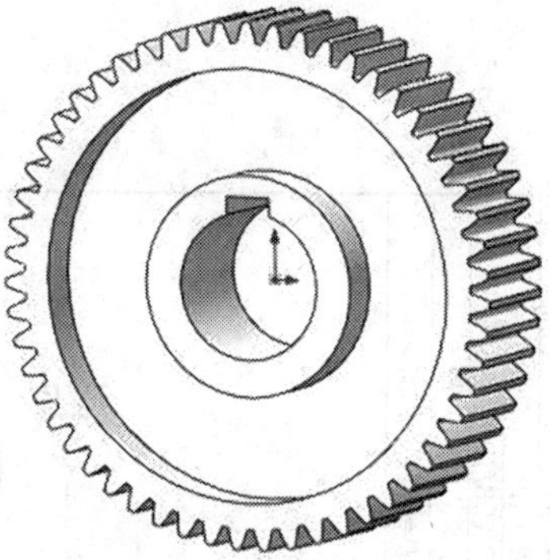

图 2-7-40 完成轮毂孔

(5)最后用倒角命令完成轮毂孔的内倒角,设置倒角距离为 2 mm(见图 2-7-41)。

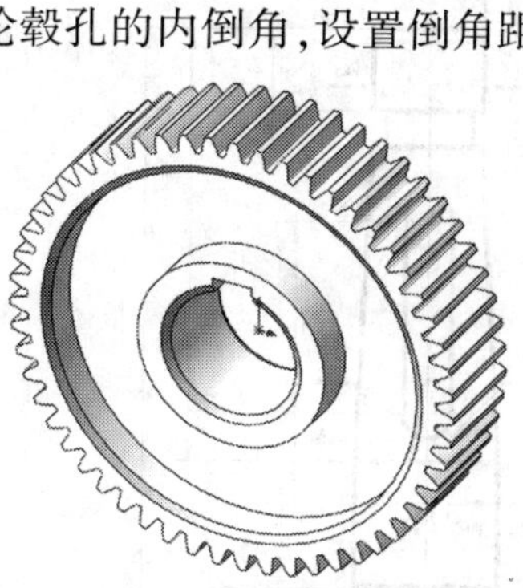

图 2-7-41 完成圆柱齿轮

【技能训练】

2-7-1 参照本任务实例上机练习。

2-7-2 根据如图 2-7-42 所示的零件图完成齿轮轴的创建。

大国工匠——焊接大师张冬伟

张冬伟,生于 1981 年 12 月,大专学历,现为沪东中华造船(集团)有限公司总装二部围护系统车间电焊二组班组长,高级技师,主要从事 LNG(液化天然气)船的围护系统二氧化碳焊接和氩弧焊焊接工作。

LNG 船是国际上公认的高技术、高难度、高附加值的“三高”船舶,被誉为“造船工业皇冠上的明珠”,只有发达国家的极少数船厂掌握其建造技术。研发建造 LNG 船是响应党中央关于早日把我国建设成为世界第一造船大国的号召,为实现中船集团公司“五三一”战略目标而进行的一次自我挑战,它对于推动和保障国家能源战略的实施,具有极为重要的意义。

张冬伟是中国首批 LNG 船建造者之一。他从接触 LNG 船开始就立志为中国 LNG 船建造事业作出贡献。在建造过程中,张冬伟发扬了“团结拼搏,争创一流”的工匠精神,甘于吃苦,勇于奉献,用自己的聪明才智解决了一个又一个难题,填补了技术空白,为 LNG 系列船的顺利建造做出了突出贡献。

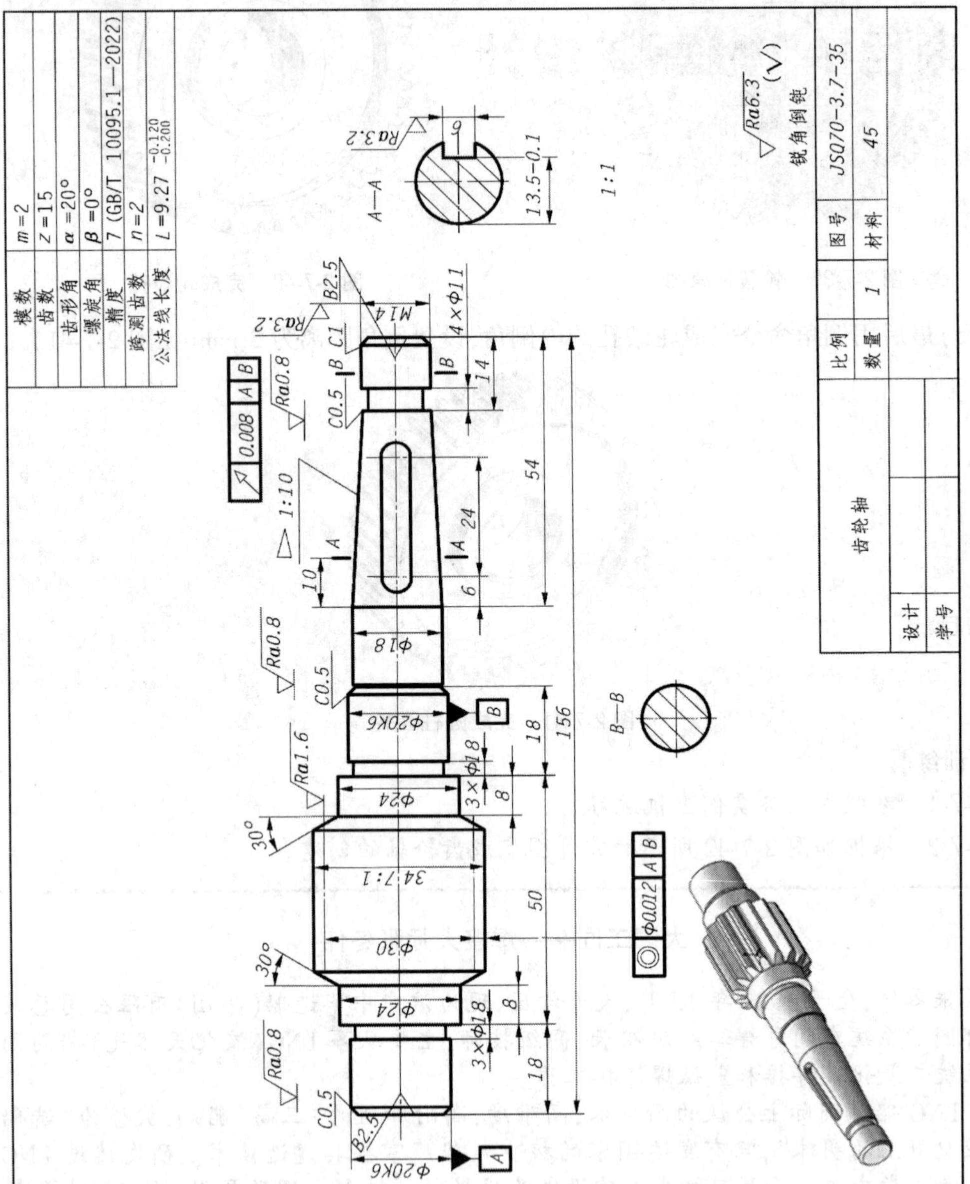

图 2-7-42　齿轮轴零件图

项目 3 装配体设计

装配体设计是 SolidWorks 的基本功能之一，它可以表达零部件的工作原理和装配关系，为后续真实的产品组装提供指导和参考，也为后续维修和产品技术要求等提供依据。

【知识与技能目标】

1. 掌握装配体的装配方法。
2. 熟悉装配体的配合类型与原则。
3. 熟悉装配体的编辑。
4. 熟悉装配体爆炸视图的生成。

任务 1 支架装配体

【学习目标】

1. 了解装配体的基本概念与应用。
2. 熟悉自下而上的设计方法。
3. 熟悉装配体的配合类型与原则。
4. 熟悉装配体的编辑。
5. 熟悉装配体爆炸视图的生成。

【任务内容】

建立如图 3-1-1 所示的支架装配体。

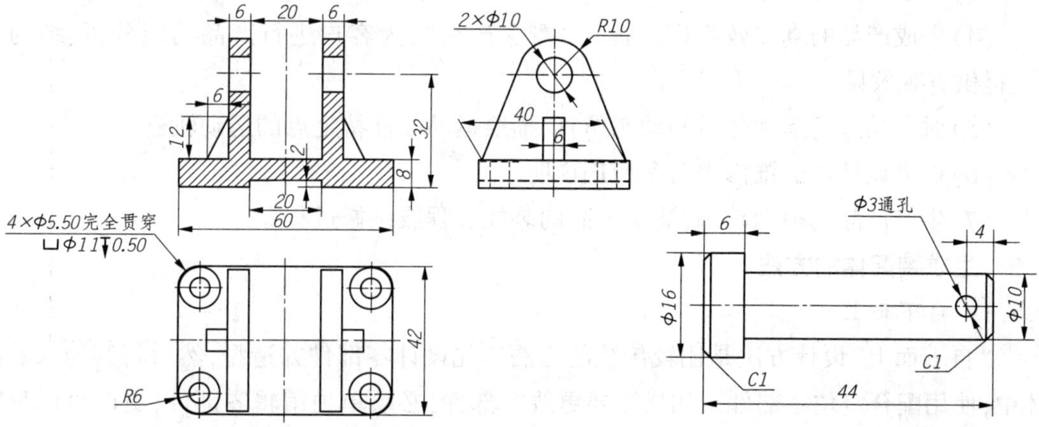

(a)支架 (b)轴

图 3-1-1 零件轮廓草图

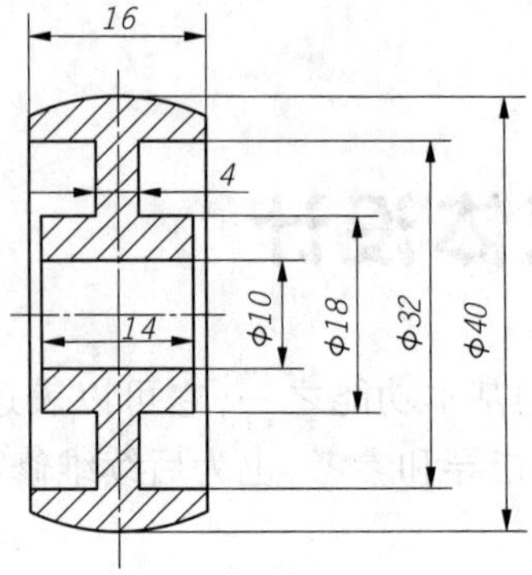

(c)轮

续图 3-1-1

【知识与技能准备】

1 装配体概述

1.1 装配体的基本概念

装配体就是将两个或多个零件模型(或部件)按照一定的约束关系进行安装,形成产品的装配。由于这种"装配"是电脑模拟完成的,因此也称为虚拟装配。

码 3-1 微课:装配体概述

1.2 装配体的应用

SolidWorks 软件装配体的主要应用如下:

(1)产品结构验证。分析设计的不足及查找设计中的错误。例如:进行干涉检查,查找装配体中存在的干涉设计错误。

(2)产品的统计和计算。例如:计算产品总质量和产品中的零件数量并生成零件表。

(3)生成产品的爆炸图。

(4)生成产品的真实效果图。提供"概念产品",为客户进行产品功能分析、结构演示,提供直观效果。

(5)对产品进行运动分析和动态仿真,描绘运动部件特定点的运动轨迹。

(6)提供设计产品维修手册和使用说明。

(7)生产产品的模拟动画,演示产品的装配过程或维修过程。

1.3 生成装配体的方法

1.3.1 自下而上

"自下而上"设计方法是比较传统的方法。先设计零部件并造型,然后将其插入装配体中,使用配合定位零部件。如果需要更改零部件,必须单独编辑零部件,更改可以反映在装配体中。

"自下而上"设计法对于先前制造、现售的零部件,或者如皮带轮、电机等标准零部件而言属于优先技术。这些零部件不根据设计的改变而更改其形状大小,除非选择不同的零部件。

1.3.2 自上而下

在“自下而上”设计法中,零部件的形状、大小及位置可以在装配体中进行设计。“自下而上”设计的优点是在设计更改发生时变动更少,零部件根据所生成的方法而自我更新。

可以在零部件的某些特征、完整零部件或者整个装配体中使用“自上而下”设计法。设计师通常在实践中使用“自上而下”设计法对装配体进行整体布局,并捕捉装配体特定的自定义零部件的关键环节。

2 进入装配环境

码 3-2 微课:进入装配环境

装配体的设计像一个装配车间,利用已经加工完成的零件,根据不同的位置和装配约束关系,将各个零件安装成部件或产品。

要实现零部件的装配,必须至少创建一个“装配体”文件。新建“装配体”和新建“零件”“工程图”文件的方法相同。装配体中可以包含独立的零件,也可以包含其他装配体,装配体中所包含的装配体称为子装配体。进入装配体环境步骤如下:

(1)启动 SolidWorks 软件,在菜单栏区域单击【文件】菜单中的【新建】命令,在弹出的【新建 SOLIDWORKS 文件】对话框中选中【装配体】命令后,单击【确定】按钮(见图 3-1-2)。

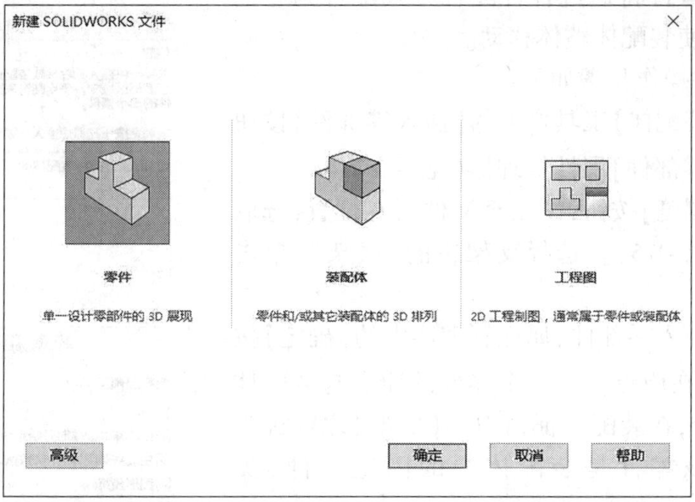

图 3-1-2 【新建 SOLIDWORKS 文件】对话框

(2)选择【装配体】命令,单击【确定】按钮,进入装配体界面(见图 3-1-3)。这样就创建了一个装配体文件,由此进入装配体环境。

图 3-1-3 新建装配体界面

3 插入零部件

将一个零部件插入装配体中时,这个零部件文件会与装配体文件进行参数化链接。零部件的数据还保持在源零部件文件中。对零部件文件所进行的任何改变都会更新装配体。反之,在装配体中对零部件进行修改,源零部件也会相应改变。

码 3-3 微课:插入零部件

在装配体中插入的第一个零部件是不可移动的零件,第一个零件被固定后,其他零件将通过各种配合方式配合到它上面,这样就不会使装配体整体移动。

插入零部件操作步骤如下:

(1)单击【装配体】工具栏上的【插入零部件】按钮,弹出【插入零部件】属性管理器(见图 3-1-4)。

(2)单击【浏览】按钮,浏览至文件所在位置,选取所需文件(见图 3-1-5)。选择支架中的"底架",单击【打开】按钮。

(3)单击【插入零部件】属性管理器中的【确定】按钮✓,把零件放在原点。第一个零件的原点与装配体文件的原点重合,在装配特征树中的【底架】之前标识【固定】,说明该零件是装配体中的固定零件(见图 3-1-6)。

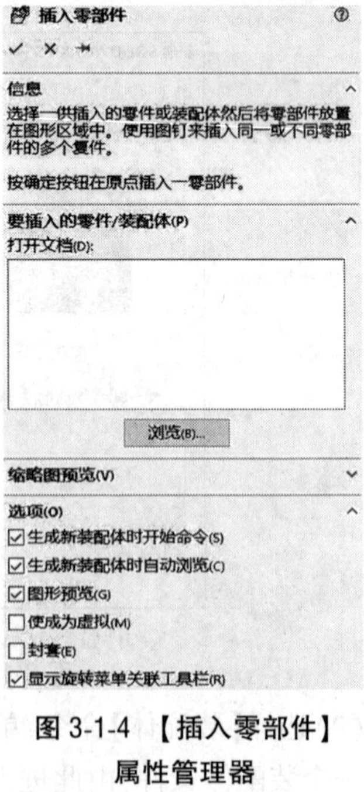

图 3-1-4 【插入零部件】属性管理器

注意:如果所插入的零部件不是第一个零件,不要单击【插入零部件】属性管理器中的【确定】按钮✓,直接在装配体窗口图形区域中,单击要放置零部件的位置。

图 3-1-5　插入零件

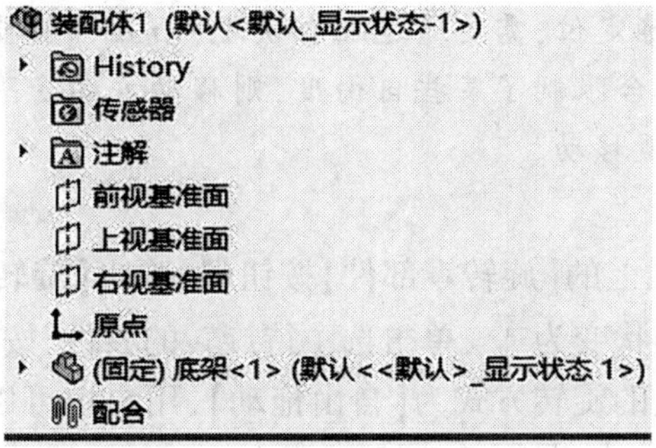

图 3-1-6　装配特征树

4　移动和旋转零部件

为了使插入装配体中的零部件更加适宜配合以及选取配合对象特征，常常需要将零部件进行移动或旋转。

码 3-4　微课：移动和旋转零部件

4.1　移动零部件

单击【装配体】工具栏上的【移动零部件】按钮，弹出【移动零部件】属性管理器（见图 3-1-7），这时光标的形状变为，单击选中待移动的零件，按住左键不放，移动光标即可移动零件。系统默认的移动方式为【自由拖动】，用户也可以展开移动方式的下拉菜单，在其中选择其他移动方式（见图 3-1-8）。

图 3-1-7 【移动零部件】属性管理器

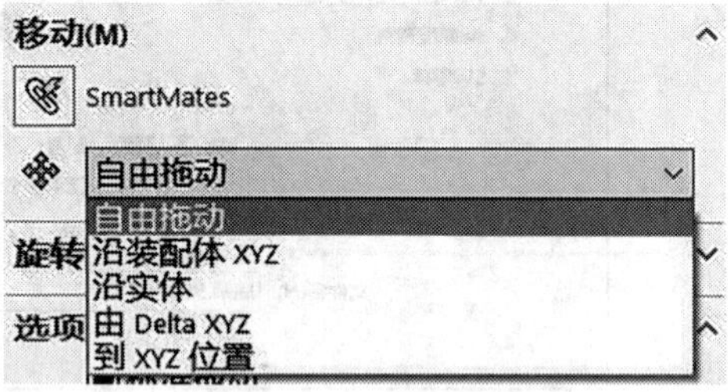

图 3-1-8 移动方式

注意：一般情况下，对零部件的移动只需大致移至方便配合的位置即可，无须精确定位，若要对零部件进行精确定位，需要通过配合实现，而且一般要求零部件完全定义。若待移动零部件已经通过配合限制了某些自由度，则移动方向受限。若待移动零部件已经完全定义，则无法对其实现移动。

4.2 旋转零部件

单击【装配体】工具栏上的【旋转零部件】按钮，弹出【旋转零部件】属性管理器（见图 3-1-9）。这时光标的形状变为，单击选中待旋转的零件，按住左键不放，旋转零部件到需要的位置。系统默认的旋转方式为【自由拖动】，用户也可以展开旋转方式的下拉菜单，在其中选择其他旋转方式（见图 3-1-10）。

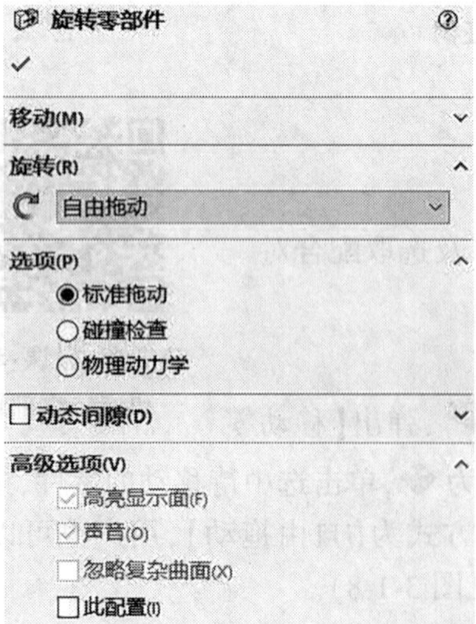

图 3-1-9 【旋转零部件】属性管理器

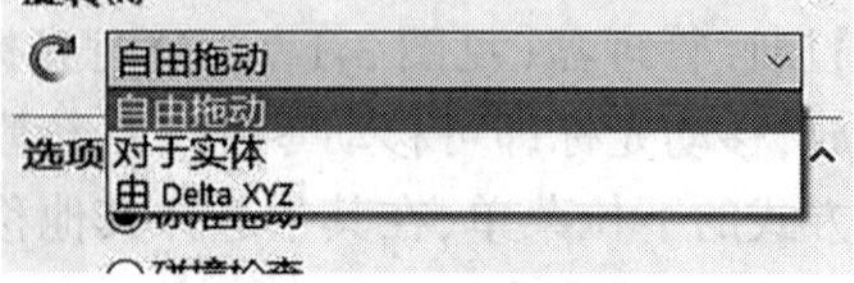

图 3-1-10 旋转方式

注意：当对零部件做微小的调整时，也可简单地按住鼠标左键，将其拖动到恰当位置，或者按住鼠标右键，将其旋转至合适位置。

码 3-5 微课：删除零部件

5 删除零部件

调取的零部件不合适时，可将其删除，删除零部件的步骤如表 3-1-1 所示。

表 3-1-1 删除零部件步骤

步骤 1	步骤 2	步骤 3
在图形区域或设计树中单击零件	按【Delete】键	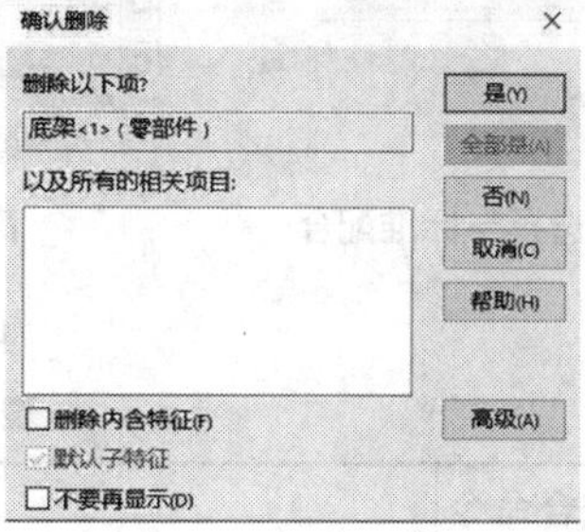
	选择菜单【编辑】|【删除】命令	
	右键单击在快捷菜单中选择【删除】	单击【是】按钮确认删除。此零部件及其相关项目(配合、零部件阵列、爆炸视图、工程图等)都会被删除

6 配合

码 3-6 微课：零部件配合

零部件插入到装配体中，除第一个零部件自动添加【固定】关系外，其余都处于【悬浮】状态。处于【悬浮】状态的零部件可以朝任意方向移动、转动，有 6 个自由度，分别是沿 X、Y、Z 三轴的移动和绕 X、Y、Z 三轴的转动。

当给零部件添加装配关系后，零部件的自由度将被限制而逐渐减少。当一个零件的自由度为 0 时，表明它在三维空间中被完全定位。

进行零部件装配，需要用到软件中【配合】命令，将装配体中的各个零部件装配起来。单击【配合】命令按钮，弹出【配合】属性管理器(见图 3-1-11)。

【配合】面板中包括 6 个选项区，分别是【配合选择】【标准配合】【高级配合】【机械配合】【配合】【选项】。

6.1 【配合选择】选项区

该选项区用于选择要添加配合关系的参考实体。单击【要配合实体】选项区，选择要配合的面、边线、基准面等。

6.2 【标准配合】选项区

标准配合命令及其说明如表 3-1-2 所示。

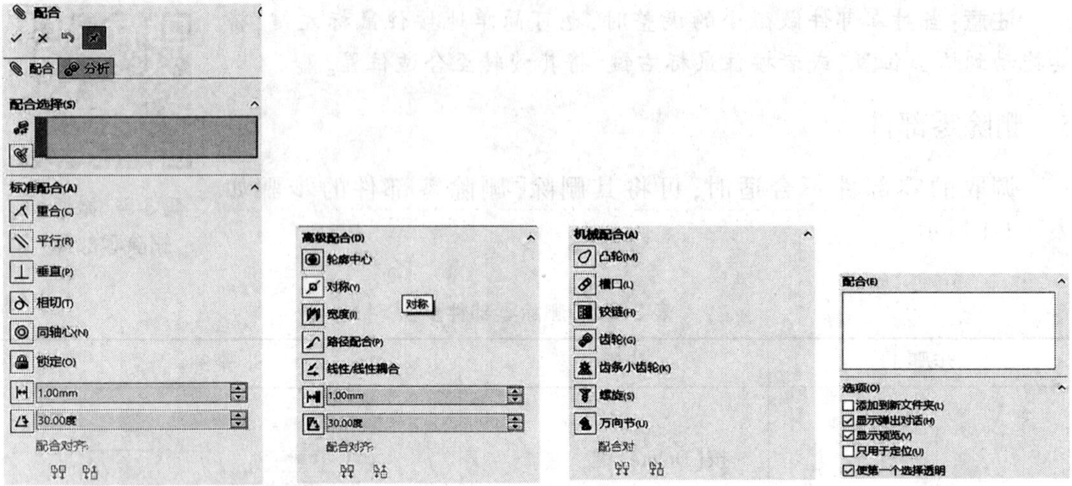

配合选择与标准配合　　高级配合　　机械配合　　配合与选项

图 3-1-11 【配合】属性管理器

表 3-1-2 标准配合命令及其说明

标准配合命令	说明	图解
重合	使所选面、边线、基准面共享同一个无限基准面。定位两个顶点使它们彼此接触	
平行	使所选配合实体互相平行	
垂直	使所选配合实体相互垂直放置	
相切	使所选配合实体以彼此相切而放置(至少有一选项为圆柱面、圆锥面或球面)	
同轴心	使所选配合实体共享同一个中心线	
锁定	添加两个零部件之间锁定关系后,它们之间将保持相对静止	
距离	使所选配合实体以彼此间指定的距离而放置	
角度	使所选配合实体以彼此间指定角度放置	

对于相同的选择对象和相同的配合类型,又存在【同向对齐】和【反向对齐】两种不同的选项。表 3-1-3 列出了选择两个相同平面并使用不同配合关系的【同向对齐】和【反向对齐】的差异。表 3-1-4 列出了选择圆柱面与平面或者圆柱面与圆柱面(圆锥面)配合时的【同向对齐】和【反向对齐】的差异。

表 3-1-3　平面配合的【同向对齐】和【反向对齐】

	同向对齐	反向对齐
重合		
平行		
距离	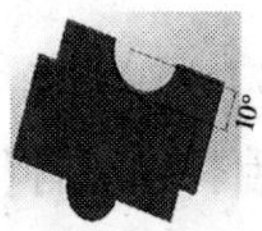	
角度		

表 3-1-4　圆柱面与平面或者圆柱面与圆柱面(圆锥面)配合时的【同向对齐】和【反向对齐】

选择面及配合关系	同向对齐	反向对齐
	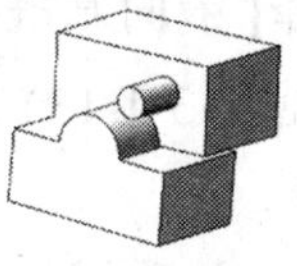	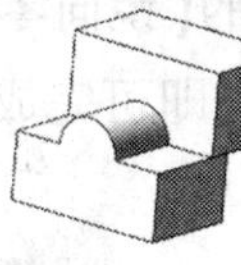
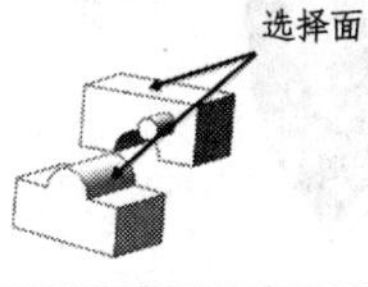	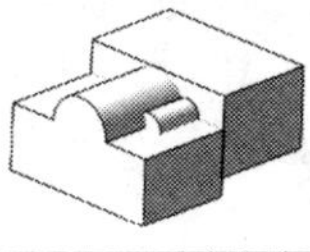	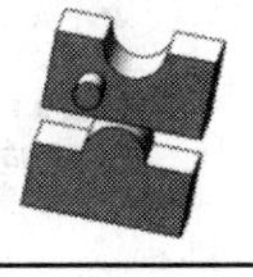

7　控制装配体

通过复制零部件、镜像零部件和阵列零部件完成装配体中零部件的衍生,实现装配体的控制。

码 3-7　微课:控制装配体

7.1　复制零部件

SolidWorks 可以复制已经在装配体文件中存在的零部件。在特征管理器中,选择一个零部件,按住【Ctrl】键,拖动到图形区域后即可(见

图 3-1-12)。

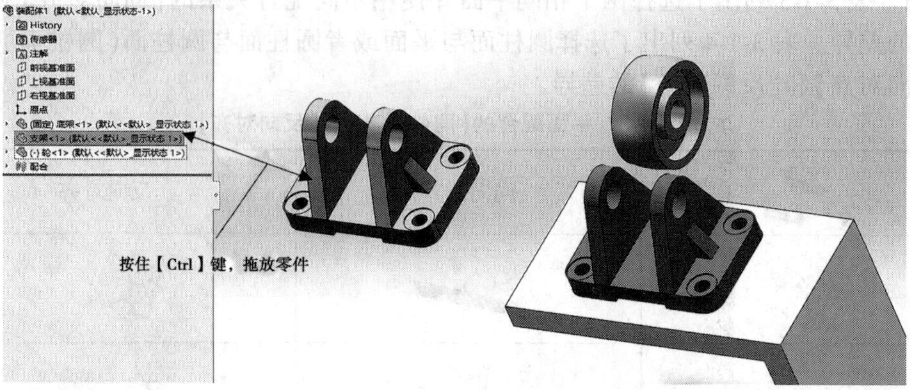

图 3-1-12　零部件的复制

7.2　镜像零部件

SolidWorks 软件不仅在草图中提供了【镜向】命令用作镜像草图图元,在实体中也有【镜向】命令用作镜像实体特征,甚至装配体中也有【镜向】命令用作镜像零部件。

零部件镜像的特点如下:

(1)镜像件具有原零件的配置。

(2)与原零部件相关联,随原零部件的更改而变化。

(3)可以拥有原零部件的配合关系。

(4)镜像零部件为新文件,而复制件与原集合体相同,不是新文件。

(5)镜像零部件称为“原版”的“右手”。

在装配体环境中进行零部件镜像与实体中的特征镜像类似,激活【镜向】命令后,在弹出的【镜向零部件】面板中选择【镜向基准面】和【要镜向的零部件】后,单击【确定】按钮,即可完成零部件的镜像(见图 3-1-13)。

图 3-1-13　镜像零部件

7.3 阵列零部件

在装配环境下，SolidWorks 向用户提供了 3 种零部件的阵列类型：圆周零部件阵列、线性零部件阵列和特征驱动零部件阵列。

7.3.1 圆周零部件阵列

此种阵列类型可以生成零部件的圆周阵列。在【装配体】工具栏的【线性零部件】下拉菜单中选择【圆周零部件阵列】命令，属性管理器中显示【圆周阵列】面板（见图 3-1-14）。

当指定阵列轴、角度和实例数（阵列数）及要阵列的零部件后，就可以生成零部件的圆周阵列（见图 3-1-15）。

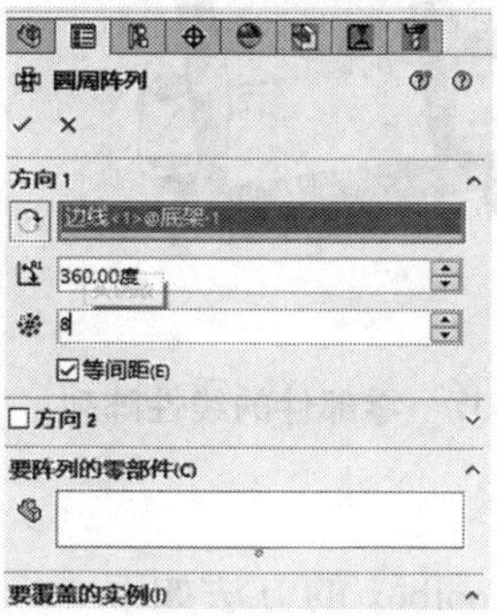

图 3-1-14 【圆周阵列】面板

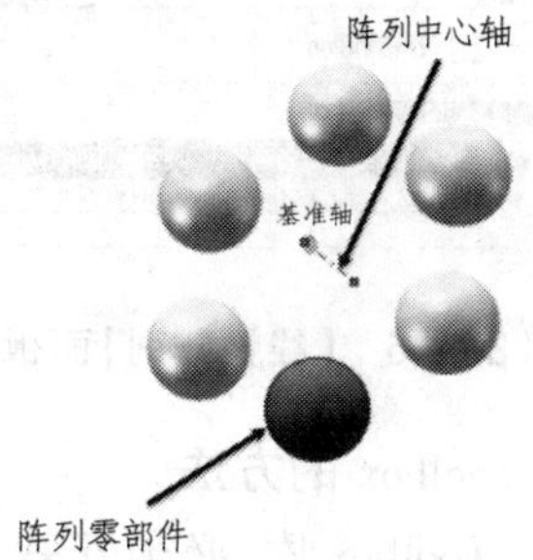

图 3-1-15 阵列图例

注意：若要将阵列中的某个零部件跳过，在激活【可跳过的实例】列表后，再选择要跳过显示的零部件即可。

7.3.2 线性零部件阵列

线性零部件阵列用于将源零部件在线性方向上阵列出多个实体。

在【装配体】工具栏单击【线性零部件阵列】按钮，弹出【线性阵列】面板（见图 3-1-16）。

在【线性阵列】面板中设置阵列的方向 1、方向 2、各方向的间距、实例数之后，即可生成零部件的线性阵列（见图 3-1-17）。

8 Toolbox 库

Toolbox 库是包含所支持标准的主零件文件和有关扣件大小及配置信息的数据库。在 SolidWorks 中使用新的零部件大小时，Toolbox 会根据用户参数设置更新主零件文件以记录配置信息或针对此大小生成零件文件。Toolbox 支持 ANSI、DIN、GB、ISO 等标准。Toolbox 包括轴承、螺栓、凸轮、齿轮、螺母、螺钉等五金件。用户可以自己定义 Toolbox，详情请参阅 SolidWorks 提供的帮助文件。

码 3-8 微课：Toolbox 库

使用 Toolbox 方法选择标准和想插入的零件类型，然后将零部件拖动到装配体。

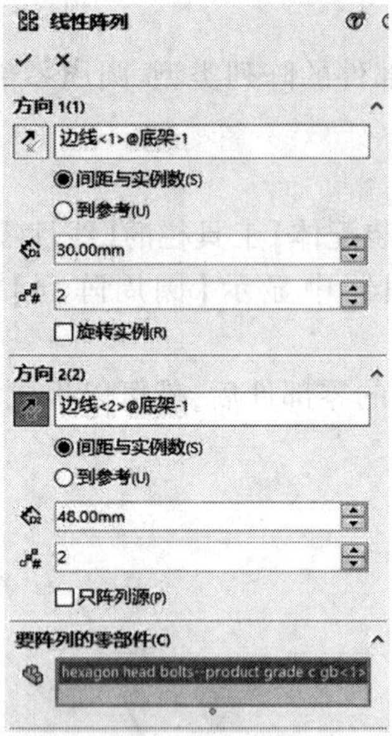

图 3-1-16 【线性阵列】面板

图 3-1-17 零部件的线性阵列

8.1 激活 Toolbox 的方法

要使用 Toolbox 库,必须安装并激活 Toolbox。激活 Toolbox 的方法如下:

(1)选择【工具】|【插件】菜单命令,系统弹出【插件】对话框(见图 3-1-18)。

(2)选中【SOLIDWORKS Toolbox Library】和【SOLIDWORKS Toolbox Utilities】复选框。

(3)单击【确定】按钮,完成 Toolbox 的激活(见图 3-1-19)。

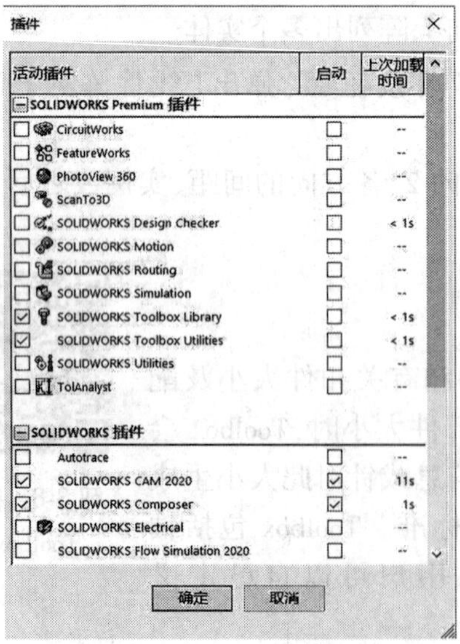

图 3-1-18 【插件】对话框

图 3-1-19 Toolbox 菜单

8.2　添加智能扣件的方法

在 SolidWorks 中，扣件实际上是指螺纹紧固件等标准件。若装配体中包含特定规格的孔、孔系列或孔阵列，可采用智能扣件技术自动向装配体中添加和这些孔相匹配的扣件（螺栓和螺钉）。智能扣件使用 SolidWorks Toolbox 扣件库，用户可向 SolidWorks Toolbox 数据库中添加自定义的设计文件，作为标准件通过智能扣件来调用。

添加智能扣件的步骤如下：

（1）单击【装配体】工具栏中的【智能扣件】按钮，或选择【插入】|【智能扣件】菜单命令，若系统弹出【提示轻化计算时间】对话框菜单（见图 3-1-20），单击【确定】按钮，属性管理器将显示【智能扣件】面板（见图 3-1-21）。

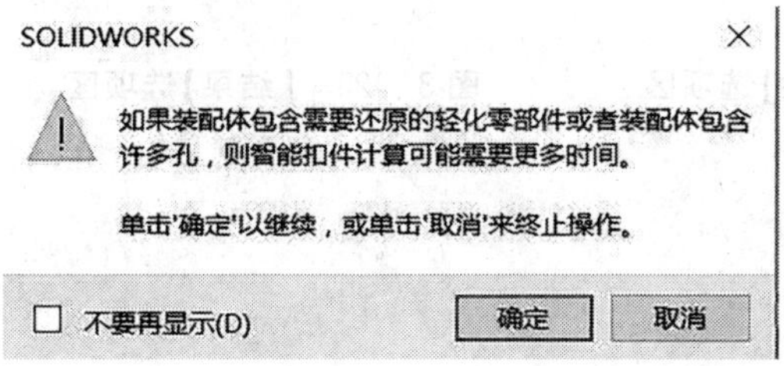

图 3-1-20　【提示轻化计算时间】对话框

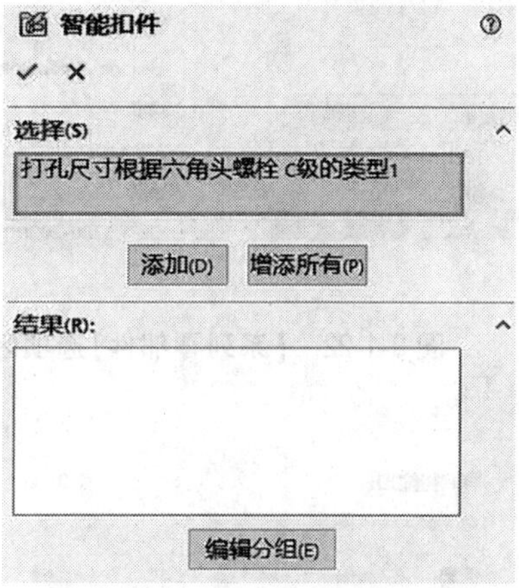

图 3-1-21　【智能扣件】面板

（2）如果要手动选择要添加扣件的孔，可以激活【选择】选项区下的列表，然后在装配体中依次选择孔，此时【添加】按钮亮显。单击此按钮，程序自动计算孔尺寸，并添加能够配合孔尺寸的扣件。

添加扣件后，【结果】选项区的结果列表中将显示添加的扣件组。选择一个组，可以在随后显示的【系列零部件】选项区中编辑扣件参数（见图 3-1-22）。

在【结果】选项区单击【编辑分组】按钮编辑分组(E)，可以对添加的组进行编辑。在组文件下右键选择【系列】，然后在弹出的快捷菜单中选择命令来编辑扣件组（见图 3-1-23）。

有些情况下，程序自动添加的智能扣件类型未必会符合设计要求，这就需要更改扣件类型。选择【更改扣件类型】命令，打开如图 3-1-24 所示的菜单，可以在弹出的【智能扣件】对话框中重新选择智能扣件的标准和类型（见图 3-1-25）。

用户也可以在图形区中拖动鼠标来更改扣件的长度（见图 3-1-26），更改之前需要在【系列零部件】选项区中取消【自动更新长度】复选框。

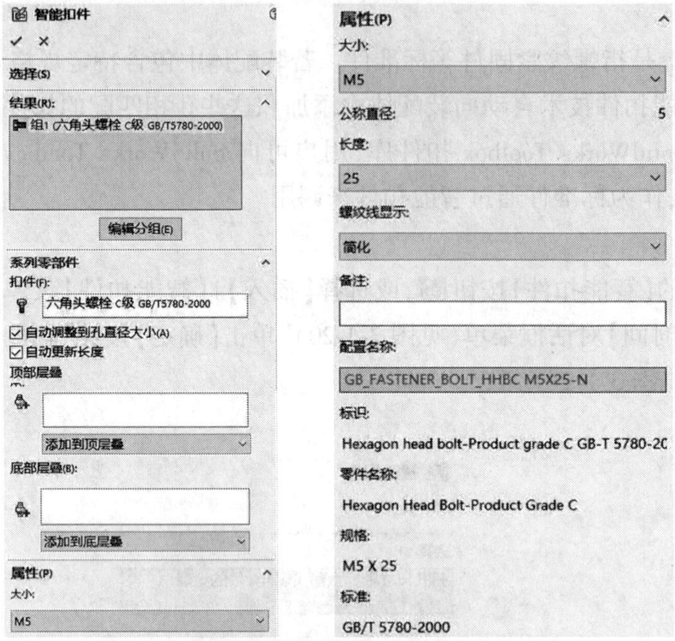

图 3-1-22 【系列零部件】选项区与【属性】选项区

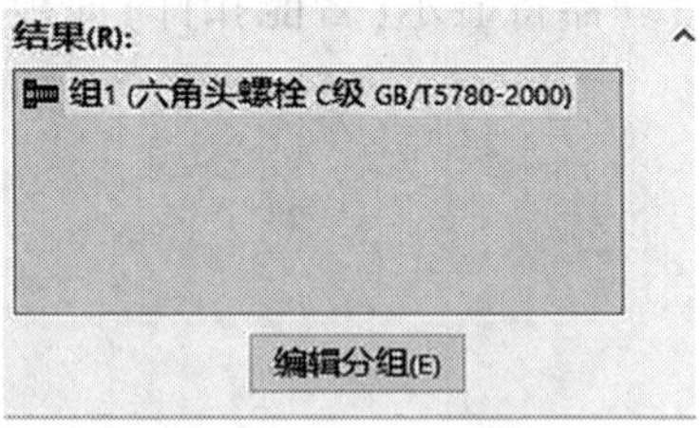

图 3-1-23 【结果】选项区

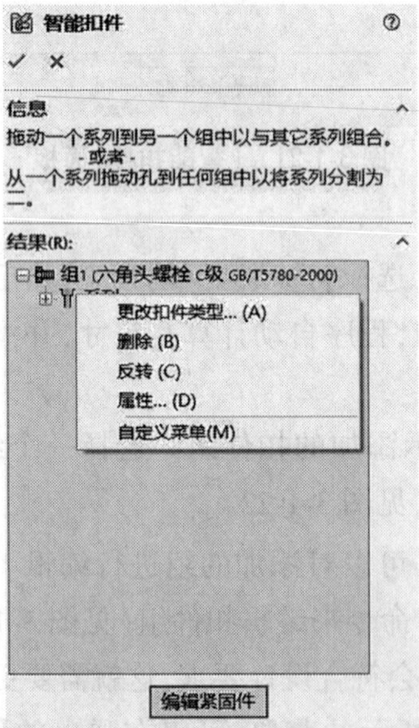

图 3-1-24 编辑扣件组的快捷菜单

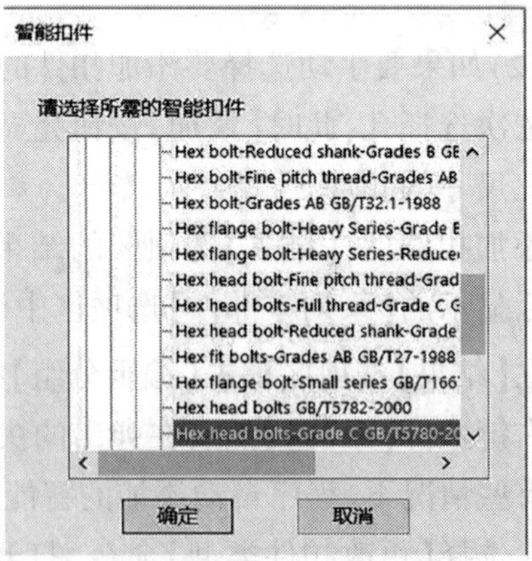

图 3-1-25 【智能扣件】对话框

注意:智能扣件以特征为基础,能够自动识别可用孔特征,可以是装配体或零件中单独的孔特征,如异型孔、简单直孔、拉伸切除圆柱孔,不能识别派生、镜像、旋转切除以及由草图内闭合圆轮廓生成的实体孔。

图 3-1-26　拖动控标以更改扣件长度

9　干涉检查

在一个复杂的装配体中，用视觉来检查零部件之间是否有干涉的情况是件困难的事。通过干涉检查，可以发现装配体中零部件之间是否存在干涉，可以检查与一个实体相关的干涉，可以将干涉的真实体积显示为上色体积。

码 3-9　微课：干涉检查

9.1　静态干涉检查

该命令可以对装配体中所有的零件或选定的零部件之间进行静态干涉检查。单击【评估】功能选项卡中的【干涉检查】命令按钮，在【选项】组中，选中【使干涉零件透明】复选框，单机【计算】按钮，在【结果】列表框中会有检查结果(见图 3-1-27)。

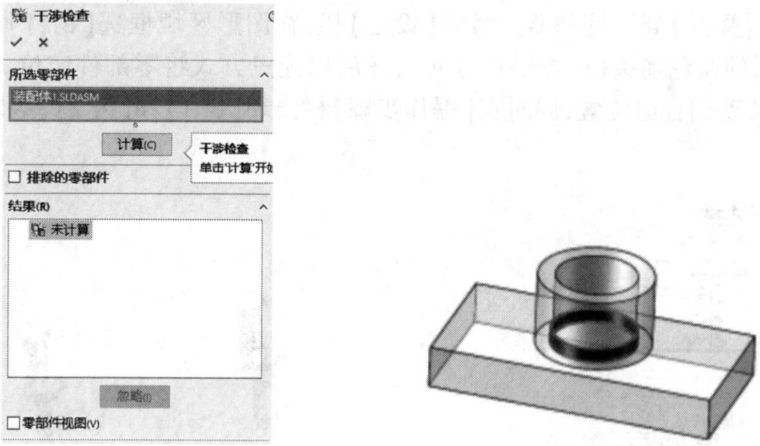

图 3-1-27　静态干涉检查

9.2　动态干涉检查

移动和旋转零部件的过程中，可以进行动态干涉检查或动态计算零件间的间隙。单击【装配体】工具栏中的【旋转零部件】按钮，弹出【旋转零部件】属性管理器，选中【碰撞检查】单选按钮。转动连接杆，当发生干涉时，会发出碰撞的声音，同时高亮显示碰撞面(见图 3-1-28)。

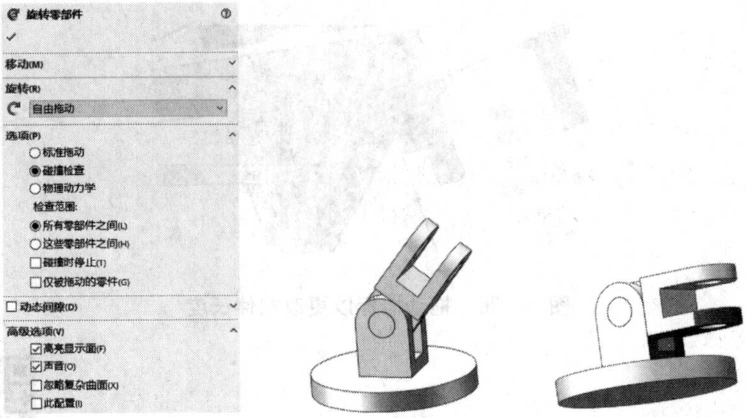

图 3-1-28　动态干涉检查

10　装配体爆炸视图

码 3-10　微课：装配体爆炸视图

装配体的爆炸视图可以分离其中的零部件以便查看这个装配体。装配体可在正常视图和爆炸视图之间切换。建立爆炸视图后，可以进行编辑，也可以将其生成二维工程图。

自定义生成装配体爆炸视图：通过选择零部件然后拖动操纵杆控标可自定义生成装配体爆炸图。单击【装配体】工具栏中【爆炸视图】按钮，弹出【爆炸】属性管理器。激活【设定】栏，在图形区域框选【销钉】，根据需要选择三维坐标系的蓝色箭头（选择爆炸方向），然后以拖曳方式将零部件定位。用同样的方法将【链节】移动到合适位置，同时在【爆炸步骤】栏出现【链 1】和【链 2】，结果如图 3-1-29 所示。

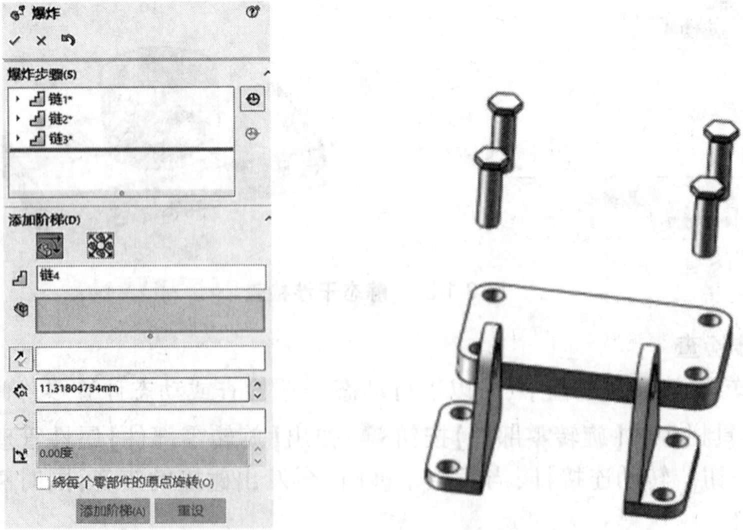

图 3-1-29　自定义爆炸视图

【任务实施】

1　装配体分析

支架装配体是采用自下而上的装配设计方法，将支架、轮、轴等零件模型插入到装配体文件中，利用装配体的约束方式来限制各个零件的相对位置，并对支架进行干涉检查、生成爆炸视图和剖切视图以显示其内部结构。

2　装配步骤

2.1　进入装配体环境

启动 SolidWorks 后，单击【新建】按钮，在弹出的【新建 SOLIDWORKS 文件】对话框中，双击【装配体】按钮，进入装配体工作模式（见图 3-1-3）。

码 3-11　微课-支架装配体设计实例练习

2.2　插入零部件

进入装配体工作模式，在弹出【要插入的零件/装配体】属性管理器（见图 3-1-30）中单击【浏览】按钮，浏览至文件所在位置，选择底座，单击【打开】按钮打开(O)（见图 3-1-31）。

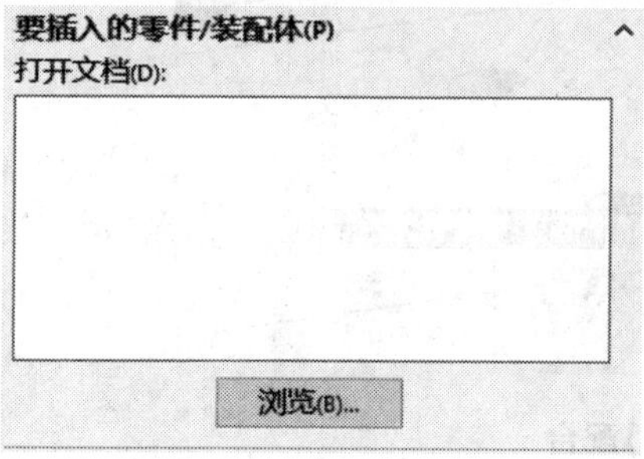

图 3-1-30　【要插入的零件/装配体】属性管理器

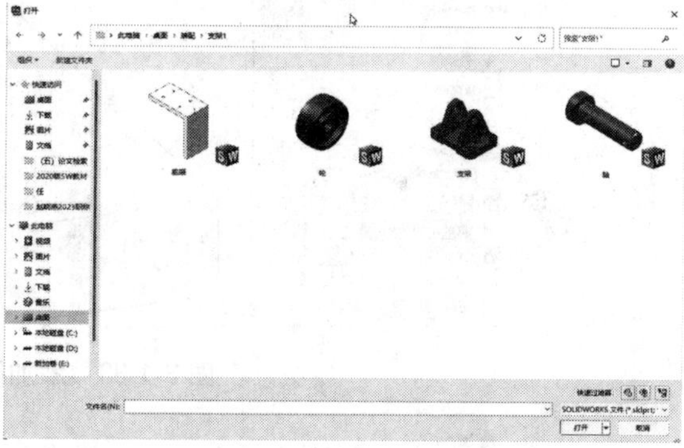

图 3-1-31　文件对话框

单击【确定】按钮，则在原点位置处插入【底座】，在设计树中的【底座】之前标识【固定】。用同样的方法再插入【轮】【轴】【支架】（见图 3-1-32）。

2.3　添加配合关系

（1）单击【配合】按钮，弹出【配合】属性管理器，激活【要配合的实体】列表框，选择底座和支架底板孔表面，单击【同轴心】按钮，单击【确定】按钮，添加【同心】配合（见图 3-1-33），同样的操作再添加一组孔同轴。

（2）选择底座上面和支架底面，单击【重合】按钮，单击【确定】按钮，添加【重合】配合（见图 3-1-34）。

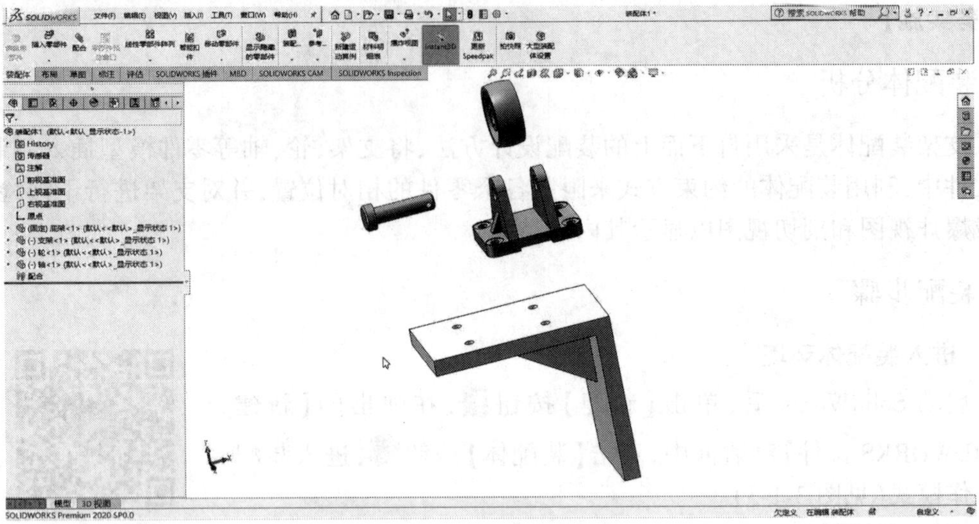

图 3-1-32　插入所有零件

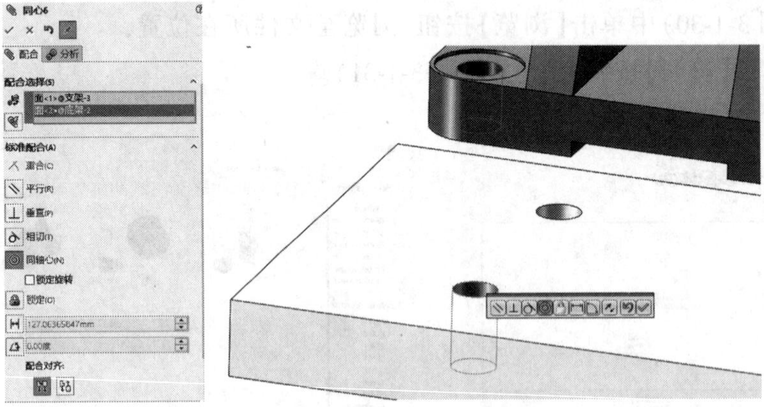

图 3-1-33　添加【同心】配合

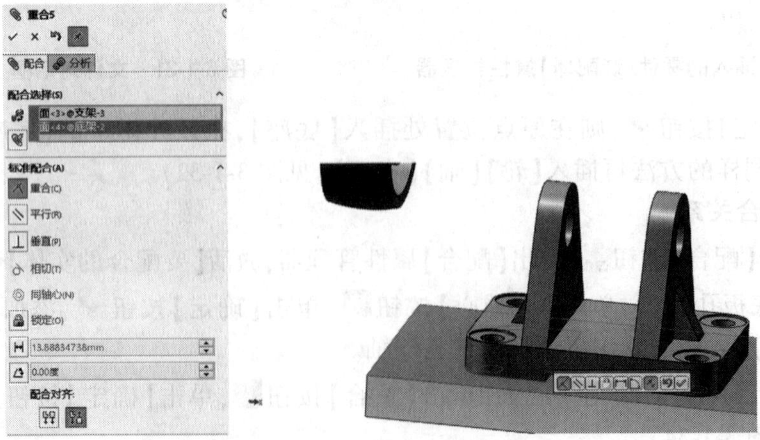

图 3-1-34　添加【重合】配合

(3)选择轮中心孔和支架支撑板孔,单击【同轴心】按钮◎,单击【确定】按钮✓,添加【同心】配合(见图 3-1-35)。

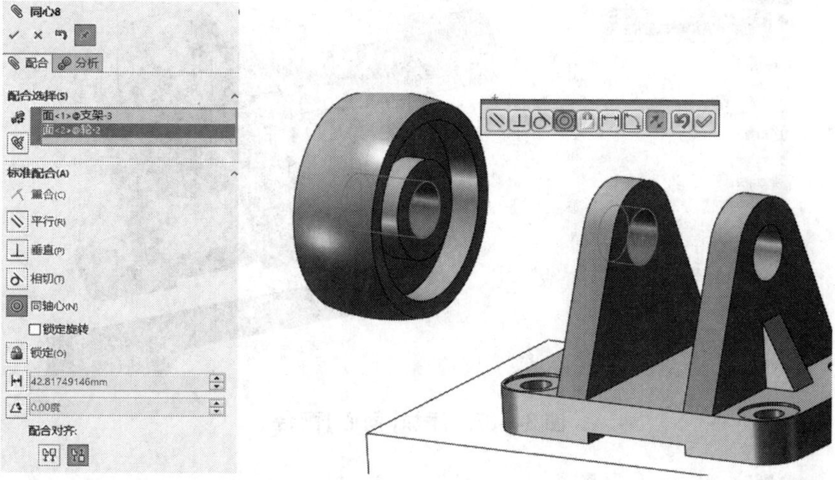

图 3-1-35　添加【同心】配合

(4)选择轮的左端面和左支撑板的右表面,单击【距离】按钮,修改距离为 2.00 mm,单击【确定】按钮✓,添加【距离】配合(见图 3-1-36)。

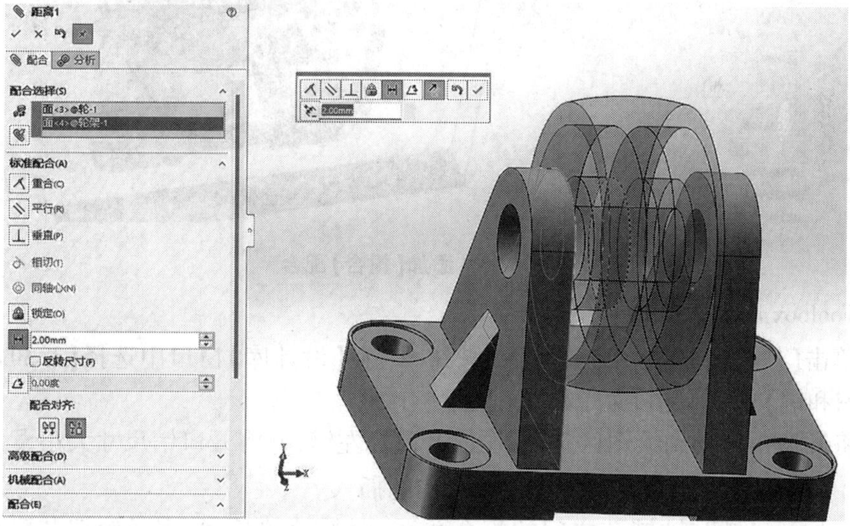

图 3-1-36　添加【距离】配合

(5)选择轴的外表面和支架支撑板孔,单击【同轴心】按钮◎,单击【确定】按钮✓,添加【同心】配合(见图 3-1-37)。

(6)选择轴帽右端面和支架的支撑板左端面,单击【重合】按钮,单击【确定】按钮✓,添加【重合】配合(见图 3-1-38)。

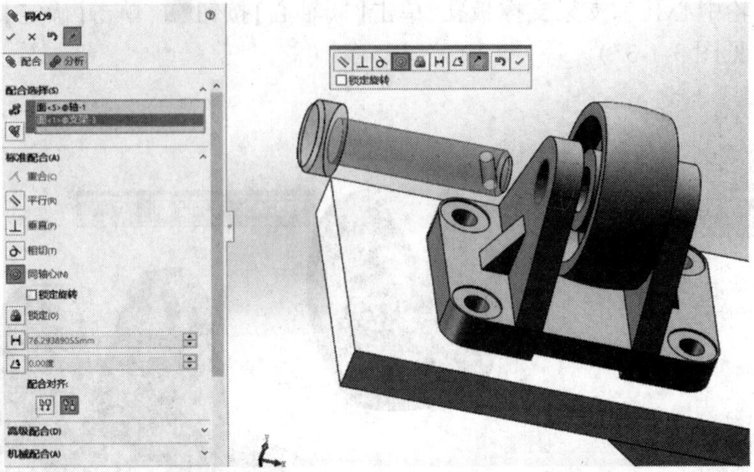

图 3-1-37　添加【同心】配合

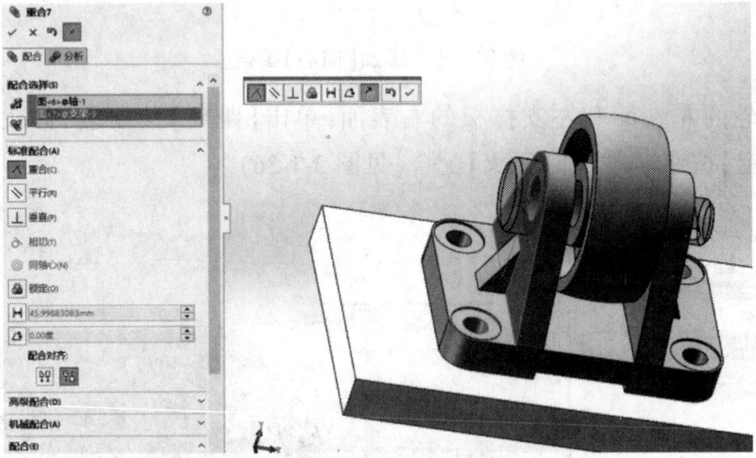

图 3-1-38　添加【重合】配合

2.4　从 Toolbox 库调入标准件

(1)单击【任务窗格】中的【设计库】按钮,在【设计库】窗口中选择【Toolbox】,选择【GB】|【销和键】|【开口销】菜单命令(见图 3-1-39)。

(2)将开口销拖动到绘图区空白处,松开鼠标左键,并将开口销尺寸大小设为 2.5(见图 3-1-40)。单击【确定】按钮 ✓,完成开口销的插入。

(3)添加开口销与轴销孔之间的配合关系,调整销的长度,完成轮架装配体的装配(见图 3-1-41)。

2.5　利用智能扣件完成螺栓装配

(1)单击【装配体】工具栏中的【智能扣件】按钮,或选择【插入】|【智能扣件】菜单命令,若系统弹出【提示轻化计算时间】对话框(见图 3-1-20),单击【确定】按钮,进入添加智能扣件选择。

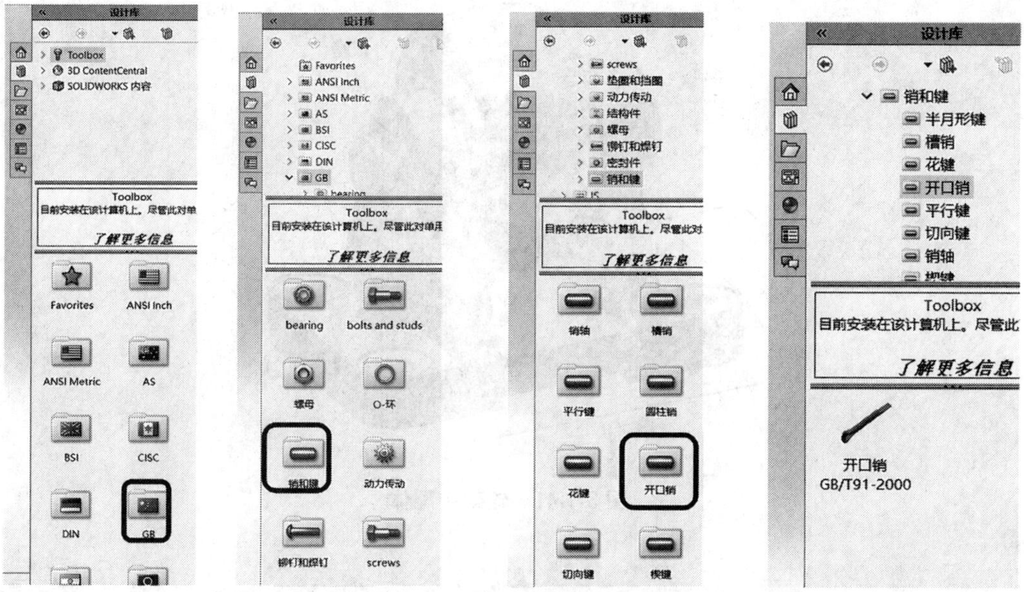

图 3-1-39　从【设计库】中插入【开口销】零件

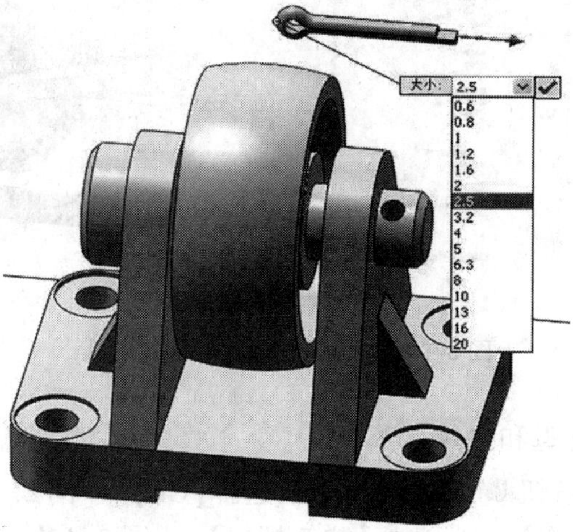

图 3-1-40　调入开口销

(2)选择支架上的一个孔(注意:这些孔是用异型孔向导添加的)后,单击【添加】按钮 添加(D) ,系统为支架上的 4 个孔自动添加了 4 个螺栓,并自动适配孔大小和长度(见图 3-1-42)。

(3)如果满足需要就单击【确定】按钮 ✓,如果不满足则可进行设定扣件型号、长度等操作(见图 3-1-43)。

图 3-1-41　轮架装配体

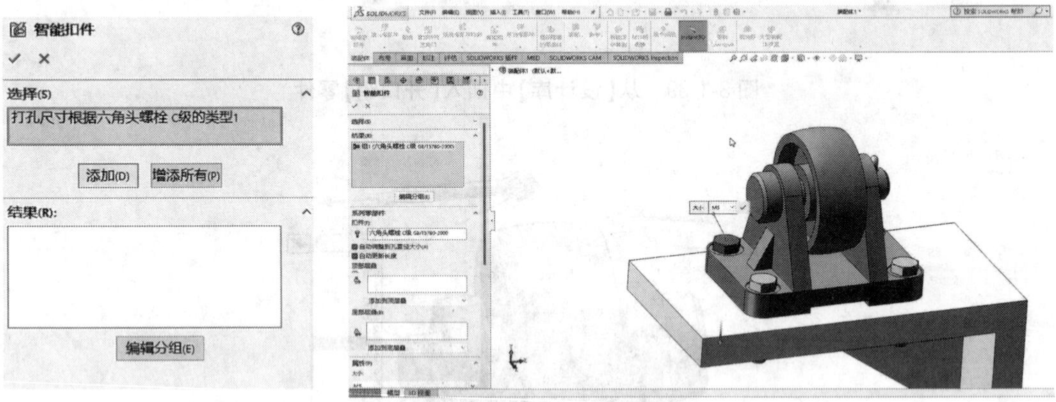

图 3-1-42　选择添加智能扣件的孔

2.6　在设计库中调入螺母和垫片

(1)单击【设计库】按钮 ,展开 Toolbox,选择【GB】。[同 2.4 中(1)]

(2)展开【垫圈和挡圈】系列,选择【弹簧螺垫】。[同 2.4 中(2)]

(3)将【弹簧螺垫】托放到装配体中的螺栓上,设置好【尺寸】后单击【确定】按钮,添加同心与重合装配关系,同理装配其余 3 个【弹簧螺垫】(见图 3-1-44)。

(4)单击【设计库】按钮 ,展开 Toolbox,选择【GB】。[同 2.4 中(1)]

(5)展开【螺母】系列,选择【六角螺母】。[同 2.4 中(2)]

(6)将【六角螺母】托放到装配体中的螺栓上,设置好【尺寸】后单击【确定】按钮,添加同心与重合装配关系,同理装配其余 3 个【六角螺母】(见图 3-1-45)。

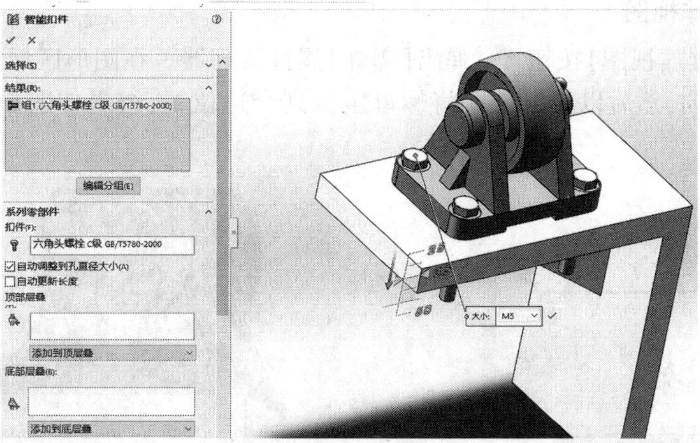

图 3-1-43 设定扣件

图 3-1-44 安装弹簧螺垫

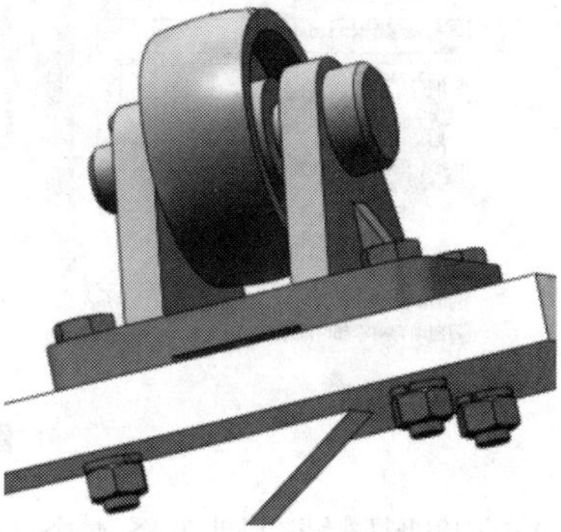
图 3-1-45 安装六角螺母

2.7 干涉检查

单击【评估】功能选项卡中的【干涉检查】命令按钮 ，在【选项】组中，选中【使干涉零件透明】复选框，单击【计算】按钮，在【结果】列表框中会有检查结果（见图 3-1-46）。

图 3-1-46 装配体干涉检查

2.8 装配体爆炸视图

(1)单击【爆炸视图】按钮 ,弹出【爆炸】属性管理器。在图形区域选择 4 个六角螺母,选择 Y 轴方向,然后以拖曳方式将螺母定位到合适位置,结果如图 3-1-47 所示,单击【完成】按钮。

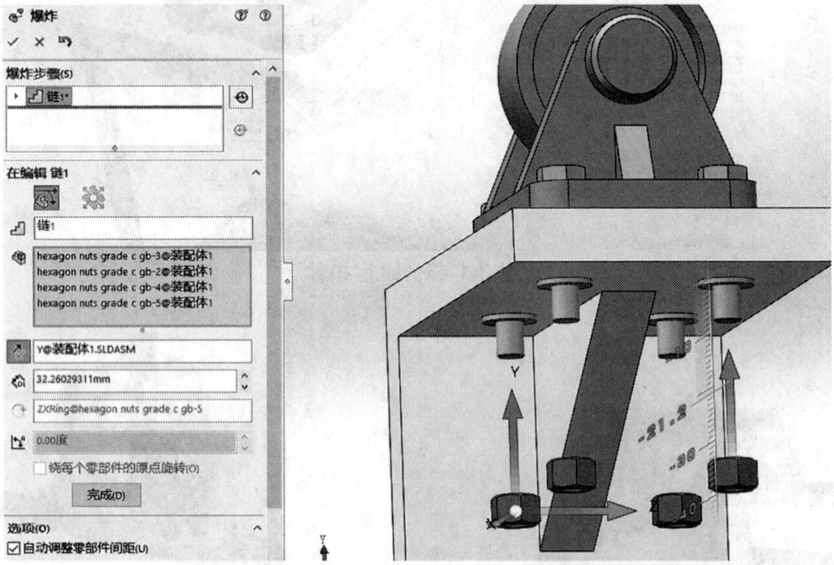

图 3-1-47　爆炸螺母

(2)在图形区域分别选择 4 个弹簧垫片,选择 Y 轴方向,然后拖曳将垫片定位到合适位置,结果如图 3-1-48 所示,单击【完成】按钮。

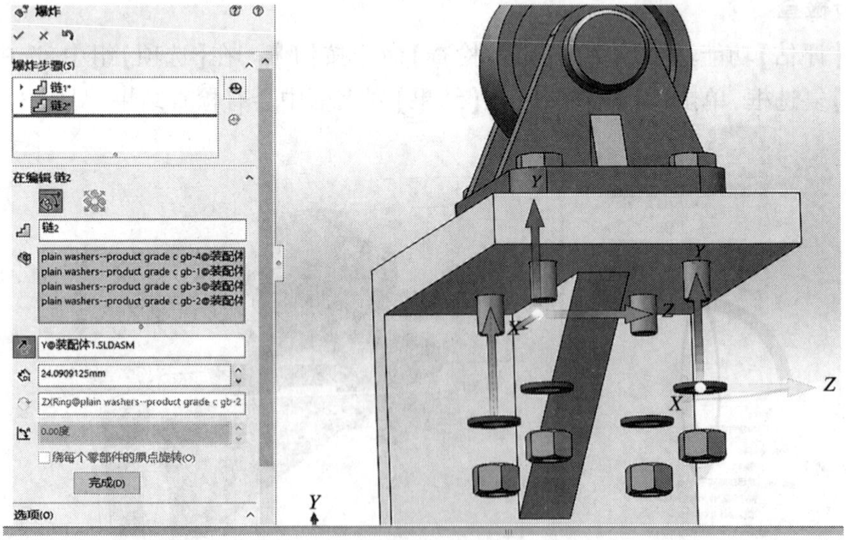

图 3-1-48　爆炸垫片

(3)在图形区域分别选择 4 个螺栓，选择 Y 轴方向，然后拖曳将螺栓定位到合适位置，结果如图 3-1-49 所示，单击【完成】按钮。

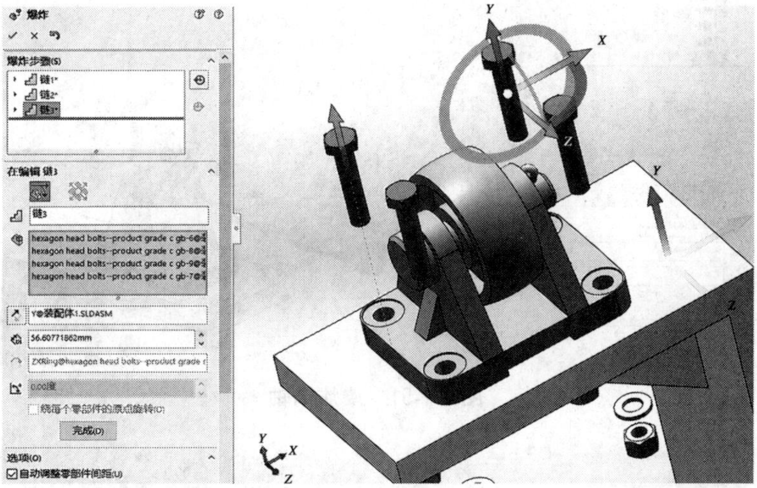

图 3-1-49　爆炸螺栓

(4)在图形区域选择开口销，选择 Y 轴方向，然后拖曳将定位销定位到合适位置，结果如图 3-1-50 所示，单击【完成】按钮。

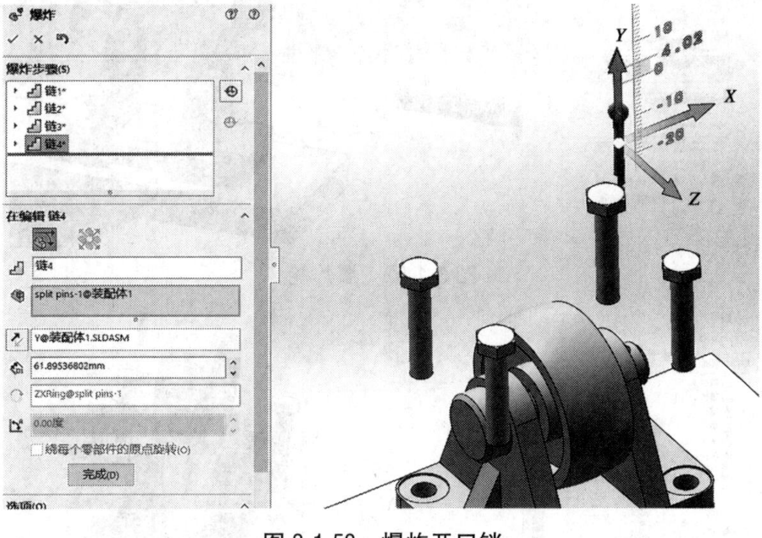

图 3-1-50　爆炸开口销

(5)在图形区域选择轴销，选择 X 轴方向，然后拖曳将轴销定位到合适位置，结果如图 3-1-51 所示，单击【完成】按钮。

(6)在图形区域选择轮，选择 Y 轴方向，然后拖曳将轮定位到合适位置，结果如图 3-1-52 所示，单击【完成】按钮。

(7)在图形区域选择支架，选择 Y 轴方向，然后拖曳将支架定位到合适位置，结果如图 3-1-53 所示，单击【完成】按钮。

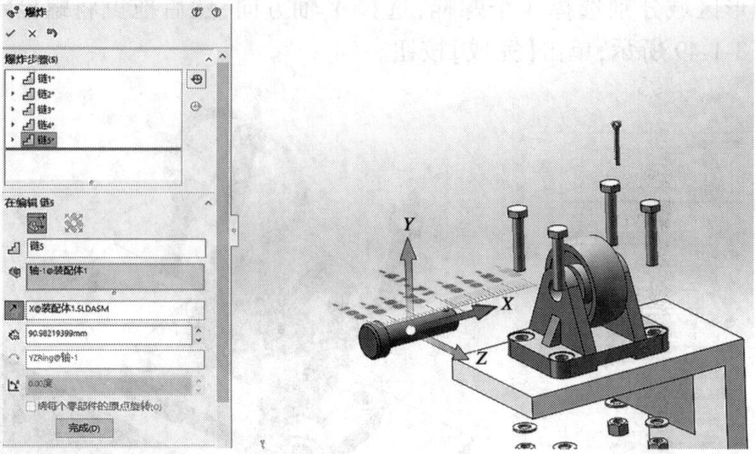

图 3-1-51　爆炸销轴

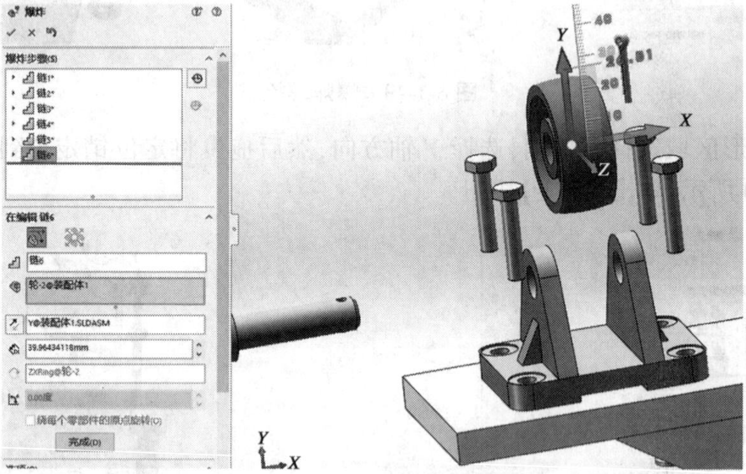

图 3-1-52　爆炸轮

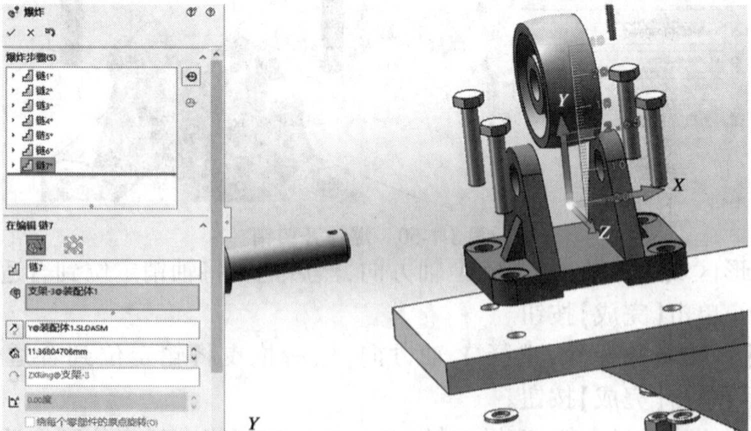

图 3-1-53　爆炸支架

2.9　解除爆炸视图

单击【配置管理器】标签，单击展开指定的配置选项，右键单击【爆炸视图 1】，选择【解除爆炸】命令，图形区域中显示正常视图（见图 3-1-54）。

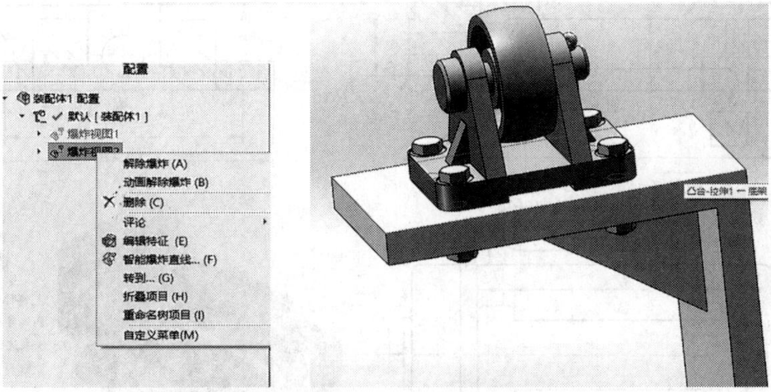

图 3-1-54　解除爆炸显示正常视图

【技能训练】

3-1-1　参照本任务实例上机练习（见图 3-1-53）。

3-1-2　创建平口虎钳装配体（平口虎钳的零件图与装配图如图 3-1-55～图 3-1-61 所示）。

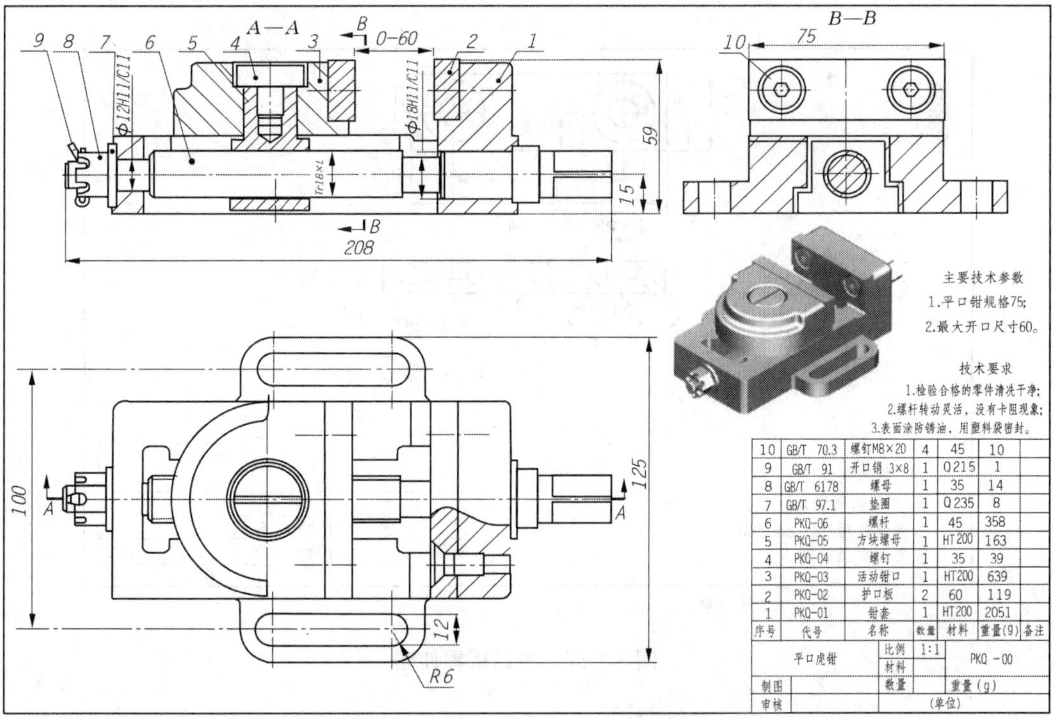

序号	代号	名称	数量	材料	重量(g)	备注
10	GB/T 70.3	螺钉M8×20	4	45	10	
9	GB/T 91	开口销 3×8	1	Q215	1	
8	GB/T 6178	螺母	1	35	14	
7	GB/T 97.1	垫圈	1	Q235	8	
6	PKQ-06	螺杆	1	45	358	
5	PKQ-05	方块螺母	1	HT200	163	
4	PKQ-04	螺钉	1	35	39	
3	PKQ-03	活动钳口	1	HT200	639	
2	PKQ-02	护口板	2	60	119	
1	PKQ-01	钳套	1	HT200	2051	

平口虎钳	比例	1:1	PKQ -00	
	材料			
制图		数量		重量(g)
审核		(单位)		

图 3-1-55　平口虎钳装配图

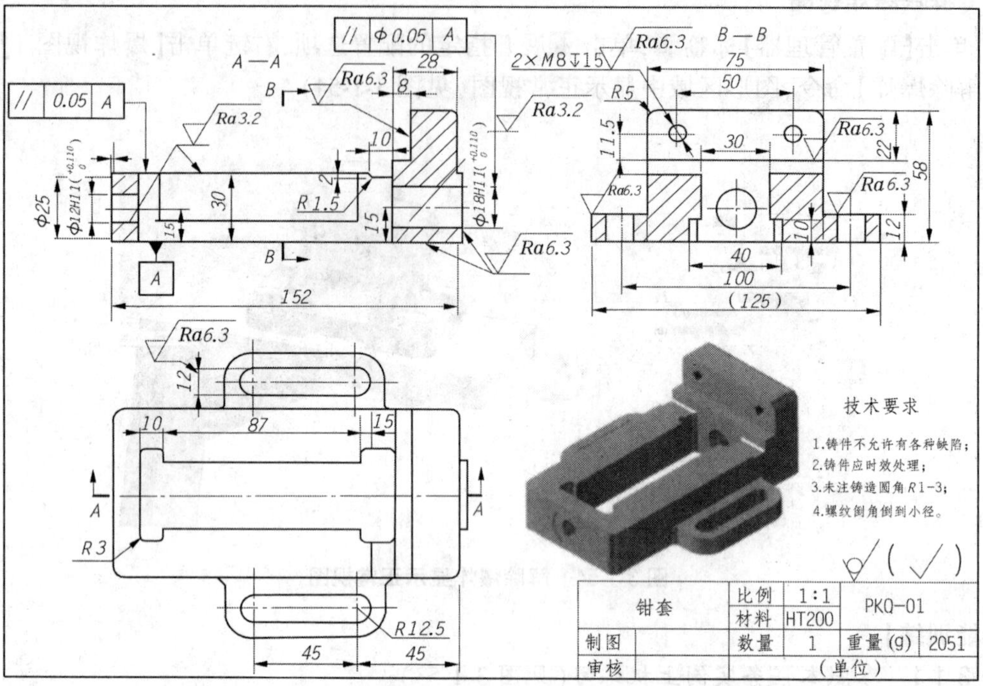

图 3-1-56　钳套零件图

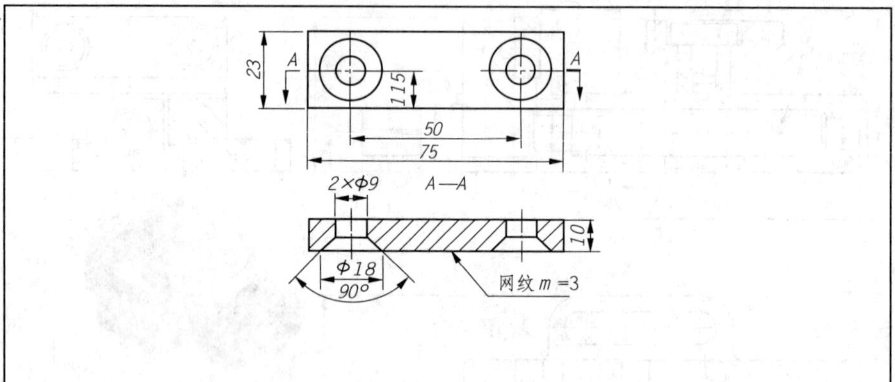

图 3-1-57　护口板零件图

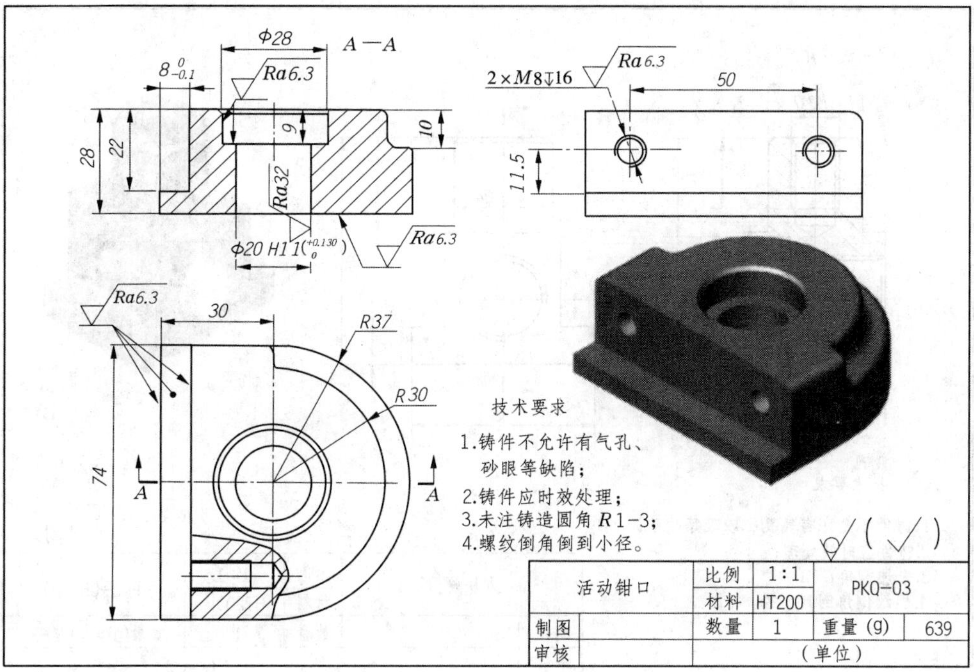

图 3-1-58 活动钳口零件图

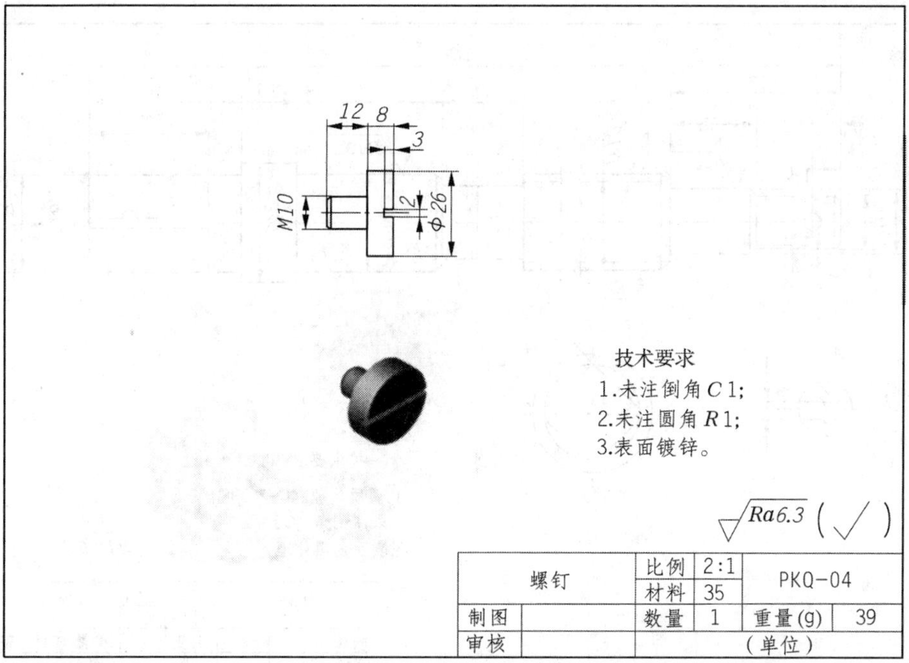

图 3-1-59 螺钉零件图

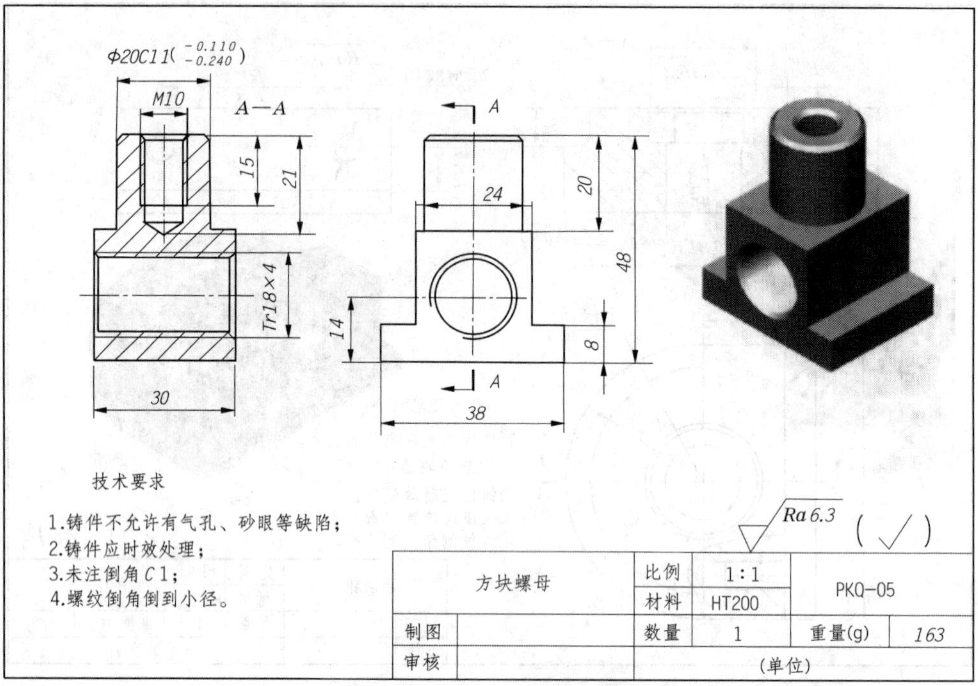

图 3-1-60 方块螺母零件图

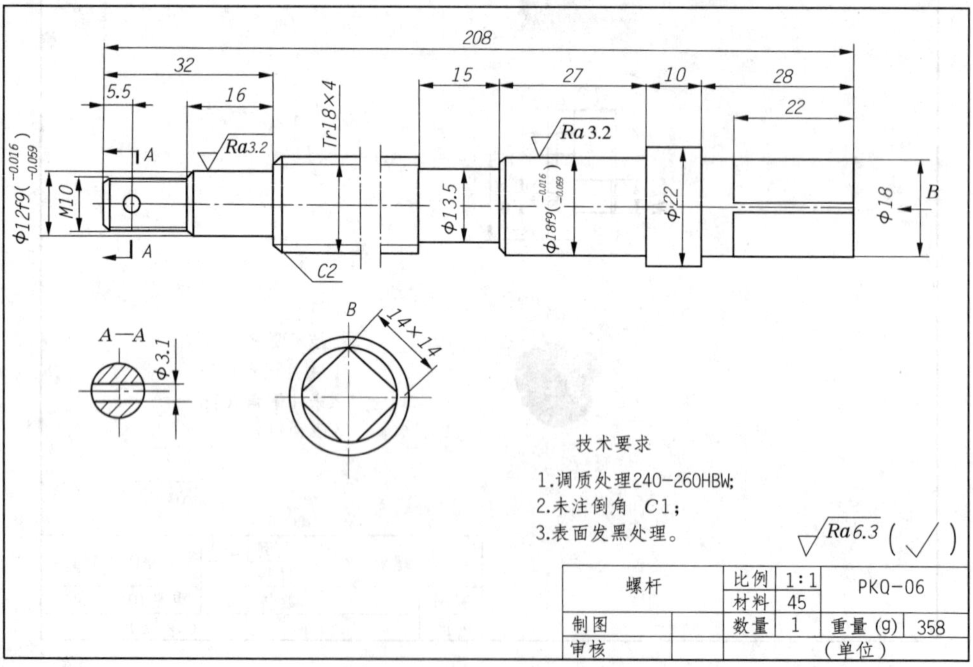

图 3-1-61 螺杆零件图

3-1-3 创建如图 3-1-63 所示的铣刀头装配体。(二维零件图,可参考文献[8])
创建提示:标准件螺钉、销、轴承和键可以用 Toolbox 插入到装配体中。

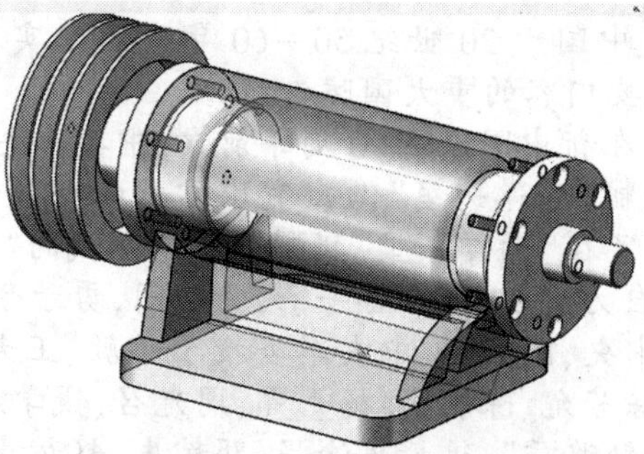

图 3-1-62 铣刀头装配体

3-1-4 轴系装配设计(低速轴零件图如图 3-1-63 所示)。
创建提示:齿轮、轴承和键可以用 Toolbox 插入到装配体中。

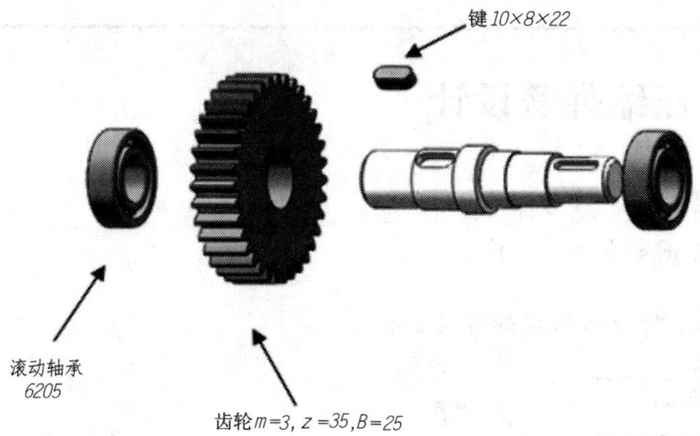

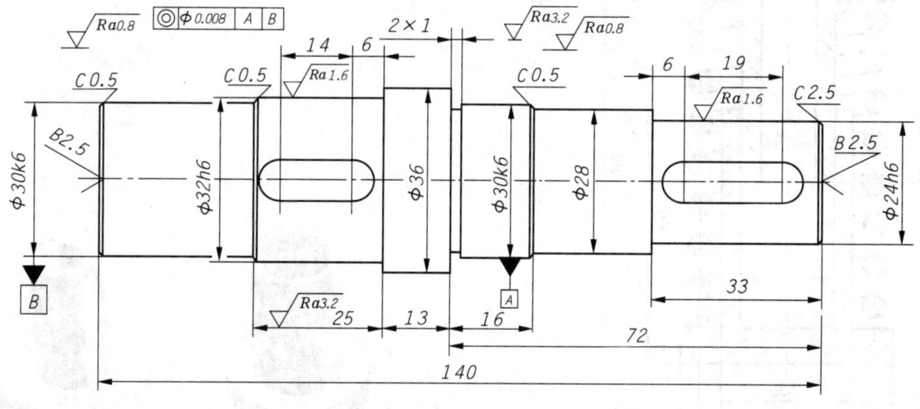

图 3-1-63 低速轴零件图

伟大的“两弹一星”精神

“两弹一星”工程是中国于20世纪50—60年代组织实施的，以研制导弹、原子弹和科学试验卫星为主要内容的重大国防工程。

1999年9月18日，在新中国成立50周年前夕，中共中央、国务院、中央军委在北京隆重召开了表彰为研制“两弹一星”做出突出贡献的科技专家大会。江泽民同志在会上提出并精辟阐述了在“两弹一星”研制过程中形成的“两弹一星”精神，这就是“热爱祖国、无私奉献、自力更生、艰苦奋斗、大力协同，勇于登攀”。

在表彰大会上，党中央、国务院、中央军委授予于敏、王大珩、王希季、朱光亚、孙家栋、任新民、吴自良、陈芳允、陈能宽、杨嘉墀、周光召、钱学森、屠守锷、黄纬禄、程开甲、彭桓武“两弹一星功勋奖章”，追授王淦昌、邓稼先、赵九章、姚桐斌、钱骥、钱三强、郭永怀“两弹一星功勋奖章”。这23位科技专家，是中华人民共和国的功臣，是老一辈科技工作者的杰出代表，是新一代科技工作者的光辉榜样，让所有中国人记住他们！

“两弹一星”精神是爱国主义、集体主义、社会主义精神和科学精神的生动体现，是中国人民在20世纪创造的宝贵精神财富，对于实现中华民族伟大复兴的中国梦具有重大意义。

任务 2　压缩弹簧设计

【学习目标】

1. 掌握自上而下的装配设计。
2. 熟悉 SolidWorks 的动画制作。

【任务内容】

建立如图3-2-1所示的压缩弹簧装配体。

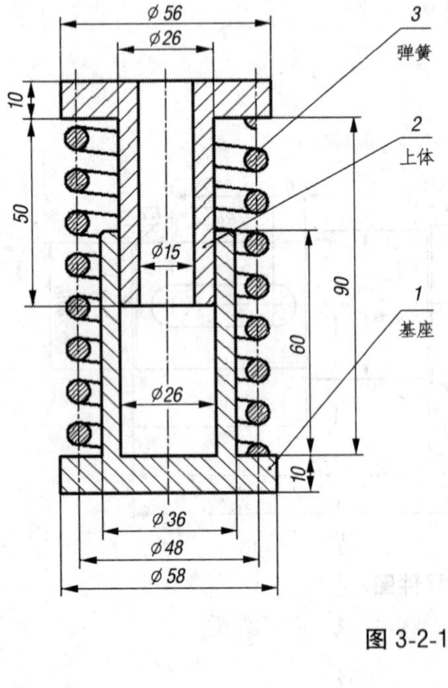

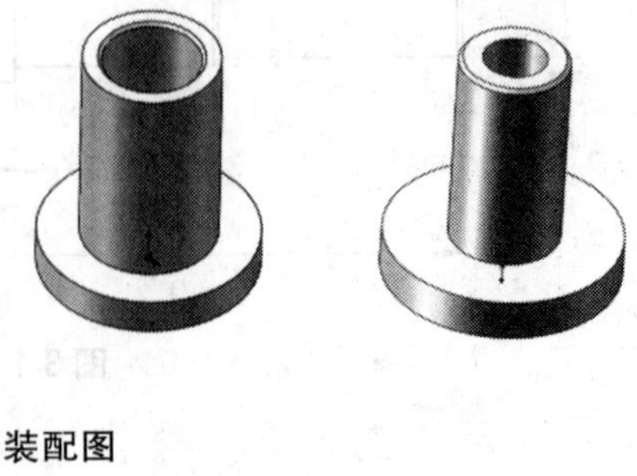

图 3-2-1　压缩弹簧装配图

【知识与技能准备】

1　自上而下设计

1.1　概述

在自上而下的装配体设计中,零件的一个或多个特征由装配体中的某项定义,如布局草图或另一零件的几何体,设计意图(特征大小、装配体中零部件的放置、与其他零件的靠近等)来自顶层(装配体)并下移(到零件中),因而称为“自上而下”。

自上而下设计法可用于如下情形:

(1)单个特征。单个特征可通过参考装配体中的其他零件而自上而下设计。在自上而下中,零件在单独窗口中建造,此窗口中只可看到零件。然而,SolidWorks也允许用户在装配体窗口中操作时编辑零件,这可使所有其他零部件的几何体供参考之用(如复制或标注尺寸)。该方法对于大多是静态但具有某些与其他装配体零部件交界之特征的零件较有帮助。

(2)完整零件。完整零件可通过在关联装配体中创建新零部件而自上而下的建造。用户所建造的零部件要附加(配合)到装配体中的另一现有零部件,或所建造的零部件的几何体基于现有零部件。该方法对于像托架和器具之类的零件较有用,它们大多或完全依赖其他零件来定义其形状和大小。

(3)整个装配体。整个装配体也可自上而下设计,先通过建造定义零部件位置、关键尺寸等的布局草图,接着使用以上方法之一建造三维零件,这样三维零件遵循草图的大小和位置。

1.2　在装配体中生成零件

在装配体中可以生成新零件,这个新零件的建模可以利用装配体已有零件的几何特征进行关联创建。用关联特征建立的零件,可以对零件进行修改,使设计更加得心应手。

具体操作步骤如下:

(1)在装配体状态下,单击【插入零部件】下的【新零件】按钮,或选择【插入】|【零部件】|【新零件】命令,新零件会出现在特征管理器设计树中,显示的颜色是系统默认的品蓝色,其名称形式为【零件 *n*^装配体名称】。比如,第一个插入新的零件为【零件1^装配体名称】(见图3-2-2)。

(2)在特征管理器设计树中,选中新建的零件,单击右键,选中【重新命名零件】,给新零件一个名称(见图3-2-3)。

(3)可以利用装配体中其他零部件的特征建立新零件的关联特征,用这些关联特征绘制草图,建立几何体,与单独建模时采用的方法不同。

(4)单击装配体工具栏的编辑零部件图标,返回到装配体模式。

1.3　在装配体中编辑(修改)零件

打开装配体文件,用户可以在编辑装配体和编辑零件两种模式间进行切换。

(1)在装配体模式下,如果希望编辑零部件,可以在特征管理器设计树中选择想要编辑的零件,在弹出的工具栏中单击编辑零部件图标,此时特征管理器设计树中该零件显示的颜色是系统默认的品蓝色。这时表示已经切换到编辑零部件模式,可以进行零件的修改了(可增加或减少关联特征)。

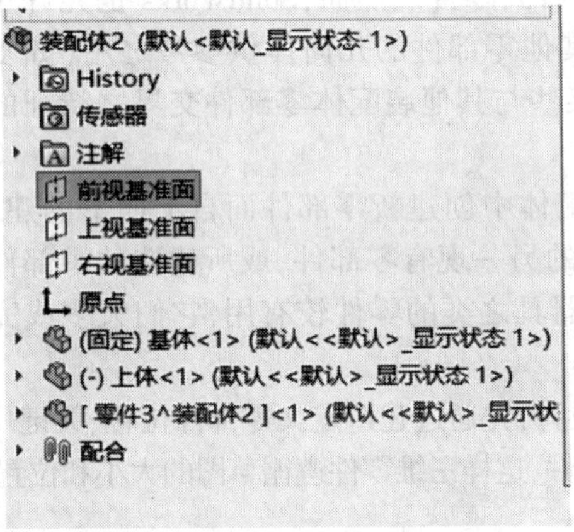

图 3-2-2 插入新零件

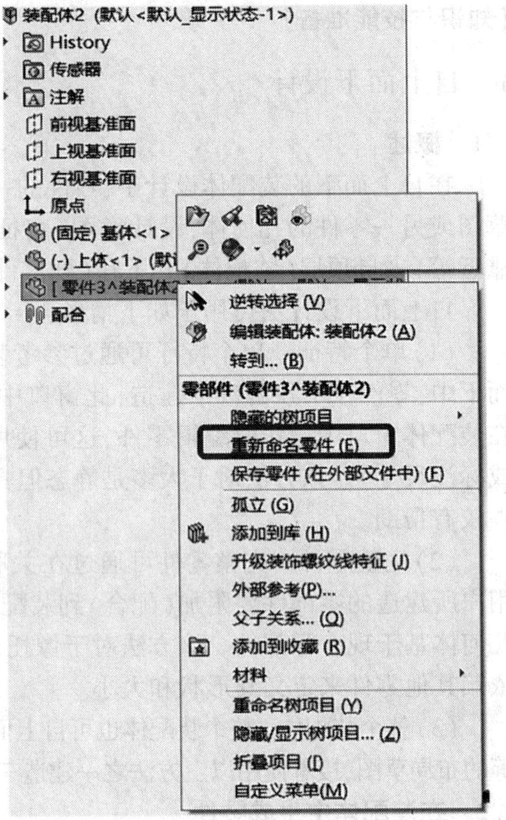

图 3-2-3 重命名新零件

(2) 在图形区域,其他未被编辑的零部件呈透明状,其透明度可通过【工具】|【选项】 选项(P)... 命令,在弹出的【系统选项】选项卡的【显示/选择】选项的【关联中编辑的装配体透明度】中设置,也可单击装配体工具栏中的装配体透明度图标,选择【不透明】【保持透明】【追使透明】三种设置。

(3) 被编辑的零件的颜色也是可设置的,用户可以通过【工具】|【选项】命令,在弹出的【系统选项】选项卡的【颜色】选项中定制颜色。

(4) 修改完毕后,单击装配体工具栏的编辑零部件图标,返回到装配体模式。

2 动画制作

SolidWorks 提供了功能强大的【运动算例】,它是装配体模型运动的图形模拟,可将诸如光源和相机之类的视觉属性融合到运动算例中。【运动算例】不更改装配体模型或其属性,根据装配关系模拟规定的运动。生成基于时间/位置的动画步骤如下:

(1) 单击【装配体】工具栏中的【新建运动算例】按钮,创建动画,系统展开编辑窗口(见图 3-2-4)。

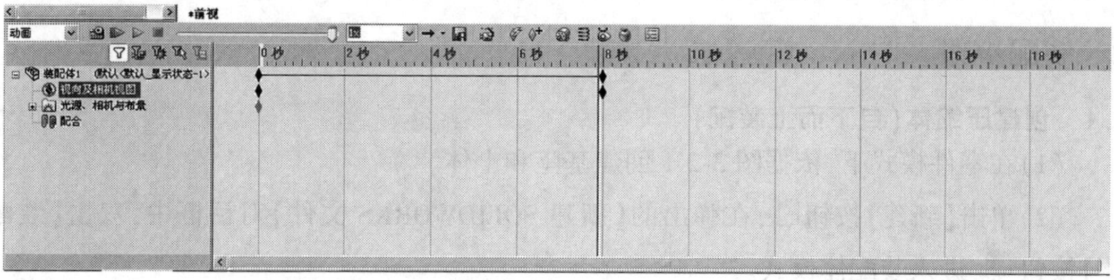

图 3-2-4 制作动画

图 3-2-5 中间滑块移除

(2)将光标移到时间【8 秒】处单击,拖动中间滑块到所需结束位置(见图 3-2-5)。

(3)将光标移到时间【20 秒】处,单击拖动手柄滑块到所需位置(见图 3-2-6)。

(4)单击【计算】按钮,计算动画,待计算完成后自动播放动画。

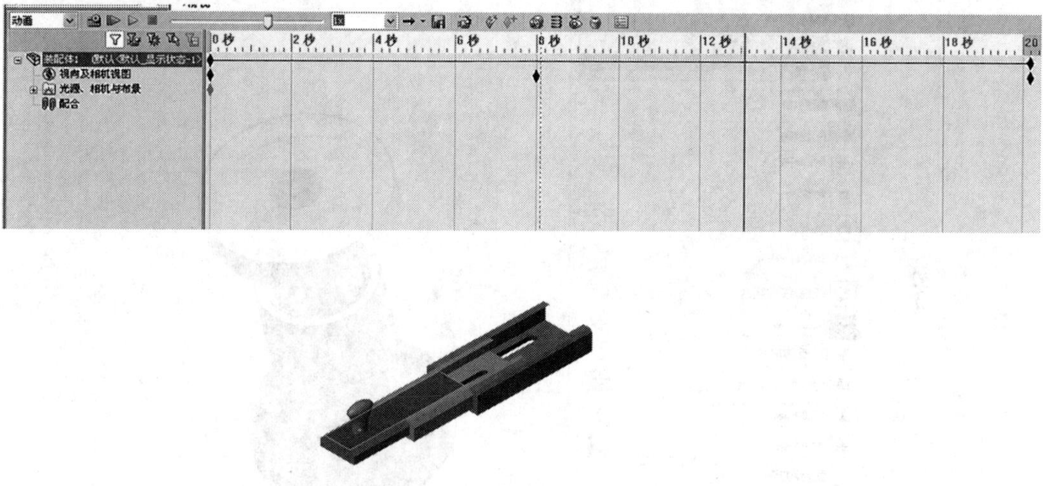

图 3-2-6 手柄滑块到所需位置

【任务实施】

1 思路分析

码 3-12 微课:压缩弹簧设计实例练习

机器设备中经常要用到弹簧,弹簧在设备中主要做伸缩运动,如手压阀、安全阀、齿轮油泵中的弹簧等。也就是说弹簧的运动是在一定范围内的,在装配体中,可以通过添加弹簧两接触面的高级配合【极限距离】,来限制弹簧的运动范围。因此,弹簧的高度就是两接触面之间的距离,也就是说弹簧的绘制要在两个零件之间进行,同时弹簧要想随着两接触面的运动出现压缩和伸长的动画效果,弹簧的端面就一定要和两接触面重合。因此,要用到自上而下的装配方式。生成装配体后，利用【运动算例】来完成压缩弹簧的运动效果。

2　装配步骤

2.1　创建压缩体(自下而上装配)

(1)在零件模式下，依据图 3-2-1 创建基座和上体。

(2)单击【新建】按钮，在弹出的【新建 SOLIDWORKS 文件】对话框中，双击【装配体】按钮，进入装配体模式。

(3)调入基座与上体。调入基座时要注意保证基座的原点和装配体的原点是重合的，这主要是为下一步绘制弹簧提供方便。

(4)添加基座与上体的配合关系。在上体的 ϕ 26 圆柱面与基座 ϕ 26 圆柱面之间，添加【同轴心】配合；在上体与基座内端面之间添加【距离】配合，距离限制在 70~90 mm(操作时，先定【标准配合】中的距离 90 mm，再定【高级配合】中的最小值 70 mm(见图 3-2-7)。

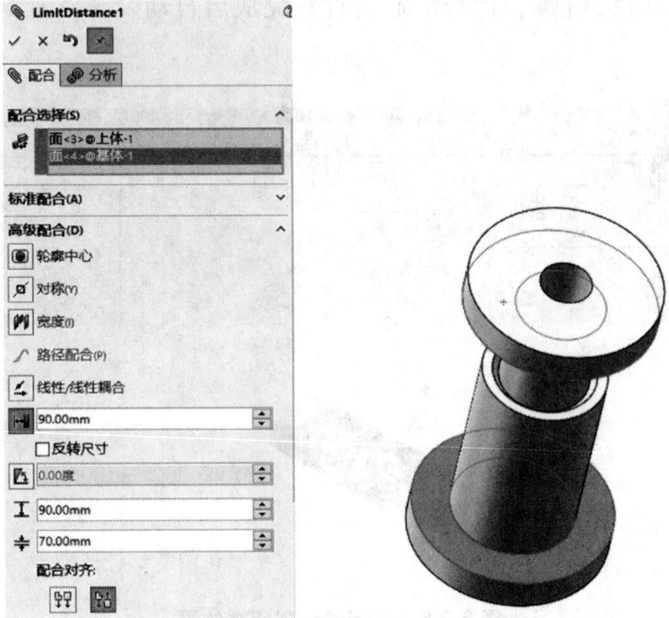

图 3-2-7　添加距离配合

2.2　自上而下的装配

2.2.1　创建弹簧分析

在 SolidWorks 中绘制弹簧，对很多 SolidWorks 的使用者来说并不会陌生，大家会首先想到使用【螺旋线】命令，绘制出螺旋线路径，再使用【扫描】命令将实体做出来。对于这种做法绘制的弹簧，需要输入相应的长度、圈数或螺距，当在装配体中将弹簧放置在图示两个零件中时，需将弹簧长度调整为两个弹簧接触面的距离 L，才能符合设计意图装配(见图 3-2-8)。

对于弹簧接触面的距离 L，在很多结构上是需要经常变化的，为了保持结构的合理性，需要控制弹簧的伸缩长度，每次当 L 变化时，都要重新测量，调整整个弹簧的长度。这样会使效率变得低下。那有没有什么好办法可以使 L 变化时，整个弹簧能够自动地进行伸长或压缩呢？答案是肯定的，可以用 SolidWorks 的【扫描】命令中的【沿路径扭转】选项来绘制这样的弹簧。

图 3-2-8　压缩弹簧

2.2.2　创建弹簧（自上而下的装配）

（1）按【Ctrl+1】组合键将视图以【前视图】显示，单击【插入零部件】下的【新零件】按钮（或选择【插入】|【零部件】|【新零件】菜单命令），在视图区单击【确定】按钮。

（2）选择【前视基准面】进入草图绘制状态，绘制扫描路径。在上体和基座两内面中点绘制一条直线，并使直线的两端点分别与上体和基座的两边线重合（见图 3-2-9），确认后退出草图，完成扫描路径绘制。

（3）再次选择【前视基准面】进入草图绘制状态，绘制扫描截面。绘制一个圆，使其圆心在基座的上边线上（见图 3-2-10），标注尺寸，确认后退出草图，完成扫描截面绘制。

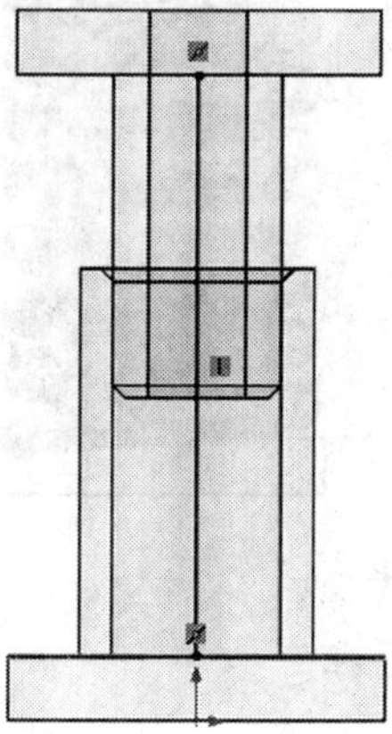

图 3-2-9　扫描路径

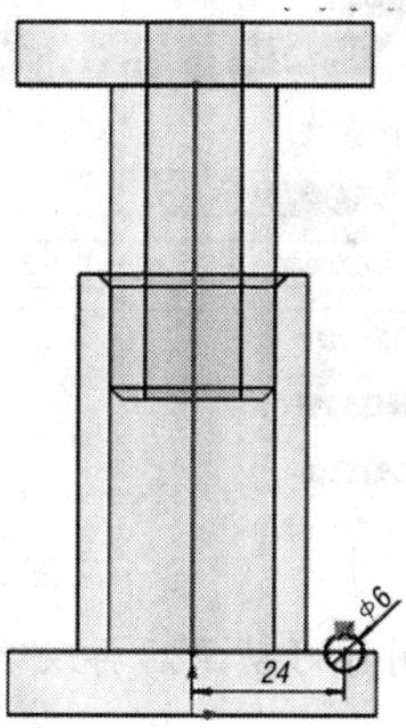

图 3-2-10　扫描截面

（4）扫描生成弹簧。单击【特征】工具栏中的【扫描】按钮，分别选取圆和直线，将扫描属性参数设置为如图 3-2-11 所示的参数，单击【确定】按钮，完成扫描。

（5）用拉伸切除命令将弹簧两端面切平。选择【前视基准面】，绘制矩形（见图 3-2-12），退出草图。单击【特征】工具栏中的【切除-旋转】按钮，上端切除完成后，下端也用相同的方法切除。

（6）单击确认角的按钮，退出新零件创建，返回到装配体。

（7）保存文件。

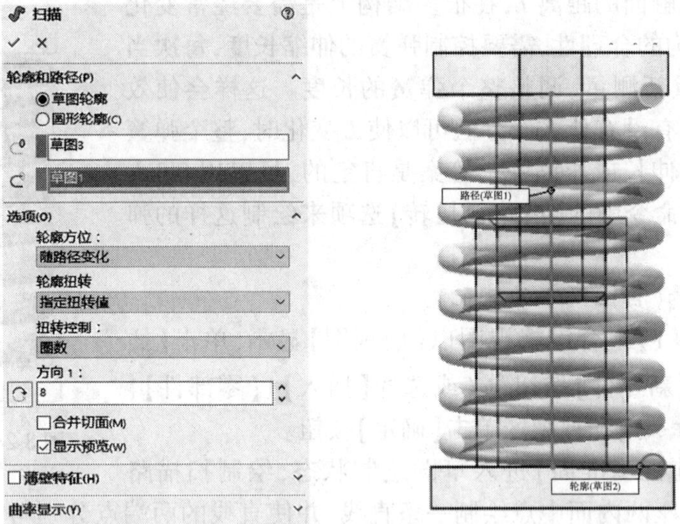

图 3-2-11　沿路径扭转旋转扫描创建出 8 圈螺旋弹簧

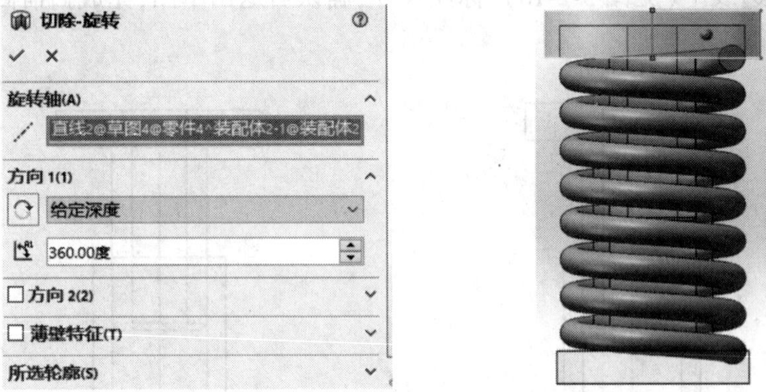

图 3-2-12　将弹簧两端切平

注意：如果制作好动画后再改名字，动画效果将不存在。

2.3　动画制作

（1）单击【装配体】工具栏中的【新建运动算例】按钮，创建动画，系统展开编辑窗口（见图 3-2-13）。

（2）将光标移到时间【10 秒】处单击，然后将视图区的【上体】向下拖到最低处，制作上体下移动画。

（3）将光标移到时间【20 秒】处单击，然后将视图区的【上体】向上拖到最高处，制作上体上移动画。

（4）单击【计算】按钮，计算动画。待计算完成后自动播放动画。

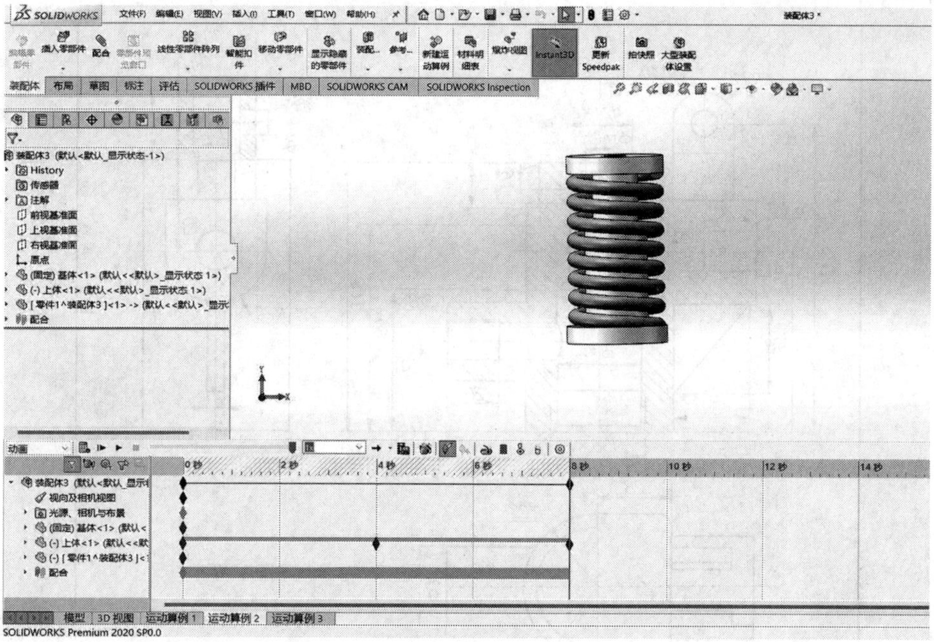

图 3-2-13　制作动画

【技能训练】

3-2-1　参照本任务实例上机练习。

3-2-2　创建手压阀的装配体，并制作动画，零件图如图 3-2-14～图 3-2-17 所示。

工作原理：

手压阀是吸进和排出液体的一种手动阀门。当握住手柄2向下压紧阀杆4时，阀杆压缩弹簧8向下移动，入口开通，此时液体排出；当手柄抬起时，弹簧松开，阀杆向上紧贴阀体，液体则不再通过。

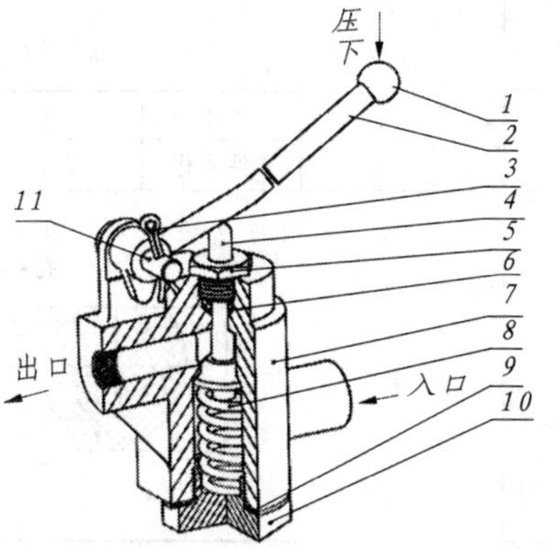

序号	名称	材料	件数
11	销钉	20	1
10	调节螺母	Q235	1
9	胶垫	橡胶	1
8	弹簧	65Mn	1
7	阀体	HT150	1
6	填料	石棉	1
5	螺套	Q235	1
4	阀杆	45	1
3	销GB/T 91—2000 4×18		
2	手柄	20	1
1	球头	胶木	1

图 3-2-14　手压阀装配示意图

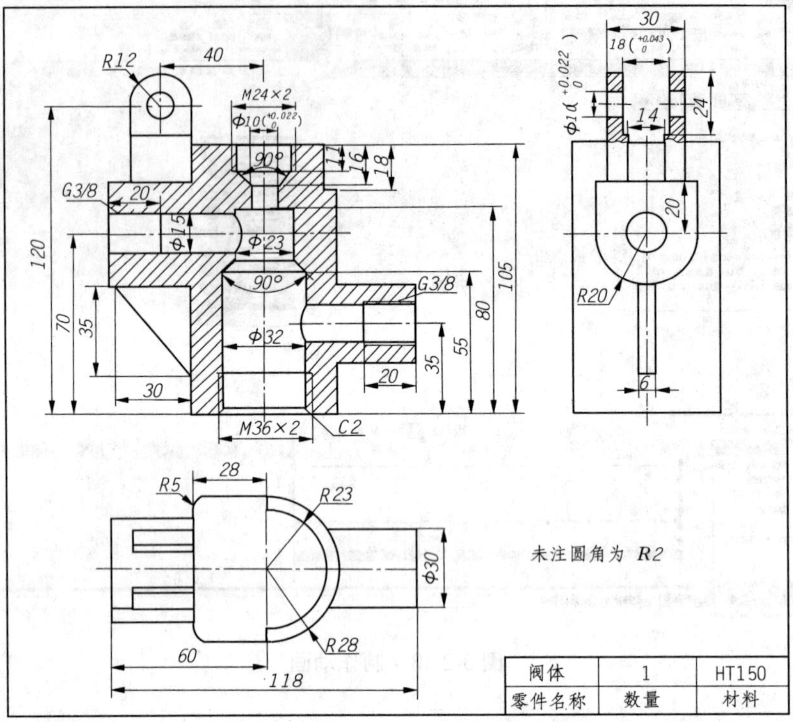

图 3-2-15　阀体零件图

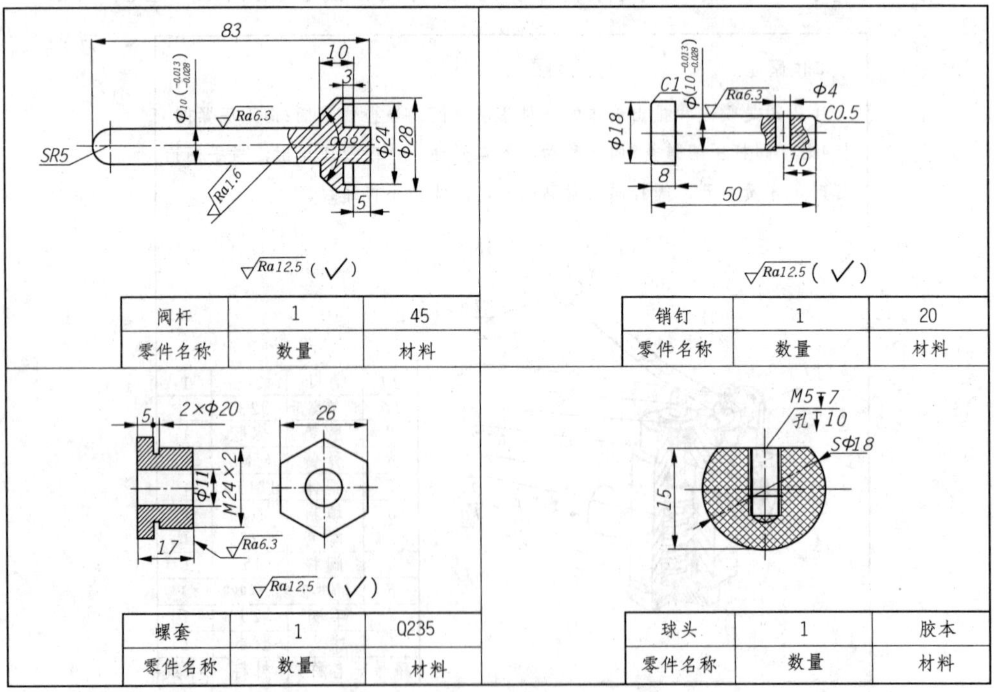

图 3-2-16　手压阀零件图(阀杆、销钉、螺套、球头)

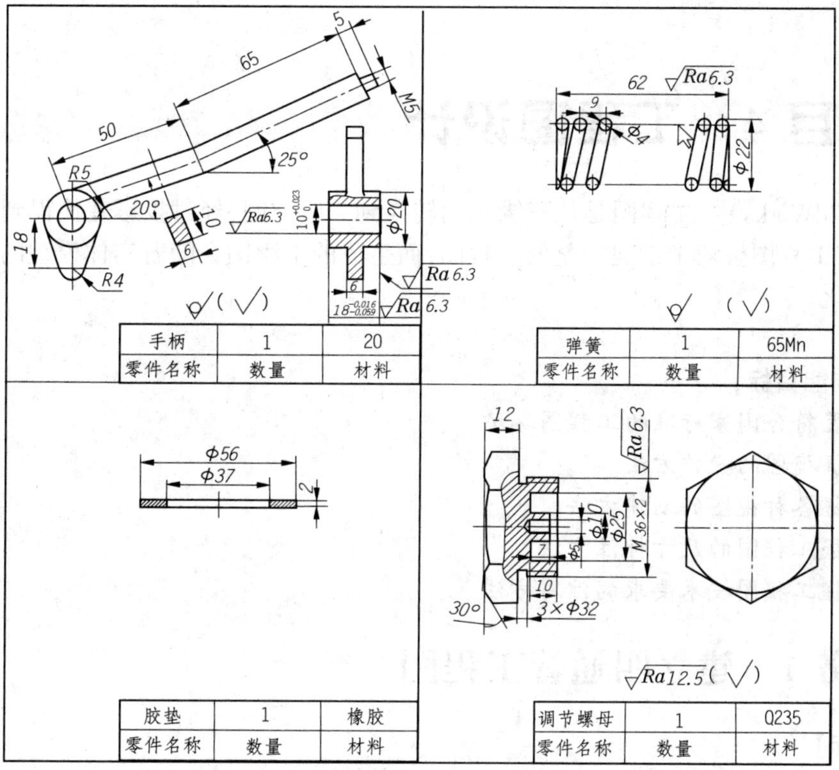

图 3-2-17 手压阀零件图(手柄、弹簧、胶垫、调节螺母)

伟大的载人航天精神

习近平总书记指出:“人无精神则不立,国无精神则不强。唯有精神上站得住、站得稳,一个民族才能在历史洪流中屹立不倒、挺立潮头。”党在百余年奋斗历程中,经受住各种风险考验、付出巨大牺牲,锤炼出了鲜明政治品格,形成了以伟大建党精神为源头的精神谱系,载人航天精神就是其中的一笔宝贵精神财富。

载人航天精神的基本内涵是:①热爱祖国、为国争光的坚定信念。自觉把个人理想与祖国命运、个人选择与党的需要、个人利益与人民利益紧密联系在一起,始终以发展航天事业为崇高使命,以报效祖国为神圣职责,呕心沥血,奋力拼搏。②勇于登攀、敢于超越的进取意识。知难而进、锲而不舍,勤于探索、勇于创新,相信科学、依靠科学,攻克尖端课题,抢占科技制高点。③科学求实、严肃认真的工作作风。尊重规律,精心组织,精心指挥,精心实施,在任务面前斗志昂扬、连续作战,在困难面前坚韧不拔、百折不挠,在成绩面前永不自满、永不懈怠。④同舟共济、团结协作的大局观念。自觉服从大局、保证大局,同舟共济、群策群力,有困难共同克服,有难题共同解决,有风险共同承担。⑤淡泊名利、默默奉献的崇高品质。一心为事业,“干惊天动地事,做隐姓埋名人”。不计个人得失,不求名利地位,以苦为乐,无怨无悔。

大力弘扬载人航天精神,对于积极推进中国特色军事变革、实现强军目标,对于实现中华民族伟大复兴的强国梦,具有十分重要的意义。

项目 4 工程图设计

在 SolidWorks 中,工程图是从三维空间转换到二维空间,经过投影变换得到的二维图形,用户在工程图模块中创建完整的工程图,而生成的工程图会随着实体模型的改变而同步发生变化。

【知识与技能目标】

1. 设置符合国家标准的工程图环境。
2. 掌握视图的操作方法。
3. 掌握各种视图的创建方法。
4. 掌握工程图的尺寸标注方法。
5. 掌握工程图技术要求的注写方法。

任务 1 建立四通管工程图

【学习目标】

1. 设置符合国家标准的工程图环境。
2. 练习视图的操作。
3. 掌握阶梯剖视、旋转剖视、局部视图、斜视图的创建方法。
4. 掌握工程图的尺寸标注方法和技术要求的注写方法。

【任务内容】

建立如图 4-1-1 所示的四通管零件的工程图。

【知识与技能准备】

1 建立工程图前准备工作

1.1 进入工程图环境

码 4-1 微课:设置符合国标的工程图环境

单击【文件】|【新建】菜单命令或单击 SolidWorks 工具栏上的按钮,弹出【新建 SOLIDWORKS 文件】对话框[见图 4-1-2(a)],单击【工程图模板】按钮[如单击【高级】按钮,可以选择 SolidWorks 自带的图纸模板,如图 4-1-2(b)所示],单击【确定】按钮,进入工程图界面,出现如图 4-1-3 所示的窗口,由于现在没有模型插入,单击【模型视图】对话框上的【取消】按钮,会出现如图 4-1-4 所示的图纸(此图纸不符合我国国家标准)。

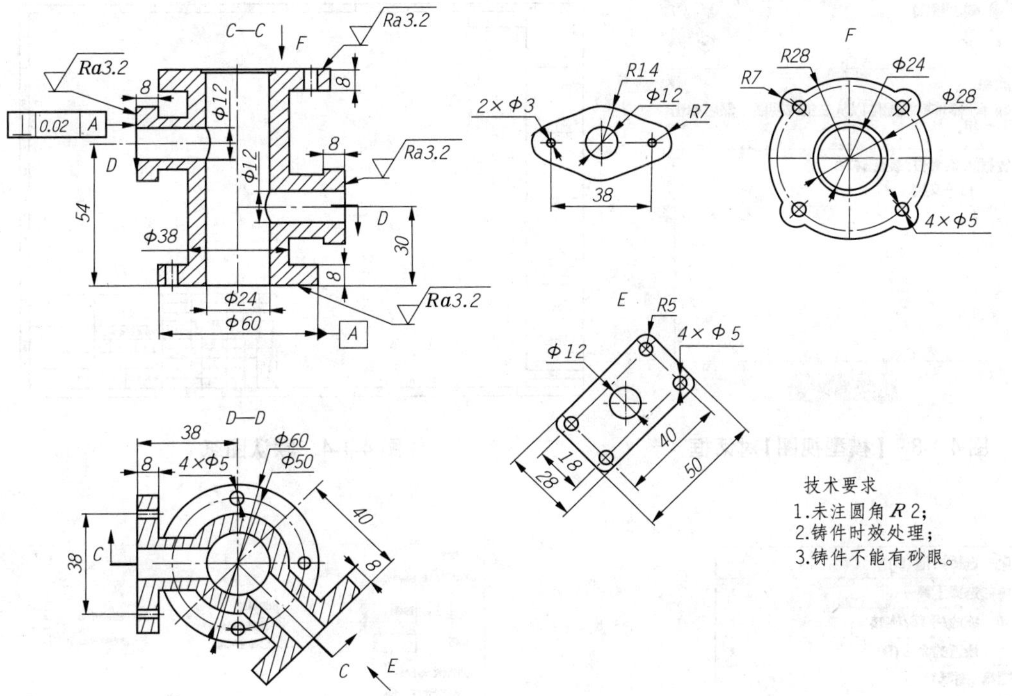

图 4-1-1　四通管零件图

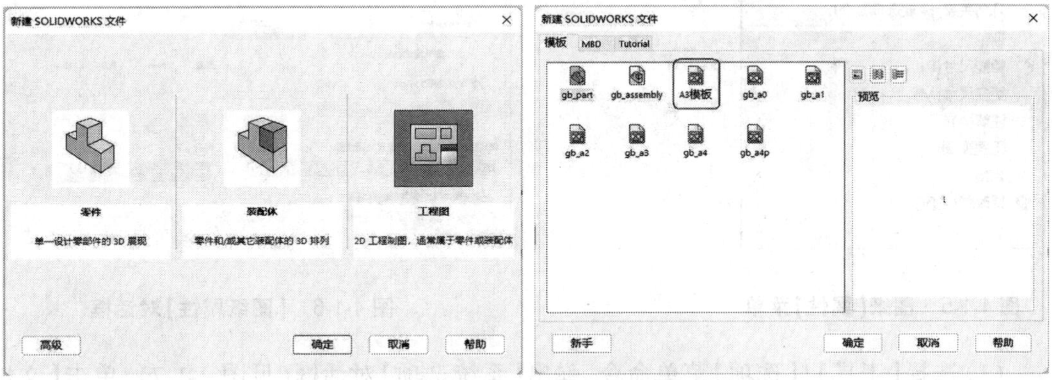

图 4-1-2　【新建 SOLIDWORKS 文件】对话框

1.2　设置投影类型和图纸大小

在空白区域单击右键，弹出快捷菜单（见图 4-1-5），单击【属性】，弹出的【图纸属性】对话框如图 4-1-6 所示，选择【投影类型】为【第一视角】，在【自定义图纸大小】中设置图纸的【宽度】和【高度】，单击【确定】按钮 确定(O)。

1.3　设置绘图标准

工程图的绘制要严格按照 GB 绘图标准，如尺寸、字体、公差等，SolidWorks 提供 ISO、ANSI、CB 等标准，但这些标准的某些选项与《技术制图》国家标准有偏差，用户需通过设置，才能绘制出符合 GB 的工程图。

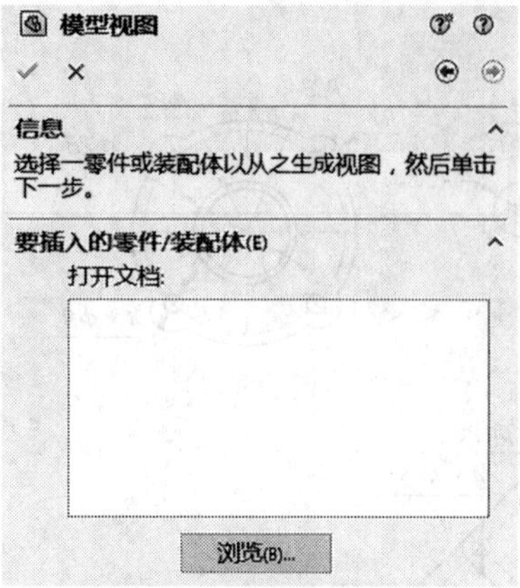

图 4-1-3 【模型视图】对话框

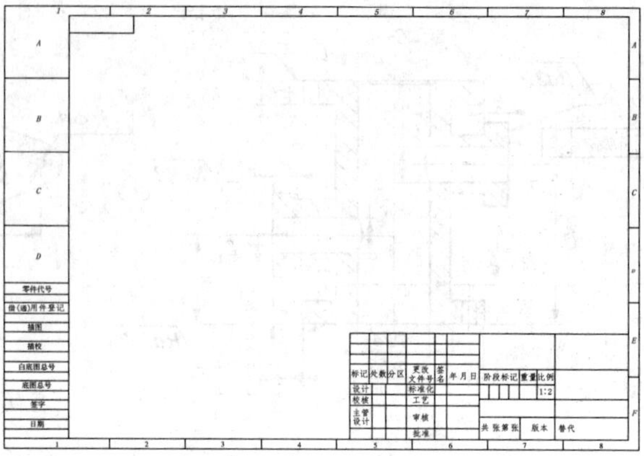

图 4-1-4 默认图纸

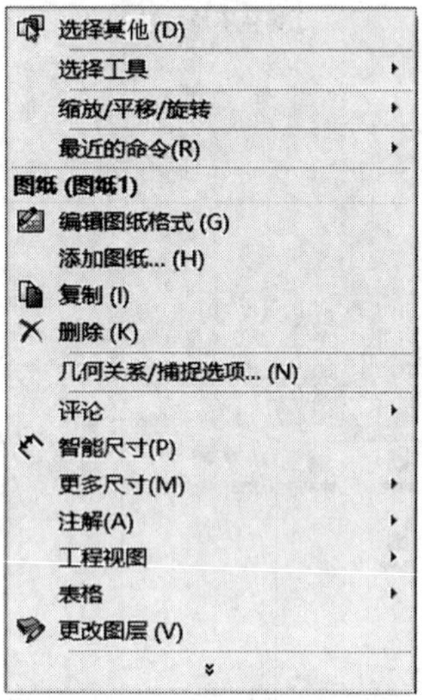

图 4-1-5 图纸【属性】菜单

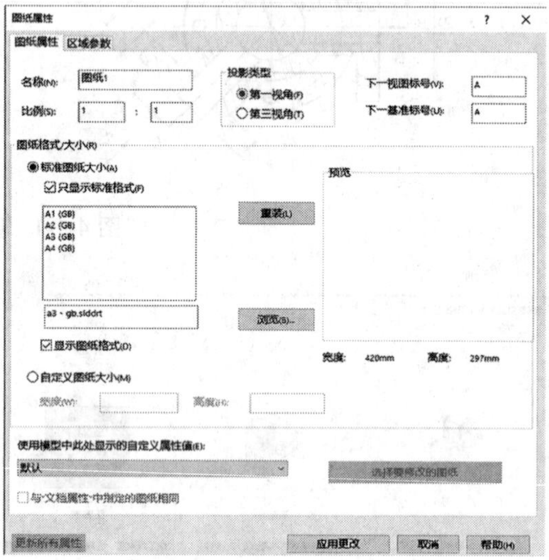

图 4-1-6 【图纸属性】对话框

(1)选择【工具】|【选项】菜单命令，弹出【系统选项】对话框(见图 4-1-7)，单击【文档属性】选项卡，将绘图标准设置为 GB(国标)，单击【确定】按钮。

(2)设置角度。在国家标准中，角度数字要求水平放置，因此在【角度】选项中，角度数字设置如图 4-1-8 所示。

(3)设置基准点。【绘图标准】设置为 GB 后，基准点【基准特征】选项中系统默认的【显示类型】不符合新国家标准，将其更改为【方形】(见图 4-1-9)。

(4)设置字体。在 GB【绘图标准】中，系统提供的字体与国标《技术制图 字体》(GB/T 14691—1993)要求不一致，而【SWIsop1】字体较符合国标规定的拉丁字母和数字要求，所以将【尺寸】等文本的字体设置为【SWIsop1】。

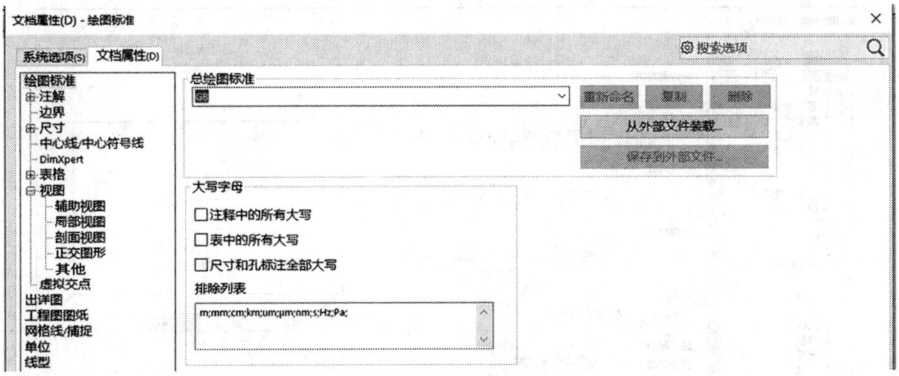

图 4-1-7　设置绘图标准

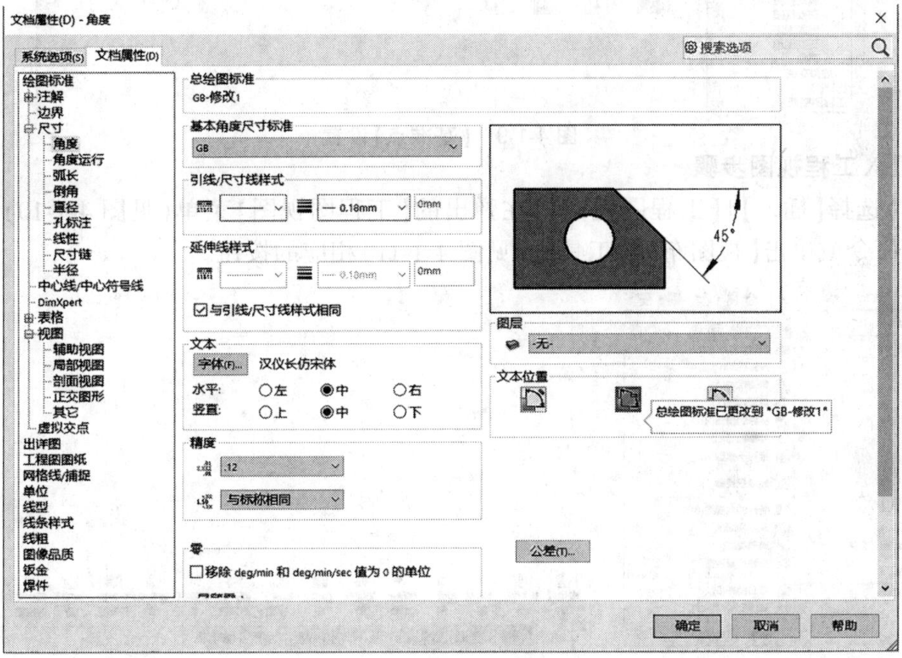

图 4-1-8　【角度】选项设置

2　插入工程视图

码 4-2　微课：插入工程视图

工程图一般包含一个或几个通过零件或装配体模型建立的视图，它可以是标准工程视图，也可以是派生工程视图。三维模型的工程视图通常由标准工程视图开始，有标准三视图、模型视图、相对视图、预定义的视图、空白视图；派生工程视图由其他视图派生，包括投影视图、辅助视图、局部视图、剪裁视图、断开的剖视图、断裂视图、剖面视图、交替位置视图、相对视图，通过这些视图，用户可以创建所需的各种视图。

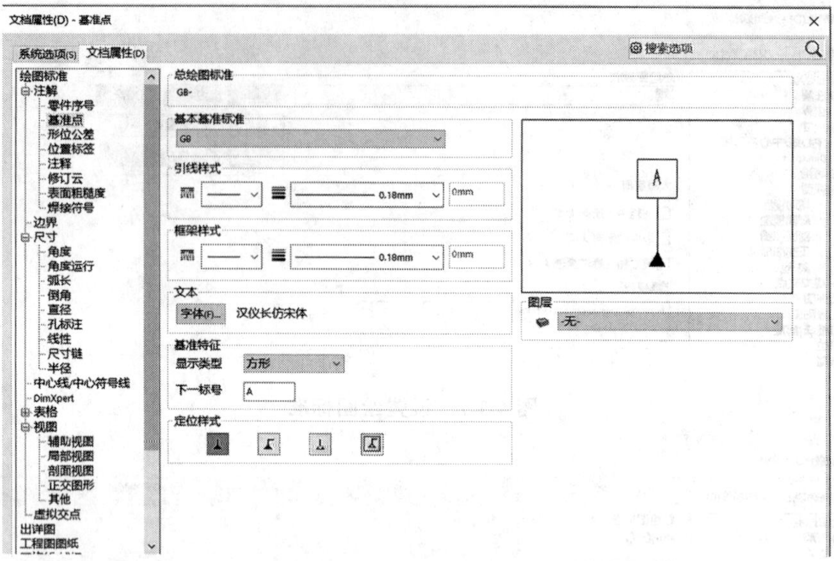

图 4-1-9 【基准点】设置

2.1 插入工程视图步骤

(1)选择【插入】|【工程图视图】,在弹出的【工程图视图】菜单(见图 4-1-10)中选择合适的命令或单击【视图布局】工具栏(见图 4-1-11)相应的按钮。

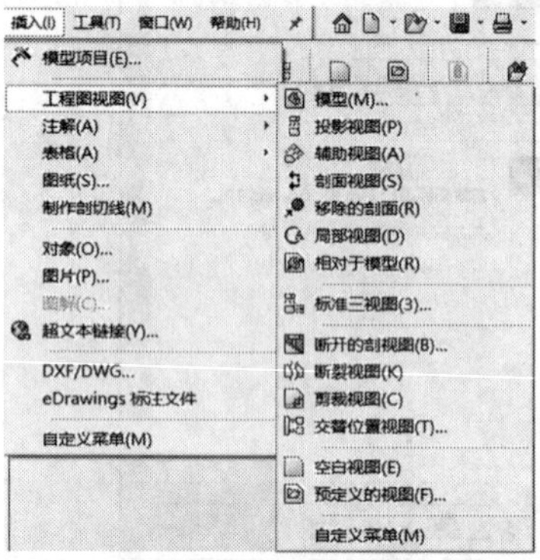

图 4-1-10 【工程图视图】菜单栏

图 4-1-11 【视图布局】工具栏

(2)在图形区域的合适位置单击放置图形视图。

(3)在属性管理器中设定选项。

2.2 模型视图

模型视图根据预定义的视向生成单一视图。当用户生成新工程图,或将一个模型视图插入工程图文件中时,【模型视图】属性管理器出现。在【视向】对话框中所列举的模型文档中的视图名称为视图选取一视向。将模型视图插入工程图中的步骤如下:

(1)单击【工程图】工具栏【模型视图】图标 ,或单击【插入】|【工程图视图】|【模型】命令。

(2)在【模型视图】属性管理器中设定选项(见图 4-1-12)。(在【打开文档】一栏中如果没有要插入的零件，则需要单击【浏览】按钮，选择要插入的零件，单击【打开】按钮继续（见图 4-1-13）。

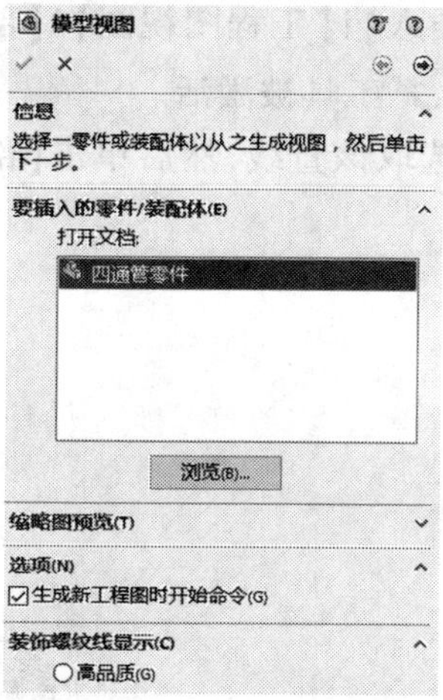

图 4-1-12　【模型视图】属性

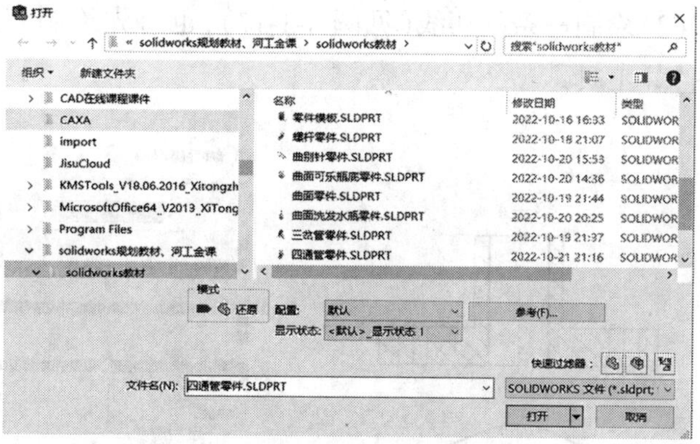

图 4-1-13　【打开】对话框

（3）单击如图 4-1-12 所示的【模型视图】中的【下一步】按钮，此时也可单击【标准三视图】来插入所选模型的标准三视图。

（4）在【模型视图】属性管理器中设定额外选项（见图 4-1-14）。

（5）在图形区域单击放置位置。

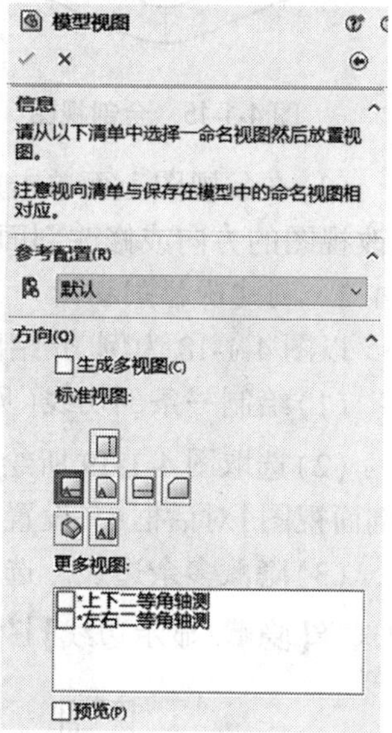

图 4-1-14　【模型视图】额外选项

2.3　投影视图

投影视图是根据已有视图，通过正交投影生成的。生成投影视图的步骤如下：

（1）单击【工程图】工具栏上的【投影视图】，或单击【插入】|【工程图视图】|【投影视图】。

（2）【投影视图】属性管理器出现，设定选项。

（3）在图形区域中选择一个投影用的视图。

（4）如要选择投影的方向，将指针移动到所选视图的相应一侧。

（5）当视图位于所需的位置时，单击以放置视图。投影视图放置在图纸上，与用来生成它的视图对齐。根据系统默认，只能沿投影的方向来移动投影视图。如有必要，可解除对齐关系。

2.4　剖面视图

剖面视图是用一条剖切线来分割父视图在工程图中生成一个表达机件内部结构的视图。剖切线可以是一条直线段、相互平行的线段，也可以是圆弧。利用剖面视图可以创建全剖视图、半剖视图和阶梯剖视图及旋转剖视图。

2.4.1 创建全剖视图

以图 4-1-15 为例，介绍创建全剖视图的步骤。

(1)单击【工程图】工具栏上的【剖面视图】，或单击【插入】|【工程图视图】|【剖面视图】，系统弹出如图 4-1-16 所示的【剖面视图】对话框，直线工具被激活。

(2)绘制一条剖切线(见图 4-1-17)，也可先绘制直线再选取该直线，然后单击【剖面视图】工具。

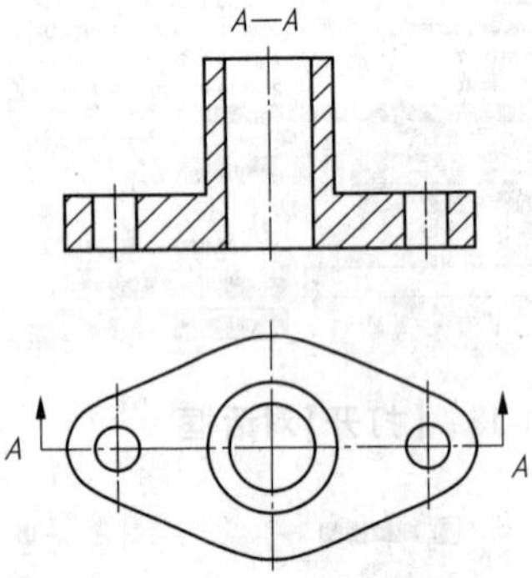

图 4-1-15 全剖视图

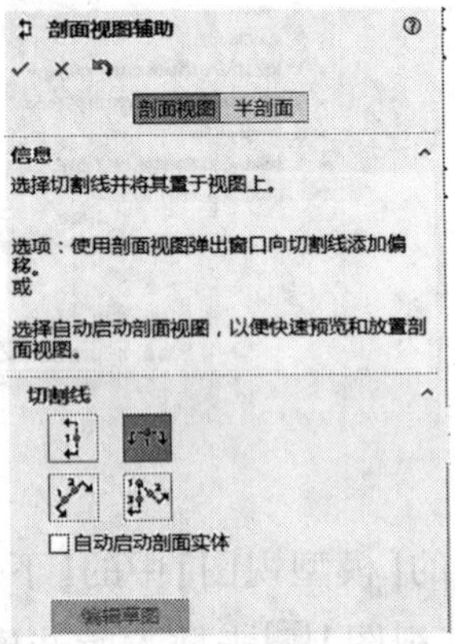

图 4-1-16 【剖面视图】对话框

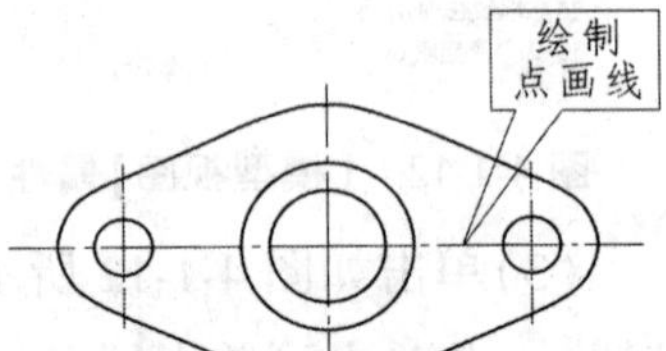

图 4-1-17 绘制剖切线

(3)在父视图上面单击放置视图。如有必要，可在【剖面视图】对话框编辑视图标号，更改视图的方向或修改剖面视图。

2.4.2 创建阶梯剖视图

以图 4-1-18 为例，介绍阶梯剖视图的创建过程。

(1)绘制一条剖切线(见图 4-1-19)。

(2)选取图 4-1-19 所绘剖切线，单击【工程图】工具栏上的【剖面视图】，在弹出的【剖面视图】对话框中，设置视图标号和视图的方向，放置视图。

(3)隐藏多余边线。选取如图 4-1-20 所示的边线，单击鼠标右键，在弹出的快捷菜单中选择【隐藏/显示边线】命令。

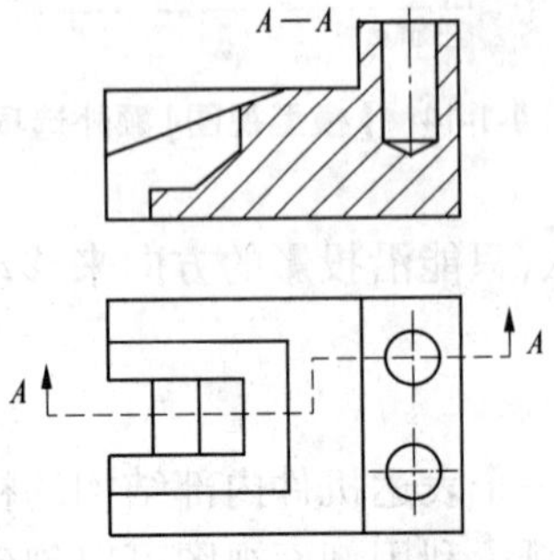

图 4-1-18 阶梯剖视图

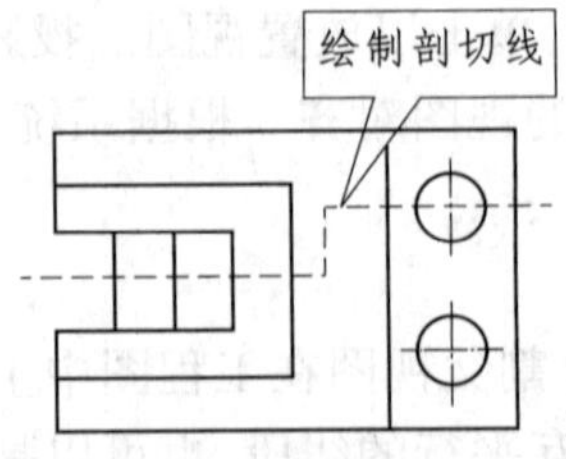

图 4-1-19 绘制一条剖切线

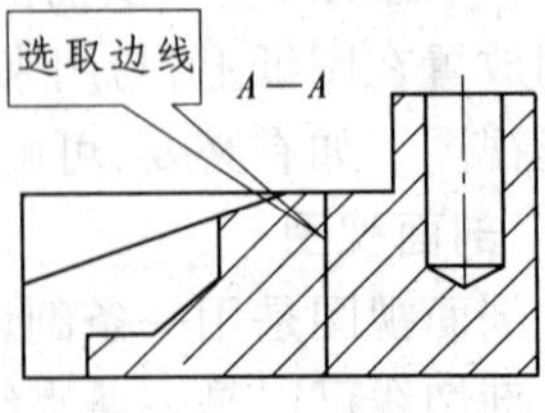

图 4-1-20 隐藏多余边线

2.4.3　创建旋转剖视图

以图 4-1-21 为例,介绍旋转剖视图的创建过程。

(1)单击【工程图】工具栏上的【剖面视图】。系统弹出【剖面视图】对话框(见图 4-1-22),直线工具被激活。

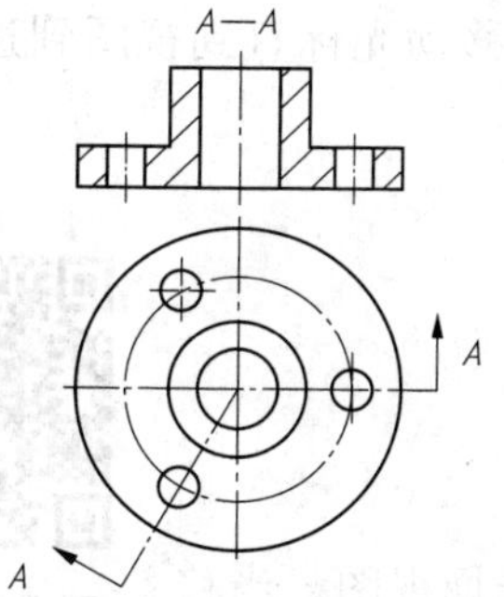

图 4-1-21　旋转剖视图

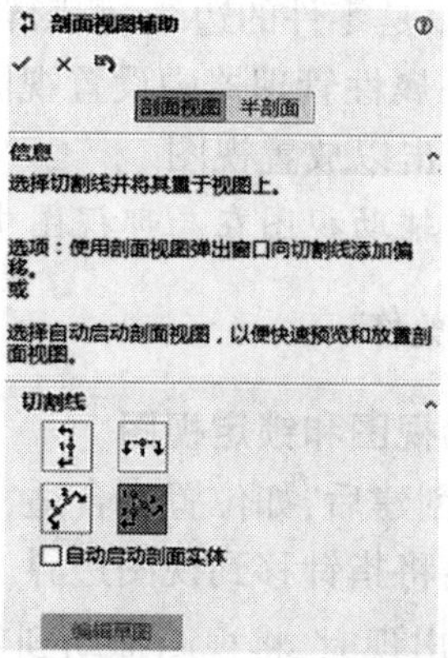

图 4-1-22　【剖面视图】对话框

(2)绘制如图 4-1-21 所示的两相交点画线并作为剖切线(剖视图的投射方向是最后绘制的点画线的法线方向,所以要先绘制倾斜点画线,后绘制水平点画线)。

(3)设置视图标号,在父视图上面单击放置视图。

2.5　**剪裁视图(创建局部视图)**

剪裁视图通过隐藏除所定义区域外的所有内容而集中于工程图视图的某部分。未剪裁的部分使用草图(通常是样条曲线或其他闭合的轮廓)进行闭合。

除局部视图或已用于生成局部视图的视图外,可以裁剪任何工程视图。由于没有生成新的视图,剪裁视图可以节省步骤。例如:不必先建立剖面视图,然后建立局部视图,再隐藏不需要的剖面视图,而可以直接裁剪剖面视图。

2.5.1　剪裁视图操作

(1)在工程图视图中,绘制一个闭合轮廓,如圆。

(2)单击【工程图】工具栏上的【剪裁视图】,或单击菜单【插入】|【工程图视图】|【剪裁视图】。

(3)轮廓以外的视图消失。

2.5.2　编辑剪裁视图

(1)在图形区域或特征管理器设计树中用右键单击工程图视图,然后选取剪裁视图、编辑剪裁视图。

(2)编辑轮廓。

(3)单击【重建】以更新视图。

2.6　**辅助视图(创建斜视图、局部视图)**

辅助视图类似于投影视图,但它是垂直于现有视图中参考边线的展开视图。

辅助视图操作步骤如下：

(1)单击【工程图】工具栏上的【辅助视图】，或单击菜单【插入】|【工程图视图】|【辅助视图】。

【辅助视图】属性管理器出现。

(2)选取参考边线(不能是水平或竖直的边线，因为这样会生成标准投影视图)。参考边线可以是零件的边线、侧影轮廓边线、轴线或所绘制的直线。

(3)在属性管理器中设置视图标号及视图的方向。移动光标直到视图到达需要的位置，然后单击以放置视图。

注意：辅助视图在局部视图中不可使用。

3 视图操作

码 4-3 微课：视图操作

3.1 移动视图和锁定视图

视图创建后，如位置不合适，可根据需要移动视图。

方法：将指针移到视图边界上以高亮显示边界，或选择视图。当移动指针出现时，将视图拖动到新的位置。

如果视图位置合适，可用【锁定视图位置】命令使其不能移动。欲将工程图视图锁定到位，可在工程图视图任何地方上单击右键，然后选择【锁定视图位置】。再次右击，在快捷菜单中选择【解除锁定视图位置】，视图又能移动。

3.2 对齐视图

对齐工程图视图通过限制移动而将相关工程图视图保持彼此对齐。当拖动视图时，虚线出现，以显示现有的对齐条件。可添加或从任何视图删除对齐。

3.2.1 添加对齐关系

(1)选取一个工程图视图，然后单击【工具】|【对齐工程图视图】【水平对齐另一视图】或【竖直对齐另一视图】，或用右键单击工程图视图，选取【对齐】，然后选取对齐选项，指针变成。

(2)选择要对齐的参考视图。

3.2.2 断开视图的对齐关系

对于已对齐的视图，可以解除对齐关系并独立移动视图。用右键单击视图边界内部，然后选取【对齐】|【解除对齐关系】，或单击【工具】|【对齐工程图视图】|【解除对齐关系】。

3.2.3 恢复视图默认对齐关系

使已经解除对齐关系的视图回到原来的对齐关系，用右键单击视图边界内部，然后选取【对齐】|【默认对齐关系】，或单击【工具】|【对齐工程图视图】|【默认对齐关系】。

3.3 旋转视图

(1)单击【视图】工具栏上的【旋转视图】，或右键单击视图，然后选择【缩放/平移/旋转】|【旋转视图】，【旋转工程视图】对话框出现。

(2)拖动视图到所需的旋转位置。视图以 45°增量捕捉，可以丢放视图到任意角度。角度数值出现在对话框中。或在对话框中，在【工程视图角度】框中输入角度，然后单击

【应用】查看旋转。

如要使视图回到其原来的位置,可用右键单击视图,然后选择【对齐】|【默认旋转】。

3.4 隐藏和显示视图

在操纵工程图时隐藏整个视图。一旦隐藏,可再次显示该视图。

3.4.1 隐藏/显示视图

(1)在图纸上或特征管理器设计树中用右键单击视图,然后选取【隐藏】。

(2)要再次显示视图,用右键单击视图,然后选择【显示】。

3.4.2 隐藏边线

(1)单击【隐藏/显示边线】(线型工具栏)。

(2)选取要隐藏的边线(可单个选取边线,或使用框选),然后单击。(可预先选择边线,然后单击【隐藏/显示边线】)

3.4.3 显示边线

(1)单击【隐藏/显示边线】(线型工具栏)。

(2)选取以橙色高亮显示的隐藏边线(可单个选取边线,或使用框选),然后单击。

4 标注尺寸

尺寸是工程图的重要内容,在 SolidWorks 中,工程图中的尺寸标注是与模型相关联的,而且模型中的变更会反映到工程图中。在生成每个零件特征时即生成尺寸,然后将这些尺寸插入各个工程图视图中。在模型中改变尺寸会更新工程图,在工程图中改变插入的尺寸也会改变模型。

码 4-4 微课:标注尺寸

4.1 插入模型项目

【插入模型项目】命令是用于将模型中的尺寸、参考几何体、基准符号、形位公差等注解按指定的方式输入工程图中。

单击【注解】工具栏的【模型项目】按钮,或选择【插入】|【模型项目】菜单命令,打开【模型项目】属性管理器(见图 4-1-23),在属性管理器中可以指定插入模型项目的各种选项。

4.2 参考尺寸

参考尺寸是通过【标注尺寸】命令在工程图中创建的尺寸。

4.2.1 自动标注尺寸

选择【工具】下拉菜单中的【标注尺寸】|【智能尺寸】,系统弹出【尺寸】对话框。如图 4-1-24 所示,选择【自动标注尺寸】选项卡,系统弹出【自动标注尺寸】对话框。如图 4-1-25 所示,在【自动标注尺寸】对话框中设定属性,然后单击确定。

4.2.2 手动标注尺寸

选择【工具】下拉菜单中的【尺寸】,系统弹出【尺寸】下拉菜单(见图 4-1-26),利用该菜单可手动标注尺寸。

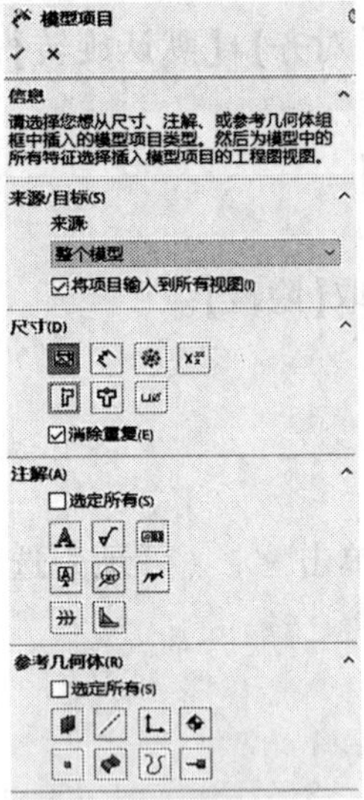

图 4-1-23 【模型项目】属性管理器

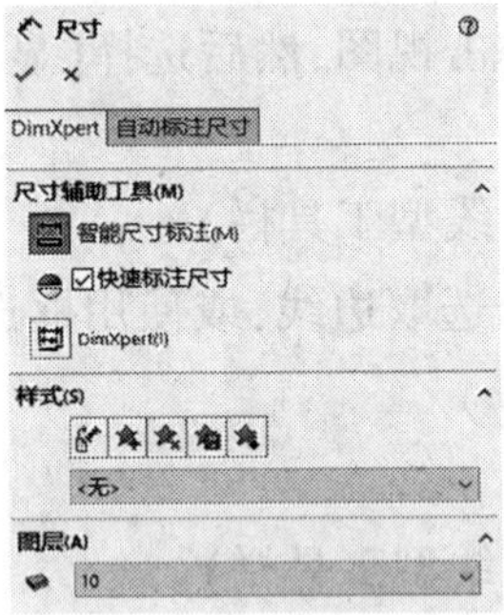

图 4-1-24 【尺寸】对话框

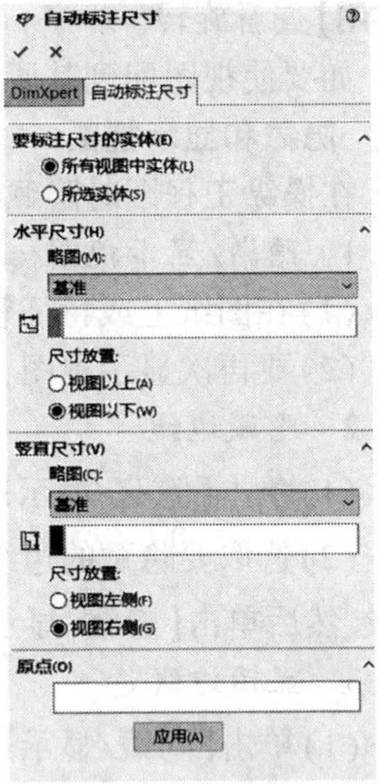

图 4-1-25 【自动标注尺寸】对话框

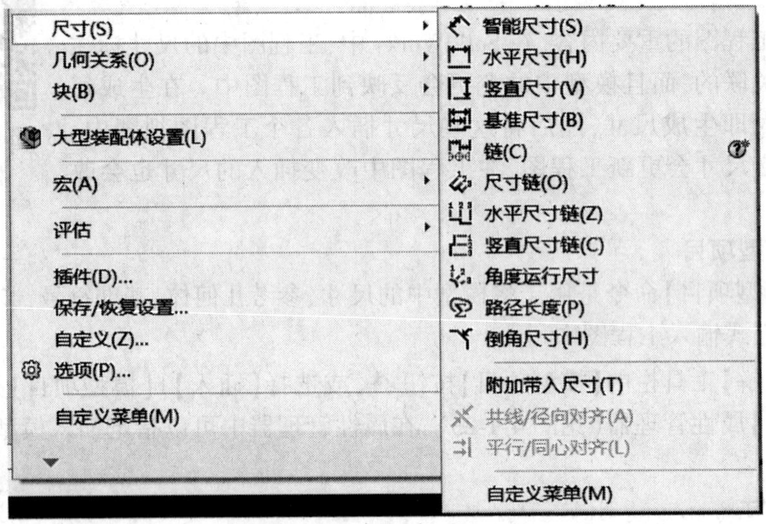

图 4-1-26 【尺寸】下拉菜单

4.3 编辑尺寸

4.3.1 移动及复制尺寸

尺寸一旦在工程图中显示，可以在视图中进行移动或将之移动到另一视图中。当将尺寸从一个位置拖动到另一个位置时，尺寸会重新附加到模型中。只能将尺寸移动或复制到方位适合的视图中。

(1)如要在视图中移动尺寸，请拖动该尺寸到新的位置。

(2)要将尺寸切换到视图内具有相同大小的另一特征，选取尺寸然后将箭头拖放到另一条边线上。该方法只可用于径向尺寸、直径尺寸和倒角尺寸。

（3）如要将尺寸从一个视图移动到另一个视图，需在拖动尺寸到其他视图时按住【Shift】键。

（4）如要将尺寸从一个视图复制到另一个视图，需在拖动尺寸到其他视图时按住【Ctrl】键。使用该方法生成多个驱动尺寸。

（5）如要一次移动或复制多个尺寸，在选取时按住【Ctrl】键。

（6）如要旋转尺寸，将控标拖动到离尺寸文字最近的地方。尺寸以小间隔进行旋转（见图 4-1-27）。

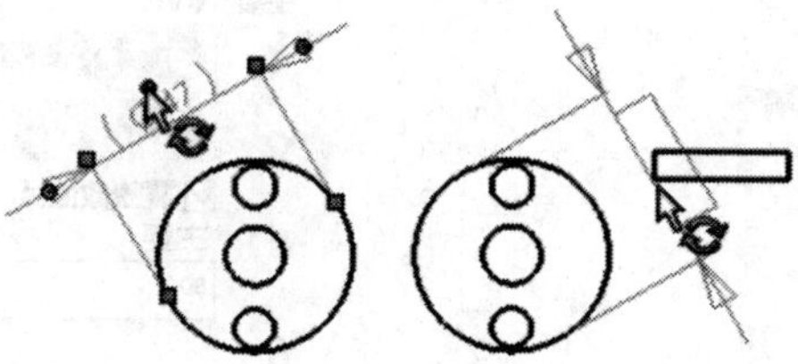

图 4-1-27　旋转尺寸

4.3.2　隐藏/显示尺寸

隐藏只是暂时使尺寸处于不可见的状态，可通过显示操作使其显示出来。隐藏一个尺寸有不同于删除尺寸的效果。当隐藏注解时，注解在工程图图纸上隐藏，但并未从模型的数据库中删除。

（1）若要显示尺寸名称，单击【前导视图】工具栏中的【隐藏/显示项目】→【查看尺寸名称】D1 命令。

（2）选择【视图】下拉菜单【隐藏/显示注解】命令，所有注解便会显现；被隐藏的注解会显示成灰色。指针形状变为 。

（3）如果没有使用【隐藏/显示注解】命令，可在特征树中，右键单击【注解】 注解，然后单击【显示注解】显示注解按钮，显示或隐藏注解，从而隐藏/显示尺寸。

4.3.3　修改尺寸

（1）选取要修改的尺寸，系统会弹出如图 4-1-28 所示的【尺寸】属性管理器，在【主要值】选项中激活【覆盖数值】（见图 4-1-29），输入正确的数值，完成尺寸修改。

4.3.4　删除尺寸

删除尺寸是将创建的多余尺寸删除，不在视图中显示出来。选取一个尺寸并按【Delete】键，尺寸便自动从工程图中移除。

说明：不要删除含有参考引用的任何尺寸，如用于注释中的尺寸。

5　技术要求

5.1　尺寸公差

SolidWorks 支持尺寸的各种公差类型和格式，用户可以在工程图中通过修改和设置尺寸的属性为尺寸指定公差。

码 4-5　微课：技术要求注写

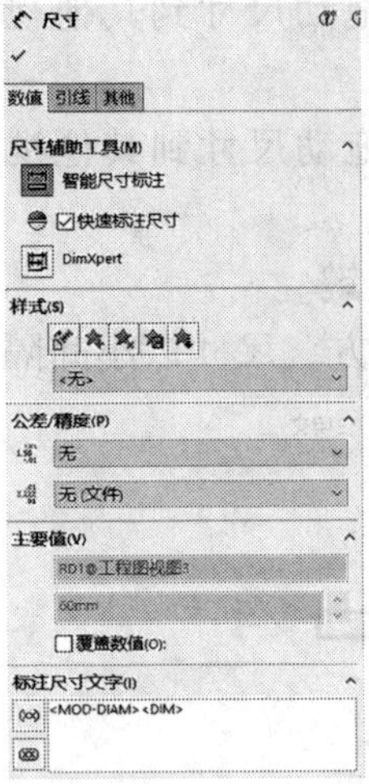

图 4-1-28 【尺寸】属性管理器

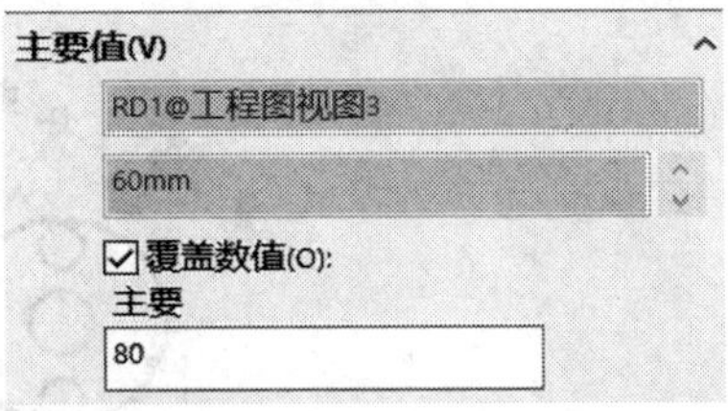

图 4-1-29 【主要值】选项

操作方法:选择要标注公差的尺寸,在【尺寸】属性管理器【公差/精度】面板中设置公差类型和参数(见图 4-1-30)。

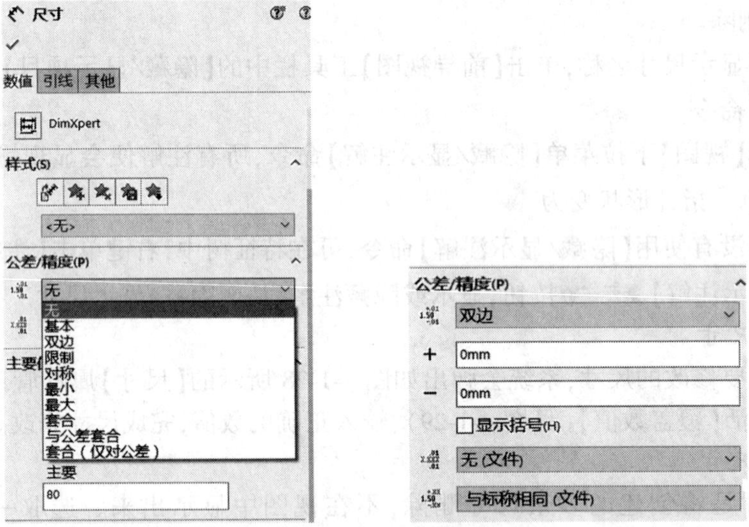

图 4-1-30 【公差/精度】面板

其中:

【基本】沿尺寸文字添加一方框。在形位尺寸与公差中,【基本】表示尺寸理论上的准确值,如 ϕ 60。

【双边】显示其后跟有单独上公差和下公差的标称尺寸。

【限制】显示尺寸的上限和下限。

【对称】显示后面跟有公差的标称尺寸,如 ϕ 60±0.1。

【套合(仅对公差)】按分类和字母数字值设定公差。

5.2　形位公差

5.2.1　标注基准特征符号

(1)单击【注解】工具栏【基准特征】，或者单击【插入】|【注解】|【基准特征符号】，打开【基准特征】属性管理器(见图 4-1-31)，在管理器中设置选项。

(2)在图形区域中选择放置该符号的边线或尺寸。

(3)单击【确定】。

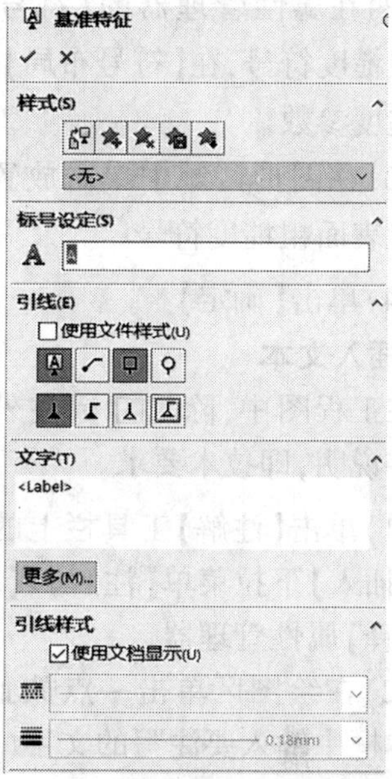

图 4-1-31　【基准特征】属性管理器

5.2.2　标注形位公差

(1)单击【注解】工具栏上的【形位公差】，或单击【插入】|【注解】|【形位公差】。

(2)在【属性】对话框和【形位公差】属性管理器中设定选项。如图 4-1-32 所示，添加项目时，会有显示预览。

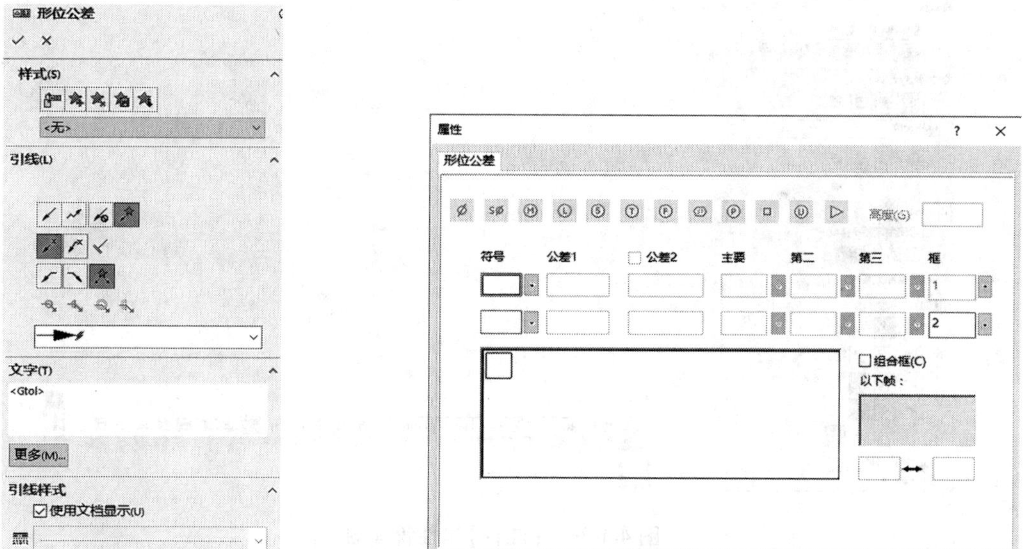

图 4-1-32　【形位公差】属性管理器和【属性】对话框

(3)选择合适位置单击以放置符号。

5.3　标注表面粗糙度符号

(1)单击【注解】工具栏上的【表面粗糙度】，或单击【插入】下拉菜单【注解】|【表面粗糙度符号】，系统弹出【表面粗糙度】属性管理器(见图 4-1-33)。

(2)在属性管理器的【符号】面板中选择表面粗糙度符号,在【符号布局】面板中设定表面粗糙度参数。

(3)在图形区域中单击放置符号的边线,以放置表面粗糙度符号。

(4)单击【确定】✓。

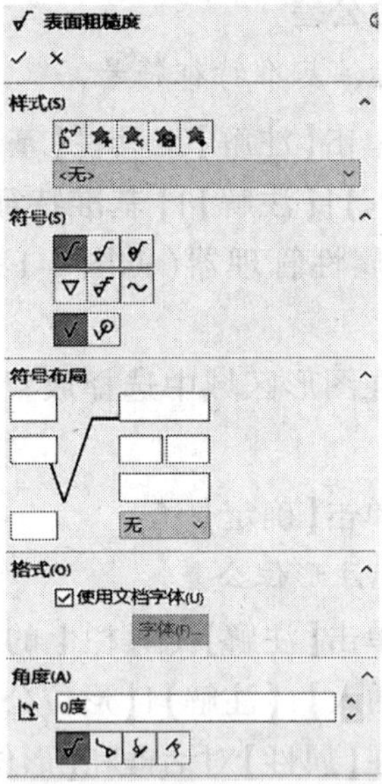

图 4-1-33 【表面粗糙度】属性管理器

5.4 插入文本

在工程图中,除尺寸标注外,还应有相应的文字说明,即技术要求。

(1)单击【注解】工具栏上的【注释】A,或单击【插入】下拉菜单【注解】|【注释】,系统弹出【注释】属性管理器。

(2)在绘图区单击一点放置文本,在弹出的文本框中输入要注写的文字(见图 4-1-34)。

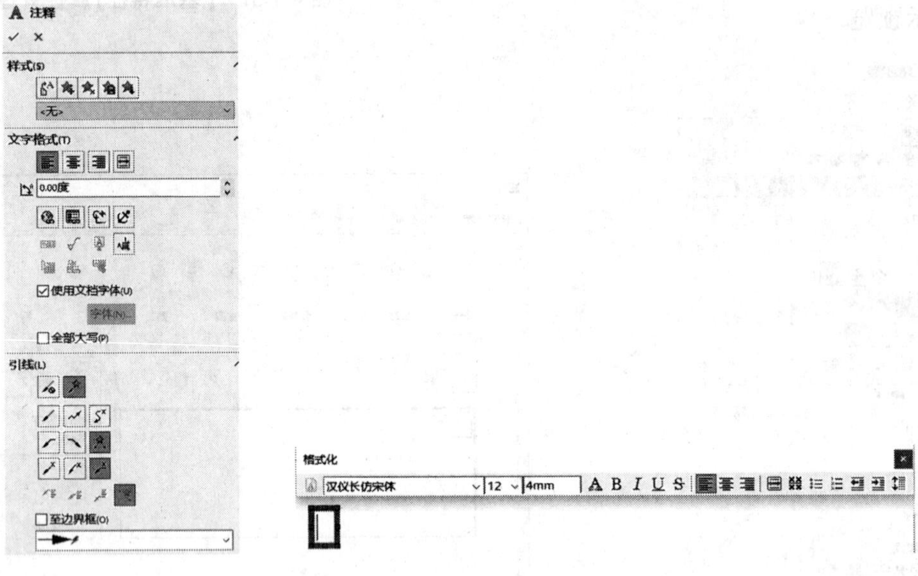

图 4-1-34 【注释】属性管理器

【任务实施】

1 新建工程图文件

新建工程图文件,设置投影类型为【第一视角】,图纸幅面设为【A3-横向】,设置绘图标准(参见“知识与技能准备”中“1 建立工程图前准备工作”)。

码 4-6 微课:建立四通管工程图实例练习

2 插入主视图

(1)单击【工程图】工具栏【模型视图】图标，在【模型视图】属性管理器中单击【浏览】按钮，选择要插入的零件“四通管”，单击【打开】按钮继续，选择【主视图】插入到图纸中(见图4-1-35)(参见“知识与技能准备”中“2.2 模型视图”)。

(2)保存工程图，图名命名为四通管。

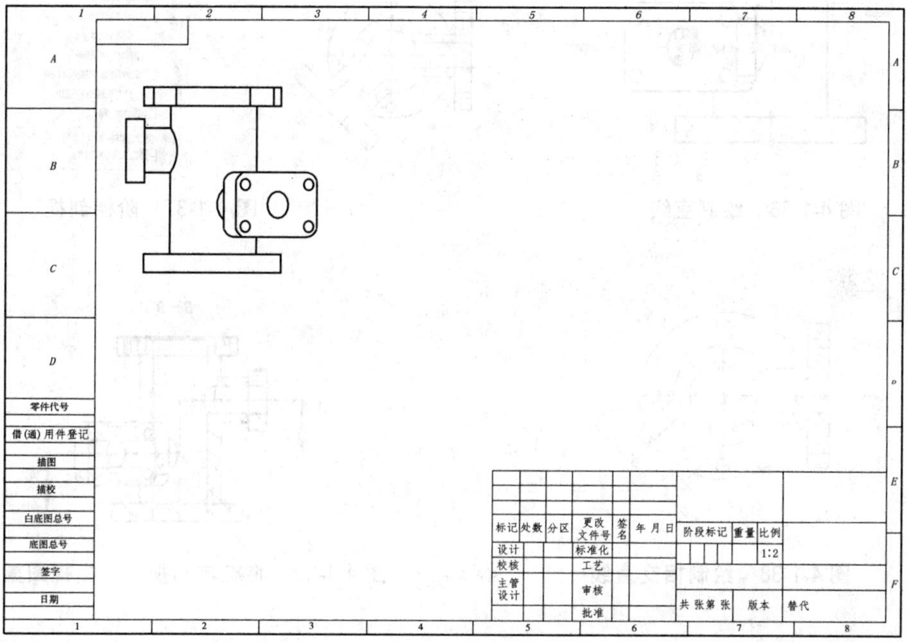

图4-1-35 插入四通管主视图

3 绘制俯视图(阶梯剖视)

(1)绘制阶梯剖切线。单击【草图】|【直线】命令，绘制如图4-1-36所示的直线。

(2)按【Ctrl】键选择绘好的直线，单击【视图布局】中的【剖面视图】图标，将阶梯剖视图拖到俯视图的位置，在【剖面视图】对话框中可设置剖视方向(见图4-1-37)。

4 绘制主视图(旋转剖视图)

(1)在俯视图中绘制相交直线(见图4-1-38)。

(2)按【Ctrl】键选择绘好的直线，单击【视图布局】中的【剖面视图】图标，将旋转剖视图拖到与主视图重合的位置，如图4-1-39所示。

(3)在特征管理器设计树中，右击剖面视图“*B—B*”，在弹出的右键快捷菜单中选择【隐藏】命令，隐藏旋转剖视图(见图4-1-40)。

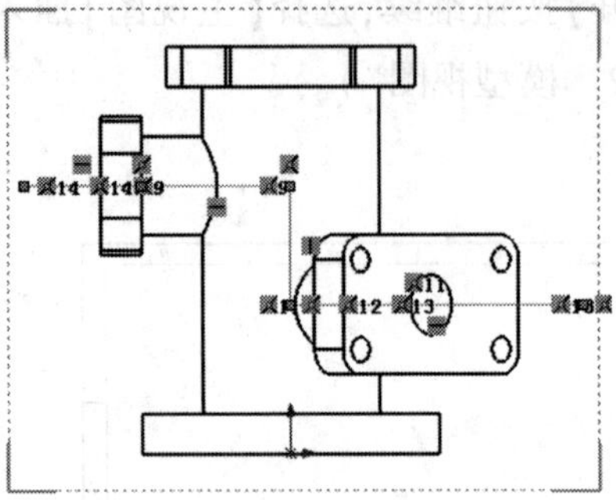

图 4-1-36 绘制直线

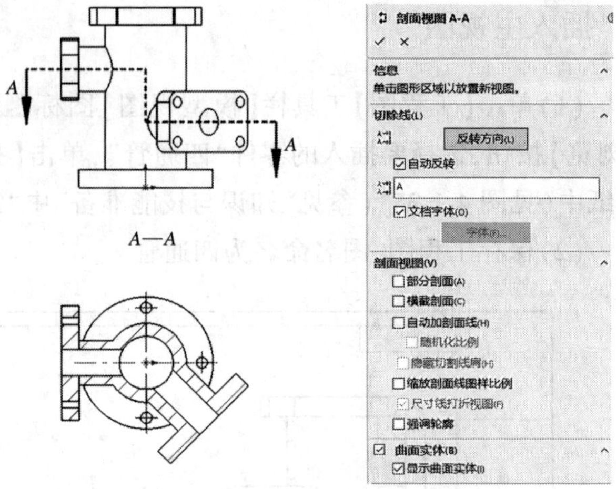

图 4-1-37 阶梯剖视

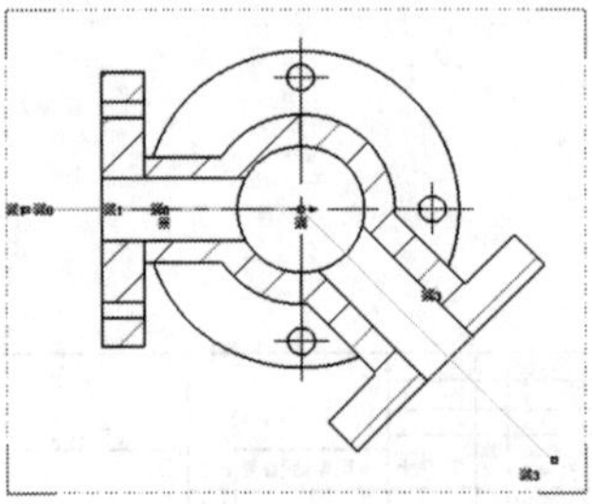

图 4-1-38 绘制相交直线

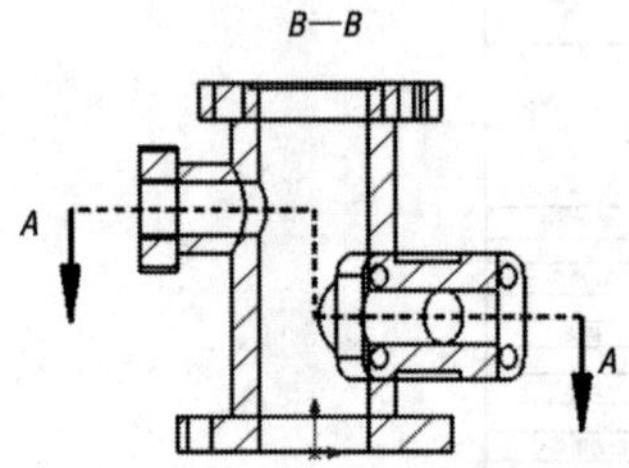

图 4-1-39 将旋转剖视图与主视图重合

(4)右击主视图,在弹出的右键快捷菜单中选择【隐藏边线】命令,选择主视图轮廓线(见图 4-1-41)。隐藏主视图轮廓后只剩 *A—A* 剖面线,显示剖面视图 *B—B*,结果如图 4-1-42 所示。

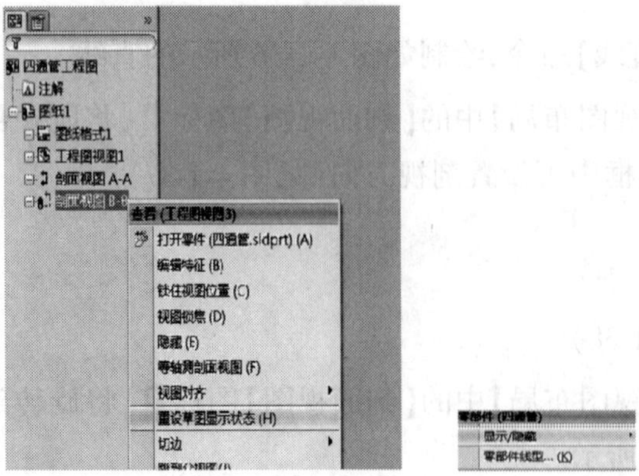

图 4-1-40 隐藏旋转剖视图

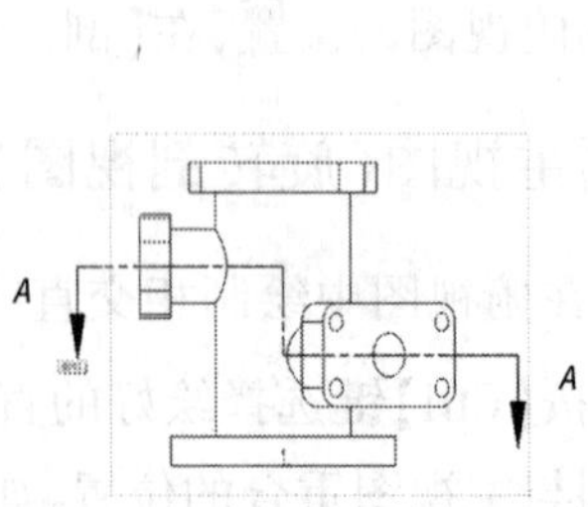

图 4-1-41 隐藏主视图轮廓线

5　绘制左侧凸台形状(局部视图)

(1)单击【投影视图】图标，将图形拖到右侧放置。

(2)将不需要的线条隐藏(见图 4-1-43)。

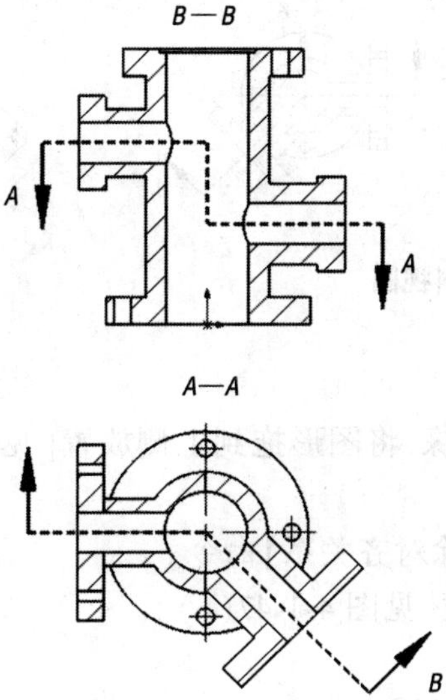

图 4-1-42　主、俯视图

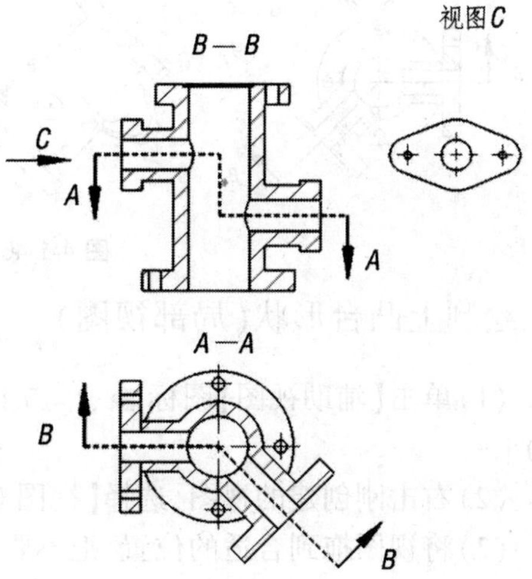

图 4-1-43　左侧凸台的局部视图

6　绘制右凸台形状(斜视图)

(1)单击【辅助视图】图标，单击右凸台的边缘，将图形拖到右下侧放置(见图 4-1-44)。

(2)右击斜视图，选择【视图对齐】|【解除对齐关系】命令(见图 4-1-45)。

(3)将视图拖到合适的位置，把不要的线条隐藏(见图 4-1-46)。

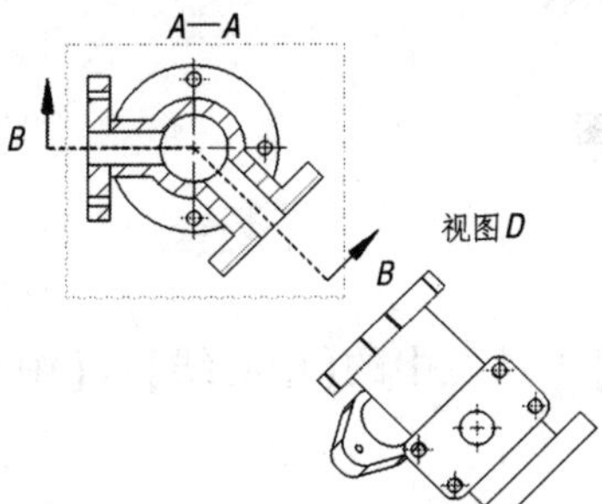

图 4-1-44　辅助视图

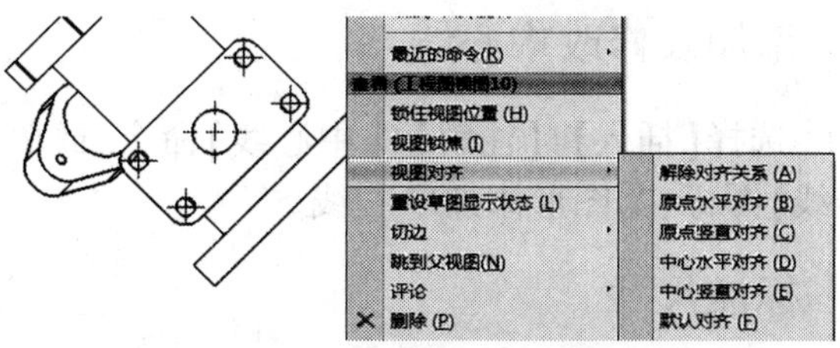

图 4-1-45　解除对齐关系

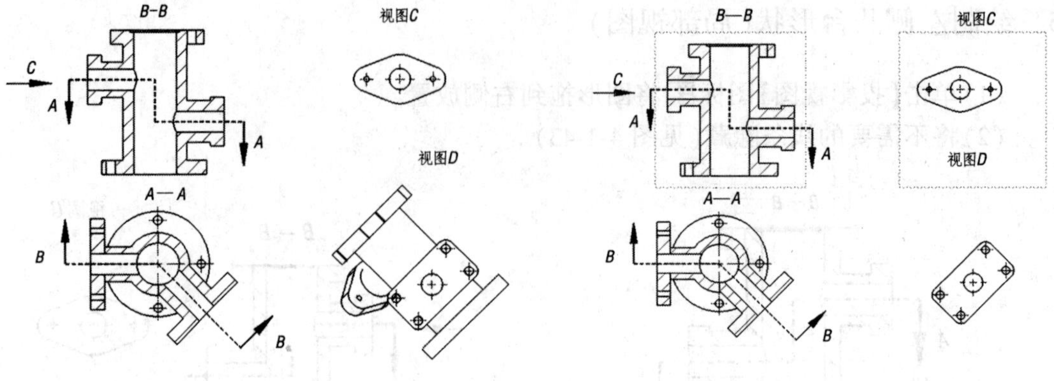

图 4-1-46　完成后的斜视图

7　绘制上凸台形状(局部视图)

(1)单击【辅助视图】图标，单击上凸台的边缘，将图形拖到上侧放置[见图 4-1-47(a)]。

(2)右击刚创建的视图，选择【视图对齐】|【解除对齐关系】命令。

(3)将视图拖到合适的位置，把不要的线条隐藏[见图 4-1-47(b)]。

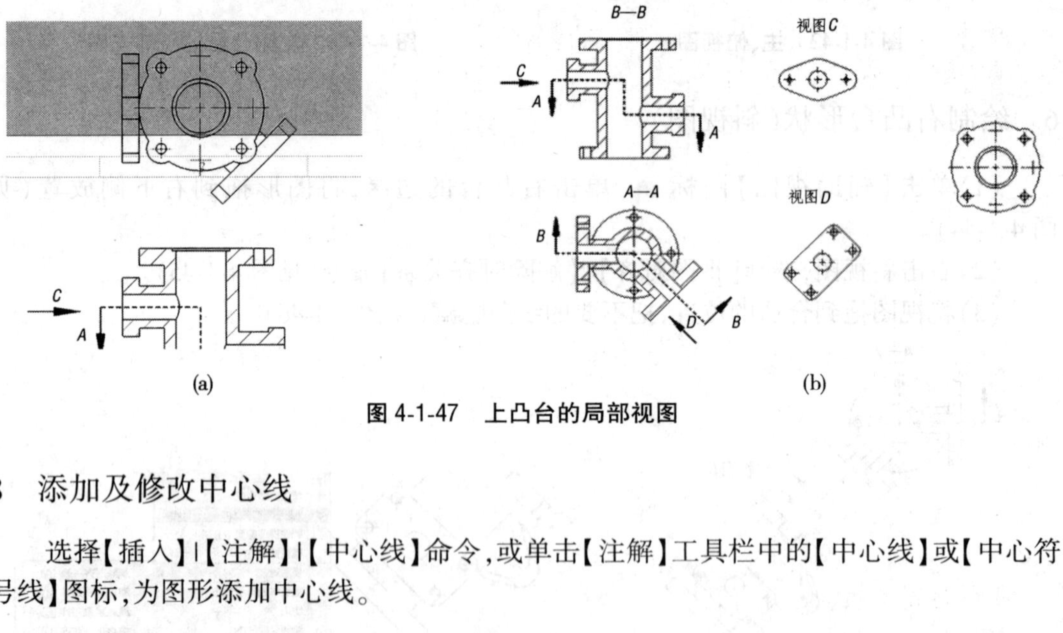

图 4-1-47　上凸台的局部视图

8　添加及修改中心线

选择【插入】|【注解】|【中心线】命令，或单击【注解】工具栏中的【中心线】或【中心符号线】图标，为图形添加中心线。

9　标注尺寸

(1)单击【注解】工具栏的【模型项目】按钮，在【模型项目】属性管理器中指定插入模型项目的各种选项。(参见“知识与技能准备”中“4.1　插入模型项目”)

(2)编辑尺寸，调整尺寸位置，隐藏不需要的尺寸，添加所需尺寸。尺寸标注完成后的效果如图 4-1-48 所示。

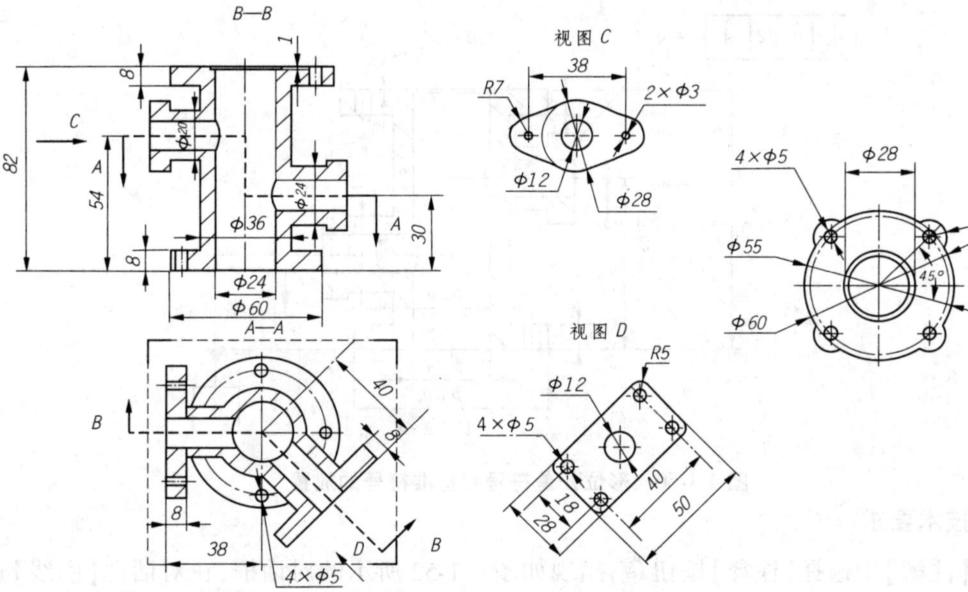

图 4-1-48　尺寸标注

10　注写技术要求

10.1　标注形位公差

单击【形位公差】图标，在弹出的【属性】对话框中做相应的设置(见图 4-1-49)。将小框格放置到图形合适的位置。

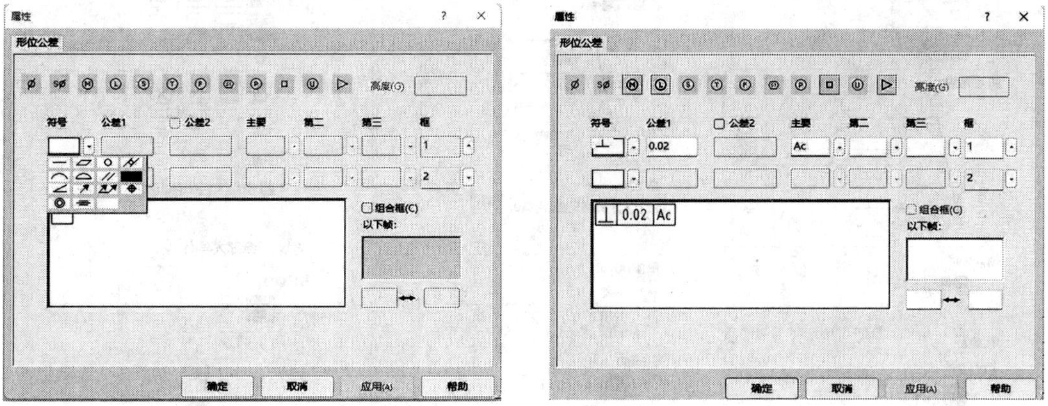

图 4-1-49　【形位公差】属性

10.2　标注基准符号

单击【基准特征】图标，将基准符号标注到图形中(见图 4-1-50)。

10.3　标注表面粗糙度

在【注解】工具栏中选择 表面粗糙度符号，弹出如图 4-1-51(a)所示的【表面粗糙度】对话框，在【符号】一栏下选择【要求切削加工】，在【符号布局】中输入 *Ra*3.2，在【引线】栏选择【引线】[见图 4-1-51(b)]。

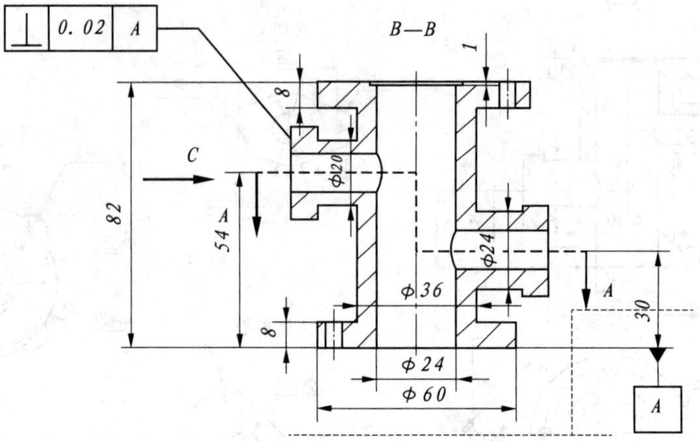

图 4-1-50　形位公差符号和基准符号的放置

10.4　技术要求

在【注解】中选择【注释】按钮，出现如图 4-1-52 所示的对话框，在对话框【引线】选项中选择【无引线】，鼠标移动到工程图中，在合适的位置填写文字技术要求。

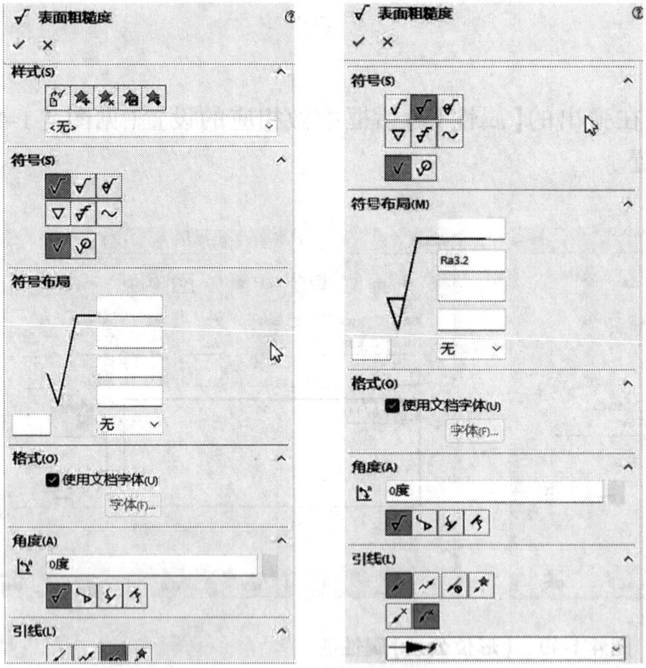

(a)　(b)

图 4-1-51　【表面粗糙度】对话框

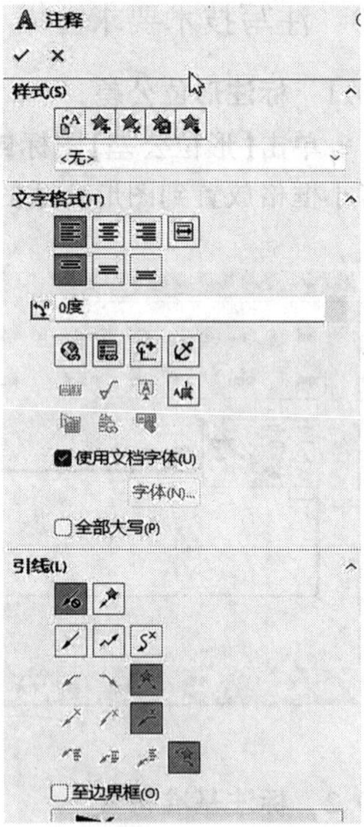

图 4-1-52　【注解】对话框

11　编辑标题栏

在特征管理器设计树中，右击【图纸格式】，选择【编辑图纸格式】命令，在【编辑图纸格式】状态下编辑标题栏。

【技能训练】

4-1-1　参照本任务实例上机练习。

4-1-2　创建如图 4-1-53 所示的端盖零件图。

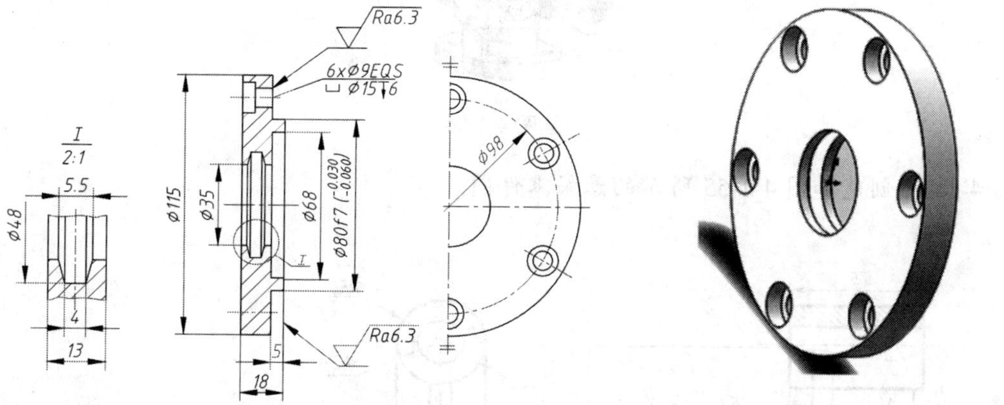

图 4-1-53　端盖零件图

4-1-3　创建如图 4-1-54 所示的壳体零件图。

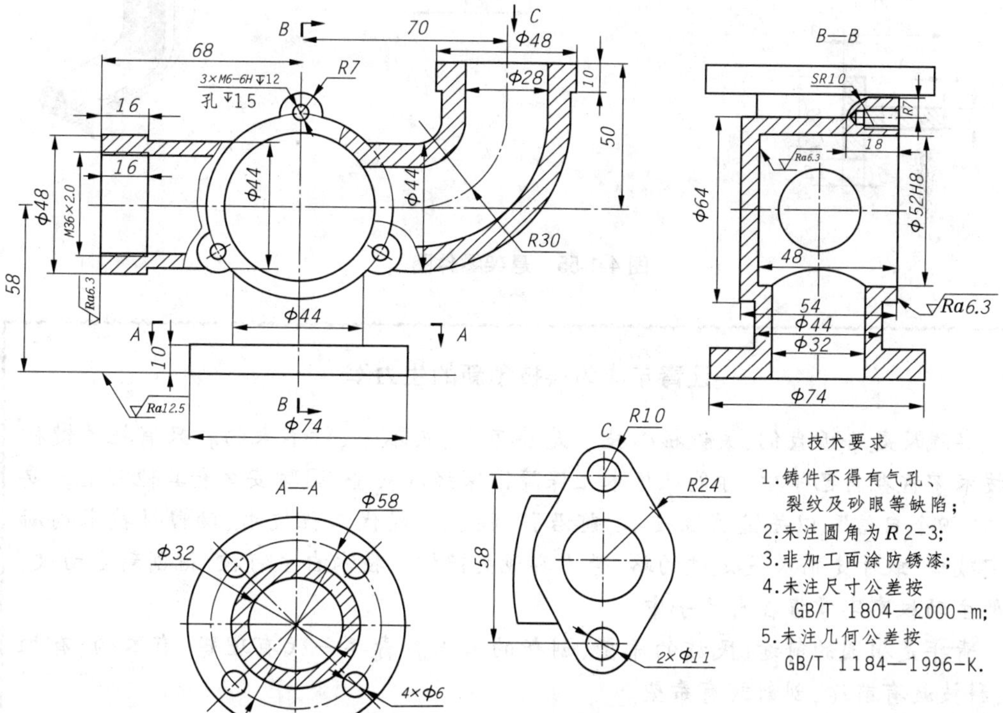

图 4-1-54　壳体零件图

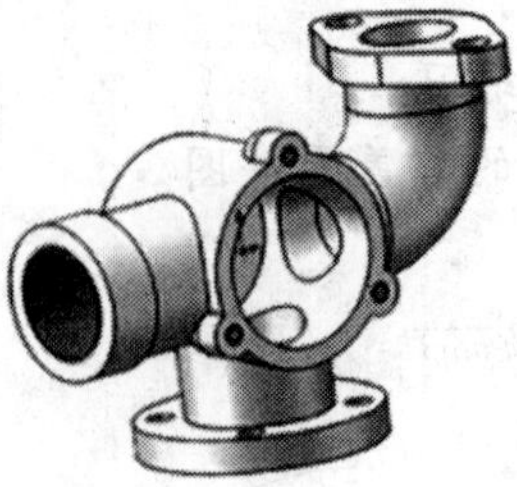

续图 4-1-54

4-1-4 创建如图 4-1-55 所示的悬架零件图。

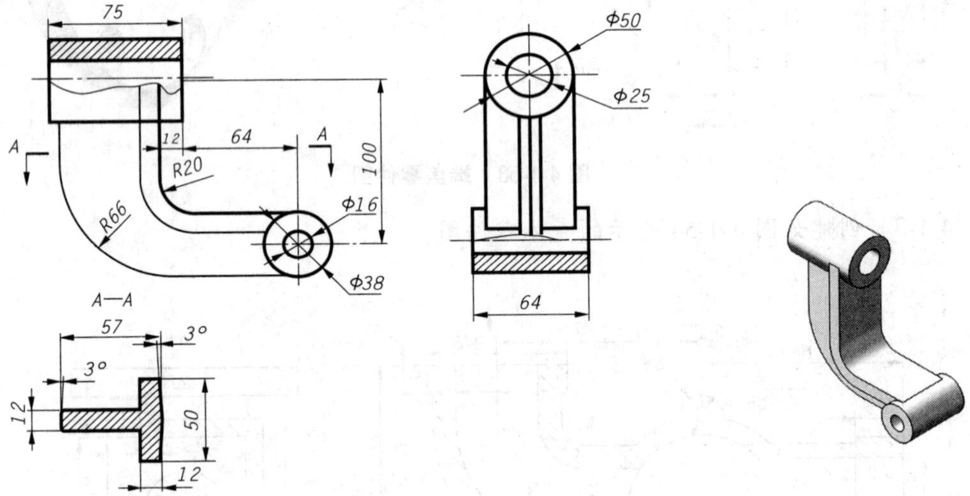

图 4-1-55 悬架零件图

让青年成为科技创新的生力军

实践反复告诉我们，关键核心技术是要不来、买不来、讨不来的。只有把关键核心技术掌握在自己手中，才能从根本上保障国家经济安全、国防安全和其他安全。要增强“四个自信”，以关键共性技术、前沿引领技术、现代工程技术、颠覆性技术创新为突破口，敢于走前人没走过的路，努力实现关键核心技术自主可控，把创新主动权、发展主动权牢牢掌握在自己手中。

青年是祖国的前途、民族的希望、创新的未来。青年一代有理想、有本领、有担当，科技就有前途，创新就有希望。

——2018 年 5 月 28 日，习近平总书记在中国科学院第十九次院士大会、中国工程院第十四次院士大会上的讲话

任务2 建立阶梯轴零件图

【学习目标】

掌握局部放大图、断裂视图、断面图的创建方法。

【任务内容】

绘制如图4-2-1所示的轴零件图。

【知识与技能准备】

1 插入工程图视图——断裂视图

断裂视图是从零件视图中删除指定两点之间的视图部分，将余下的两部分合并成一个带断线的视图。操作步骤如下：

(1)单击【工程图】工具栏上的【断裂视图】或单击【插入】|【工程图视图】|【断裂视图】，系统打开【断裂视图】属性管理器，在属性管理器中设定选项(见图4-2-2)。

各选项功能如下：

【】：添加竖直折断线。

【】：添加水平折断线。

【缝隙大小】：设定缝隙之间的间距量。

【折断线样式】：定义折断线的类型。

(2)选取要断裂的工程图视图，在视图中单击两次以放置两条折断线，从而生成折断。视图在几何体上显示一条缝隙(见图4-2-3)。

2 插入工程图视图——局部视图(创建局部放大图)

在工程图中生成一个局部视图来显示一个视图的某个部分(通常是以放大比例显示)，此局部视图可以是正交视图、空间(等轴测)视图、剖面视图、剪裁视图、爆炸装配体视图，或者另一局部视图。

生成局部视图的步骤如下：

(1)单击【工程图】工具栏上的【局部视图】，或单击【插入】|【工程图视图】|【局部视图】。打开【局部视图】属性管理器，圆工具被激活。

(2)在要放大的区域周围，绘制一个圆。此时弹出如图4-2-4所示的【局部视图】属性管理器，在管理器中设置选项。

(3)当视图位于所需的位置时，单击以放置视图(见图4-2-5)。

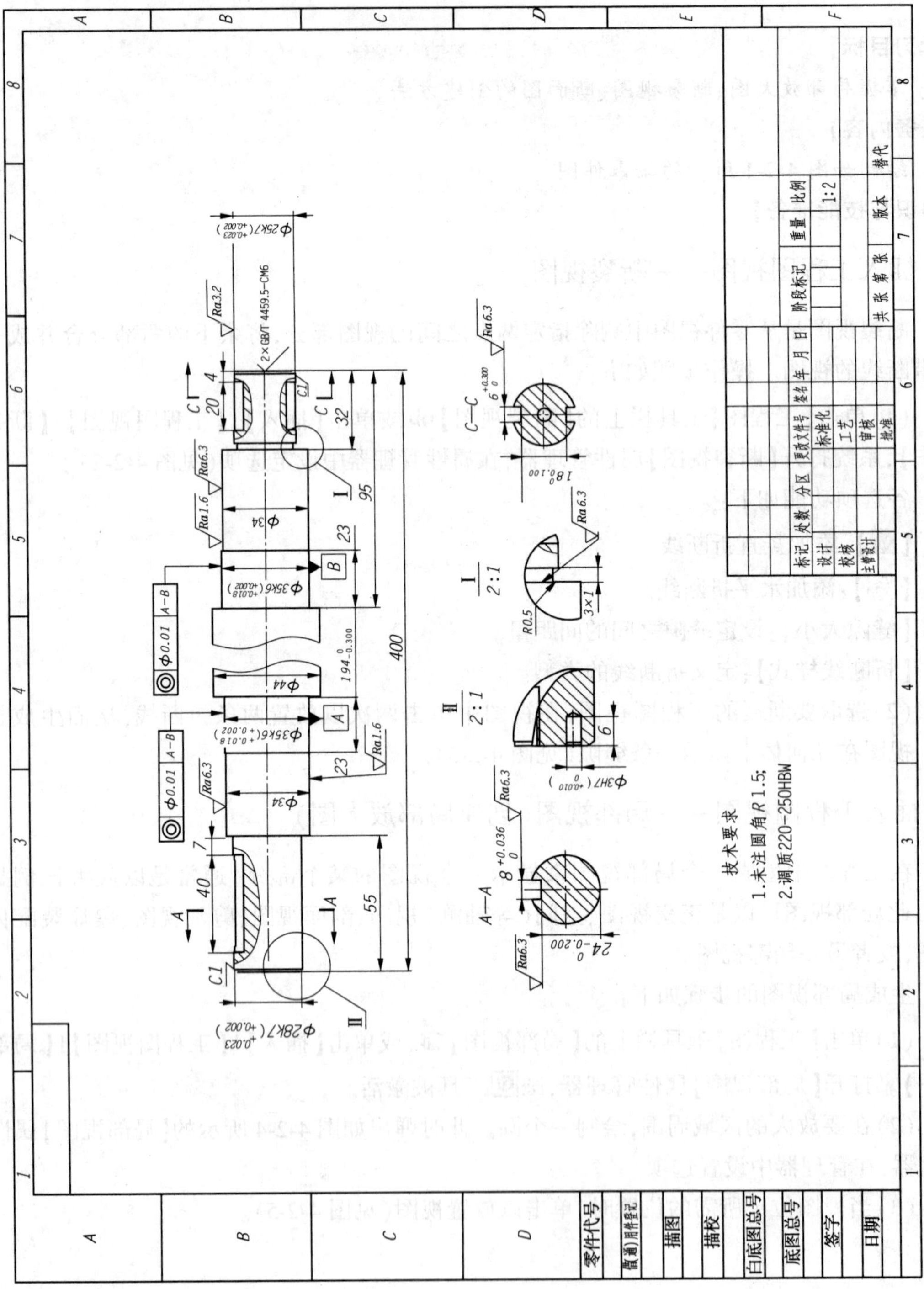
技术要求
1.未注圆角R1.5;
2.调质220-250HBW
A—A
C—C
I 2:1
II 2:1
2×GB/T 4459.5-CM6
标记 处数 分区 更改文件号 签名 年 月 日
设计 标准化 阶段标记 重量 比例
校核 工艺 1:2
主管设计 审核
批准
共 张 第 张 版本 替代
零件代号
描图
描校
旧底图总号
底图总号
签字
日期

图 4-2-1 轴零件图

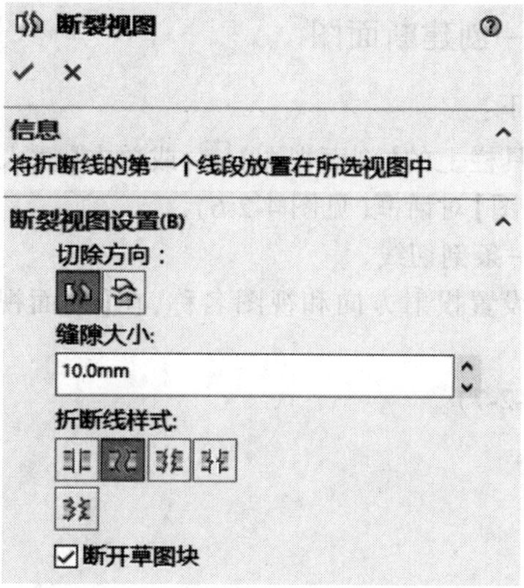

图 4-2-2　【断裂视图】属性管理器

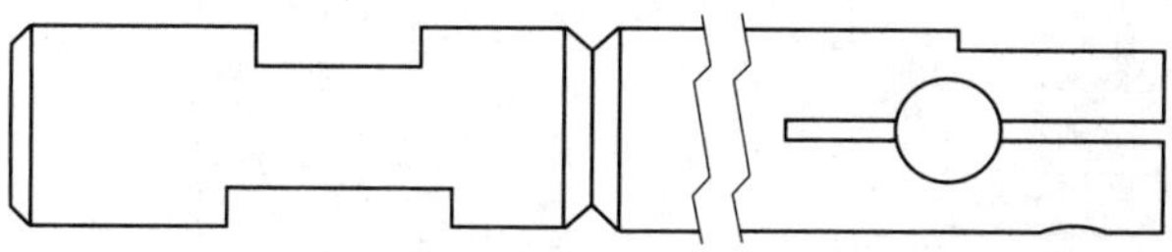

图 4-2-3　断裂视图

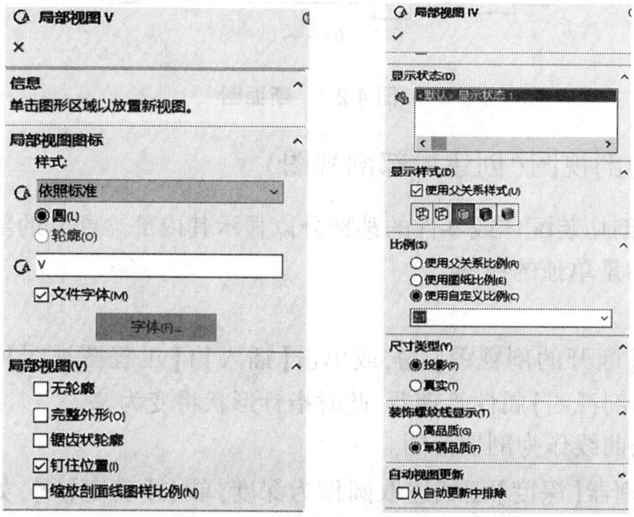

图 4-2-4　【局部视图】属性管理器

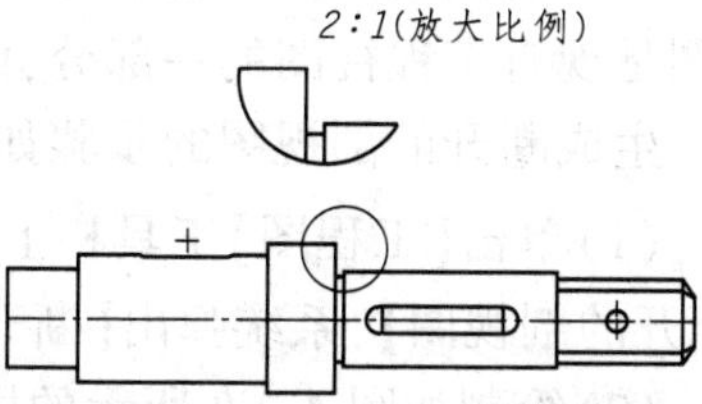

图 4-2-5　局部放大图

3 插入工程图视图——创建断面图

创建断面图的步骤如下：

(1)单击【工程图】工具栏上的【剖面视图】，或单击【插入】|【工程图视图】|【剖面视图】。系统弹出【剖面视图】对话框(见图 4-2-6)。

(2)在剖切位置绘制一条剖切线。

(3)在【切除线】区域设置投射方向和视图名称，在【剖面视图】区域选择【只显示切面】复选框。

(4)放置视图(见图 4-2-7)。

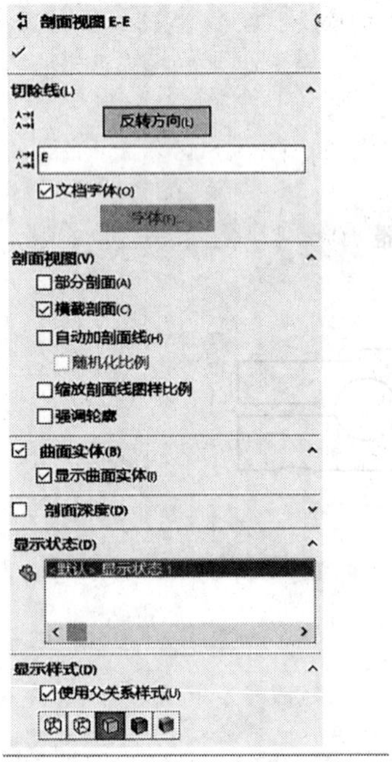

图 4-2-6 【剖面视图】对话框

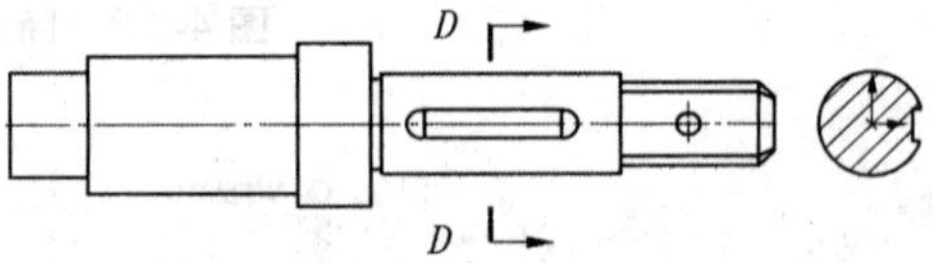

图 4-2-7 断面图

4 插入工程图视图——断开的剖视图(创建局部剖视图)

断开的剖视图在工程图视图中剖切装配体或零件的某部分以显示其内部。断开的剖视图是现有工程视图的一部分，而不是单独的视图。

生成断开的剖视图的步骤如下：

(1)单击【工程图】工具栏上的【断开的剖视图】，或单击【插入】|【工程图视图】|【断开的剖视图】，系统弹出【断开的剖视图】属性管理器，此时指针形状将变为。

(2)绘制如图 4-2-8 所示的样条曲线作为剖切范围。

(3)在【断开的剖视图】属性管理器【深度】区域选取圆作为深度，单击【确定】，如图 4-2-9 所示。

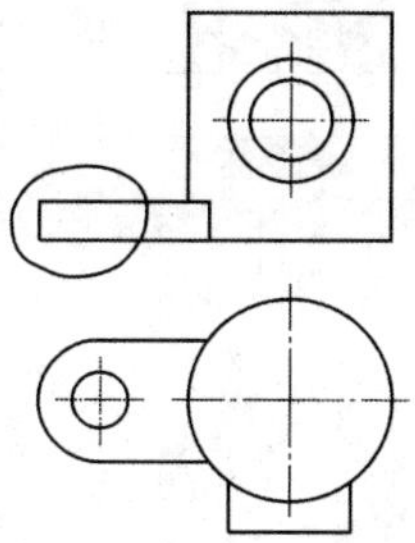

图 4-2-8 剖切范围

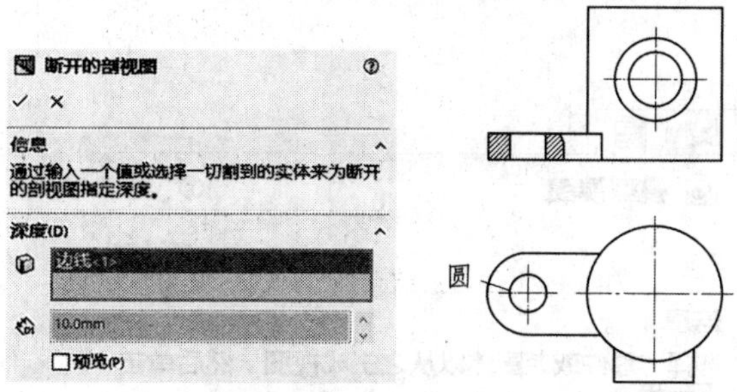

(a)【断开的剖视图】属性管理器　　(b)局部剖视图

图 4-2-9 【断开的剖视图】属性管理器与局部剖视图

【任务实施】

1 创建零件

根据如图 4-2-1 所示的轴零件图,创建阶梯轴零件模型(见图 4-2-10)。

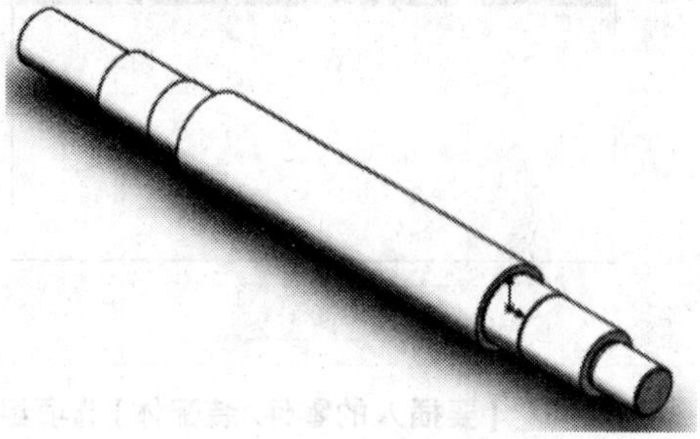

图 4-2-10 阶梯轴模型

2 新建工程图文件

新建工程图文件,设置投影类型为【第一视角】,图纸幅面为【A4-横向】;设置绘图标准(参见任务 1“知识与技能准备”中“1 建立工程图前准备工作”)。

3 创建主视图

3.1 插入主视图

在【模型视图】属性管理器的【要插入的零件/装配体】选项中选择要添加的零件名称“轴”(见图 4-2-11)。

单击下一步按钮后,弹出【模型视图】属性管理器(见图 4-2-12),单击【方向】选项组中【前视】按钮添加前视图。在【比例】选项组中,勾选【使用自定义比例】选项,在下拉菜单中选择【用户定义】,设置比例为 1:2。在图纸合适的位置单击鼠标左键添加主视图(见图 4-2-13)。

3.2 生成断裂视图

单击主视图,单击【视图布局】工具栏中的【断裂视图】按钮,弹出【断裂视图】属性管理器,设置【缝隙大小】为 5 mm,将【折断线样式】选择为【小锯齿线切断】选项(见图 4-2-14)。此时在主视图中移动鼠标可看到曲线切断线,在合适位置处单击鼠标左键两次即可生成断裂视图,单击【断裂视图】属性管理器中的✔按钮完成断裂视图的添加(见图 4-2-15)。

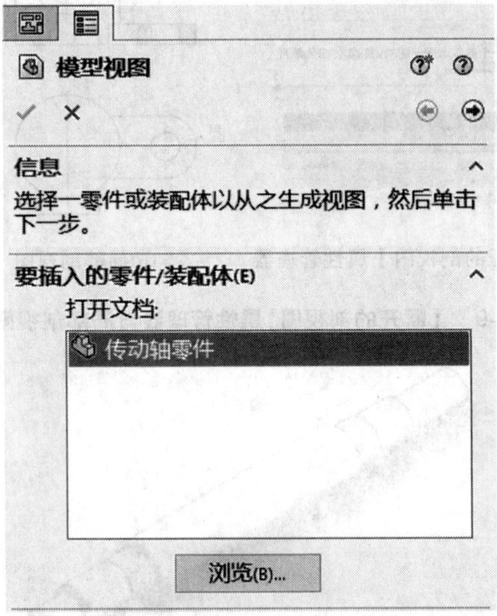

图 4-2-11 【要插入的零件/装配体】选项组

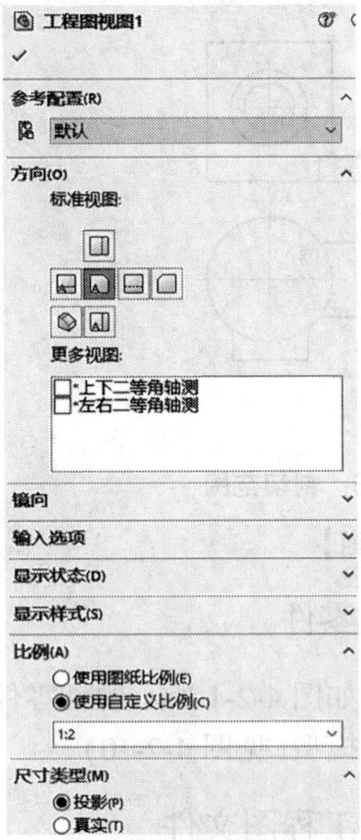

图 4-2-12 【模型视图】属性管理器

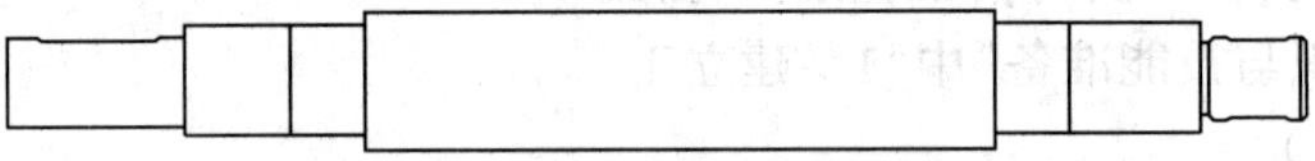

图 4-2-13 生成主视图

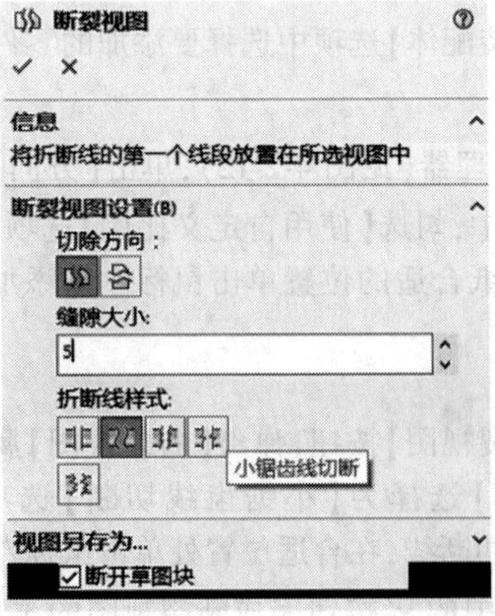

图 4-2-14 【断裂视图】属性管理器

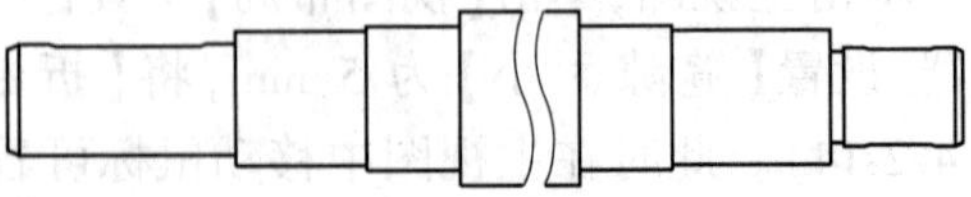

图 4-2-15 断裂视图

3.3　生成局部剖视图

单击选中的主视图，弹出【工程图视图】属性管理器，单击【显示样式】中的【隐藏线可见】按钮，此时视图如图 4-2-16 所示。

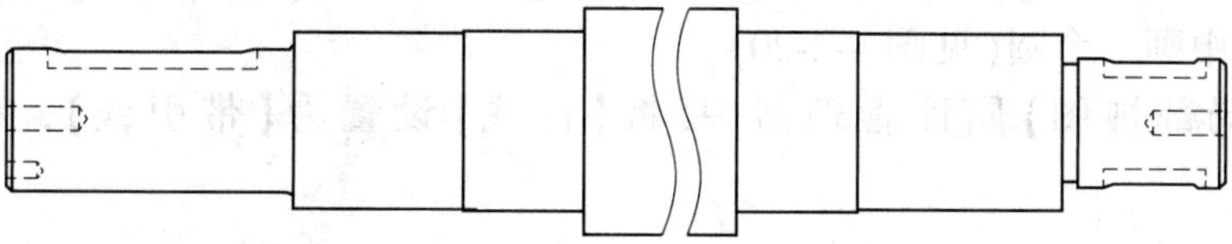

图 4-2-16　隐藏线可见后的视图

单击【视图布局】工具栏中的【断开的剖视图】按钮，弹出【断开的剖视图】属性管理器，在主视图中绘制一条闭合的样条曲线（见图 4-2-17）。

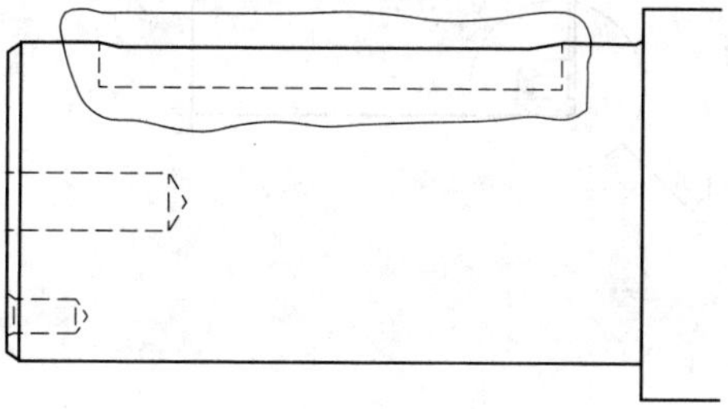

图 4-2-17　绘制闭合的样条曲线

退出草图绘制状态，在主视图中选择一条直线作为深度参考（见图 4-2-18），单击✓按钮完成第一处断开的剖视图的添加。根据同样的方法在视图中添加其他三处断开的剖视图（见图 4-2-19）。

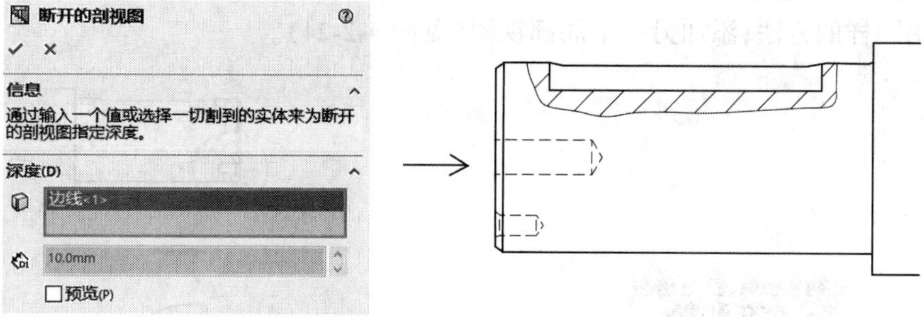

图 4-2-18　深度参考边线

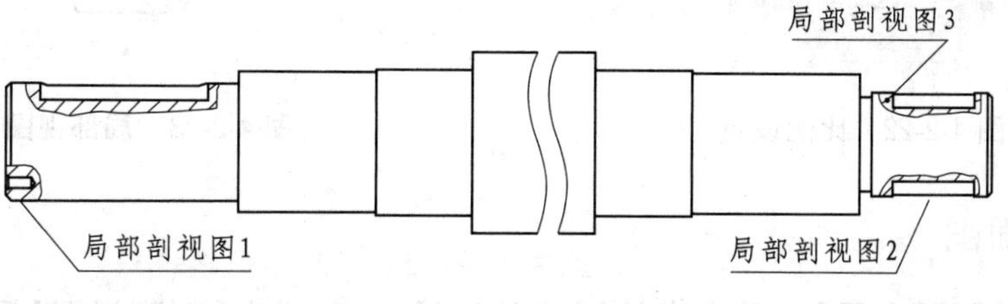

图 4-2-19　主视图

选中主视图，弹出【工程图视图】属性管理器，单击显示样式中的【消除隐藏线】按钮，消除隐藏线。

4 创建局部放大图

（1）单击【局部视图】工具栏中的【局部视图】按钮，弹出【局部视图】属性管理器，根据提示在视图中画一个圆（见图 4-2-20）。

（2）在【局部视图】属性管理器中，将【样式】设置为【带引线】，文字为 I（见图 4-2-21）。

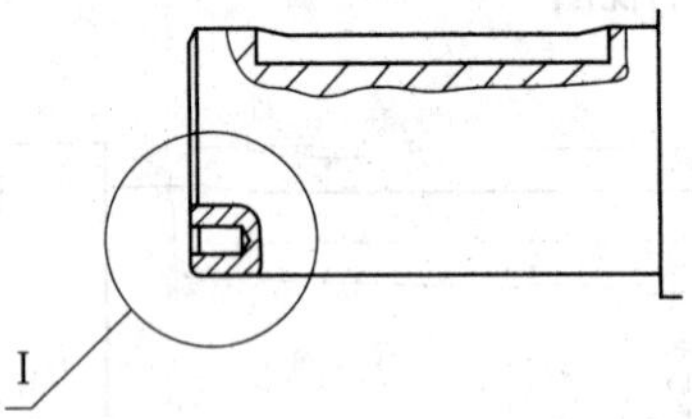

图 4-2-20 绘制圆

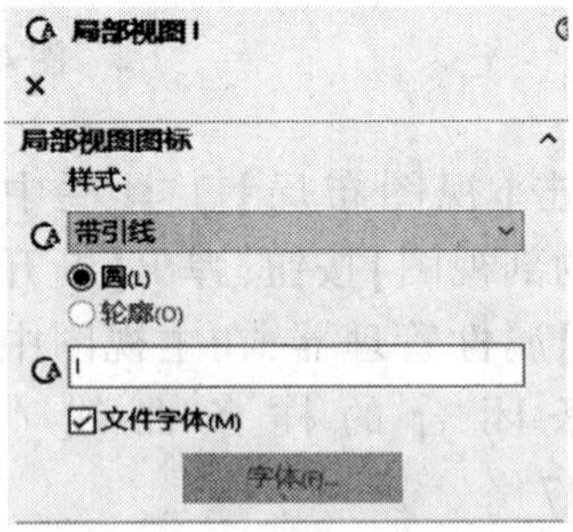

图 4-2-21 【局部视图】属性管理器

修改局部视图的比例，在【局部视图】属性管理器的比例中，勾选【使用自定义比例】复选框，根据局部视图将比例设为 2:1（见图 4-2-22）。此时在视图中移动鼠标，便可看见局部视图，在视图合适的位置单击鼠标左键完成局部视图的添加（见图 4-2-23）。

采用同样的方法，添加另一个局部视图（见图 4-2-24）。

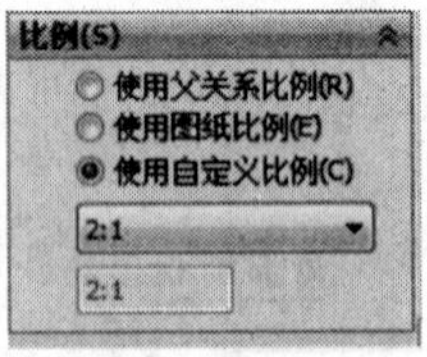

图 4-2-22 比例设置

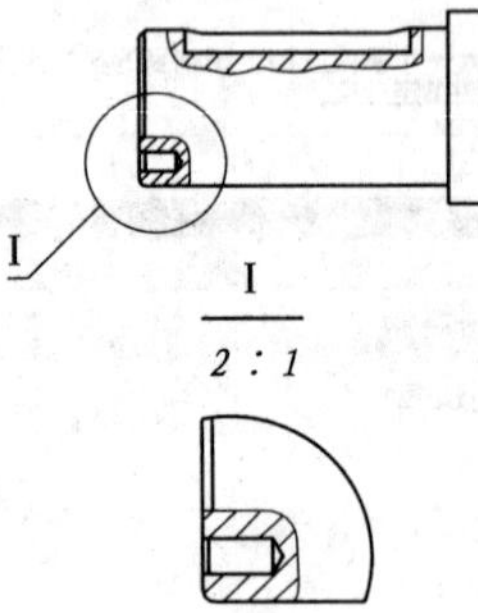

图 4-2-23 局部视图 I

5 创建断面图

（1）单击【视图布局】工具栏中的【剖面视图】按钮，弹出【剖面视图】属性管理器，将指针放置在剖切位置（见图 4-2-25）。

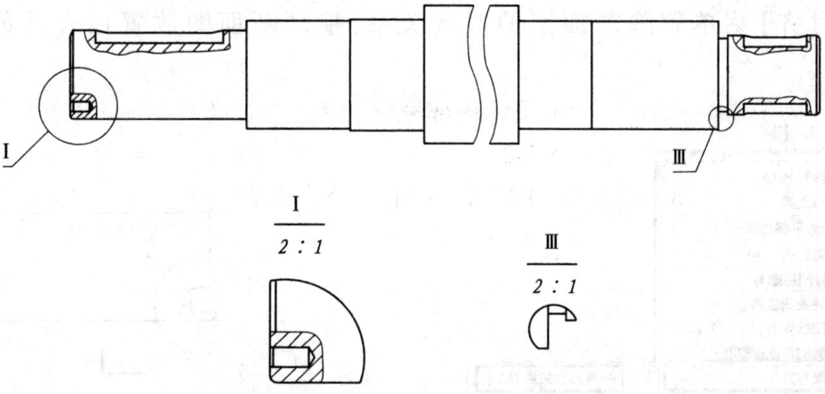

图 4-2-24 局部视图

（2）在【剖面视图】属性管理器的【切除线】选项组中，根据视图中的箭头方向决定是否勾选【反转方向】，文字内容设置为 A。在【剖面视图】选项组中，勾选【横截剖面】选项（见图 4-2-26）。

（3）在【剖面视图】属性管理器的【比例】选项组中，勾选【使用父关系比例】，比例为 1:1（见图 4-2-27）。

（4）在视图合适的位置单击鼠标左键，然后单击【剖面视图】属性管理器中的【确定】按钮（见图 4-2-28）。

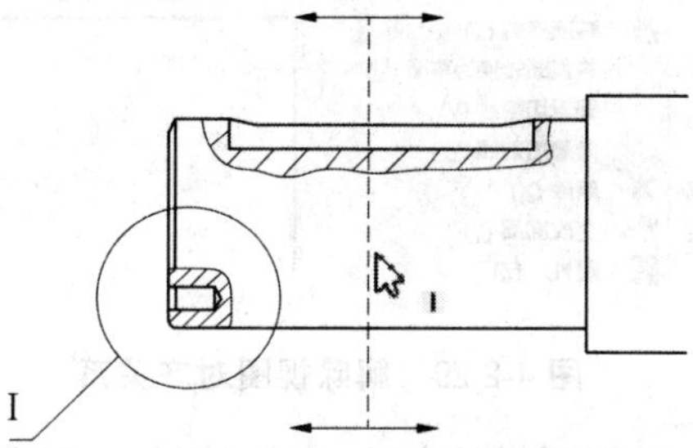

图 4-2-25 绘制断面图

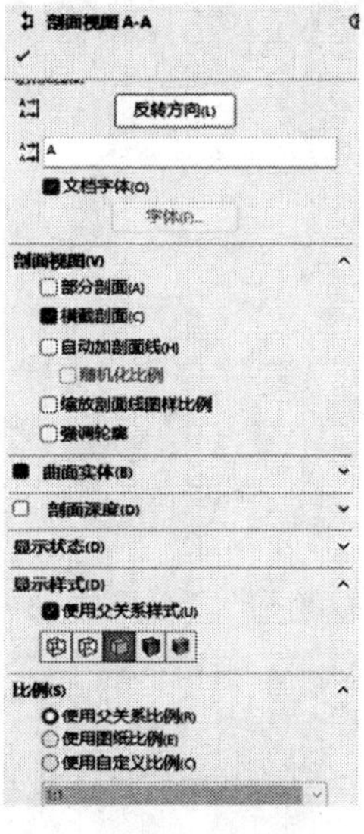

图 4-2-26 【剖面视图】属性管理器

图 4-2-27 比例设置

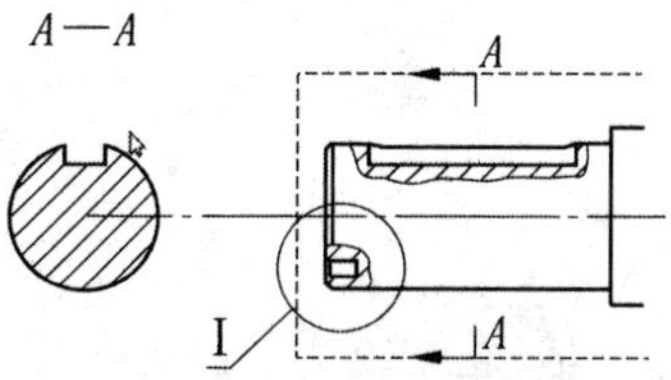

图 4-2-28 投影关系配置的剖面视图 *A—A*

（5）解除断面图的对齐关系。选择断面图 *A—A*，单击鼠标右键打开如图 4-2-29 所示的【视图对齐】菜单解除断面图的对齐关系，拖动断面图放置在合适的位置（见图 4-2-30）。

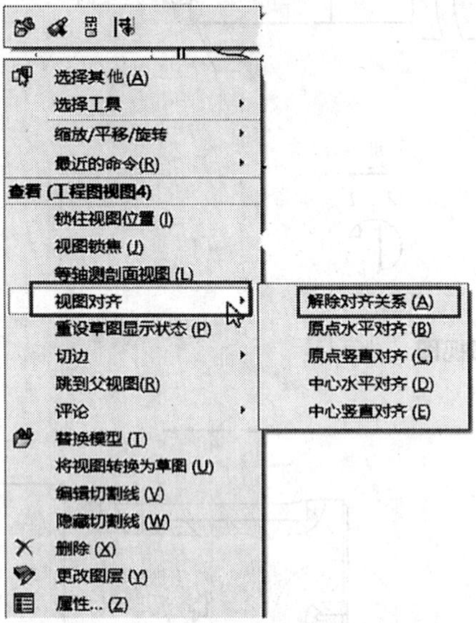

图 4-2-29　解除视图对齐关系

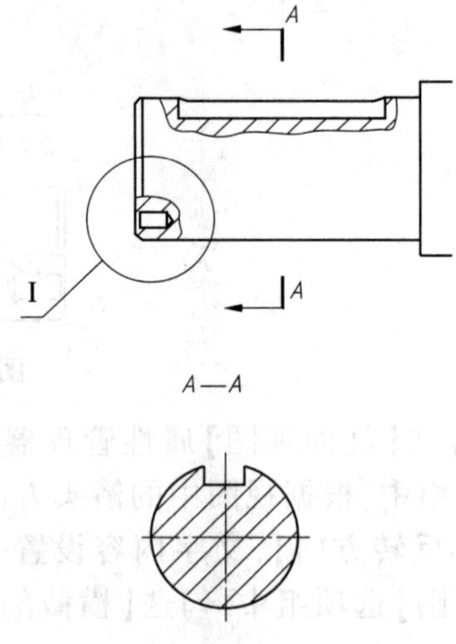

图 4-2-30　剖面视图 *A—A*

采用同样的方法，在轴的另一端添加另一个剖面视图（见图 4-2-31）。

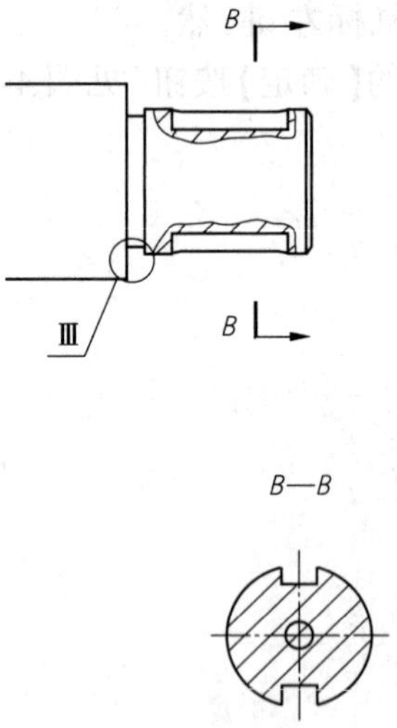

图 4-2-31　剖面视图 *B—B*

6　标注

6.1　标注尺寸

选择【注解】工具栏中的【智能尺寸】（见图 4-2-32），标注完整尺寸（见图 4-2-33）。

6.2　标注基准特征和形位公差

在【注解】中选择 形位公差，打开【形位公差】属性管理器。在【符号】栏下方点击三角，选择项目符号；在【公差 1】栏输入公差值；点击【主要】下方三角符号输入基准符号 A 和 B（见图 4-2-34），将形位公差框格放置到图形合适位置上。

选择【基准特征】，在 ϕ 35 尺寸箭头下方点击并放在正确位置，标注基准为 A，另一边标注基准为 B（见图 4-2-35）。

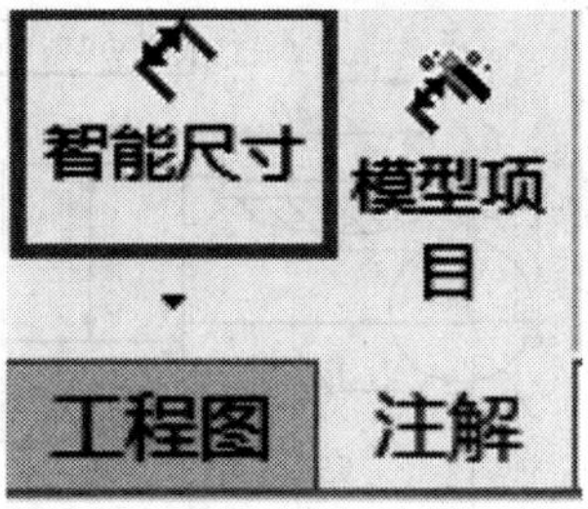

图 4-2-32　【注解】工具栏

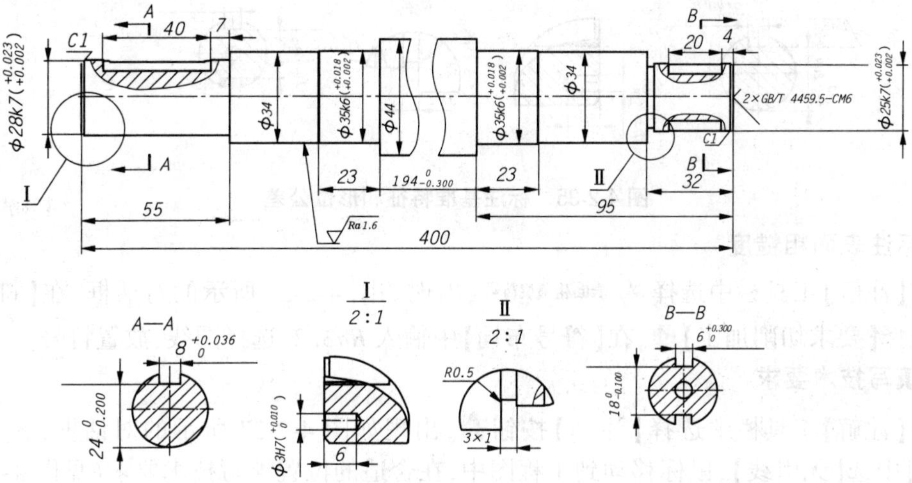

图 4-2-33　尺寸标注

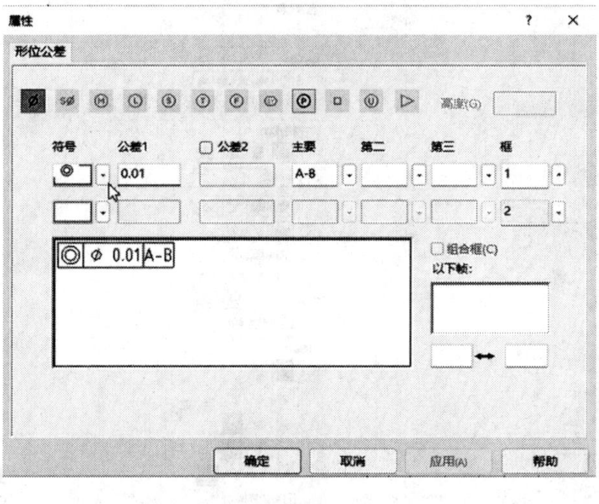

图 4-2-34　【形位公差】属性管理器

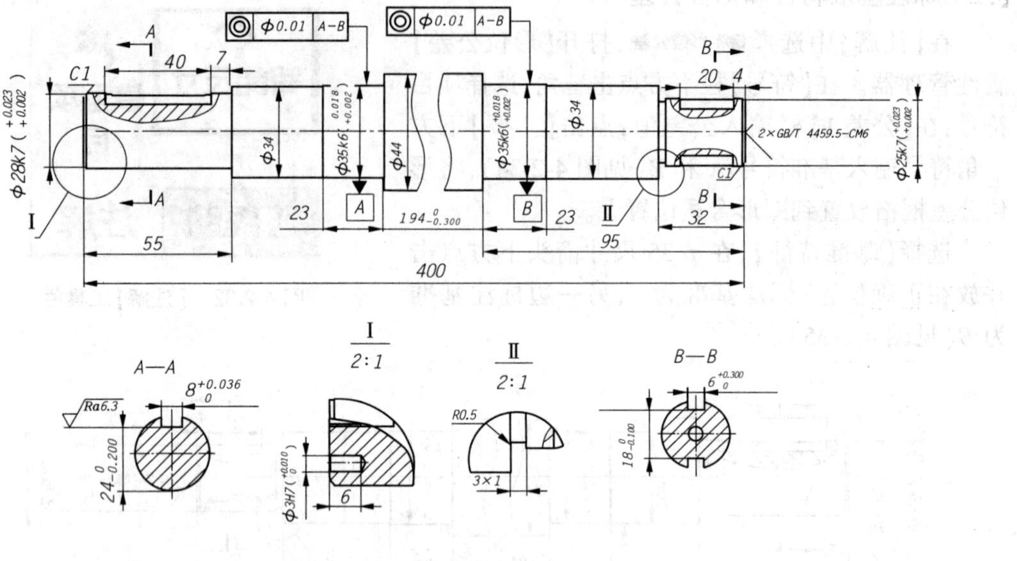

图 4-2-35 标注基准特征和形位公差

6.3 标注表面粗糙度

在【注解】工具栏中选择 表面粗糙度符号，出现如图 4-2-36 所示的对话框，在【符号】一栏下选择【要求切削加工】，在【符号布局】中输入 *Ra*3.2，选择图线，放置符号。

6.4 填写技术要求

在【注解】工具栏中选择【注释】按钮，出现如图 4-2-37 所示的对话框，在对话框【引线】中选【无引线】，鼠标移动到工程图中，在合适的位置填写技术要求（见图 4-2-38）。

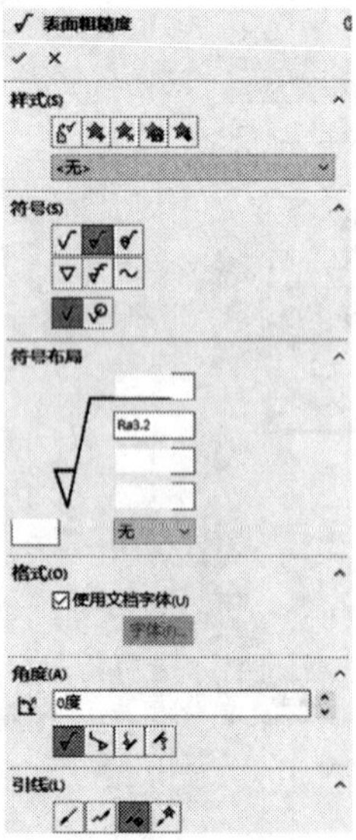

图 4-2-36 【表面粗糙度】属性管理器

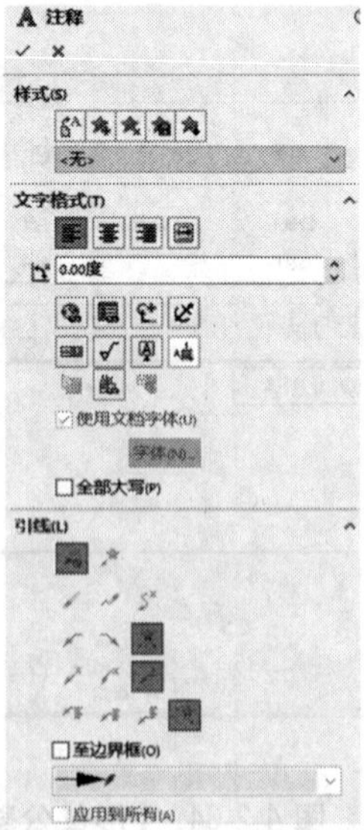

图 4-2-37 【注释】属性管理器

技术要求

1.未注圆角*R*1.5;
2.调质220-250HBW。

图 4-2-38 技术要求

【技能训练】

4-2-1　参照本任务实例上机练习。

4-2-2　创建如图 4-2-39 所示的轴零件工程图。

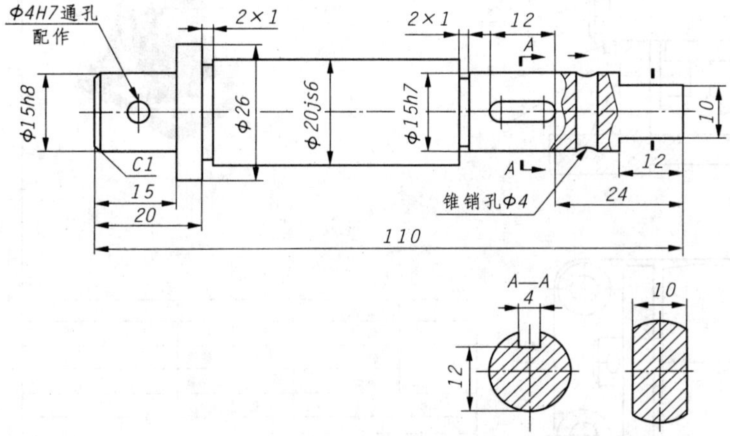

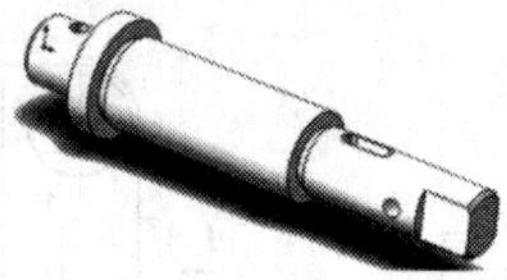

图 4-2-39　轴零件图

重视青年创新人才的培养，让更多的青少年心怀科学梦想、树立创新志向

要在全社会营造尊重劳动、尊重知识、尊重人才、尊重创造的环境，形成崇尚科学的风尚，让更多的青少年心怀科学梦想、树立创新志向。

要更加重视青年人才培养，努力造就一批具有世界影响力的顶尖科技人才，稳定支持一批创新团队，培养更多高素质技术技能人才、能工巧匠、大国工匠。

——2021 年 5 月 28 日，习近平在中国科学院第二十次院士大会、中国工程院第十五次院士大会、中国科协第十次全国代表大会上的讲话

任务 3　建立支架装配图

【学习目标】

掌握装配图的创建方法。

【任务内容】

建立如图 4-3-1 所示的轮架装配图。

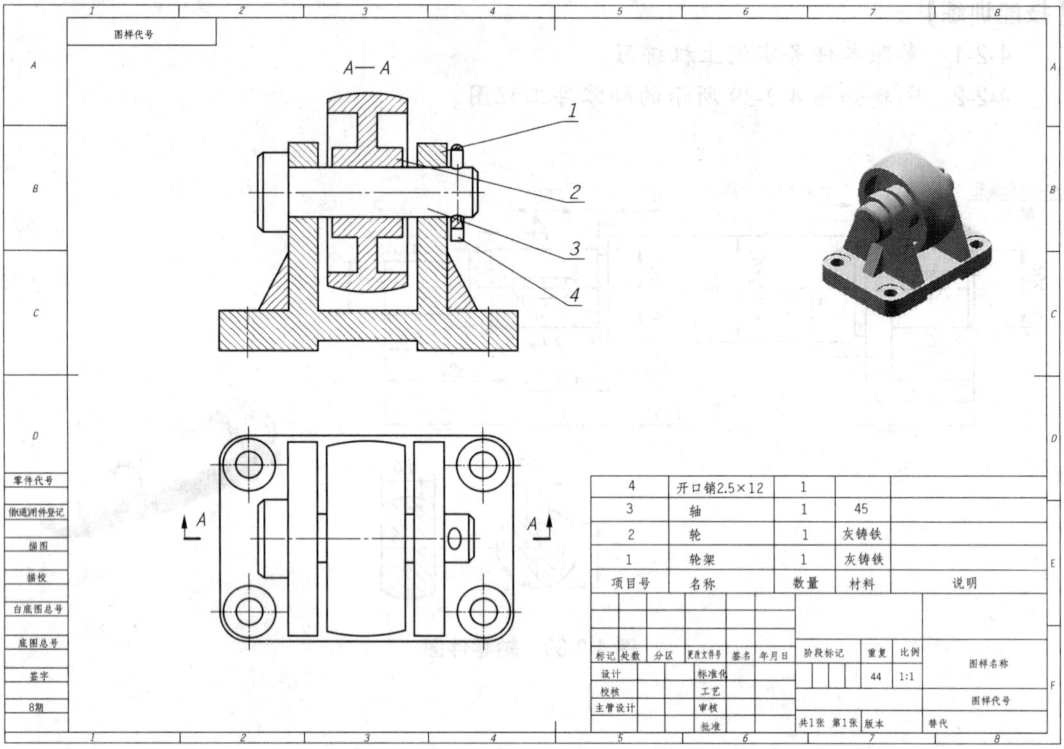

图 4-3-1　轮架装配图

【知识与技能准备】

装配图与零件图不同,装配图只标注与部件的性能、装配、安装、运输等有关的尺寸。同时,为了便于看图、装配、图样管理以及生产准备工作,在装配图中,必须对每种零件或零件组标注序号,并在标题栏上方填写与图中序号一致的明细栏,用以说明每种零件的名称、数量、材料、规格等。

SolidWorks 装配体工程图除具有零件工程图的各种功能外,还具有建立装配体工程图中的材料明细表和零件序号等功能。建立装配体工程图和建立零件工程图的方法基本相同,在生成工程图视图前,必须先保存装配体文件。

1　插入明细表

1.1　设置材料明细表

单击【标准】工具栏中的【选项】图标 选项,在打开的对话框中选择【文档属性】选项卡,选择【表格】|【材料明细表】(见图 4-3-2)。可以通过设置【边界】【文本】【图层】等选项,指定材料明细表总表的文档绘制设定。

码 4-7　微课:插入明细栏

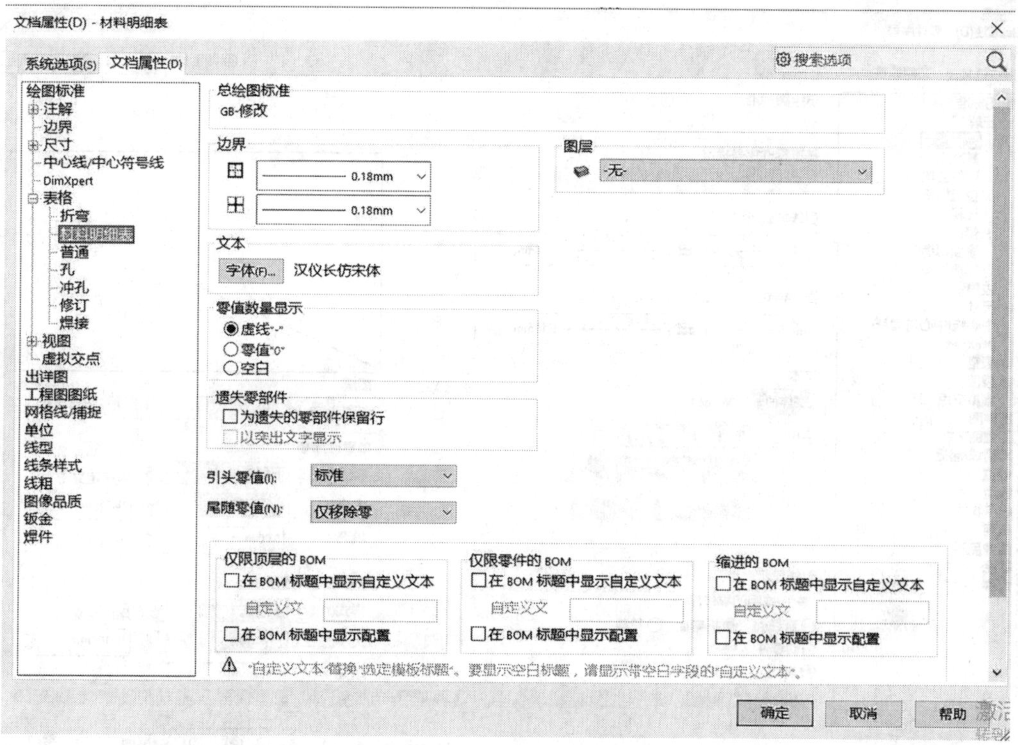

图 4-3-2　设置材料明细表

1.2　插入材料明细表(BOM)

(1)单击【表格】工具栏中的【材料明细表】，或者依次单击【插入】|【表格】|【材料明细表】。

(2)选择一个工程图视图来指定模型。

(3)在【材料明细表】属性管理器中设定属性。

(4)在图形区域中单击来放置表格。

2　零件序号

零件序号用于标记装配体中的零件，并将零件与材料明细表(BOM)中的序号相关联。

码 4-8　微课：插入零件序号

2.1　设置零件序号

在打开工程图的情况下单击【标准】工具栏中的【选项】图标 **选项**，选择【文档属性】选项卡，选择【注解】|【零件序号】(见图 4-3-3)，可以通过设置基本零件序号标准、引线样式、框架样式、文本、引线显示、图层、单零件序号、成组的零件序号、自动零件序号布局等选项，指定零件序号注解的文档绘图设定。

2.2　插入零件序号

零件序号可手工或自动插入。

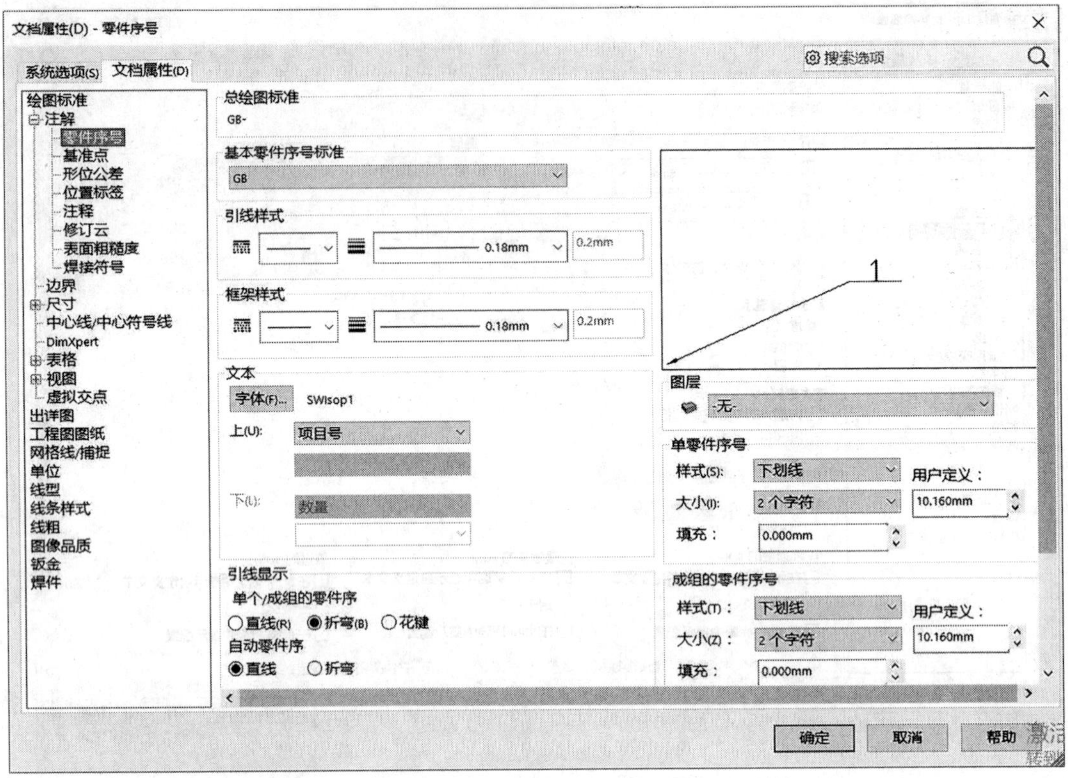

图 4-3-3　设置零件符号

2.2.1　零件序号

(1)单击【注解】工具栏上的【零件序号】![零件序号],或单击【插入】|【注解】|【零件序号】。【零件序号】属性管理器出现。

(2)根据需要编辑属性管理器中的属性,然后单击装配体工程图视图中的一个零部件,或单击装配体模型中的零部件来放置引线,然后再次单击来放置零件序号。

(3)根据需要继续插入零件序号。在插入零件序号前,先在属性管理器中编辑每个零件序号的属性。

(4)单击确定✔。

2.2.2　自动零件序号

(1)单击【注解】工具栏上的【自动零件序号】图标,或单击【插入】|【注解】|【自动零件序号】。

(2)选择在其中插入零件序号的工程图视图。

(3)在【自动零件序号】属性管理器中设置属性。

(4)单击✔按钮。

零件序号中的项目号与 BOM 中对等。可将视图和零件序号来回移动,并根据不同的需要进行组织。

【任务实施】

1. 新建工程图文件,设置投影类型为【第一视角】,图纸幅面为【A3-横向】。

2. 创建轮架俯视图。

(1)单击【布局视图】|【模型视图】,打开【模型视图】对话框,单击【浏览】,打开【轮架】装配体,在【方向】选项中选择上视,将【比例】设为 2:1,在绘图区合适的位置放置视图(见图 4-3-4)。

码 4-9 微课:建立轮架装配图实例练习

3. 创建全剖主视图。

(1)单击【布局视图】|【剖面视图】图标,在俯视图中间绘制剖切线(见图 4-3-4),系统弹出【剖面视图】对话框。

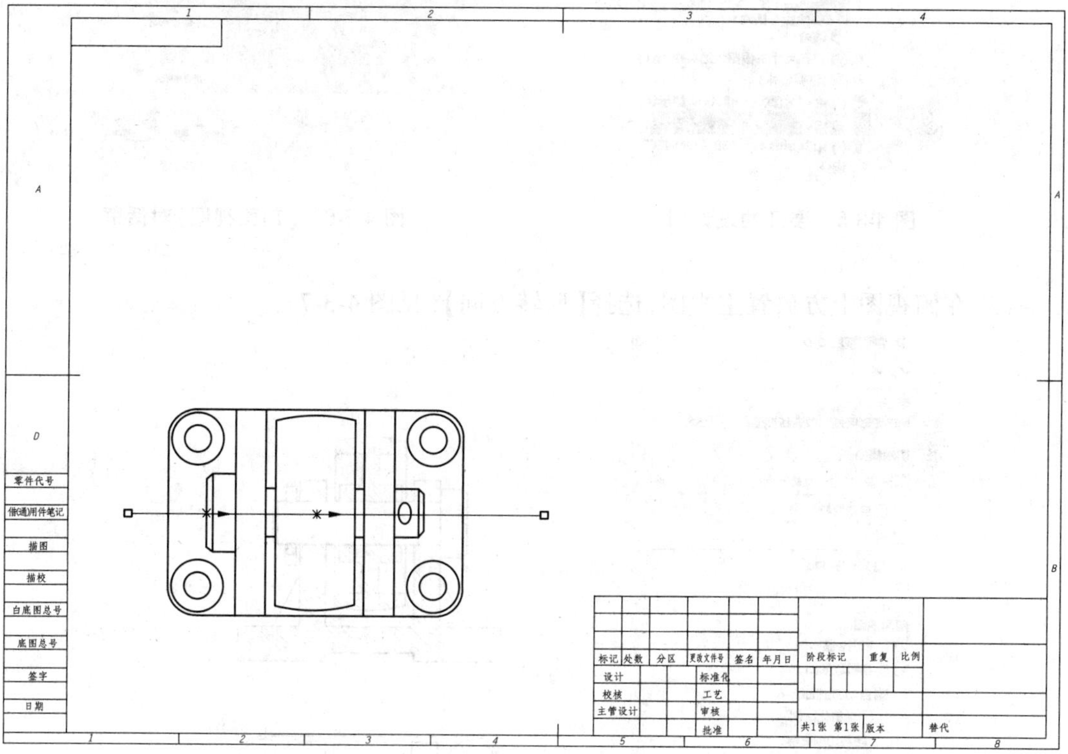

图 4-3-4 轮架俯视图

(2)单击【设计树】图标,在展开的设计树中选择【轴】【支架】中的【筋】和【镜向】(见图 4-3-5),此时【剖面视图】对话框如图 4-3-6 所示,【轴】和【支架】中的【筋】特征不在剖切范围,单击【确定】。

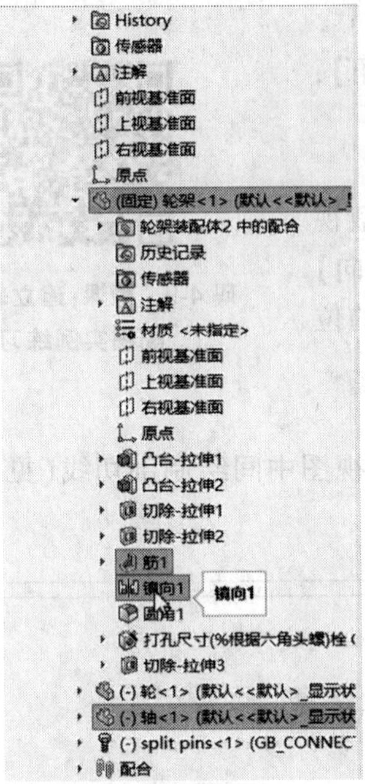

图 4-3-5　展开的设计树

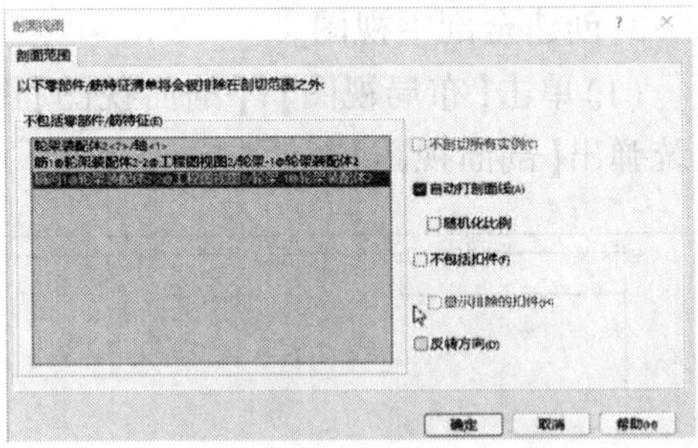

图 4-3-6　【剖面视图】对话框

(3)在俯视图上方放置主视图,选择【反转方向】(见图 4-3-7)。

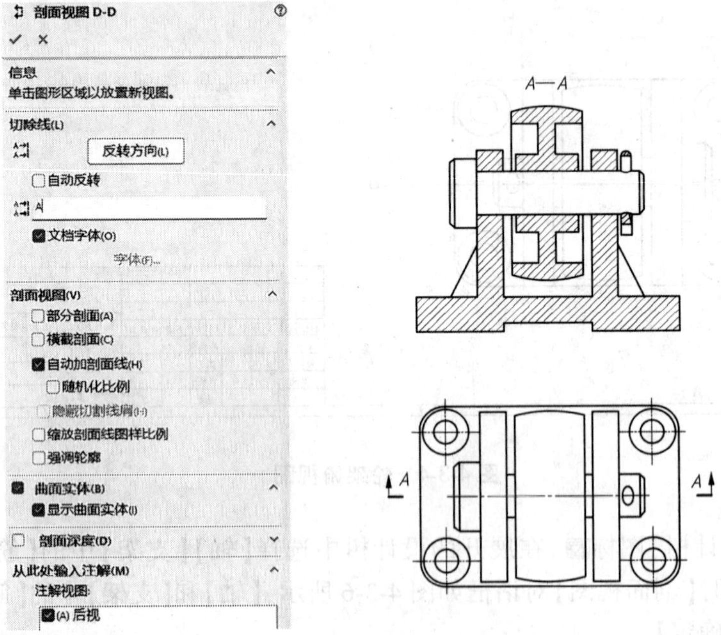

图 4-3-7　主视图

4. 添加中心线和中心符号线。

5. 添加零件序号。

（1）单击【注解】工具栏中的【自动零件序号】图标，打开【自动零件序号】对话框，选择主视图，在【零件序号布局】的【阵列类型】中选择【布局零件序号到右】图标，单击【确定】，完成零件序号添加（见图 4-3-8）。

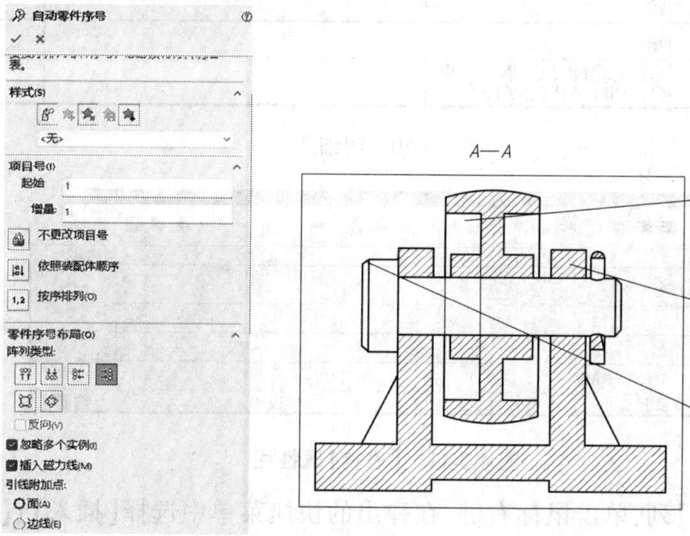

图 4-3-8　添加序号

（2）调整序号顺序。选择序号，鼠标左键拖动调整序号（见图 4-3-9）。

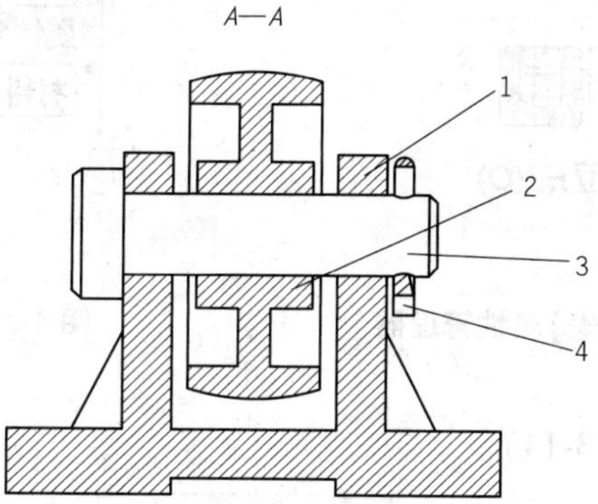

图 4-3-9　调整序号

6. 插入明细表。

（1）单击【插入】菜单【表格】|【材料明细表】，选择主视图，单击【确定】按钮，放置明细表（见图 4-3-10）。

（2）选择明细表，在弹出的【表格】属性栏中，选择【表格标题在下】，使其变成【表格标题在下】（见图 4-3-11）。

（3）选择【表格】，单击左上角图标，在弹出的【材料明细表】属性管理器中【表格位置】下，选择【右下】，勾选【附加到定位点】（见图 4-3-12）。

（4）选中【数量】所在列，按住鼠标左键向右拖动，将其位置调整到说明右侧。

	A	B	C	D
1	项目号	零件号	说明	数量
2	1	轮架		1
3	2	轮		1
4	3	轴		1
5	4	GB_CONNECTING_PIECE_PIN_AP 2.5X12		1

图 4-3-10　明细表

	A	B	C	D
1	4	GB_CONNECTING_PIECE_PIN_AP 2.5X12		1
2	3	轴		1
3	2	轮		1
4	1	轮架		1
5	项目号	零件号	说明	数量

图 4-3-11　【表格】属性栏

(5)选中【数量】列,单击鼠标右键,在弹出的快捷菜单中选择【插入】|【右列】,单击【列类型】|【属性名称】下拉菜单,选择【材料】(见图 4-3-13),调整列宽。

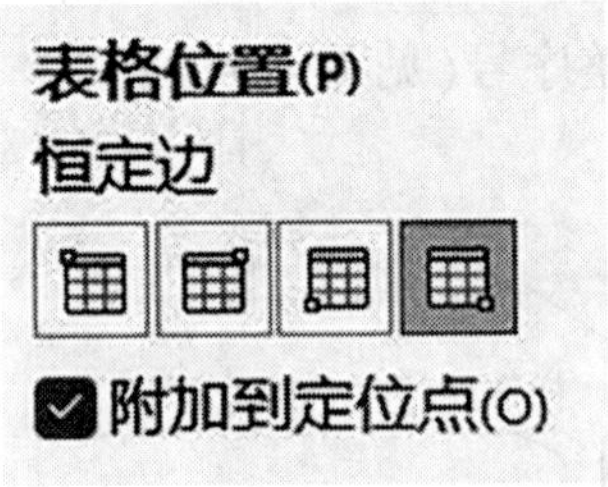

图 4-3-12　【材料明细表】属性管理器

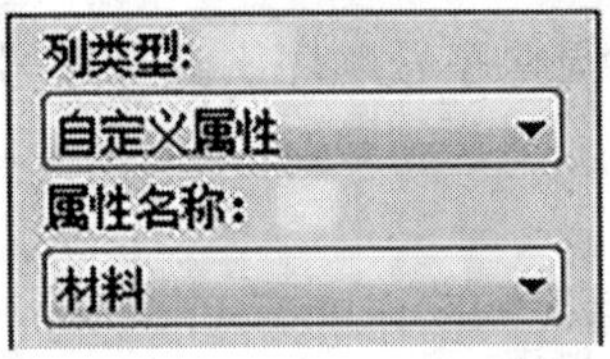

图 4-3-13　插入表格列类型

(6)更改标题(见图 4-3-14)。

	A	B	C	D	E
1	4	开口销 2.5X12	1		
2	3	轴	1	45	
3	2	轮	1	灰铸铁	
4	1	轮架	1	灰铸铁	
5	项目号	名称	数量	材料	说明

图 4-3-14　编辑后的明细表

【技能训练】

4-3-1　参照本任务实例上机练习。

4-3-2　创建铣刀头装配图(可参考文献[7])。

勇于创新　敢为人先

我国工人阶级和广大劳动群众要大力弘扬劳模精神、劳动精神、工匠精神，适应当今世界科技革命和产业变革的需要，勤学苦练、深入钻研，勇于创新、敢为人先，不断提高技术技能水平，为推动高质量发展、实施制造强国战略、全面建设社会主义现代化国家贡献智慧和力量。

——2022 年 4 月 27 日，习近平致首届大国工匠创新交流大会的贺信

项目 5 曲线与曲面设计

在复杂的零件三维建模中，经常用到曲线、曲面。曲线与曲面是复杂和不规则实体模型的主要组成部分，尤其在工业设计中，该组命令的应用更为广泛。它使不规则实体的绘制更加灵活、快捷。随着数控技术水平的提高，加工复杂的非回转曲面已不再困难，因此工程技术人员应该提升这类零件的三维造型能力。

本项目主要通过 4 个任务来介绍曲线与曲面设计。

【知识与技能目标】

1. 理解曲面、曲线各特征指令的运用。

2. 掌握分析零件结构、确定零件设计意图、利用曲面或曲线特征进行零件设计的基本方法与技巧。

任务 1 三叉管

【学习目标】

1. 进一步熟悉拉伸曲面、旋转曲面及基准面的创建功能。

2. 掌握交叉曲线的使用方法。

3. 掌握曲面的延伸与裁剪操作方法。

4. 掌握曲面的镜像操作方法。

5. 掌握曲面的缝合和加厚操作方法。

【任务内容】

建立如图 5-1-1 所示的三叉管模型。

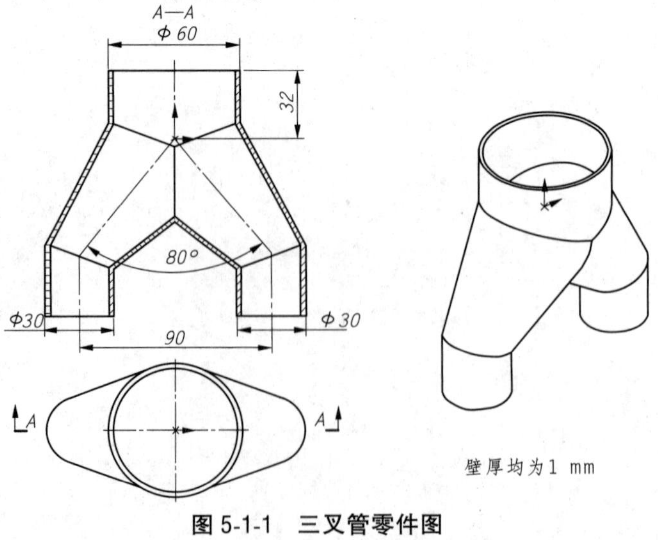

图 5-1-1 三叉管零件图

【知识与技能】

1　曲面概述

曲面是一种可以用来生成实体特征的几何体。它具有许多与特征命令一样的性质,如拉伸、旋转、扫描、放样、圆角等。一个零件中可以有多个曲面实体。在 SolidWorks 中,生成曲面的方式有以下几种:

码 5-1　微课:曲面概述

(1)由草图或者基准面上的一组闭环边线插入平面。

(2)由草图拉伸、旋转、扫描或者放样生成曲面。

(3)由现有面或者曲面生成等距曲面。

(4)由多个曲面组合成新的曲面。

SolidWorks 提供了生成曲面的工具栏和菜单命令。

选择【插入】|【曲面】菜单命令可以选择生成相应曲面的类型(见图 5-1-2)。

图 5-1-2　【曲面】菜单命令

SolidWorks 在【曲面】工具栏上设置了曲面工具(见图 5-1-3)。在默认情况下,SolidWorks 不显示【曲面】工具栏,用户在任意工具栏上右击,在弹出的快捷菜单中选择【曲面】,屏幕上即可显示【曲面】工具栏。

图 5-1-3 【曲面】工具栏

曲面是零厚度的面实体，不要将曲面与实体里的薄壁特征相混淆，薄壁特征本质上是实体，只不过它的壁很薄。用曲面创建形状复杂的零件的过程如下：

(1)创建数个单独的曲面。

(2)对曲面进行裁剪、合并和等距等操作。

(3)将各个单独的曲面缝合为一个整体的曲面组。

(4)将曲面加厚转化为实体零件。

2 拉伸曲面

拉伸曲面是将一条曲线拉伸为曲面。

拉伸曲面的属性设置：单击【曲面】工具栏中的【拉伸曲面】按钮或者选择【插入】|【曲面】|【拉伸曲面】菜单命令，弹出【曲面-拉伸】属性设置框(见图 5-1-4)。在【从】选项组中，可选择不同的开始条件(见图 5-1-5)。

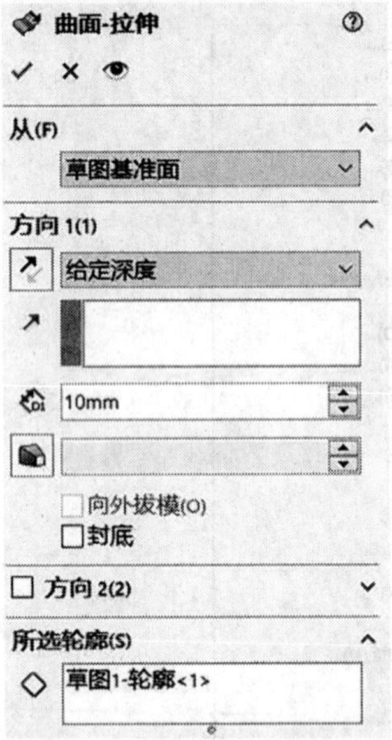

图 5-1-4 【曲面-拉伸】属性设置框

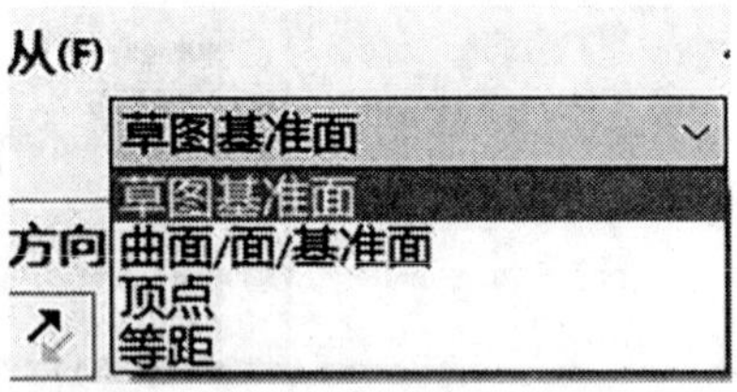

图 5-1-5 开始条件

2.1 【从】选项组

在该选项组选择拉伸曲面的开始条件，不同的开始条件对应不同的属性设置。

(1)【草图基准面】：以基准面为拉伸曲面的开始条件。

(2)【曲面/面/基准面】：选择一个面作为拉伸曲面的开始条件。

(3)【顶点】：选择一个顶点作为拉伸曲面的开始条件。

(4)【等距】:从与当前草图基准面等距的基准面上开始拉伸曲面。

2.2　【方向 1】【方向 2】选项组

(1)【终止条件】下拉选项:决定拉伸曲面的方式。

(2)(反向):可以沿预览中所示的相反方向拉伸曲面。

(3)(拉伸方向):在图形区域中选择方向向量以垂直于草图轮廓的方向拉伸草图。

(4)(深度):设置曲面拉伸的深度。

(5)(拔模开/关):设置拔模角度,主要用于制造工艺的考虑。

(6)【向外拔模】:设置拔模方向。

(7)【封底】:将模型的底部封闭成一个平面。

其他属性不再赘述。

3　旋转曲面

从交叉或者非交叉的草图中选择不同的草图,并用所选轮廓生成的旋转的曲面,即旋转曲面。

旋转曲面的属性设置:单击【曲面】工具栏中的(旋转曲面)按钮或者选择【插入】|【曲面】|【旋转曲面】菜单命令,弹出【曲面-旋转】属性设置框(见图 5-1-6)。

选项组用来设置生成旋转曲面的各项参数。

(1)(旋转轴)。它用来设置曲面旋转所围绕的轴,所选择的轴可以是中心线、直线,也可以是一条边线。

(2)(反向)。它可以改变旋转曲面的方向。

(3)【旋转类型】下拉选框。它用来设置生成旋转曲面的类型,如图 5-1-7 所示,有以下 5 种类型。

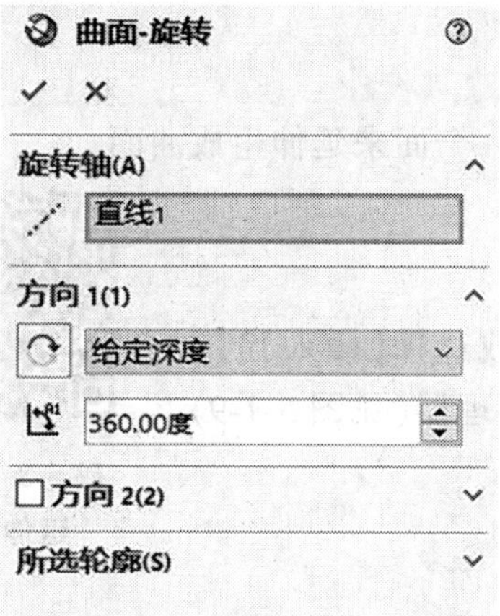

图 5-1-6　【曲面-旋转】属性设置框

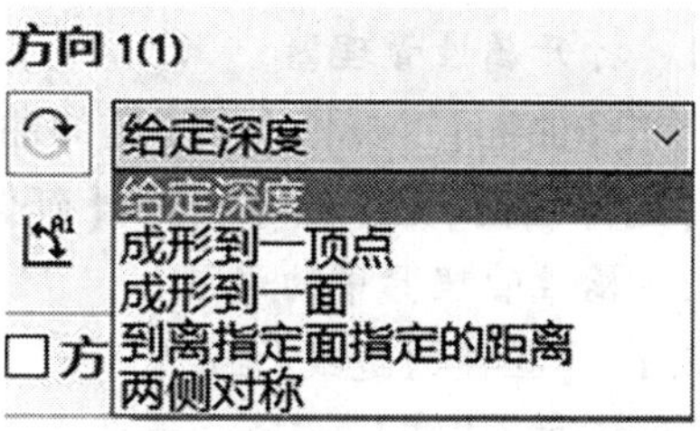

图 5-1-7　"旋转类型"选项

①【给定深度】:从草图基准面以单一方向生成旋转。

②【成形到一顶点】:从草图基准面生成旋转到指定的顶点。

③【成形到一面】:从草图基准面生成旋转到指定的曲面。

④【到离指定面指定的距离】:从草图基准面旋转到离指定的曲面指定距离的位置。

⑤【两侧对称】:从草图基准面以顺时针和逆时针方向生成旋转。

(4) (角度)。它用来设置旋转曲面的角度。系统默认的角度为 360 度,角度从所选草图基准面以顺时针方向开始。

4 交叉曲线

交叉曲线的功能是将两个曲面特征相交的痕迹创建成曲线。交叉曲线适用的交叉类型有:基准面和曲面或模型面、两个曲面、曲面和模型面、基准面和整个零件、曲面和整个零件。使用方法如下:

码 5-2 微课:交叉曲线

打开【工具】下拉菜单,单击【草图工具】|【交叉曲线】命令,选择两个相交的曲面,单击【确定】按钮,生成交叉曲线(见图 5-1-8)。

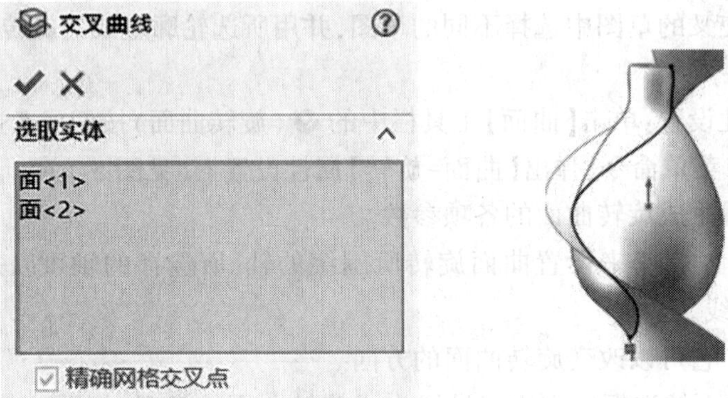

图 5-1-8 交叉曲线

5 延伸曲面

延伸曲面是通过选择一条或多条边线,或选择一个面来延伸生成曲面。

5.1 延伸曲面的属性设置

5.1.1 打开属性管理器

单击【曲面】工具栏上的【延伸曲面】图标,或选择【插入】|【曲面】|【延伸曲面】菜单命令,打开【延伸曲面】属性管理器(见图 5-1-9)。

码 5-3 微课:延伸曲面

5.1.2 属性管理器中的设置

5.1.2.1 【拉伸的边线/面】选项

【所选面/边线】:选择一条或多条边线或面。

注意:对于边线,曲面沿边线的基准面延伸;对于面,曲面沿面的所有边线延伸,除那些连接到另一个面的外。可通过单击【延伸】标注将延伸曲面扩展到切面,此标注只在选择边线时出现。

5.1.2.2　可选终止条件类型

(1)距离:按在【距离】文本框中所指定的数值延伸曲面。

(2)成形到点:将曲面延伸到【为顶点】,即在图形区域中延伸到所选择的点或顶点。

(3)成形到面:将曲面延伸到【为曲面】,即在图形区域中延伸到所选择的曲面或面。

5.1.2.3　可选延伸类型

(1)【同一曲面】:沿曲面的几何体延伸曲面。

(2)【线性】:沿边线相切于原有曲面来延伸曲面。

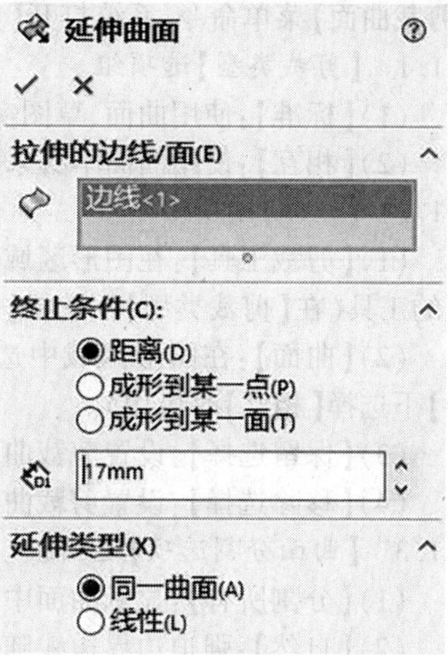

图 5-1-9 【延伸曲面】属性管理器

5.2　延伸曲面的操作步骤

(1)单击【曲面】工具栏上的【延伸曲面】图标,或选择【插入】|【曲面】|【延伸曲面】菜单命令,打开【延伸曲面】属性管理器。

(2)在【拉伸的边线/面】选项组中,在图形区域选中如图 5-1-10 所示的边线。

(3)在【终止条件】类型中选择【距离】,设置为 30 mm。

(4)在【延伸类型】中选择【同一曲面】(见图 5-1-11),单击【确定】按钮,完成曲面的延伸。

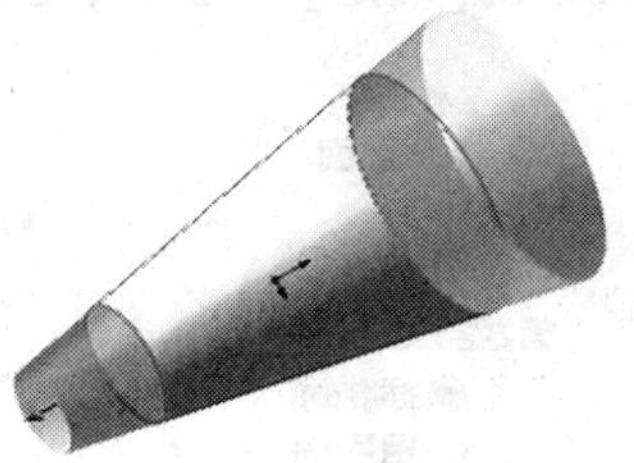
图 5-1-10　延伸边线

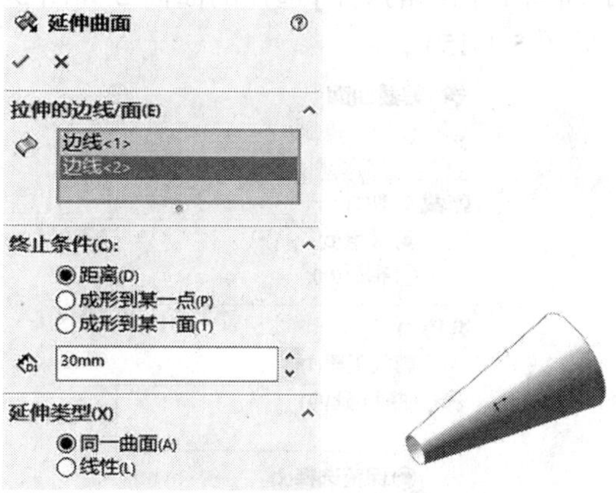

图 5-1-11　曲面延伸

6　剪裁曲面

剪裁曲面是使用曲面、基准面或草图作为剪裁工具来剪裁相交曲面生成的面,也可以将曲面和其他曲面联合使用作为相互的剪裁工具。

码 5-4　微课:裁剪曲面

6.1　裁剪曲面的属性设置

单击【曲面】工具栏中的【剪裁曲面】按钮或者【插入】|【曲面】|

【剪裁曲面】菜单命令，系统打开【剪裁曲面】属性管理器（见图 5-1-12）。

6.1.1 【剪裁类型】选项组

(1)【标准】：使用曲面、草图实体、曲线、基准面等来剪裁曲面。

(2)【相互】：使用曲面本身来剪裁多个曲面。

6.1.2 【选择】选项组

(1)【剪裁工具】：在图形区域中选择曲面、草图实体、曲线或基准面作为剪裁其他曲面的工具（在【剪裁类型】下选择【标准】时可用）。

(2)【曲面】：在图形区域中选择多个曲面以使剪裁曲面用来剪裁自身（在【剪裁类型】下选择【相互】时可用）。

(3)【保留选择】：设置剪裁曲面中选择的部分要保留。

(4)【移除选择】：设置剪裁曲面中选择的部分要移除。

6.1.3 【曲面分割选项】选项组

(1)【分割所有】：显示曲面中的所有分割。

(2)【自然】：强迫边界边线随曲面形状变化。

(3)【线性】：强迫边界边线随剪裁点的线性方向变化。

6.2 生成【标准】类型剪裁曲面的操作步骤

(1)单击【曲面】工具栏中的【剪裁曲面】按钮或者【插入】|【曲面】|【剪裁曲面】菜单命令，系统打开【剪裁曲面】属性管理器。

(2)生成【标准】类型剪裁曲面的属性管理器设置如图 5-1-13 所示，【剪裁工具】选择的曲面 1、【保留选择】选择的曲面 2 如图 5-1-14 所示，单击【确定】按钮，完成曲面裁剪（见图 5-1-15）。

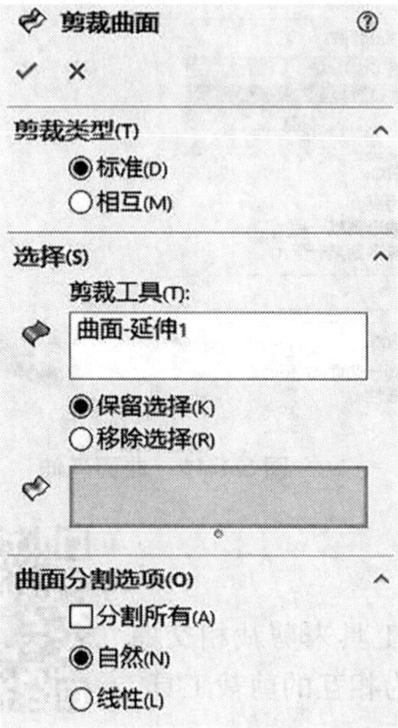

图 5-1-12 【剪裁曲面】属性管理器

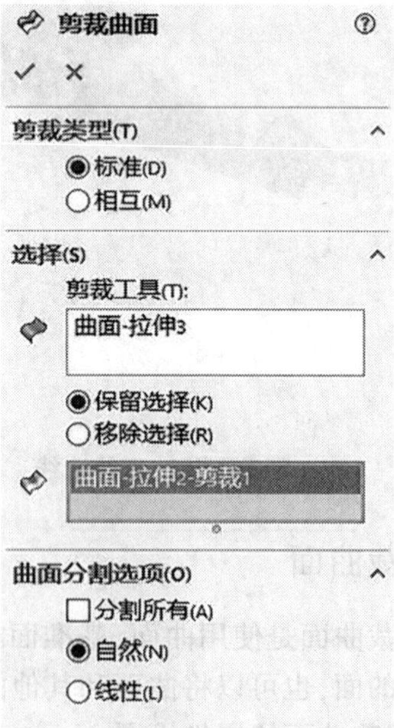

图 5-1-13 属性管理器设置 1

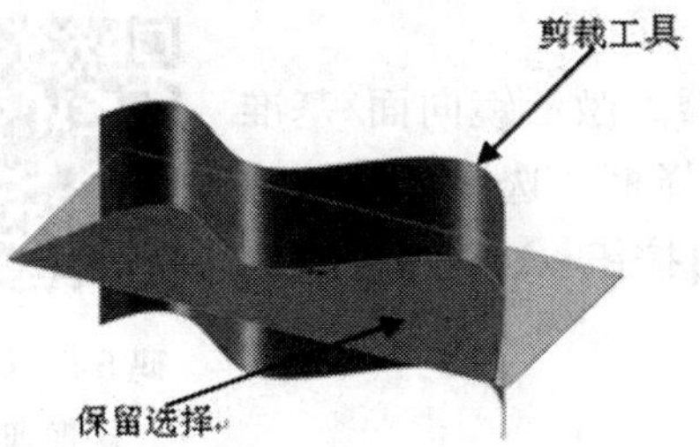

图 5-1-14　【剪裁工具】与【保留选择】

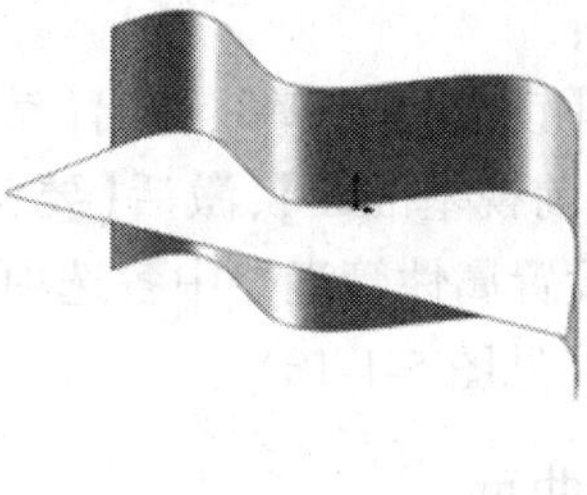

图 5-1-15　生成剪裁曲面

6.3　生成【相互】类型剪裁曲面的操作步骤

(1)单击【曲面】工具栏中的【剪裁曲面】按钮或者【插入】|【曲面】|【剪裁曲面】菜单命令,系统打开【剪裁曲面】属性管理器。

(2)生成【相互】类型剪裁曲面的属性管理器设置如图 5-1-16 所示,【曲面】选择曲面 1 和曲面 2,【保留选择】选择曲面 1 和曲面 2,单击【确定】按钮,完成剪裁曲面(见图 5-1-17)。

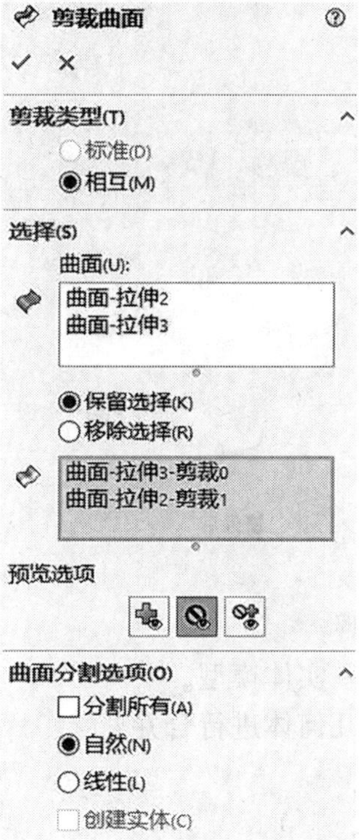

图 5-1-16　属性管理器设置 2

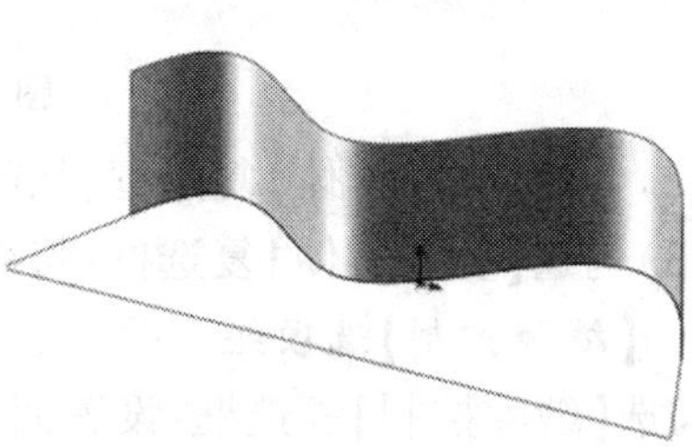

图 5-1-17　生成剪裁曲面

7　镜像曲面

曲面在镜像时等同于实体,所以曲面镜像时要用到【特征】中的【镜向】命令,具体操作如下：

选择【镜向】按钮，弹出【镜向】属性管理器。激活镜向面/基准面，选择【前视基准面】，激活【要镜向的实体】选择框。选中想要镜像的曲面，设置属性管理器中各选项，再单击【确定】按钮，即可完成曲面的镜像（见图 5-1-18）。

码 5-5　微课：镜像曲面

8　缝合曲面

缝合曲面是将两个或多个曲面组合成一个曲面，各曲面的边线必须相邻并且不重叠。

码 5-6　微课：缝合曲面

8.1　缝合曲面的属性设置

单击【曲面】工具栏中的【缝合曲面】按钮，或选择【插入】|【曲面】|【缝合曲面】菜单命令，系统打开【缝合曲面】属性管理器（见图 5-1-19）。

8.1.1　【选择】选项组

（1）【要缝合的曲面和面】：选择面和曲面。

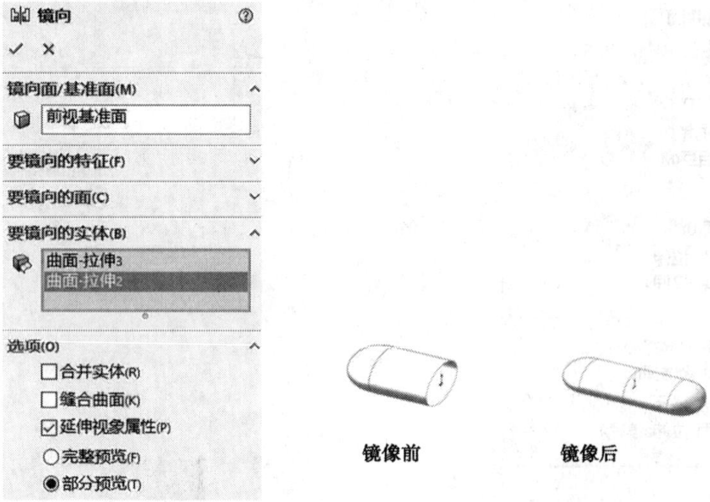

图 5-1-18　曲面的镜像

（2）勾选【创建实体】复选框：从闭合的曲面生成一实体模型。

（3）勾选【合并实体】复选框：将面与相同的内在几何体进行合并。

8.1.2　【缝隙控制】选项组

勾选【缝隙控制】复选框：设置面与面之间的缝隙。

8.2　缝合曲面的操作步骤

（1）单击【曲面】工具栏中的【缝合曲面】按钮，或选择【插入】|【曲面】|【缝合曲面】菜单命令，系统打开【缝合曲面】属性管理器。

（2）属性管理器设置如图 5-1-20 所示，单击【确定】按钮，完成曲面缝合。

注意：要缝合的曲面边线必须相邻并且不重叠；曲面不必处于同一基准面上；选择整

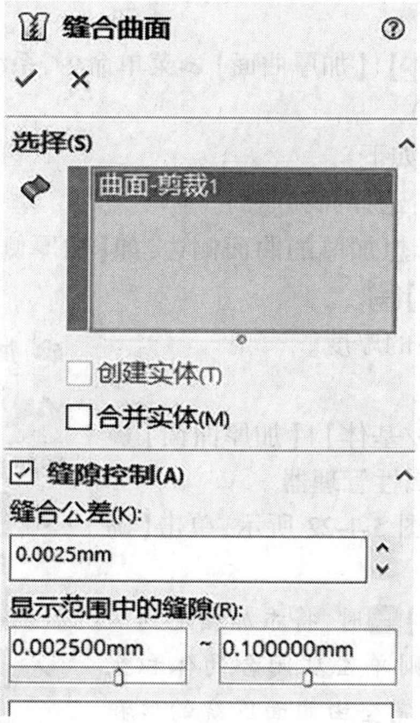

图 5-1-19 【缝合曲面】属性管理器

图 5-1-20 缝合曲面

个曲面实体或选择一个或多个相邻曲面实体;缝合曲面会吸收用于生成它们的曲面实体;在缝合曲面形成一闭合体积或保留为曲面实体时生成一实体。

9 加厚曲面

加厚曲面是给已有曲面加厚度或把完全由曲面围绕的体积生成实体。加厚的曲面由多个相邻的曲面组成时,则必须先缝合曲面才能加厚曲面。

9.1　加厚曲面的属性设置

选择【插入】|【凸台/基体】|【加厚曲面】菜单命令,系统打开【加厚】属性管理器(见图 5-1-21)。

【加厚参数】选项组功能如下:

(1)【要加厚的曲面】:选择面和曲面。

(2)【加厚】选项组:选择想加厚的曲面侧边,如【加厚侧边 1】、【加厚双侧】、【加厚侧边 2】。

(3)【厚度】:设置加厚的厚度。

码 5-7　微课:加厚曲面

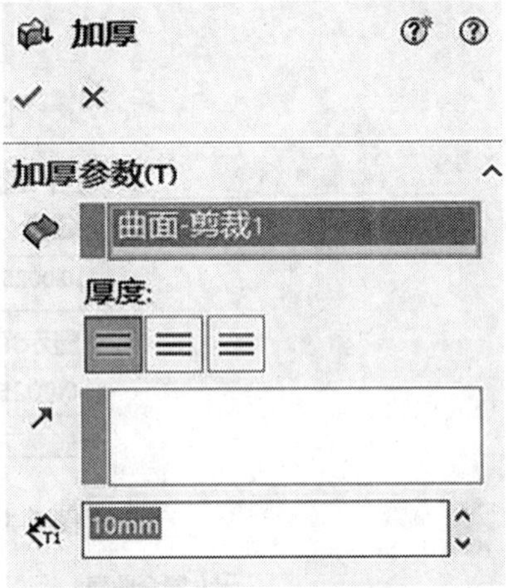

图 5-1-21　【加厚】属性管理器

9.2　加厚曲面的操作步骤

(1)选择【插入】|【凸台/基体】|【加厚曲面】菜单命令,系统打开【加厚】属性管理器。

(2)属性管理器设置如图 5-1-22 所示,单击【确定】按钮,完成曲面加厚。

注意:当选择【加厚双侧】时,将添加指定到两侧的厚度。若要生成实体,则单击从闭合的体积生成实体。此选项只在生成了完全由曲面围绕的体积后才可使用。

【任务实施】

1　思路分析

分析图 5-1-1 所示模型,是由 ϕ 30、ϕ 60 的圆柱管和两个圆锥管组成的。圆锥管的上、下端分别与圆柱管公切一圆球。利用对称性,建模时先拉伸出 ϕ 30、ϕ 60 的圆柱面,然后旋转出中间连接管,求出交线,以交线为剪切边,剪裁多余的部分。用右视基准面作修剪面,剪裁右半部,然后镜像出完整轮廓,缝合曲面,加厚曲面,完成模型创建(见图 5-1-23)。

码 5-8　微课:三叉管设计实例练习

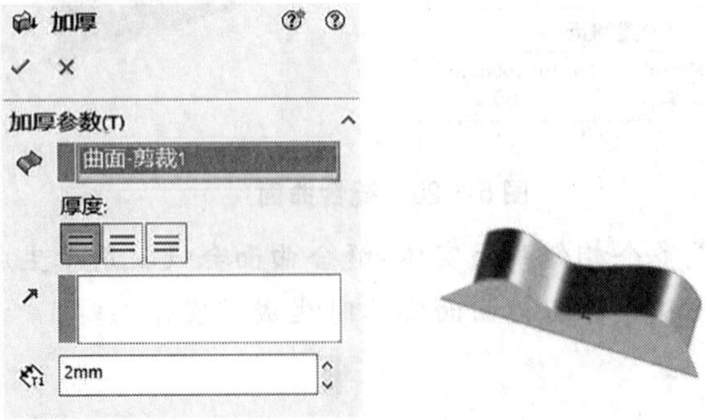

图 5-1-22　加厚曲面

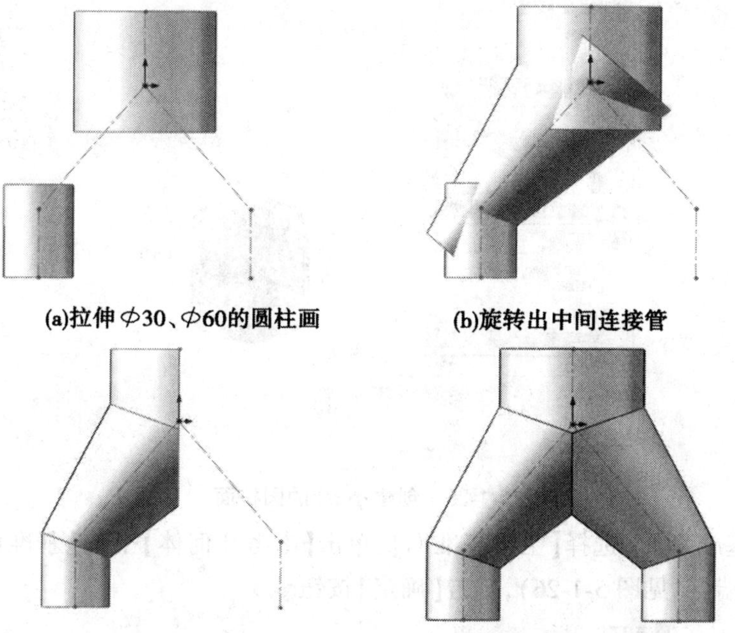

(a)拉伸 ϕ30、ϕ60的圆柱画　　(b)旋转出中间连接管

(c)裁剪多余的面　　(d)镜像出完整轮廓

图 5-1-23　三叉管的设计示意图

2　建模步骤

2.1　创建文档与基本操作

启动 SolidWorks 软件,单击【文件】|【新建】,弹出【新建 SOLIDWORKS 文件】对话框,单击【零件】图标,再单击【确定】按钮,完成零件的新建过程,进入 SolidWorks 建模环境。

2.2　创建三叉管

2.2.1　创建 ϕ 30、ϕ 60 的圆柱面

(1)绘制中心线。在【前视基准面】上绘制出三叉管的轴线,并标注尺寸(见图 5-1-24,注意左右对称),确认并退出草图 1。

(2)创建 ϕ 60 的圆柱面。选择【上视基准面】进入草图绘制状态,用画圆工具绘制出 ϕ 60 的圆(圆心定在原点),单击【曲面】工具栏中的【拉伸曲面】按钮,拉伸 ϕ 60 的圆柱面。终止条件:方向 1 选择 ϕ 60 的圆柱轴线的上端点,方向 2 给定深度为 20 mm(见图 5-1-25),单击【确认】按钮,完成 ϕ 60 的圆柱面的创建。

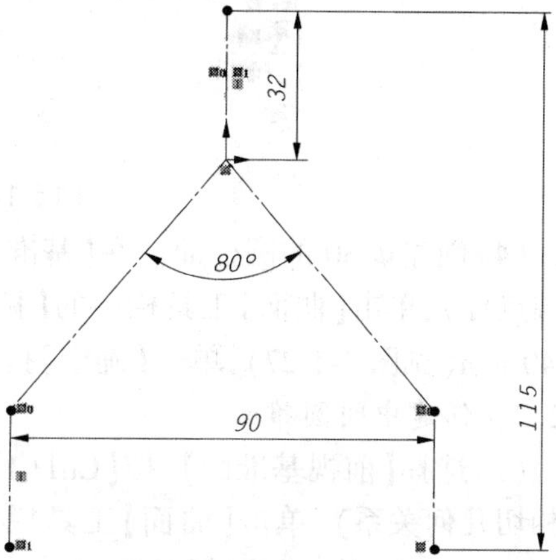

图 5-1-24　三叉管的轴线草图

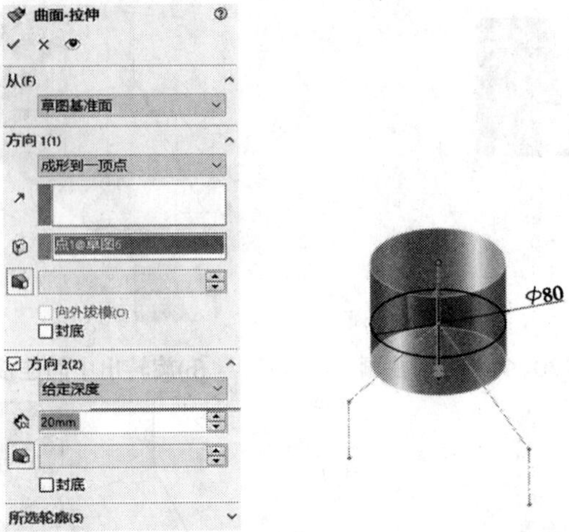

图 5-1-25　创建 ϕ 60 的圆柱面

(3)建立基准面 1。选择【上视基准面】,单击【参考几何体】下的【基准面】按钮,单击中心线的下端点(见图 5-1-26),单击【确定】按钮。

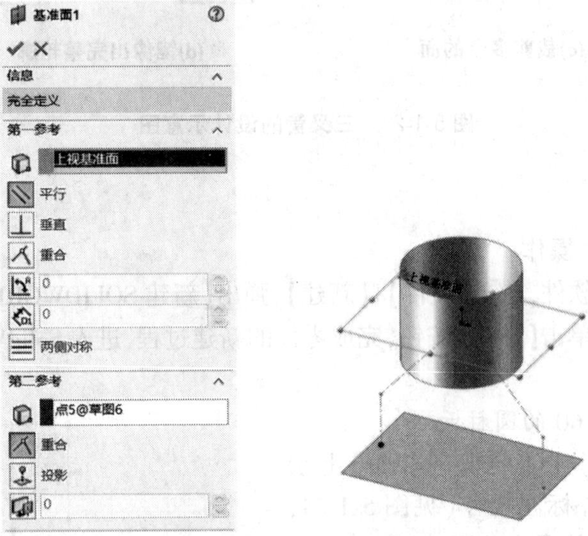

图 5-1-26　建立基准面 1

(4)创建 ϕ 30 的圆柱面。在【基准面 1】上绘制出 ϕ 30 的圆(圆心定在左边中心线的下端点处),单击【曲面】工具栏中的【拉伸曲面】按钮,拉伸 ϕ 30 的圆柱面。给定深度为 40 mm(见图 5-1-27),单击【确定】按钮。

2.2.2　创建中间圆锥面

(1)选择【前视基准面】,按【Ctrl+1】组合键,绘制出如图 5-1-28 所示的草图(注意添加相切几何关系),单击【曲面】工具栏中的【旋转曲面】按钮,选择斜轴线作为旋转轴(见图 5-1-29),单击【确定】按钮。

(2)延伸圆锥面。单击【曲面】工具栏中的【延伸曲面】按钮,分别选择圆锥面的两端边线,距离给定为 20 mm(见图 5-1-30),单击【确定】按钮。

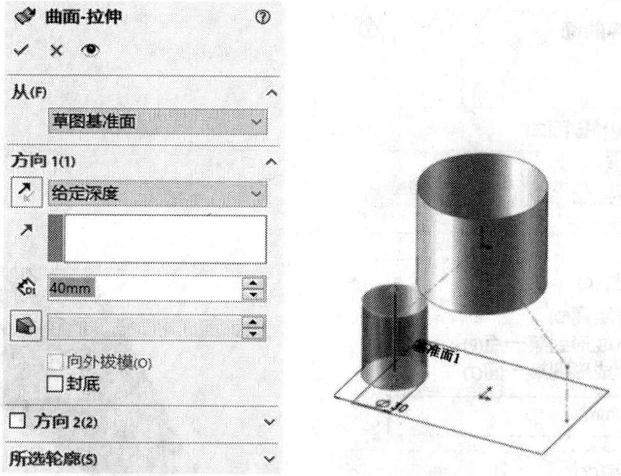

图 5-1-27 ϕ 30 的圆柱面

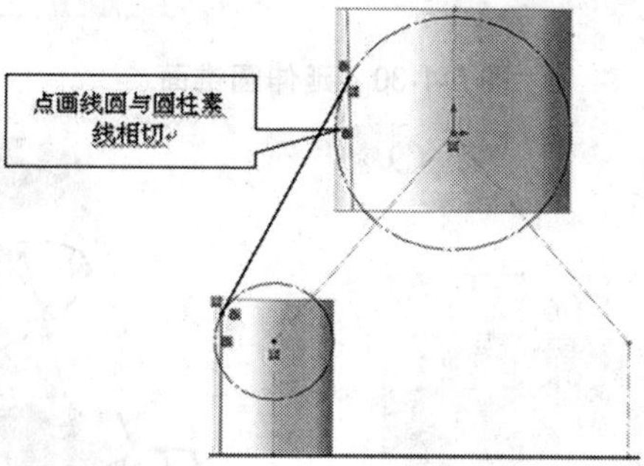

图 5-1-28 圆锥面草图

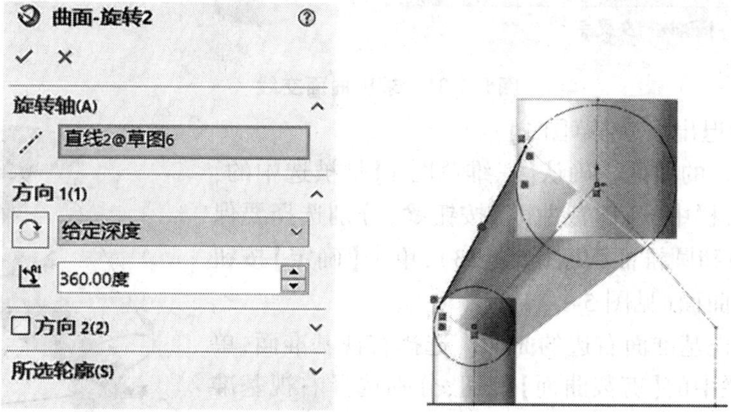

图 5-1-29 圆锥面

2.2.3 裁剪多余的曲面

(1)求出圆柱面与圆锥面的交线。分别选择两圆柱面和圆锥面后,在菜单栏选择【工具】|【草图工具】|【交叉曲线】菜单命令,系统创建出【三维草图 1】,并求出交线(见图 5-1-31)。

(2)删除多余的交线。选择多余的交线,按【Delete】键,仅留下两个椭圆(见

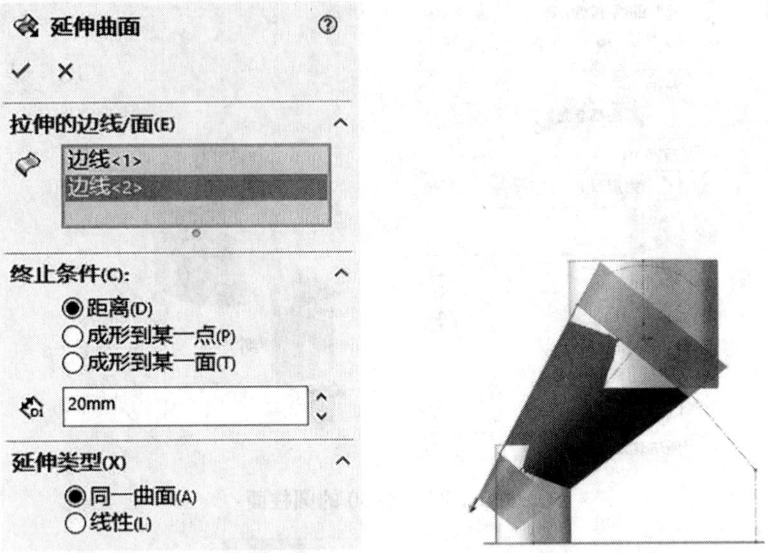

图 5-1-30　延伸圆锥面

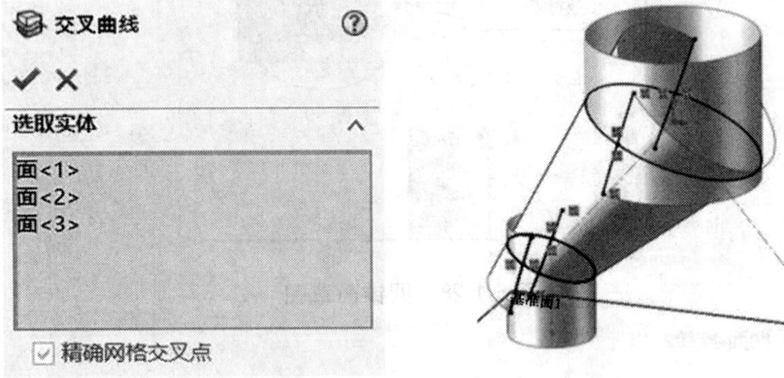

图 5-1-31　求出曲面交线

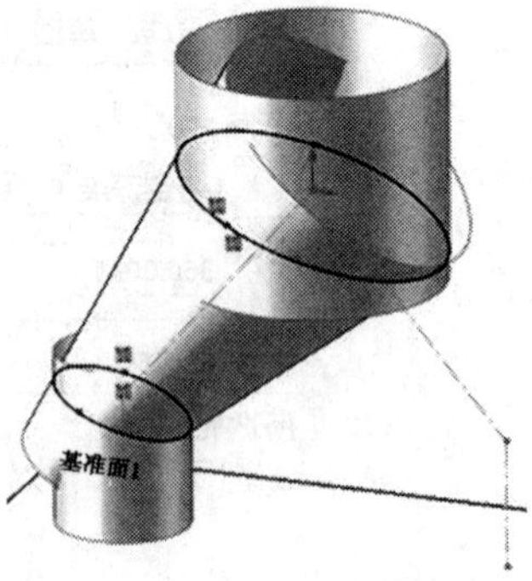

图 5-1-32　修改后的交线草图

图 5-1-32)，然后退出【三维草图 1】。

(3)裁剪多余的曲面。确认【三维草图 1】是被选中的，单击【曲面】工具栏中的【剪裁曲面】按钮，分别选择要保留的部分圆柱面和圆锥面(见图 5-1-33)，单击【确定】按钮，裁剪多余的曲面(见图 5-1-34)。

(4)裁剪右视基准面右边的曲面。选择右视基准面，单击【曲面】工具栏中的【剪裁曲面】按钮，分别选择右视基准面左边的圆柱面和圆锥面(见图 5-1-35)，单击【确定】按钮，结果如图 5-1-36 所示。

2.2.4　镜像出右半部曲面

单击【特征】工具栏中的【镜向】按钮，展开特征树，选择【右视基准面】作为镜像面，在【镜向】属性管理器中选择要镜像的实体 要镜向的实体(B)，选择两圆柱面和圆锥面(见图 5-1-37)，单击【确定】按钮，完成完整的三叉管曲面(见图 5-1-38)。

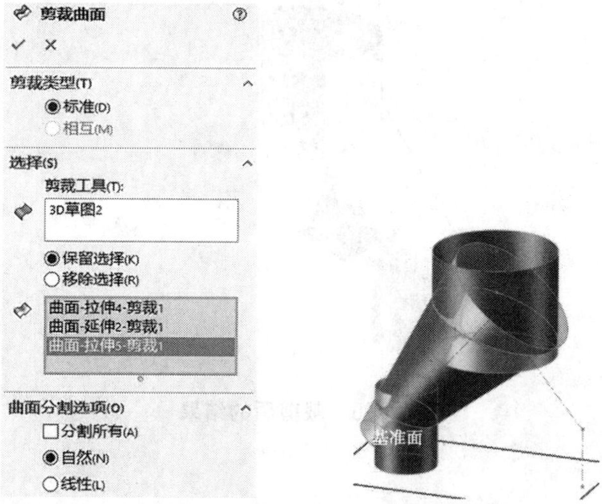

图 5-1-33 选择要保留的部分圆柱面和圆锥面

2.2.5 加厚面

(1)缝合曲面。单击【曲面】工具栏中的【缝合曲面】按钮,依次选择所有曲面(见图 5-1-39),单击【确定】按钮,完成三叉管曲面的缝合。

(2)加厚曲面。选择【插入】|【凸台/基体】|【加厚】菜单命令,在绘图区单击一表面,将厚度设为 1 mm,选择【对称加厚】(见图 5-1-40),单击【确定】按钮。

(3)隐藏(中心线)草图 1 和基准面 1,完成模型创建,结果如图 5-1-41 所示。

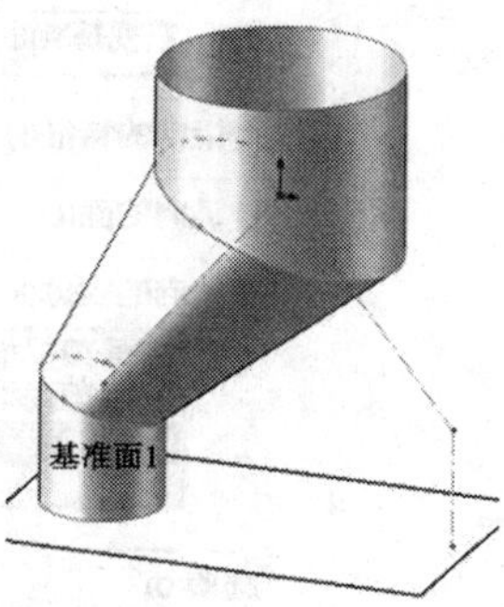

图 5-1-34 裁剪后的曲面

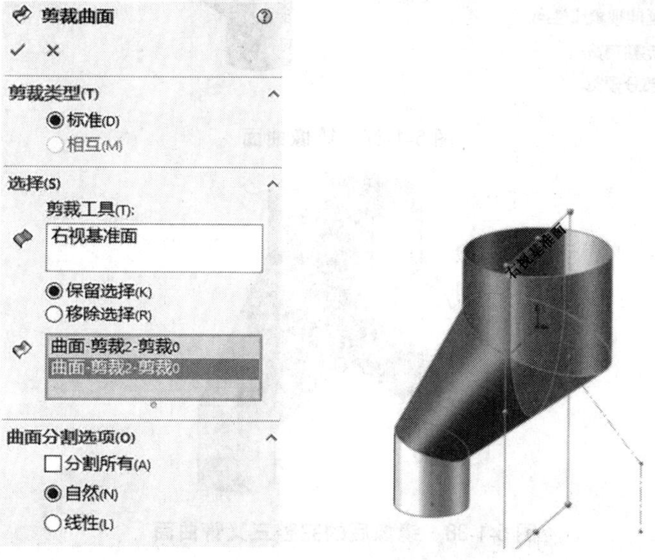

图 5-1-35 裁剪右视基准面左边曲面

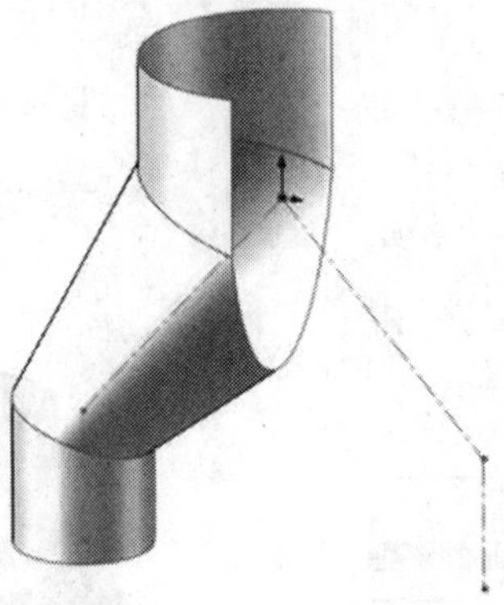

图 5-1-36　裁剪后的结果

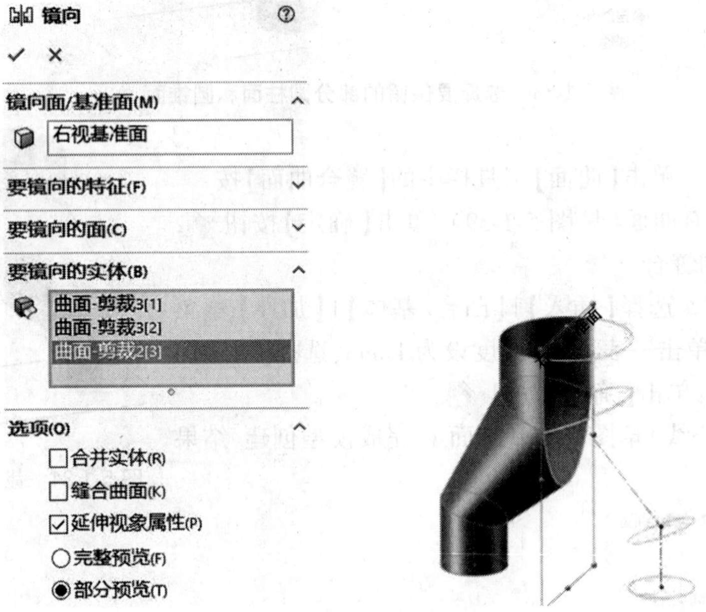

图 5-1-37　镜像曲面

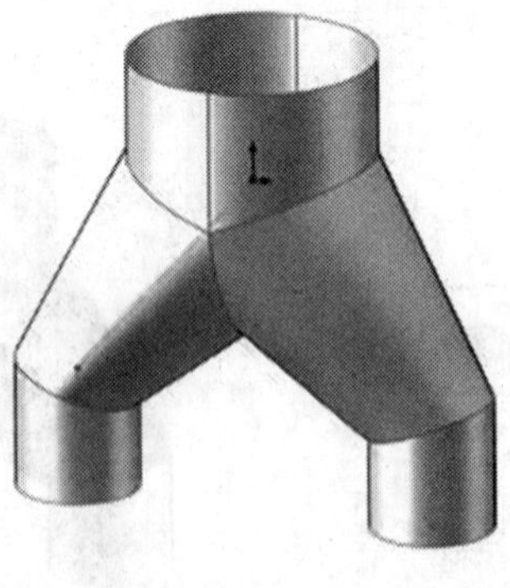

图 5-1-38　镜像后的完整三叉管曲面

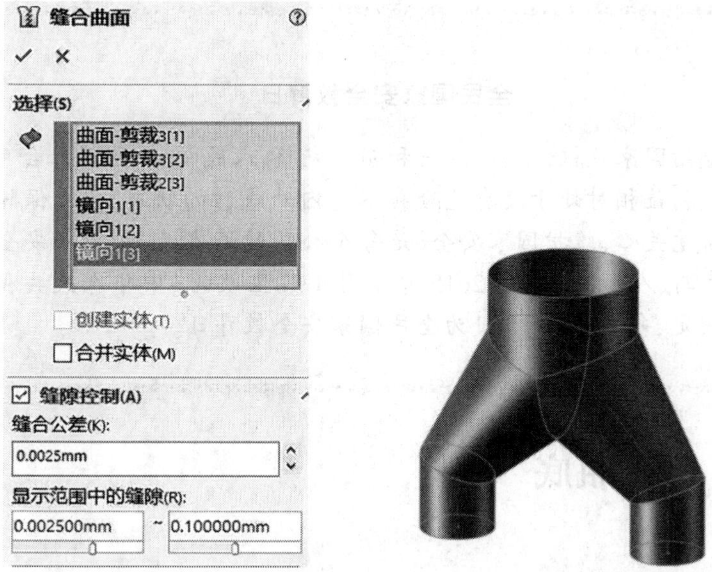

图 5-1-39　缝合曲面

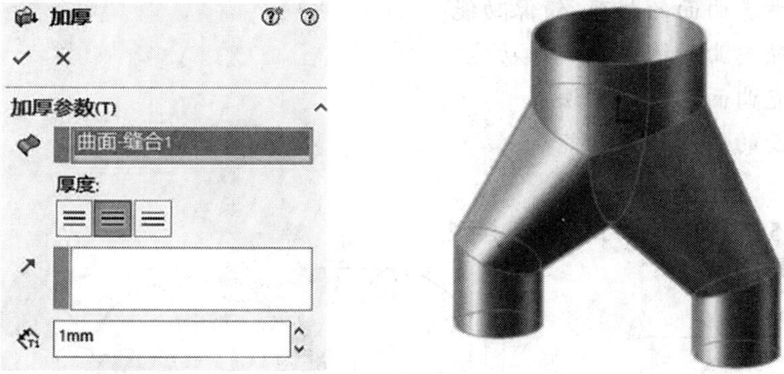

图 5-1-40　加厚曲面

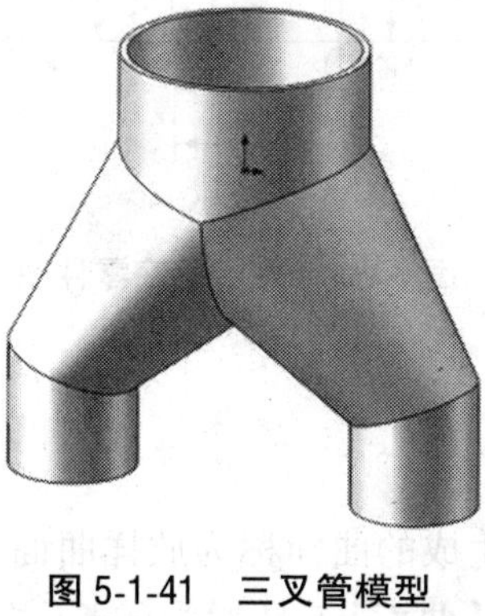

图 5-1-41　三叉管模型

【技能训练】

参照本任务实例上机练习。

全民国家安全教育日

国家安全是指国家政权、主权、统一和领土完整、人民福祉、经济社会可持续发展和国家其他重大利益相对处于没有危险和不受内外威胁的状态,以及保障持续安全状态的能力。自觉关心、维护国家安全,是每个公民的基本义务,国家安全的真正实现有赖于人人参与、人人有可为。2015 年 7 月 1 日生效的《中华人民共和国国家安全法》第 14 条规定,每年 4 月 15 日为全民国家安全教育日。

任务 2 可乐瓶底

【学习目标】

1. 进一步熟悉放样曲面的创建功能。
2. 进一步熟悉曲面的裁剪、镜像功能。
3. 进一步熟悉曲面缝合与加厚功能。
4. 掌握填充曲面的使用方法。
5. 掌握曲面的圆周阵列功能。

【任务内容】

建立如图 5-2-1 所示的可乐瓶底模型。

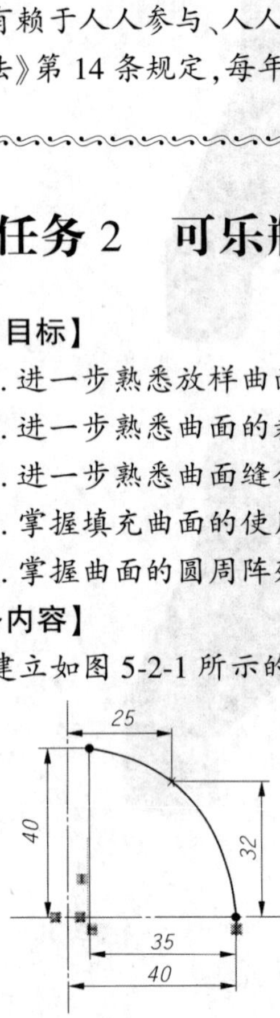

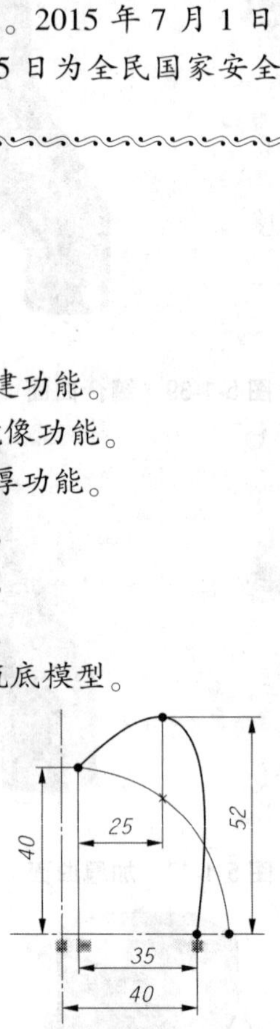

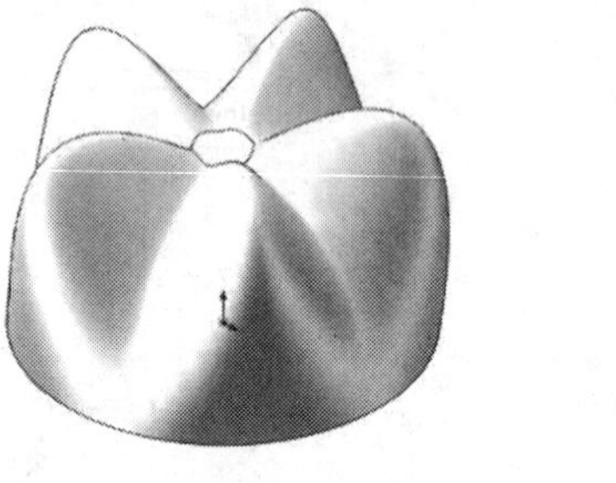

图 5-2-1 可乐瓶底零件图

【知识与技能】

1 放样曲面

通过曲面之间的平滑过渡生成的曲面称为放样曲面。

放样曲面的属性设置:单击【曲面】工具栏中的 (放样曲面)按钮或者选择【插入】|【曲面】|【放样曲面】菜单命令,弹出【曲面-放样】属性设置框(见图 5-2-2)。

1.1 【轮廓】选项组

(1) (轮廓):设置放样曲面的草图轮廓。

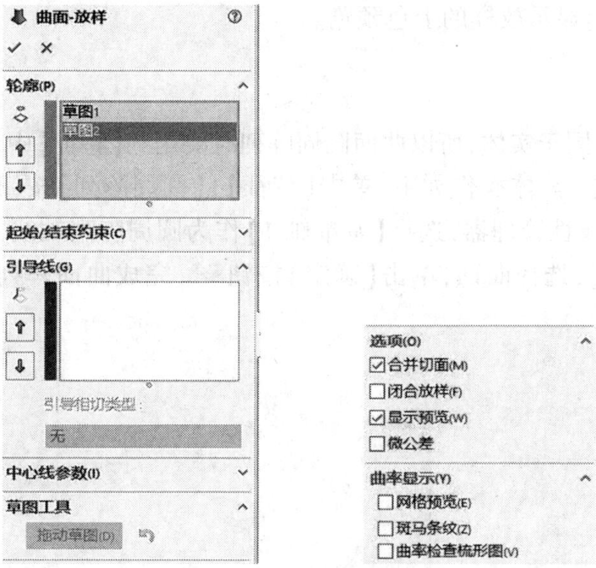

图 5-2-2　【曲面-放样】属性设置框

(2)(上移)：调整轮廓草图的顺序，选择轮廓草图，使其上移。

(3)(下移)：调整轮廓草图的顺序，选择轮廓草图，使其下移。

1.2　【起始/结束约束】选项组

【起始约束】和【结束约束】有相同的选项。

(1)无：不应用相切约束，即曲率为零。

(2)方向向量：根据方向向量所选实体而应用相切约束。

(3)垂直于轮廓：应用垂直于开始或者结束轮廓的相切约束。

1.3　【引导线】选项组

(1)(引导线)：选择引导线以控制放样曲面。

(2)(上移)：调整引导线的顺序，选择引导线，使其上移。

(3)(下移)：调整引导线的顺序，选择引导线，使其下移。

1.4　【中心线参数】选项组

(1)(中心线)：使用中心线引导放样形状，中心线可以和引导线是同一条线。

(2)【截面数】：截面数可以通过移动滑杆进行调整。

(3)(显示截面)：显示放样截面，单击箭头可显示截面数。

1.5　【草图工具】选项组

该选项组用于从同一草图(特别是3D草图)的轮廓中定义放样截面和引导线。

(1)【拖动草图】：激活草图拖动模式。

(2)(撤销草图拖动)：撤销先前的草图拖动操作并将预览返回到其先前状态。

1.6　【选项】选项组

(1)【合并切面】：如果对应的线段相切，则使在所生成的放样中的曲面保持相切。

(2)【闭合放样】：沿放样方向生成闭合实体。

(3)【显示预览】:显示放样的上色预览。

码 5-9　微课：圆周阵列曲面

2　圆周阵列曲面

曲面在阵列时等同于实体,所以曲面圆周阵列时要用到【特征】中的【圆周阵列】命令,具体操作如下:单击【特征】|【圆周阵列】按钮,弹出【圆周阵列】属性管理器,选择【基准轴 1】作为圆周阵列轴线,激活要阵列的【实体】,选择曲面,单击【确定】按钮,完成曲面阵列(见图 5-2-3)。

码 5-10　微课：填充曲面

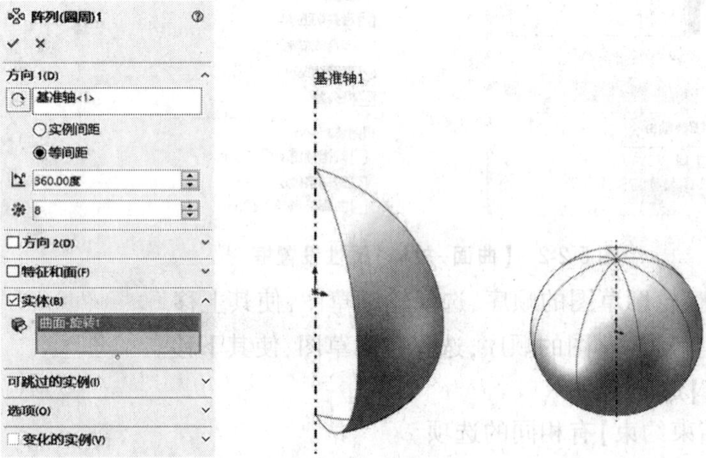

图 5-2-3　曲面的圆周阵列

3　填充曲面

填充曲面是由模型边线、草图或在曲线定义的边界内构成带任何边数的曲面修补。填充曲面可以用来构造填充模型中缝隙的曲面。

通常在以下几种情况下使用填充曲面。

(1)纠正没有正确输入到 SolidWorks 中的零件。

(2)填充用于型心和型腔造型的零件中的孔。

(3)构建用于工业设计应用的曲面。

(4)生成实体模型。

(5)用于修补作为独立实体的特征或者合并这些特征。

3.1　填充曲面的属性设置

单击【曲面】工具栏中的【填充曲面】按钮,或选择【插入】|【曲面】|【填充曲面】菜单命令,系统打开【填充曲面】属性管理器(见图 5-2-4)。

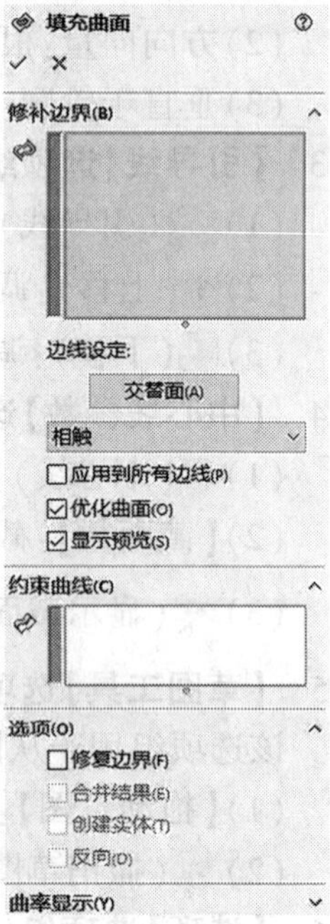

图 5-2-4　【填充曲面】属性管理器

3.1.1　【修补边界】选项组

(1)【修补边界】:定义所要修补的边线。对于曲面或实体边,可以使用2D(3D)草图或组合曲线作为修补边界;对于所有草图边界,只可以设置“曲率控制”类型为【相触】。

(2)【交替面】按钮 交替面(A) :可为修补的曲率控制反转边界面。交替面只在实体模型上生成修补时使用。

(3)【曲率控制】:在生成的修补上进行控制,可以在同一修补中应用不同的曲率控制。

(4)【应用到所有边线】:勾选【应用到所有边线】复选框可使相同的曲率控制应用到所有边线。

(5)【优化曲面】:对于两边或四边曲面则应勾选【优化曲面】复选框。勾选【优化曲面】复选框时应用与放样的曲面相类似的简化曲面修补。优化的曲面修补的潜在优势包括重建时间加快,以及当与模型中的其他特征一起使用时的增强稳定性。

(6)【显示预览】:显示曲面填充的上色预览。

(7)【预览网格】:在修补上显示网格线以帮助用户直观地查看曲率。【预览网格】只在选择【显示预览】时可用。

3.1.2　【约束曲线】选项

【约束曲线】:可以给修补添加斜面控制。约束曲线主要用于工业设计。一般可以通过草图点或样条曲线之类的草图实体来生成约束曲线。

3.1.3　【选项】选项组

(1)【修复边界】:可以自动修复填充曲面的边界。

(2)【合并结果】:此选项的功能根据边界而定。当所有边界都属于同一实体时,可以使用曲面填充工具来修补实体。如果至少有一条边线是开环薄边,则选择【合并结果】,那么曲面填充会用边线所属的曲面缝合。如果所有边界实体都是开环边线,那么可以选择【创建实体】,【合并结果】选项可允许精简操作,从而取消替换面,隐藏模型内的实体环节。

(3)【尝试形成实体】:如果所有边界实体都是开环曲面边线,那么形成实体是可能的。默认情况下,未勾选【尝试形成实体】复选框。

(4)【反向】:当用填充曲面修补实体时,通常有两种可能的结果。如果填充曲面显示的方向不符合需要,单击【反向】便可进行纠正。

3.2　生成填充曲面的操作步骤

(1)单击【曲面】工具栏中的【填充曲面】按钮,或选择【插入】|【曲面】|【填充曲面】菜单命令,系统打开【填充曲面】属性管理器,在图形区域中选择如图5-2-5所示的边线1作为修补边界,单击【确定】按钮,生成填充曲面1(见图5-2-6)。

(2)在填充曲面时,可以选择不同的曲率控制类型,使填充曲面更加平滑。在【修补边界】选项组中,设置曲率控制类型为【曲率】,单击【确定】按钮,生成填充曲面2(见图5-2-7)。

(3)在【修补边界】选项组中,单击【交替面】按钮,单击【确定】按钮,生成填充曲面3(见图5-2-8)。

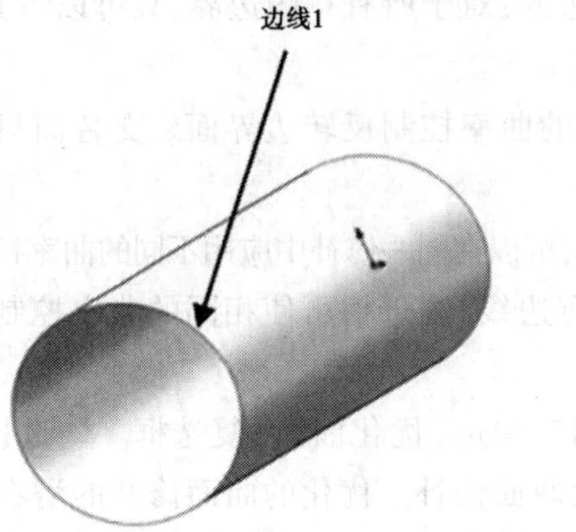

图 5-2-5　选择边线

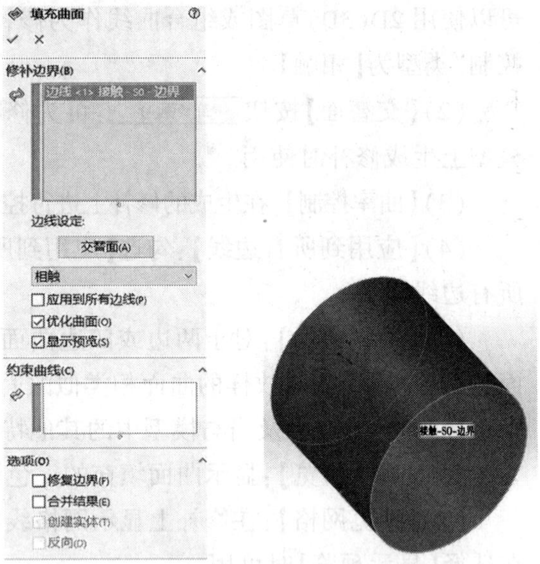

图 5-2-6　填充曲面 1

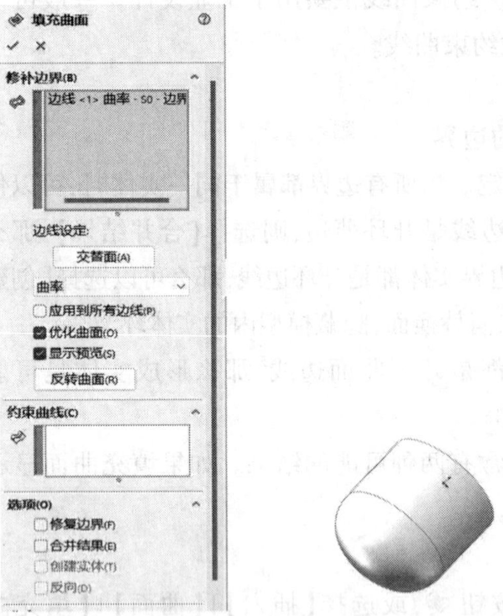

图 5-2-7　填充曲面 2

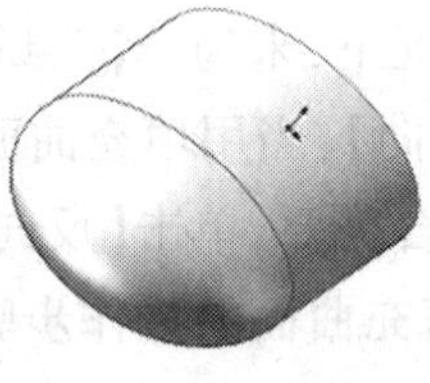

图 5-2-8　填充曲面 3

【任务实施】

1　思路分析

如图 5-2-1 所示的可乐瓶底零件图，设计如下：可乐瓶底部有 5 个突起，这 5 个突起均匀分布在圆周上，所以可以做出一个突起，然后圆周阵列形成瓶底的主体；再分析这一个突起是关于某个面对称的，因此可以完成一半，然后通过镜像特征来生成这一个突起。这一半如何完成呢？通过分析可以用放样曲面。应用放样曲面、镜像曲面和阵列曲面完成瓶底的主体后，再通过面的裁剪、面的填充、面缝合和面加厚，最终完成可乐瓶底的创建（见图 5-2-9）。

码 5-11　微课：可乐瓶底设计实例练习

2　建模步骤

2.1　创建文档与基本操作

启动 SolidWorks 软件，单击【文件】|【新建】，弹出【新建 SOLIDWORKS 文件】对话框，单击【零件】图标，再单击【确定】按钮，完成零件的新建过程，进入 SolidWorks 建模环境。

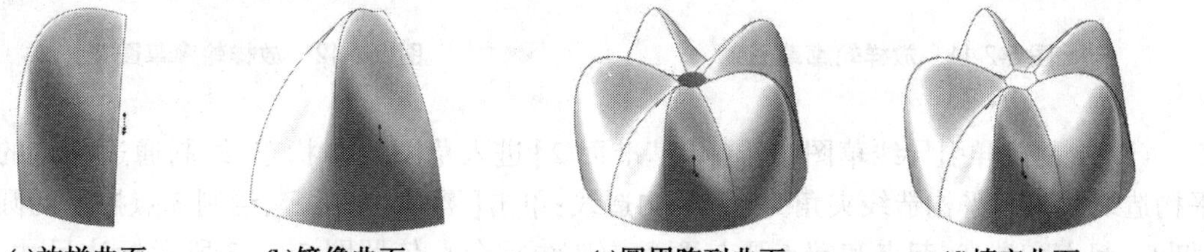

(a)放样曲面　(b)镜像曲面　(c)圆周阵列曲面　(d)填充曲面

图 5-2-9　可乐瓶底的设计示意图

2.2　创建可乐瓶底

2.2.1　创建放样曲面

（1）建基准轴。单击【特征】|【参考几何体】中的【基准轴】按钮，选择前视基准面与右视基准面，创建两面相交的线为基准轴 1。

（2）创建与前视基准面夹角为 36°的基准面 1 和基准面 2。单击【特征】|【参考几何体】中的【基准面】按钮，选择前视基准面和基准轴 1，单击【角度】按钮，激活角度设置，输入“36”，完成基准面 1 的创建。

（3）创建与上视基准面平行的基准面 2。单击【特征】|【参考几何体】中的【基准面】按钮，选择上视基准面，单击【距离】按钮，激活距离设置，输入“40”，完成基准面 2 的创建（见图 5-2-10）。

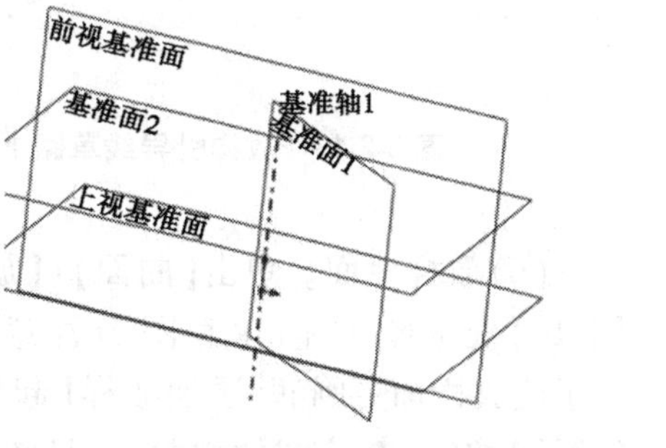

图 5-2-10　基准轴 1、基准面 1、基准面 2

（4）绘制放样轮廓草图。选择【基准面 1】进入草图绘制状态，绘制通过原点的水平构造线和竖直构造线；单击【样条曲线】按钮，绘制 3 点控制的样条曲线（下端点要与水平构造线重合），依照图 5-2-11 所示标注尺寸，完成草图 1 的绘制。选择【前视基准面】进入草图绘制状态，绘制通过原点的水平构造线和竖直构造线；单击【样条曲线】按钮，绘制 3 点控制的样条曲线（下端点要与水平构造线重合），依照图 5-2-12 所示标注尺寸，完成草图 2 的绘制。

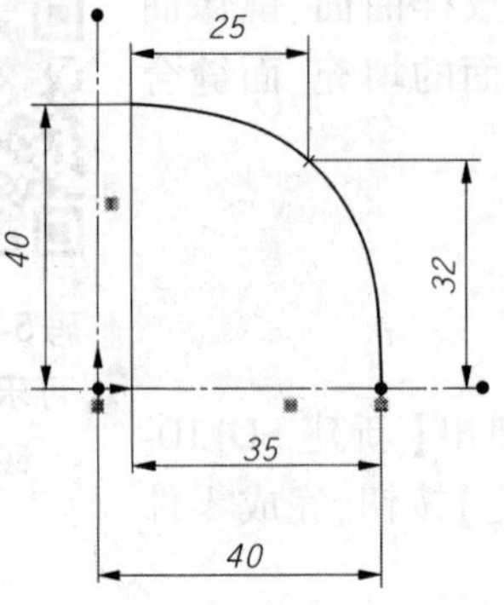

图 5-2-11　放样轮廓草图 1

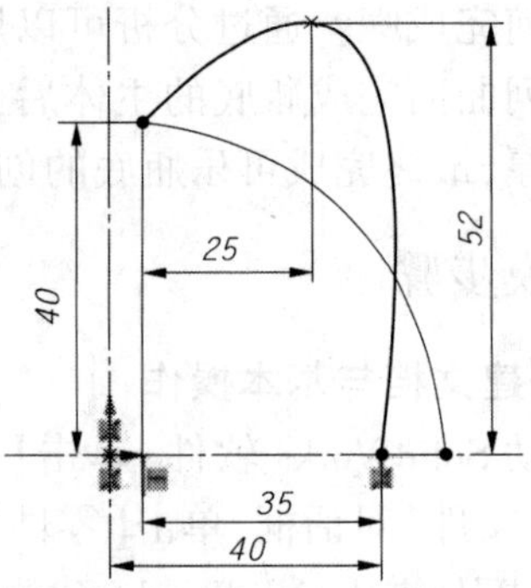

图 5-2-12　放样轮廓草图 2

(5)绘制放样引导线草图。选择【基准面 2】进入草图绘制状态,绘制通过原点的水平构造线和与水平构造线夹角为 36°的构造线;单击【圆弧】按钮,绘制 3 点控制的圆弧(圆心、起点和端点,起点和端点要与两条构造线重合),依照图 5-2-13 所示标注尺寸,完成草图 3 的绘制。选择【上视基准面】进入草图绘制状态,同上方法绘制直径为 40 mm 的圆弧,依照图 5-2-14 所示标注尺寸,完成草图 4 的绘制。

图 5-2-13　放样引导线草图 1

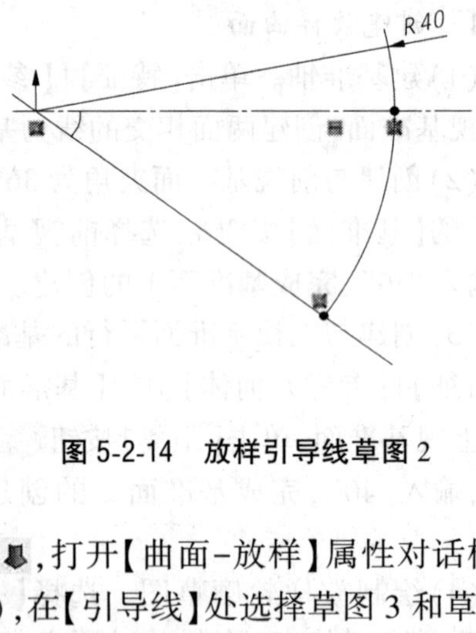

图 5-2-14　放样引导线草图 2

(6)放样曲面。单击【曲面】|【放样曲面】按钮,打开【曲面-放样】属性对话框,在【轮廓】处选择草图 1 和草图 2(注意对应点的位置),在【引导线】处选择草图 3 和草图 4,为了使放样面更圆润,添加放样【起始/结束约束】为【垂直于轮廓】(见图 5-2-15),单击【确认】按钮,完成放样曲面(见图 5-2-16)。

2.2.2　创建瓶底突起

单击【特征】|【镜向特征】按钮,打开镜向特征的属性对话框,选择基准面 1 为镜向面、放样曲面为要镜向的实体(运用【镜向特征】功能镜像曲面时,曲面被当作实体,而不能是面或特征),如图 5-2-17 所示,单击【确认】按钮,完成曲面镜像(见图 5-2-18)。

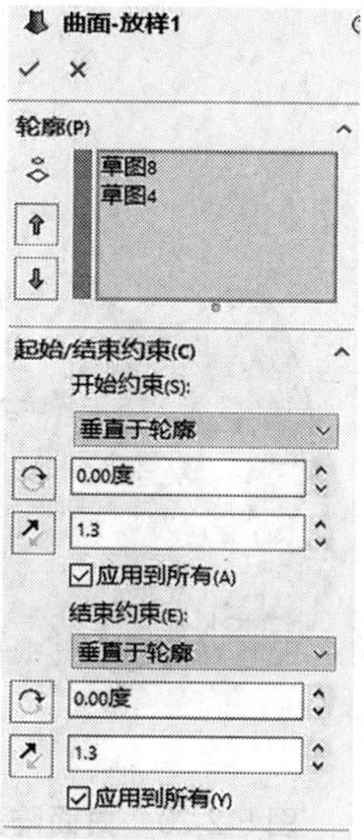

图 5-2-15　曲面放样的属性对话框

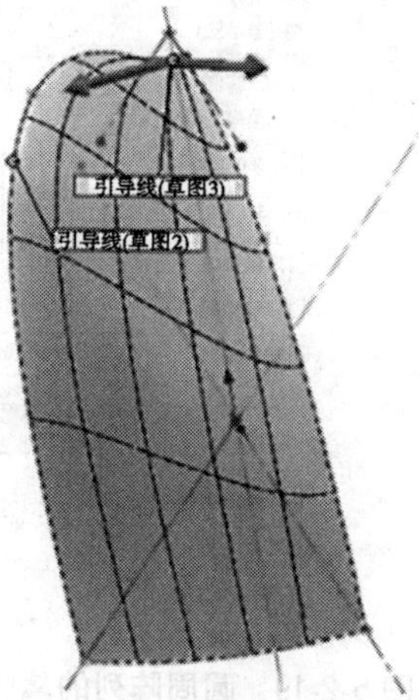

图 5-2-16　放样曲面

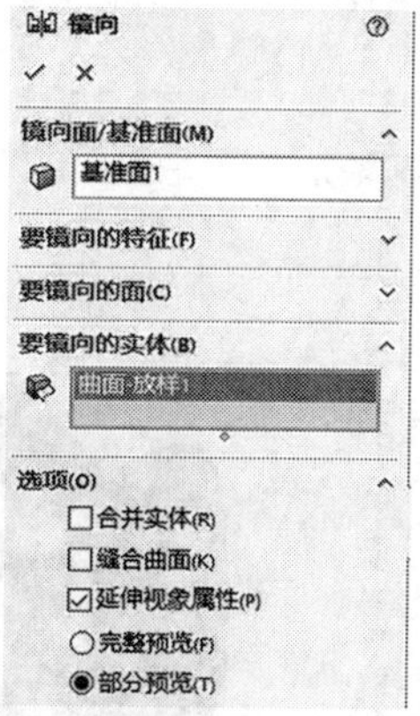

图 5-2-17　镜向特征的属性对话框

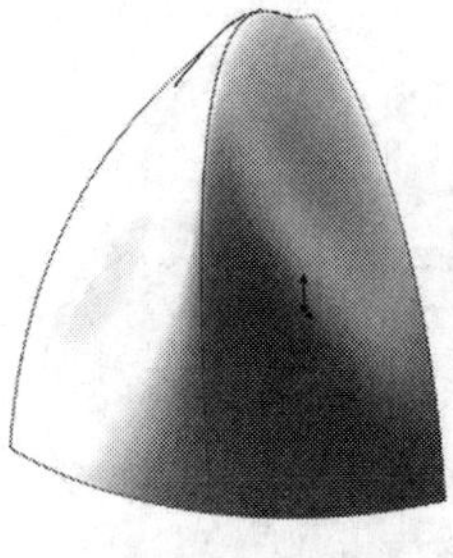

图 5-2-18　曲面镜像

2.2.3　创建瓶底基体

单击【特征】|【圆周阵列】按钮，打开圆周阵列的属性对话框，选择基准轴1为阵列轴线，阵列角度为“360度”，阵列个数为“5”，镜像形成的两个曲面为阵列实体（运用【圆周阵列】功能阵列曲面时，曲面被当作实体，而不能是面或特征），如图5-2-19所示，单击【确认】按钮，完成曲面阵列（见图5-2-20）。

2.2.4　填充瓶底的孔

（1）创建填充边界。选择【上视基准面】进入草图绘制状态，绘制ϕ 12的圆（见图5-2-21），单击【确认】按钮退出草图。单击【曲面】|【剪裁曲面】按钮，打开剪裁曲面的属性对话框，剪裁工具选择ϕ 12的圆，剪裁方式选择【保留选择】，选择要保留的面，裁掉多余的，单击【确认】按钮，完成填充边界（见图5-2-22）。

图 5-2-19　圆周阵列的属性对话框

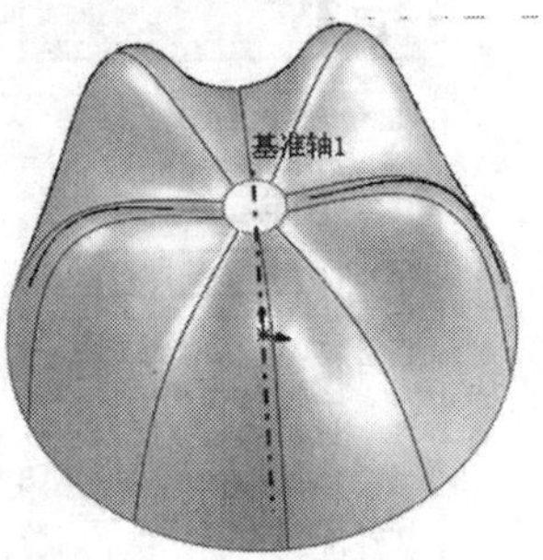

图 5-2-20　曲面阵列

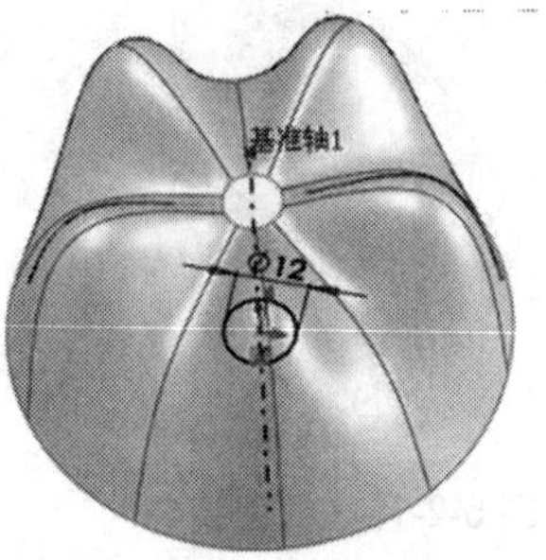

图 5-2-21　剪裁草图

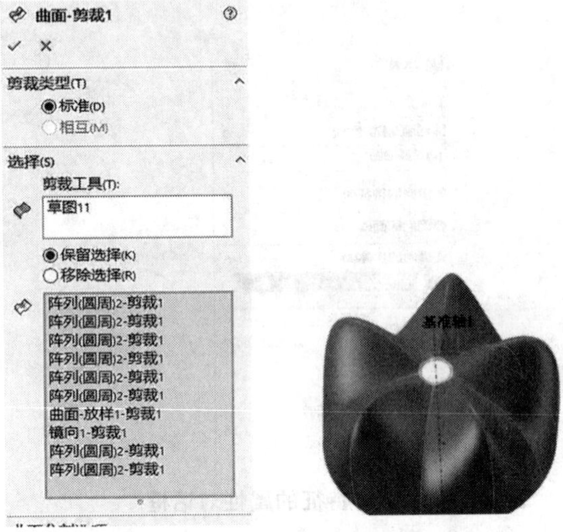

图 5-2-22　剪裁曲面

（2）填充曲面。单击【曲面】|【填充曲面】按钮，打开填充曲面的属性对话框，单击【修补边界】，选择剪裁曲面后形成的边界，单击【确认】按钮，完成曲面填充（见图 5-2-23）。

2.2.5　加厚曲面

（1）缝合曲面。单击【曲面】|【缝合曲面】按钮，选择所有的面，单击【确认】按钮，完成曲面缝合（见图 5-2-24）。

（2）加厚曲面。单击【插入】|【凸台/基体】|【加厚】按钮，选择所有的面，设置厚度为 0.5 mm，单击【确认】按钮，完成可乐瓶底绘制（见图 5-2-25）。

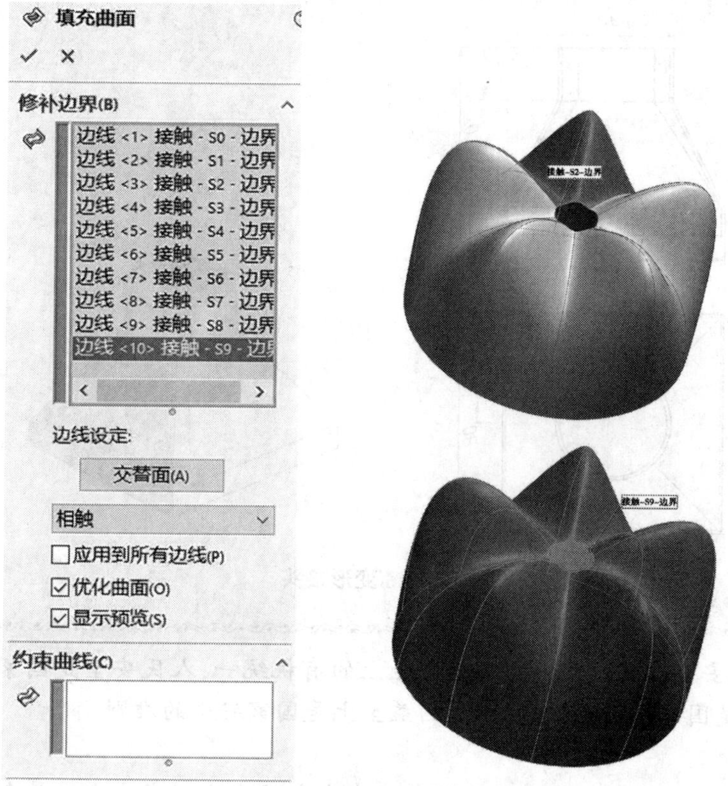

图 5-2-23　填充曲面

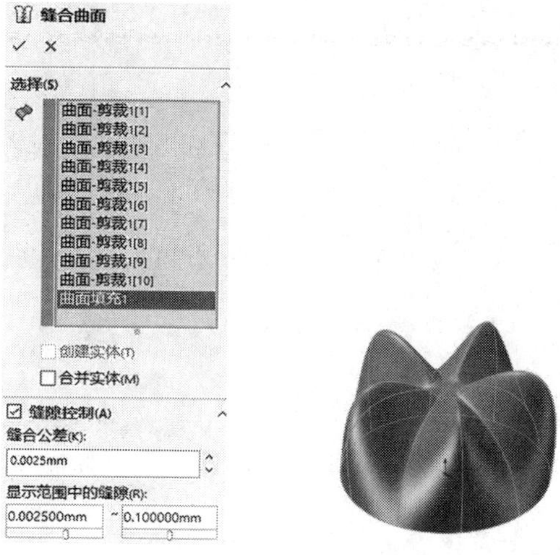

图 5-2-24　缝合曲面

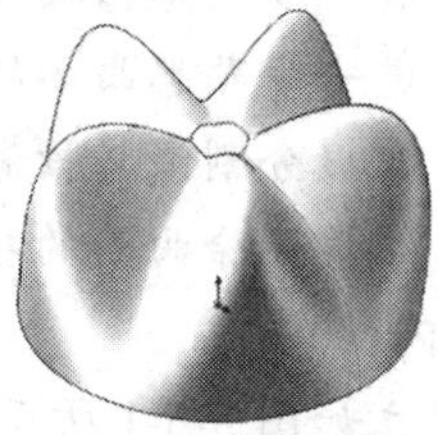

图 5-2-25　可乐瓶底模型

【技能训练】

5-2-1　参照本任务实例上机练习。

5-2-2　创建变形接头的三维模型(见图 5-2-26)。

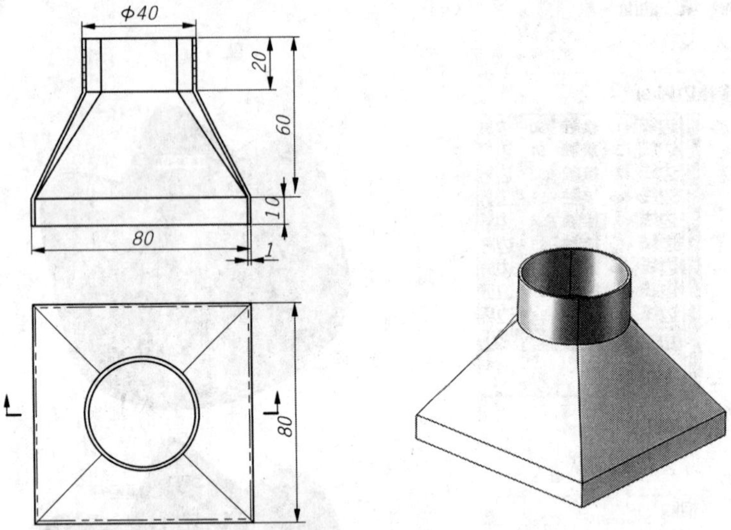

图 5-2-26　变形接头

坚持人民安全、政治安全、国家利益至上的有机统一,人民安全是国家安全的宗旨,政治安全是国家安全的根本,国家利益至上是国家安全的准则。

——2018 年 4 月 18 日,习近平总书记在十九届中央国家安全委员会第一次会议上发表重要讲话。

任务 3　曲别针

【学习目标】

1. 进一步熟悉扫描特征功能。
2. 进一步熟悉曲面的拉伸功能。
3. 掌握分割线与投影线的使用功能。
4. 掌握删除曲面的功能。

【任务内容】

建立如图 5-3-1 所示的曲别针模型。

【知识与技能】

1　曲线概述

使用曲线工具可以从草图、特征或曲面中获取曲线造型,同时又可以使用曲线来生成特征和曲面实体。例如:可将曲线用作扫描特征的轮廓、路径或引导线,用作放样特征的引导曲线,用作拔模特征的分割线等。

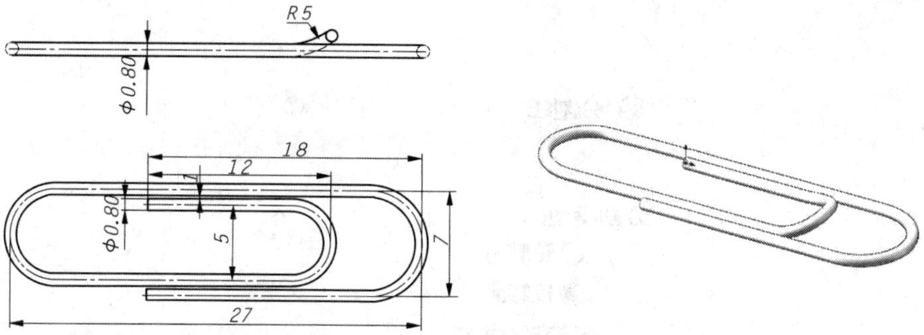

图 5-3-1　曲别针零件图

SolidWorks 可生成多种类型的三维曲线，主要集中在【插入】|【曲线】菜单栏中（见图 5-3-2）。在默认情况下，SolidWorks 不显示曲线工具栏，用户在任意工具栏上右击，在弹出的快捷菜单中选择【曲线】，屏幕上即可显示曲线工具栏（见图 5-3-3）。

码 5-12　微课：曲线概述

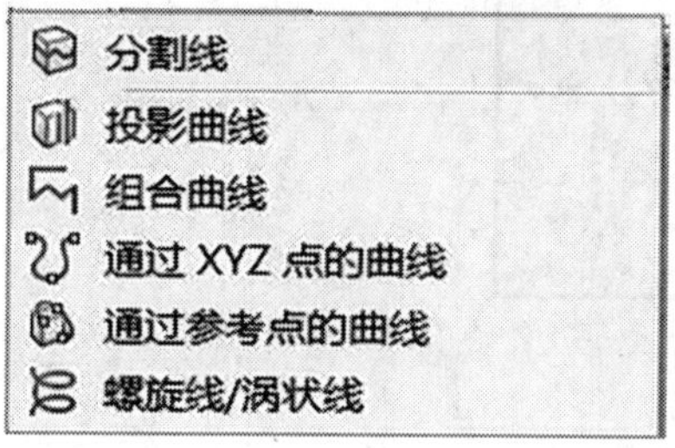

图 5-3-2　【曲线】菜单栏

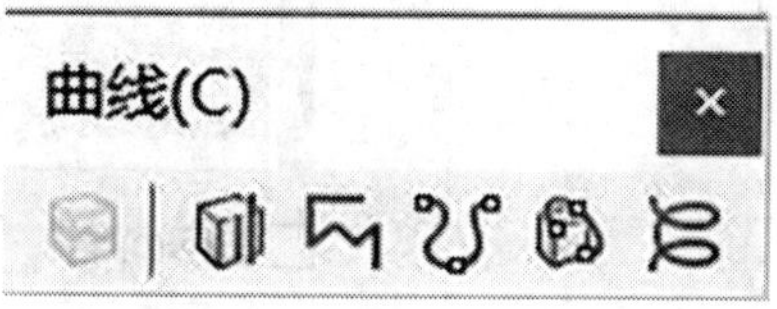

图 5-3-3　【曲线】工具栏

2　分割线

分割线通过将实体投影到曲面或者平面上而生成。它将所选的面分割为多个分离的面，从而可以选择其中一个分离面进行操作。分割线也可以通过将草图投影到曲面实体而生成，投影的实体可以是草图、模型实体、曲面、面、基准面或者曲面样条曲线。

码 5-13　微课：分割线、投影曲线

2.1　分割线的属性设置

单击【曲线】工具栏中的【分割线】按钮或者选择【插入】|【曲线】|【分割线】菜单命令，弹出【分割线】属性管理器（见图 5-3-4）。

【分割类型】选项组如下：

(1)【轮廓】：在圆柱形零件上生成分割线。

(2)【投影】：将草图线投影到表面上生成分割线。

(3)【交叉点】：以交叉实体、曲面、面、基准面或者曲面样条曲线分割面。

以上 3 种分割类型对应的属性设置如表 5-3-1 所示。

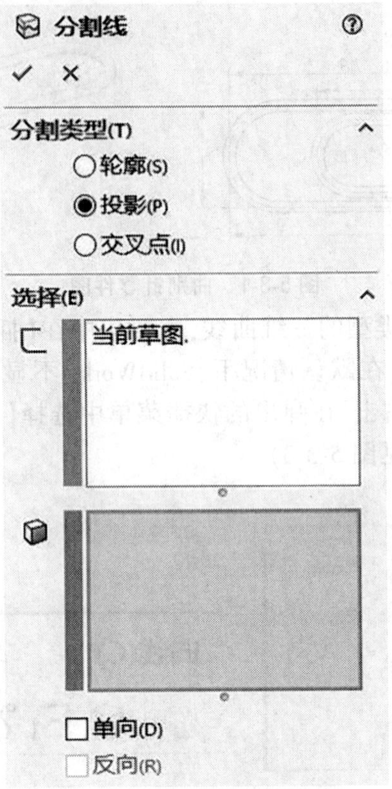

图 5-3-4 【分割线】属性管理器

表 5-3-1 分割类型对应的属性设置说明

分割类型	属性管理对话框	说明
轮廓	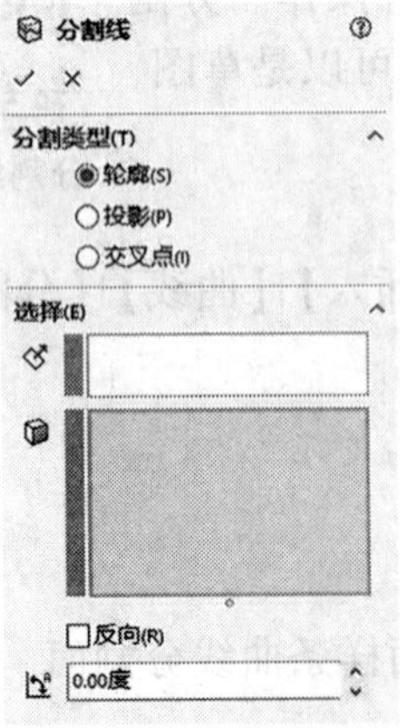	【拔模方向】:在图形区域或者特征管理器设计树中选择通过模型轮廓投影的基准面。 【要分割的面】:选择 1 个或者多个要分割的面。 【反向】复选框 反向(R):设置拔模方向。启用该复选框,则以反方向拔模。 【角度】:设置拔模角度,主要用于制造工艺方面的考虑

续表 5-3-1

<table>
<tr><th>分割类型</th><th>属性管理对话框</th><th>说明</th></tr>
<tr><td>投影</td><td>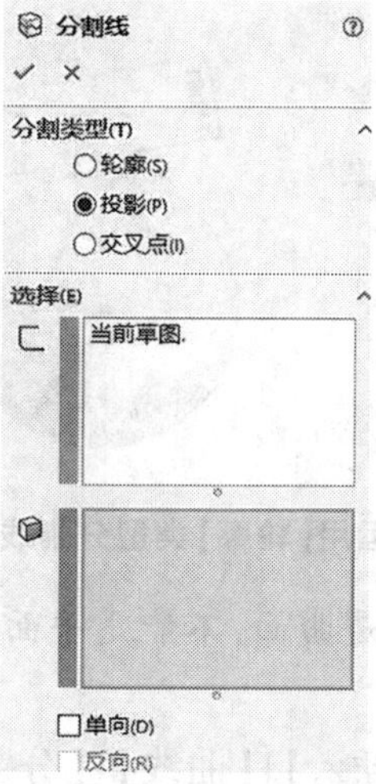
</td><td>【要投影的草图】 ：在图形区域或者特征管理器设计树中选择草图，作为要投影的草图。
【单向】 □单向(O)：以单方向进行分割以生成分割线</td></tr>
<tr><td>交叉点</td><td>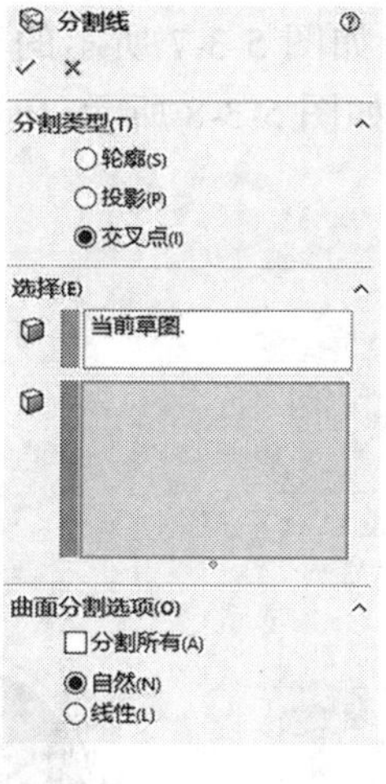
</td><td>【分割所有】复选框：分割线穿越曲面上所有可能的区域，即分割所有可以分割的曲面。
【自然】：按照曲面的形状进行分割。
【线性】：按照线性方向进行分割</td></tr>
</table>

2.2　生成分割线的操作

2.2.1　生成【轮廓】类型的分割线

单击【曲线】工具栏中的【分割线】按钮 或者选择【插入】|【曲线】|【分割线】菜单命令，弹出【分割线】属性管理器。在【分割类型】选项组中，选中【轮廓】单选按钮；在【选择】选项组中，单击【拔模方向】选择框，在图形区域中选择如图 5-3-5 所示的面 1，单击【要分割的面】选择框，在图形区域中选择如图 5-3-5 所示的面 2，其他设置如图 5-3-6 所示，单击【确定】按钮 ，生成分割线。

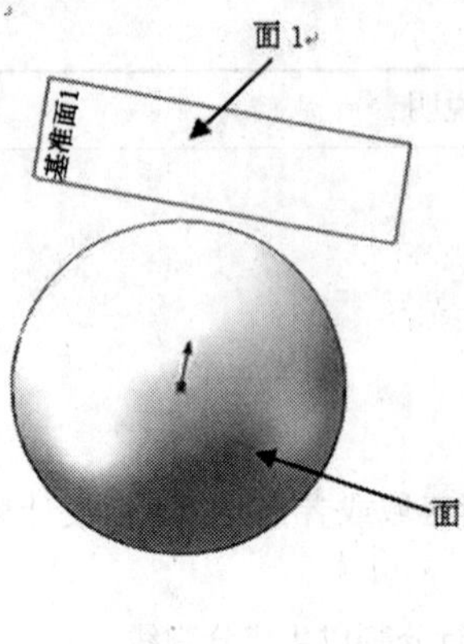

图 5-3-5 选择面

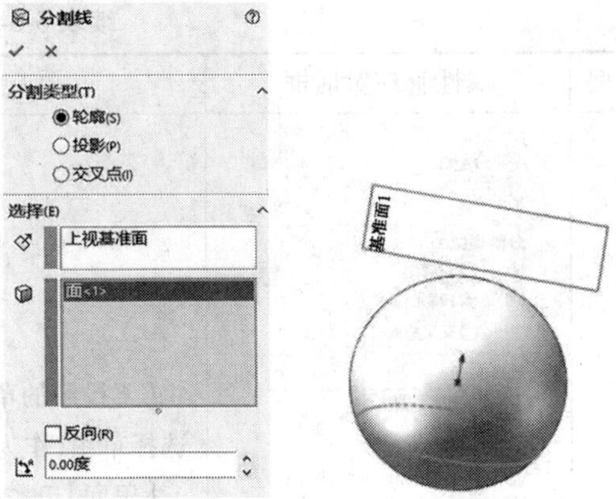

图 5-3-6 运用【轮廓】类型分割线

注意：生成【轮廓】类型的分割线时，要分割的面必须是曲面，不能是平面。

2.2.2 生成【投影】类型的分割线

单击【曲线】工具栏中的【分割线】按钮或者选择【插入】|【曲线】|【分割线】菜单命令，弹出【分割线】属性管理器。在【分割类型】选项组中，选中【投影】类型；在【选择】选项组中，单击【要投影的草图】选择框，在图形区域中选择如图 5-3-7 所示的草图 3，单击【要分割的面】选择框，在图形区域中选择球面，其他设置如图 5-3-8 所示，单击【确定】按钮，生成分割线。

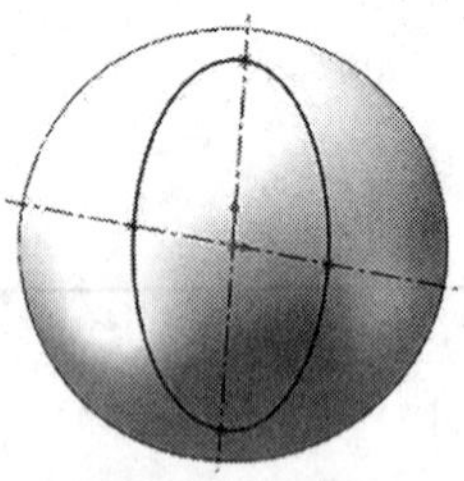

图 5-3-7 草图 3

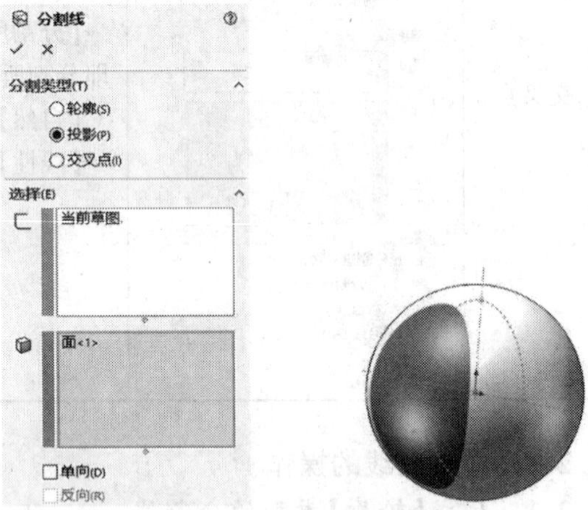

图 5-3-8 分割线

注意：生成【投影】类型的分割线时，要投影的草图在投影面上的投影必须穿过要投影的面，否则系统会提示错误，系统不能生成分割线。

3 投影曲线

投影曲线可以通过将绘制的曲线投影到模型面上的方式生成一条三维曲线，即【草图到面】的投影类型，也可以使用另一种方式生成投影曲线，即【草图到草图】的投影类型。首先在两个相交的基准面上分别绘制草图,此时系统会将每个草图沿所在平面的垂直方向投影得到相应的曲面,最后这两个曲面在空间中相交,而生成一条三维曲线。

3.1　投影曲线的属性说明

单击【曲线】工具栏中的【投影曲线】按钮或者选择【插入】|【曲线】|【投影曲线】菜单命令,系统打开【投影曲线】属性管理器(见图 5-3-9)。在【选择】选项组中,可以选择两种投影类型,即【面上草图】和【草图上草图】。

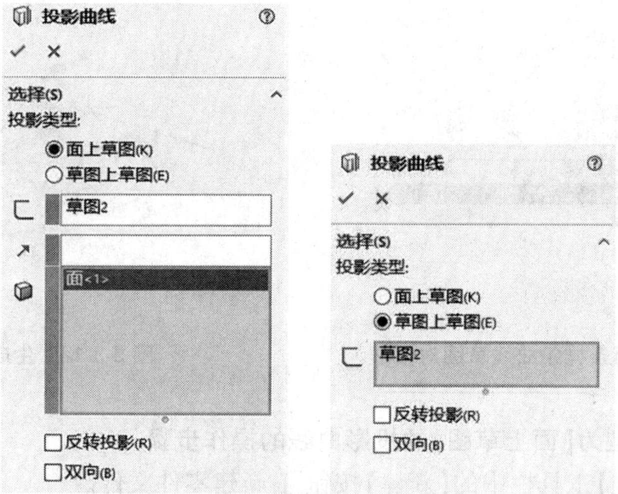

图 5-3-9　【投影曲线】属性管理器

选项说明如下:

(1)【要投影的一些草图】:在图形区域或者特征管理器设计树中,选择曲线草图。

(2)【投影面】:在实体模型上选择想要投影草图的面。

(3)【反转投影】复选框:设置投影曲线的方向。

3.2　生成投影类型为【草图上草图】的投影曲线的操作步骤

(1)单击【标准】工具栏中的【新建】按钮,新建零件文件。

(2)选择【前视基准面】为草图绘制平面,单击【草图】工具栏中的【样条曲线】按钮,绘制一条样条曲线。

(3)选择上视基准面为草图绘制平面,单击【草图】工具栏中的【样条曲线】按钮,再次绘制一条样条曲线(见图 5-3-10)。

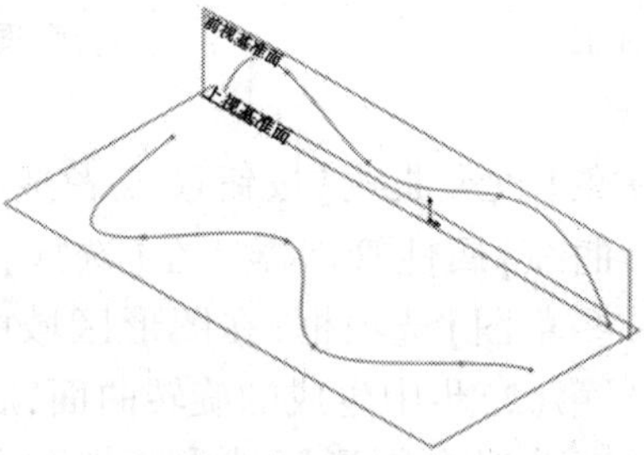

图 5-3-10　两条样条曲线草图

(4)单击【曲线】工具栏中的【投影曲线】按钮或者选择【插入】|【曲线】|【投影曲线】菜单命令,系统弹出【投影曲线】属性管理器。在【选择】选项组中,选择【草图上草图】投影类型。单击【要投影的一些草图】选项框,在图形区域中选择第(2)~(3)步绘制的草图(见图 5-3-11),此时在图形区域中可以预览生成的投影曲线,单击【确定】按钮,生成投影曲线(见图 5-3-12)。

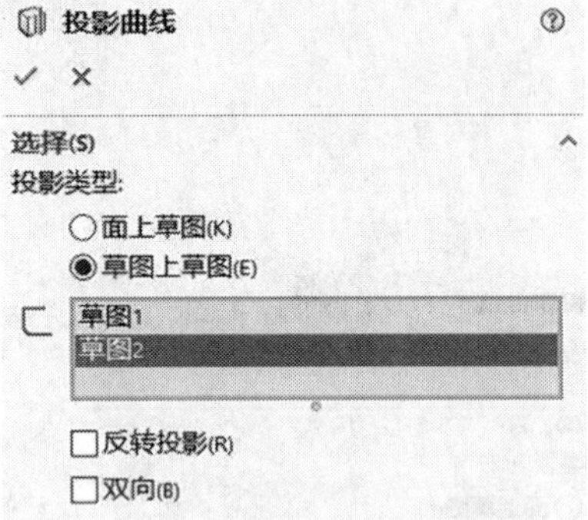

图 5-3-11 两条样条曲线草图对话框

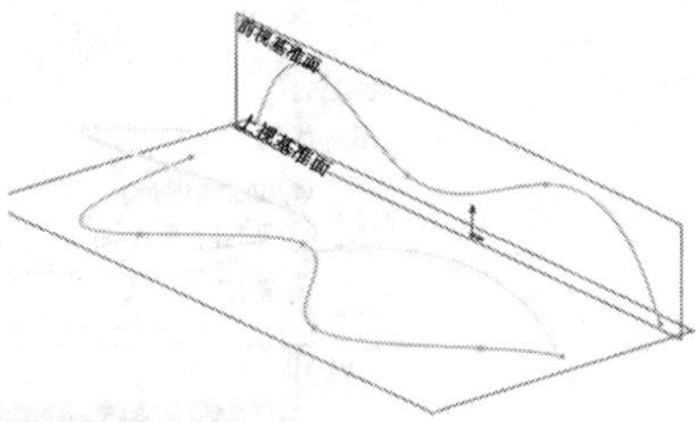

图 5-3-12 生成投影曲线

3.3 **生成投影类型为【面上草图】的投影曲线的操作步骤**

(1)单击【标准】工具栏中的【新建】按钮,新建零件文件。

(2)选择前视基准面为草图绘制平面,绘制半圆,单击【曲面】工具栏中的【旋转曲面】按,旋转出一个球面(见图 5-3-13)。

(3)选择【前视基准面】进入草图绘制状态,单击【草图】工具栏中的【椭圆】按钮,绘制一个椭圆(见图 5-3-14)。

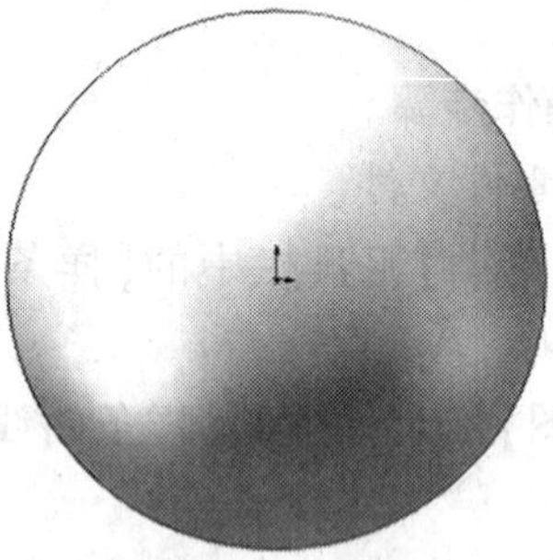

图 5-3-13 旋转曲面

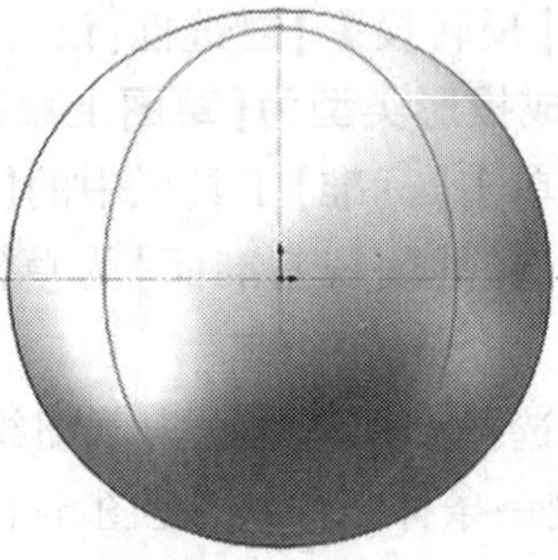

图 5-3-14 椭圆草图

(4)单击【曲线】工具栏中的【投影曲线】按钮或者选择【插入】|【曲线】|【投影曲线】菜单命令,系统弹出【投影曲线】属性管理器。在【选择】选项组中,选择【面上草图】投影类型。单击【要投影的一些草图】选项框,在图形区域中选择椭圆草图,单击【投影面】选项框,在图形区域中选择第(2)步中生成的旋转曲面,启用【反转投影】复选框,确定曲线的投影方向(见图 5-3-15),此时在图形区域中可以预览生成的投影曲线,单击【确定】按钮,生成投影曲线(见图 5-3-16)。

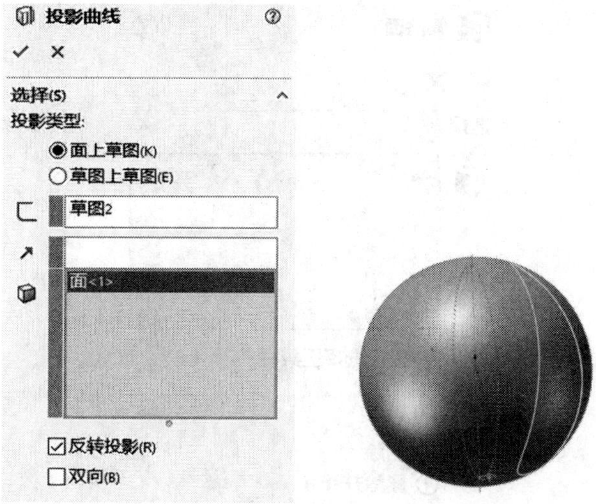

图 5-3-15　反转投影曲线

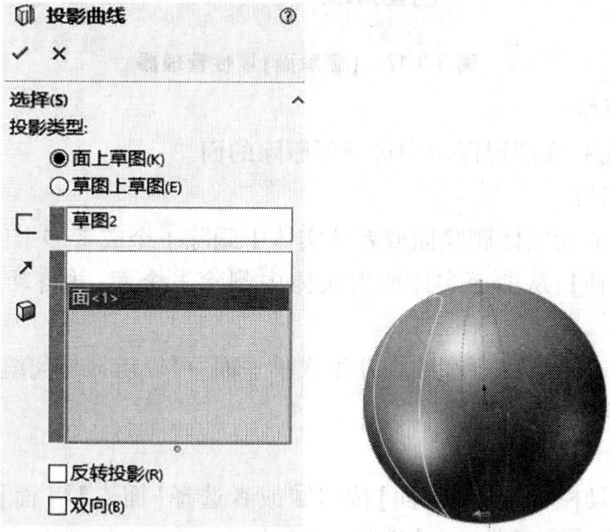

图 5-3-16　投影曲线

注意:在使用【草图上草图】类型生成投影曲线时,草图所在的 2 个基准面必须相交,否则不能生成投影曲线。在执行【投影曲线】命令之前,如果事先选择了生成为投影曲线的对象,则属性设置会自动选择合适的投影类型,系统默认的投影类型是【草图上草图】类型。

4　删除面

删除面是将存在的面删除并进行编辑。

4.1　删除面的属性设置

单击【曲面】工具栏中的【删除面】按钮或者选择【插入】|【面】|【删除】菜单命令,弹出【删除面】属性管理器(见图 5-3-17)。

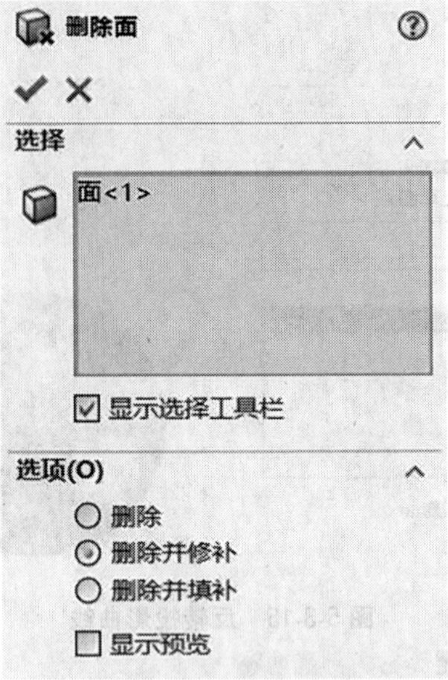

图 5-3-17 【删除面】属性管理器

码 5-14 微课：删除面

4.1.1 【选择】选项组

【要删除的面】：在图形区域中选择要删除的面。

4.1.2 【选项】选项组

(1)【删除】：从曲面实体删除面或者从实体中删除 1 个或者多个面以生成曲面。

(2)【删除并修补】：从曲面实体或者实体中删除 1 个面，并自动对实体进行修补和剪裁。

(3)【删除并填补】：删除存在的面并生成单一面，可以填补任何缝隙。

4.2 删除面的操作步骤

4.2.1 【删除】删除面

单击【曲面】工具栏中的【删除面】按钮或者选择【插入】|【面】|【删除面】菜单命令，弹出【删除面】属性管理器。在【选择】选项组中，单击【要删除的面】选择框，在图形区域中选择如图 5-3-18 所示的面 1；在【选项】选项组中，选中【删除】单选按钮(见图 5-3-19)，单击【确定】按钮。

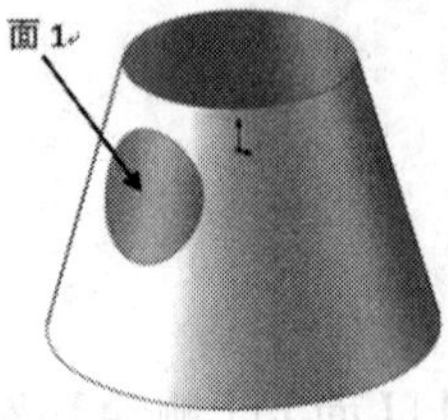

图 5-3-18 面 1

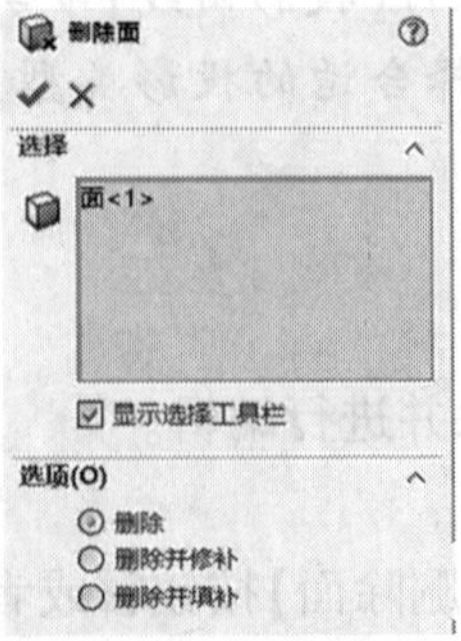

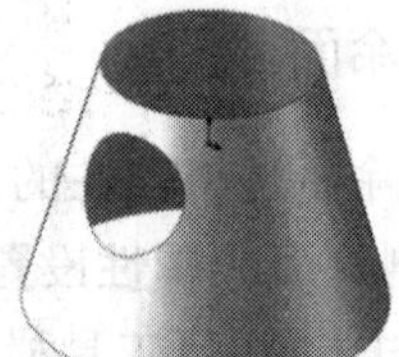
图 5-3-19 删除面

4.2.2 【删除并修补】删除面

单击【曲面】工具栏中的【删除面】按钮或者选择【插入】|【面】|【删除面】菜单命令，弹出【删除面】属性管理器。在【选择】选项组中，单击【要删除的面】选择框，在图形区域中选择如图 5-3-18 所示的面 1；在【选项】选项组中，选中【删除并修补】类型（见图 5-3-20），单击【确定】按钮。

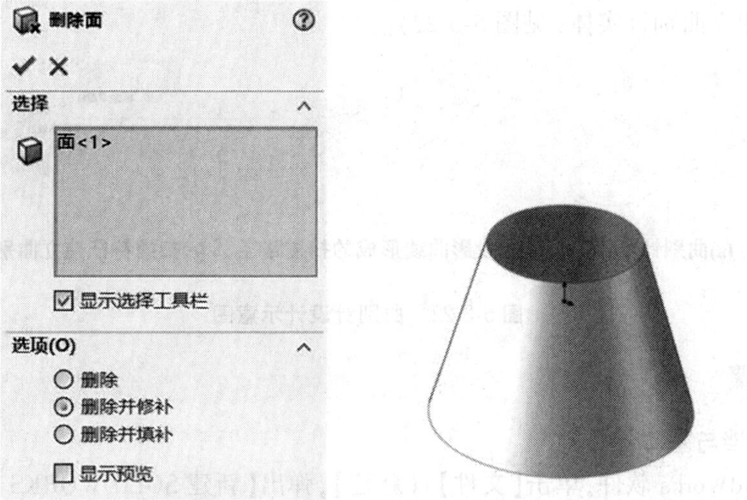

图 5-3-20 【删除并修补】删除面

4.2.3 【删除并填补】删除面

单击【曲面】工具栏中的【删除面】按钮或者选择【插入】|【面】|【删除面】菜单命令，弹出【删除面】属性管理器。在【选择】选项组中，单击【要删除的面】选择框，在图形区域中选择如图 5-3-18 所示的面 1；在【选项】选项组中，选中【删除并填补】类型，如图 5-3-21 所示，单击【确定】按钮。

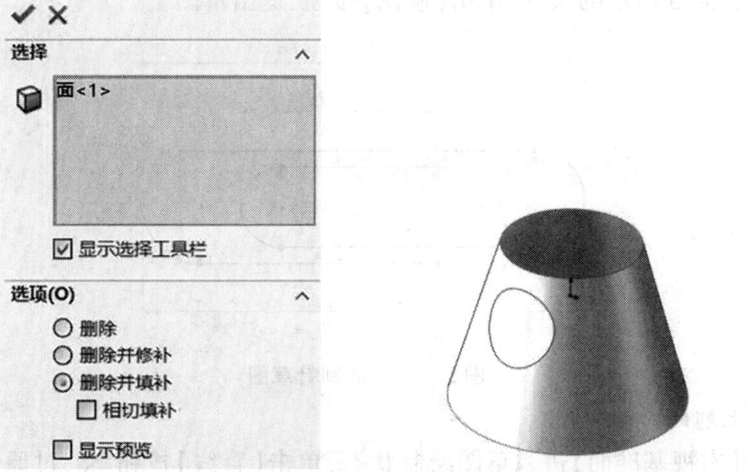

图 5-3-21 【删除并填补】删除面

【任务实施】

码 5-15 微课：曲别针设计实例练习

1 思路分析

如图 5-3-1 所示的曲别针零件，设计如下：根据零件的尺寸要求，可分别在上视基准面和前视基准面上绘制草图，然后利用投影曲线特征、分割曲线特征生成扫描特征的扫描路径，再绘制扫描截面，利用实体扫描特征建立曲别针实体（见图 5-3-22）。

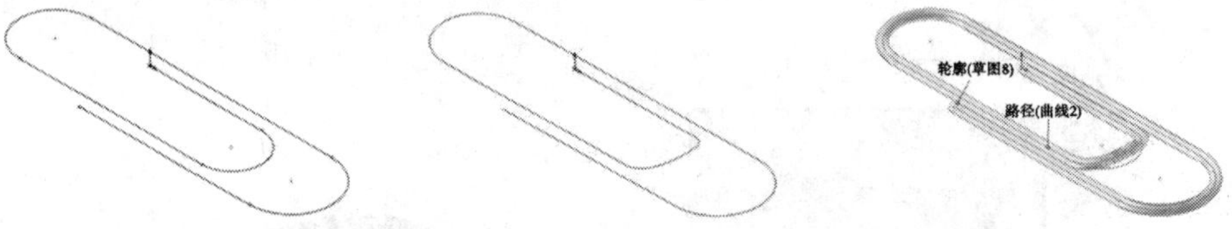

(a)曲别针草图 (b)投影曲线形成的扫描路径 (c)扫描特征建立曲别针实体

图 5-3-22 曲别针设计示意图

2 建模步骤

2.1 创建文档与基本操作

启动 SolidWorks 软件，单击【文件】|【新建】，弹出【新建 SOLIDWORKS 文件】对话框，单击【零件】图标，再单击【确定】按钮，完成零件的新建过程，进入 SolidWorks 建模环境。

2.2 创建模型

2.2.1 创建曲别针草图

选择【上视基准面】进入草图绘制状态，单击【直线】按钮，从原点开始绘制出曲别针草图（沿直线回移再向前移动可绘制出切线圆弧），在起点与终点间添加【竖直】几何关系，标注如图 5-3-23 所示的尺寸，单击【确认】按钮，退出草图 1。

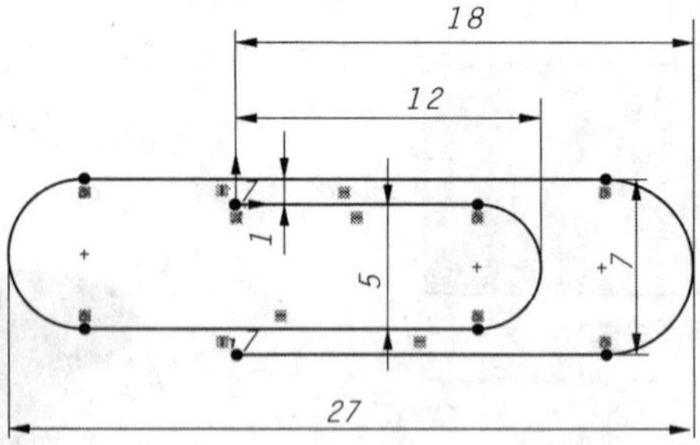

图 5-3-23 曲别针草图

2.2.2 创建上翘的曲面

（1）选择【右视基准面】进入草图绘制状态，单击【直线】按钮，过原点绘制一条长度为 15 mm 的直线，并使直线的两个端点超过曲别针的轮廓（见图 5-3-24）。

（2）单击【曲面】工具栏中的【拉伸曲面】按钮，打开【曲面-拉伸】属性管理器，设置

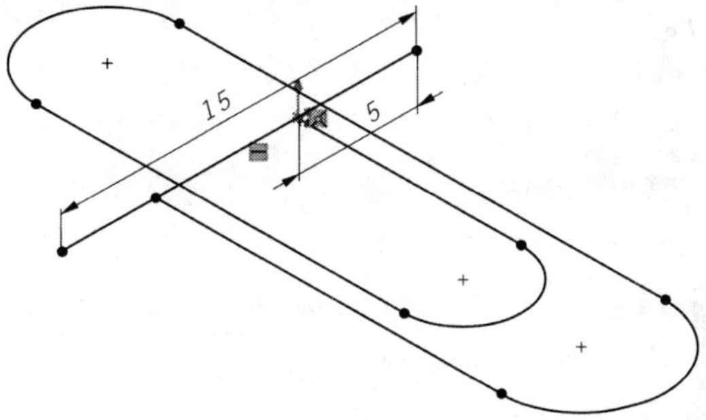

图 5-3-24　绘制投影平面拉伸线

拉伸方式为【给定深度】,设置拉伸深度,方向 1 为 20 mm,方向 2 为 10 mm(见图 5-3-25)。单击【确认】按钮✔,完成曲面拉伸。

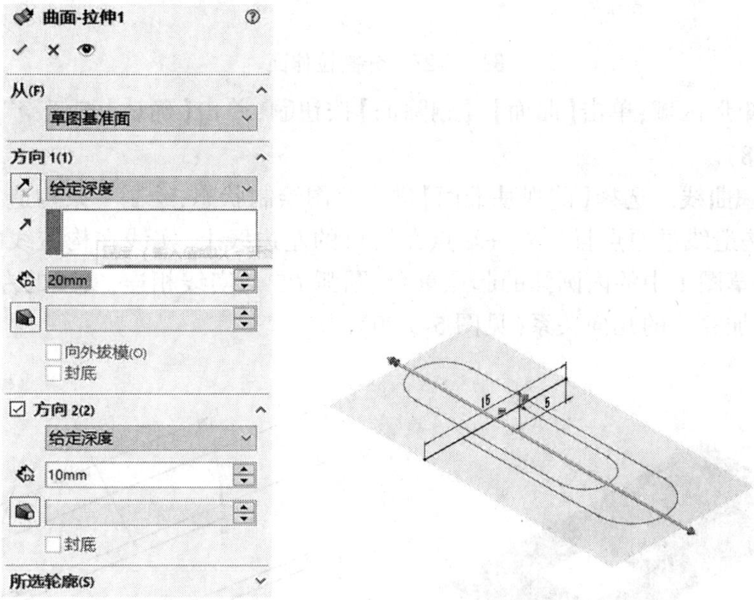

图 5-3-25　拉伸投影平面

(3)选择【上视基准面】进入草图绘制状态,单击【矩形】按钮▭,在曲别针内部翘曲部分绘制一矩形(见图 5-3-26)。

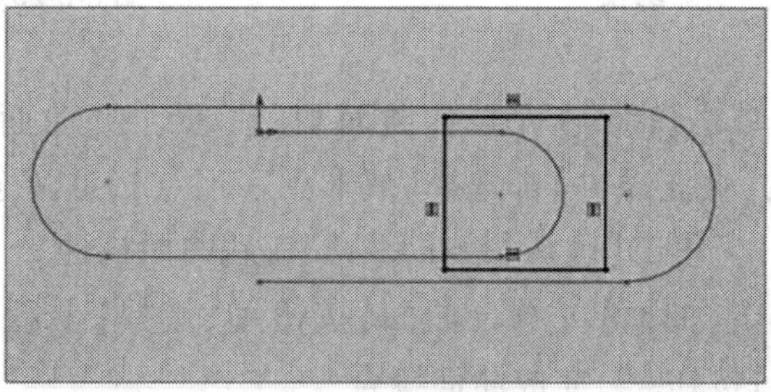

图 5-3-26　分割线草图

(4)单击【曲线】工具栏上的【分割线】按钮,将矩形草图投影到拉伸平面上并且将平面分割(见图 5-3-27)。

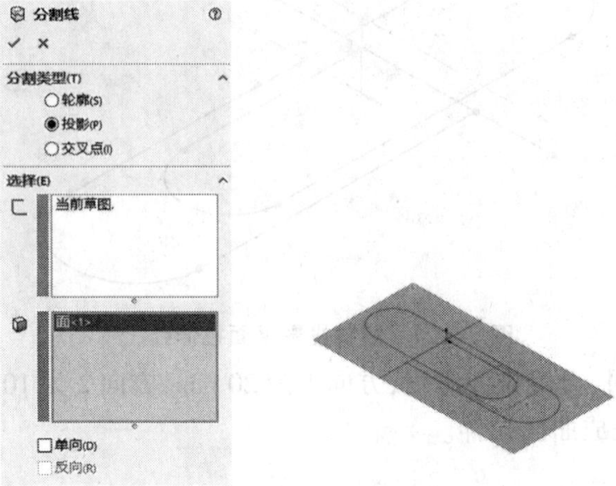

图 5-3-27 分割拉伸面

(5)选中矩形区域,单击【曲面】|【删除面】按钮,单击【确认】按钮,删除矩形区域(见图 5-3-28)。

(6)绘制翘曲线。选择【前视基准面】进入草图绘制状态,绘制一条构造线、一条实线和一段圆弧,构造线过原点且另外一端点在切口的左边线上,实线在构造线的延长线上,另外一端点和草图 1 中的内圆弧的起点重合,圆弧 *R*5 与实线相连,实线的左端点要与切口的左边线添加穿透的几何关系(见图 5-3-29)。

图 5-3-28 切除结果

图 5-3-29 翘曲线草图

(7)拉伸翘曲面。单击【曲面】|【拉伸曲面】按钮,在【曲面-拉伸】属性管理器中【方向 1】和【方向 2】的【终止条件】都选择【成形到一顶点】,这两个点分别是切口左边线的两端点(见图 5-3-30)。单击【确认】按钮,完成翘曲面拉伸。

(8)缝合曲面。单击【曲面】|【缝合曲面】按钮,选择【上翘曲面】和【删除面】(见图 5-3-31),单击【确认】按钮,完成曲面缝合。

(9)投影曲线(扫描路径)。单击【曲线】工具栏中的【投影曲线】按钮,打开【投影曲线】属性管理器,在【要选择的草图】栏中,选择曲别针形状草图,在【投影面】栏中,选择

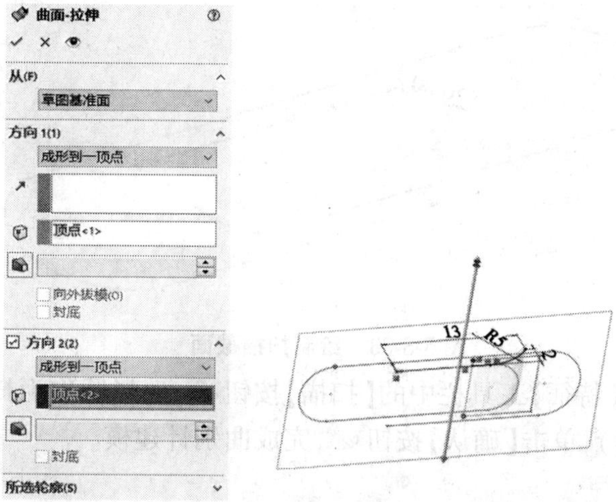

图 5-3-30　拉伸翘曲面

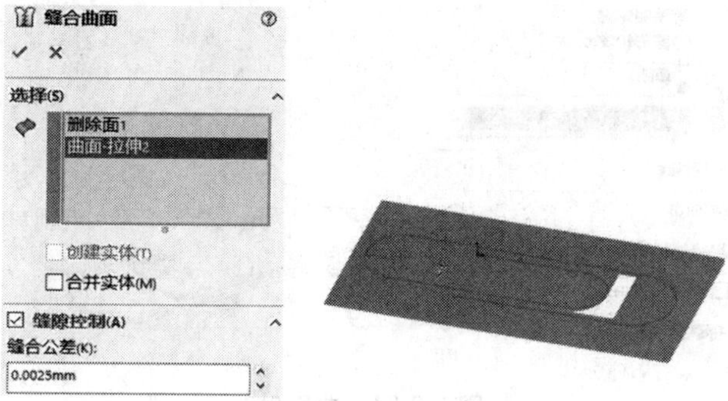

图 5-3-31　缝合曲面

上一步中的缝合曲面,单击【确认】按钮✔(见图 5-3-32)。

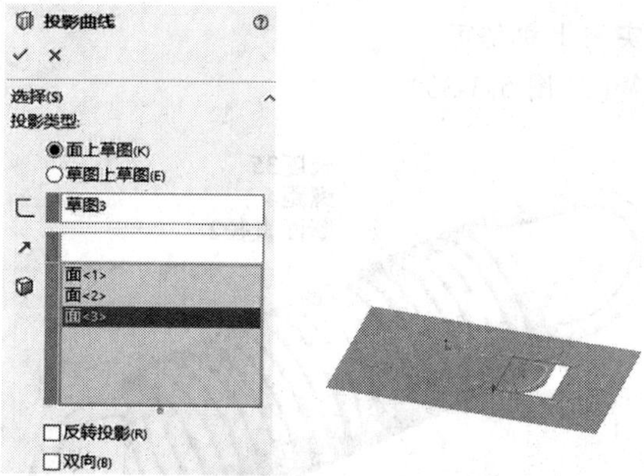

图 5-3-32　投影曲线

(10)绘制扫描轮廓。隐藏草图 1 和分割线。在右视基准面上,绘制一个 $\phi 0.8$ 的圆,添加圆心和投影曲线【穿透】的几何关系,单击【确认】按钮,退出草图 1(见图 5-3-33)。

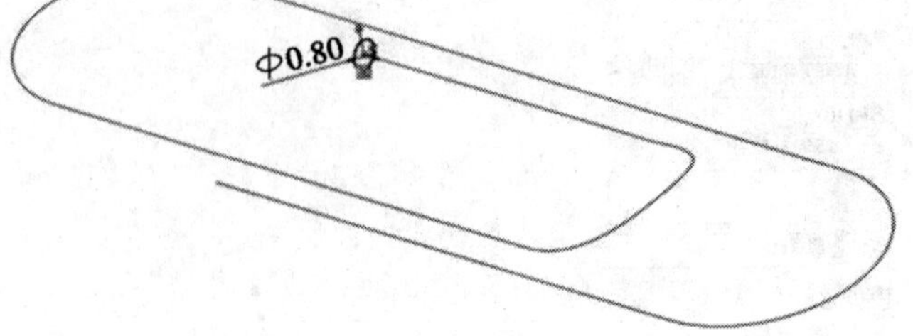

图 5-3-33　绘制扫描截面

(11)扫描。单击【特征】工具栏中的【扫描】按钮，选择圆作为扫描轮廓，投影曲线作为路径(见图 5-3-34)，单击【确认】按钮，完成曲别针建模。

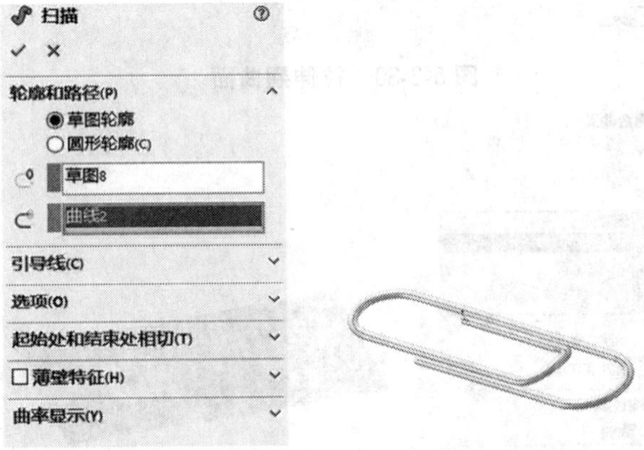

图 5-3-34　曲别针

【技能训练】

5-3-1　参照本任务实例上机练习。

5-3-2　创建拉伸弹簧(见图 5-3-35)。

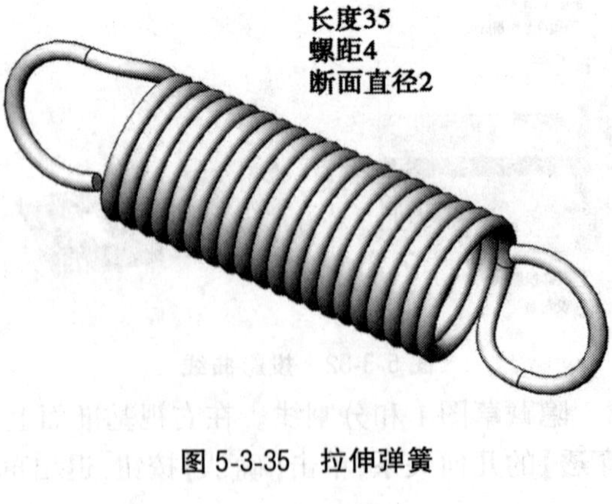

图 5-3-35　拉伸弹簧

国家安全是民族复兴的根基,社会稳定是国家强盛的前提。必须坚定不移贯彻总体国家安全观,把维护国家安全贯穿党和国家工作各方面全过程,确保国家安全和社会稳定。

我们要坚持以人民安全为宗旨、以政治安全为根本、以经济安全为基础、以军事科技文化社会安全为保障、以促进国际安全为依托,统筹外部安全和内部安全、国土安全和国民安全、传统安全和非传统安全、自身安全和共同安全,统筹维护和塑造国家安全,夯实国家安全和社会稳定基层基础,完善参与全球安全治理机制,建设更高水平的平安中国,以新安全格局保障新发展格局。

——2022 年 10 月 16 日,习近平总书记在中国共产党第二十次全国代表大会上的报告摘录

任务 4 洗发水瓶

【学习目标】

1. 进一步熟悉扫描功能。
2. 进一步熟悉螺旋线与投影线功能。
3. 进一步熟悉投影线的使用功能。
4. 掌握通过 X、Y、Z 点的曲线功能。
5. 掌握平面区域的使用功能。

【任务内容】

建立如图 5-4-1 所示的洗发水瓶模型。

【知识与技能】

1 扫描曲面

利用轮廓和路径生成的曲面被称为扫面。扫描曲面和扫描特征类型也可以通过引导线生成。

扫描曲面的属性设置:单击【曲面】工具栏中的(扫描曲面)按钮或者选择【插入】|【曲面】|【扫描曲面】菜单命令,弹出【曲面-扫描】属性设置框(见图 5-4-2)。

1.1 【轮廓和路径】选项组

(1)(轮廓):设置扫描曲面的草图轮廓,扫描曲面的轮廓可以是开环的,也可以是闭环的。

(2)(路径):设置扫描曲面的路径。

1.2 【选项】选项组

(1)【轮廓方位】:控制轮廓沿路径扫描的方向,其选项如图 5-4-3 所示。

①【随路径变化】:轮廓截面随路径的变化而变换方向,即轮廓截面相对于路径的角度保持不变。

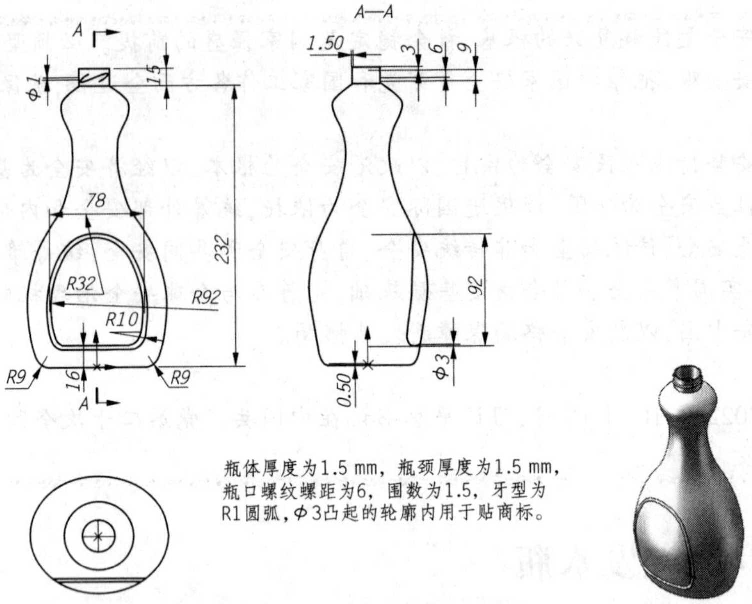

图 5-4-1　洗发水瓶零件图

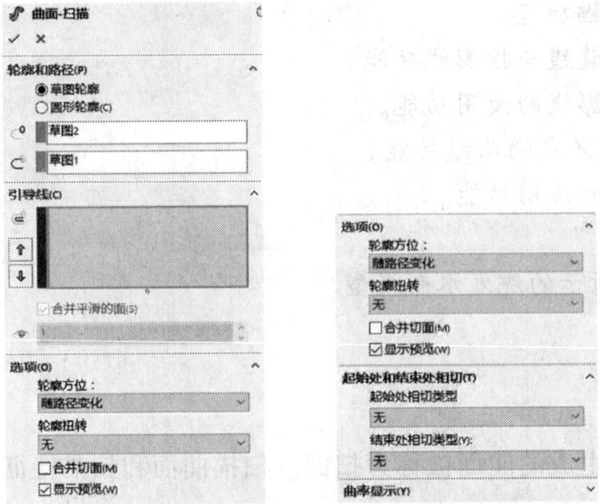

图 5-4-2　【曲面-扫描】属性设置框

②【保持法线不变】:轮廓截面保持法线方向不变,即轮廓截面始终与开始截面保持平行。

(2)【轮廓扭转】:轮廓在随路径移动时,沿路径扭转的情况(见图 5-4-4)。

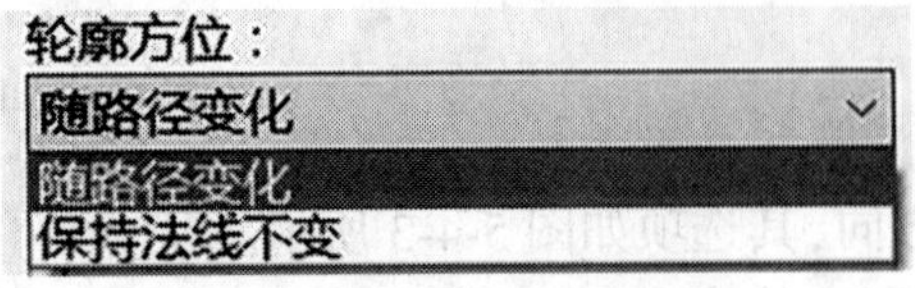

图 5-4-3　【轮廓方位】选项

图 5-4-4　【轮廓扭转】选项

(3)【切线延伸】:沿切线方向进行延伸曲面。

(4)【合并切面】:在扫描曲面时,如果扫描轮廓具有相切线段,可以使所产生的扫描中的相应曲面相切。

(5)【显示预览】:将曲面在绘图区中预览显示。

(6)【与结束端面对齐】:将扫描轮廓延续到路径所达到的最后面。

1.3　【引导线】选项组

(1)【引导线】:在轮廓沿路径扫描时加以引导。

(2)【上移】:调整引导线的顺序,使制定的引导线上移。

(3)【下移】:调整引导线的顺序,使制定的引导线下移。

(4)【合并平滑的面】:改进引导线扫描的性能。

1.4　【起始处/结束处相切】选项组

(1)【起始处相切类型】选项如图 5-4-5 所示,有以下两个下拉选项。

①【无】:不应用相切。

②【路径相切】:路径垂直于开始点处而生成扫描。

(2)【结束处相切类型】选项如图 5-4-6 所示,有以下两个下拉选项。

①【无】:不应用相切。

②【路径相切】:路径垂直于结束点处而生成扫描。

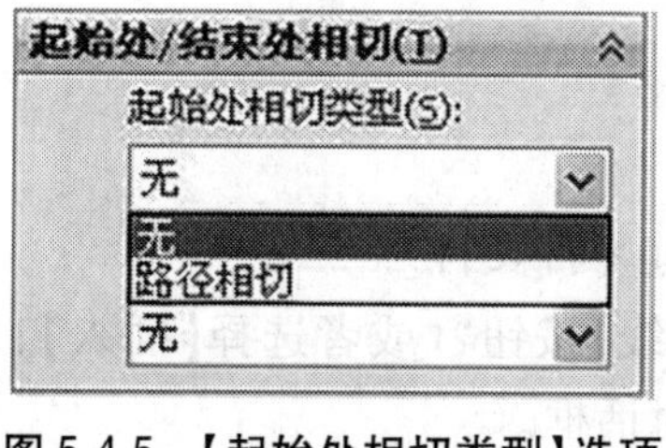

图 5-4-5　【起始处相切类型】选项

图 5-4-6　【结束处相切类型】选项

2　通过 X、Y、Z 点的曲线

可以通过用户定义的点生成样条曲线,以这种方式生成的曲线被称为通过 X、Y、Z 点的曲线。在 SolidWorks 中,用户既可以自定义样条曲线通过的点,也可以利用点坐标文件生成样条曲线。

码 5-16　微课-通过 X、Y、Z 点的曲线

2.1　通过 X、Y、Z 点的曲线的属性设置

单击【曲线】工具栏中的【通过 XYZ 点的曲线】按钮或者选择【插入】|【曲线】|【通过 XYZ 点的曲线】菜单命令,弹出【曲线文件】对话框(见图 5-4-7)。

操作说明如下:

(1)【点】、【X】、【Y】、【Z】:【点】的列坐标定义生成曲线的点的顺序;【X】、【Y】、【Z】即【点】的列坐标对应点的坐标值。双击每个单元格,即可激活该单元格,然后输入数值即可。

(2)【浏览】:单击【浏览】按钮,弹出【浏览】对话框,可以输入存在的曲线文件,根据

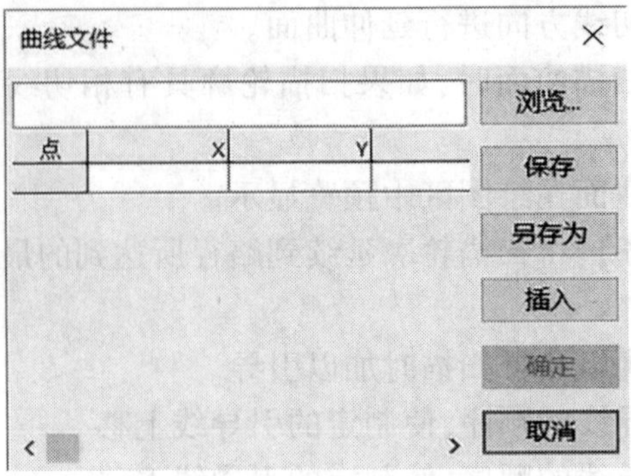

图 5-4-7 【曲线文件】对话框

曲线文件,直接生成曲线。

(3)【保存】:单击【保存】按钮,弹出【另存为】对话框,选择想要保存的位置,然后在【文件名】文字框中输入文件名称。若没有指定扩展名,SolidWorks 应用程序会自动添加“ *. sldcrv”的扩展名。

(4)【插入】:用于插入新行。若要在某一行之上插入新行,只要单击该行,然后单击【插入】按钮即可。

注意:在输入存在的曲线文件时,文件不仅可以是“ *. sldcrv”格式的文件,也可以是“ *. txt”格式的文件。使用 Excel 等应用程序生成坐标文件时,文件中必须只包含坐标数据,而不是 *X*、*Y*、*Z* 的标号及其他无关数据。

2.2 生成通过 *X*、*Y*、*Z* 点的曲线的操作步骤

2.2.1 输入坐标

(1)单击【标准】工具栏中的【新建】按钮,新建零件文件。

(2)单击【曲线】工具栏中的【通过 *XYZ* 点的曲线】按钮或者选择【插入】|【曲线】|【通过 *XYZ* 点的曲线】菜单命令,弹出【曲线文件】对话框。

(3)在【*X*】、【*Y*】、【*Z*】的单元格中输入生成曲线的坐标点的数值(见图 5-4-8),单击【确定】按钮,结果如图 5-4-9 所示。

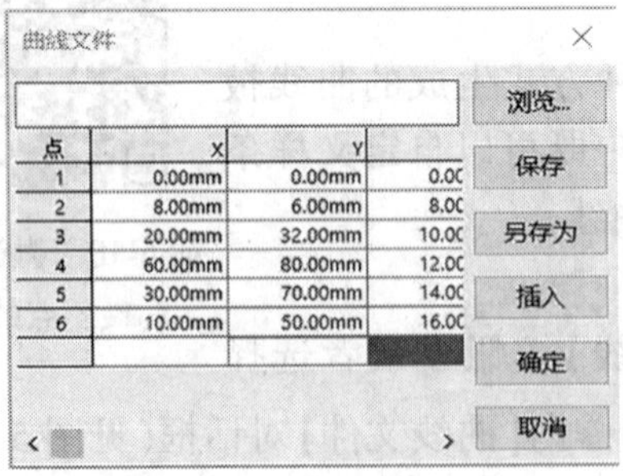

图 5-4-8 设置【曲线文件】对话框

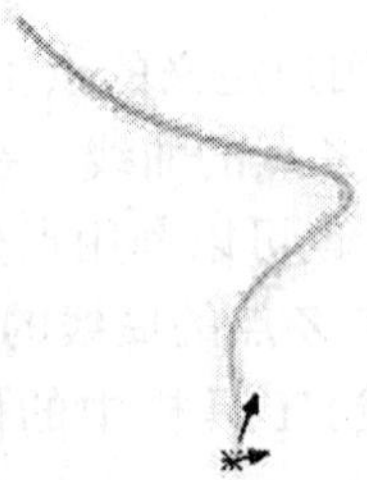

图 5-4-9 生成通过 *X*、*Y*、*Z* 点的曲线

2.2.2 导入坐标点文件

(1)单击【标准】工具栏中的【新建】按钮,新建零件文件。

(2)单击【曲线】工具栏中的【通过 *XYZ* 点的曲线】按钮或者选择【插入】|【曲线】|

【通过 *XYZ* 点的曲线】菜单命令，弹出【曲线文件】对话框。

（3）单击【浏览】按钮，弹出【打开】对话框，选择需要的曲线文件。

（4）单击【打开】按钮，此时选择的文件的路径和文件名出现在【曲线文件】对话框上方的空白框中（见图 5-4-10），单击【确定】按钮，结果如图 5-4-11 所示。

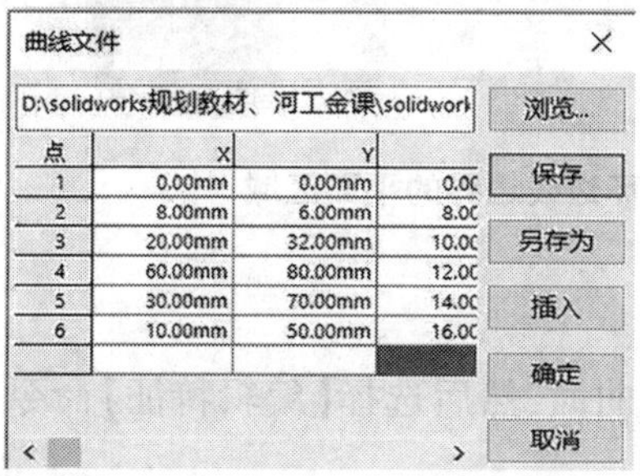

图 5-4-10　设置【曲线文件】对话框

图 5-4-11　生成通过 *X*、*Y*、*Z* 点的曲线

3　平面区域

平面区域是用一个封闭图形的草图或基准面上、实体上的一个平面封闭边线来生成的一个有边界的平面。生成平面区域的方法有非相交闭合草图、一组闭合边线、多条共有平面分型线、一对平面实体（如曲线或边线）等。

码 5-17　微课：平面区域

3.1　从草图中生成一个有边界的平面区域的操作步骤

（1）单击【曲面】工具栏中的【平面区域】按钮或者选择【插入】|【曲线】|【平面区域】菜单命令。

（2）在属性管理器中的 **边界实体(B)** 位置选择草图，单击【确定】按钮（见图 5-4-12）。

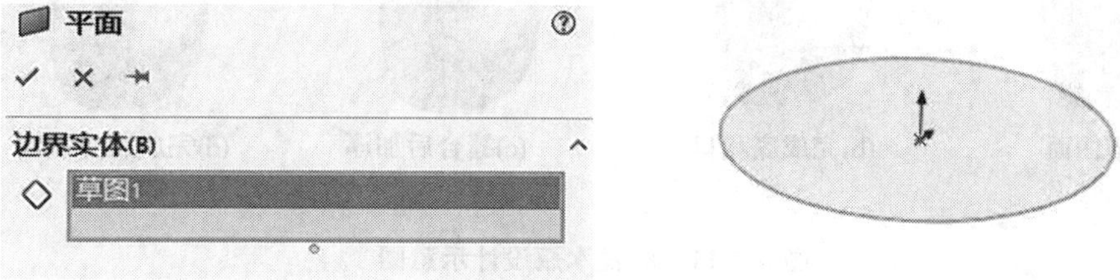

图 5-4-12　从草图中生成一个有边界的平面区域

3.2　在零件中生成有一组闭环边线边界的平面区域的操作步骤

（1）单击【曲面】工具栏中的【平面区域】按钮或者选择【插入】|【曲线】|【平面区域】菜单命令。

（2）在属性管理器中的 **边界实体(B)** 位置选中圆柱面的上边线，组中所有边线必须位于同一基准面上，单击【确定】按钮（见图 5-4-13）。

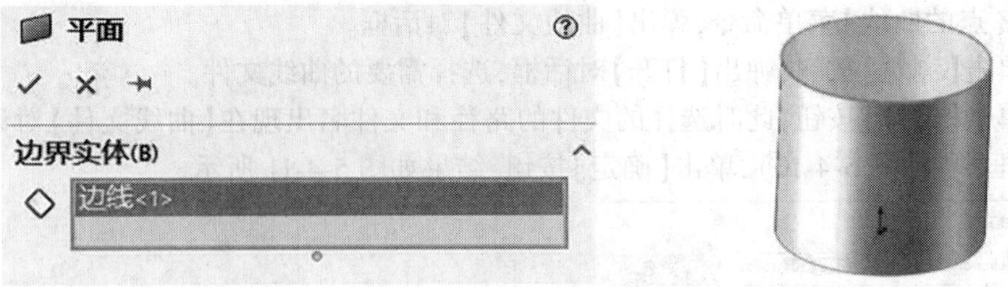

图 5-4-13　在零件中生成有一组闭环边线边界的平面区域

3.3　编辑平面区域的操作介绍

(1)如果该平面由草图生成,可编辑草图。

(2)如果平面区域由一组封闭边线生成,右击曲面,然后选择【编辑特征】命令。

【任务实施】

1　思路分析

码 5-18　微课:洗发水瓶设计实例练习

分析 5-4-1 所示模型,是由瓶体、瓶颈和凸起的轮廓线及螺纹组成,主体是瓶体。瓶体的断面是变化的,应该采用断面轮廓在引导线控制下的放样方法创建。创建可采用若干断面轮廓线和引导线,进行放样(也可采用轮廓、路径和引导线进行扫描),然后通过缝合和加厚曲面来完成,也可放样(或扫描)成实体,进行抽壳。洗发水瓶设计示意图如图 5-4-14 所示。

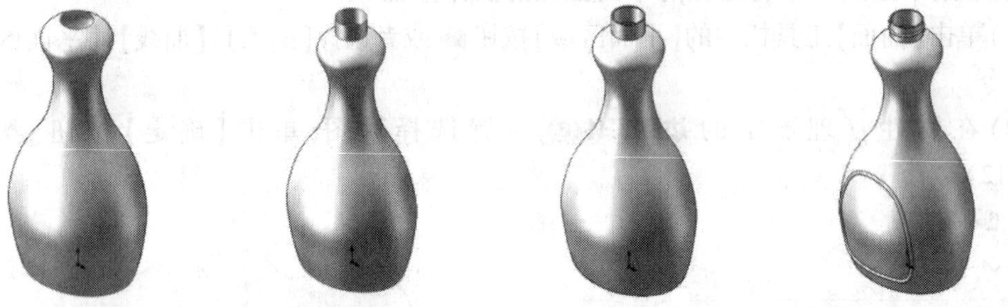

(a)扫描曲面　(b)完成底和口　(c)缝合后加厚　(d)完成瓶身装饰

图 5-4-14　洗发水瓶设计示意图

面的扫描是通过轮廓、路径和引导线进行的,其中引导线可用【通过 XYZ 点的曲线】工具(选择【插入】|【曲线】菜单命令)通过一系列点的 X、Y、Z 坐标创建。可以在电子表格的对话框中直接输入这些点的坐标,也可以从 ASCII 文本文件中读入,文件扩展名为 .sldcrv 或.txt。引导线将按照点的输入顺序或文件中所列的顺序依次通过这些点。【通过 XYZ 点的曲线】是在草图外创建的,因此 X、Y、Z 坐标是相对于前视基准面进行转换的。样条曲线(引导线)关键点的坐标值如表 5-4-1 所示。

表 5-4-1　样条曲线关键点的坐标值

	点序号	X/mm	Y/mm	Z/mm		点序号	X/mm	Y/mm	Z/mm
轮廓曲线 1	1	-13	232	0	轮廓曲线 2	1	0	232	-13
	2	-28	216	0		2	0	216	-28
	3	-22	197	0		3	0	197	-22
	4	-18	178	0		4	0	178	-18
	5	-21	152	0		5	0	152	-21
	6	-27	133	0		6	0	133	-27
	7	-39	114	0		7	0	114	-36
	8	-49	95	0		8	0	95	-43
	9	-55	76	0		9	0	76	-47
	10	-58	57	0		10	0	57	-48
	11	-57	38	0		11	0	38	-45
	12	-54	19	0		12	0	19	-42
	13	-48	0	0		13	0	0	-38

2　建模步骤

2.1　创建文档与基本操作

启动 SolidWorks 软件,单击【文件】|【新建】按钮,弹出【新建 SOLIDWORKS 文件】对话框,单击【零件】图标,再单击【确定】按钮,完成零件的新建过程,进入 SolidWorks 建模环境。

2.2　创建模型

2.2.1　创建扫描曲面

(1)利用【通过 XYZ 点的曲线】创建引导线。单击【曲线】工具栏中的【通过 XYZ 点的曲线】按钮。在弹出的【曲线文件】对话框中依次输入曲线 1 各点的 X、Y、Z 坐标(见图 5-4-15),数据输入完成后,单击【确定】按钮。

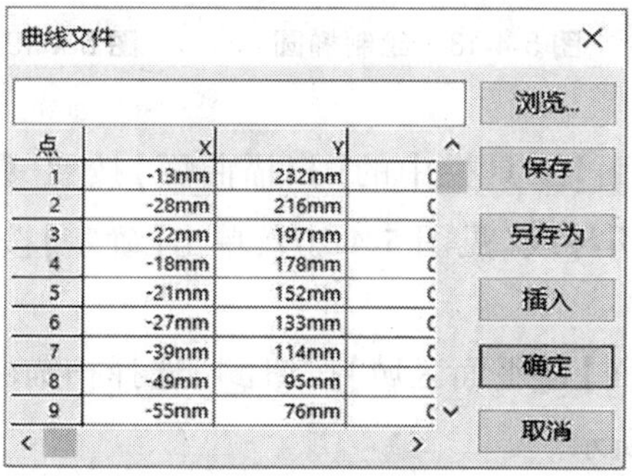

图 5-4-15　曲线 1 的 X、Y、Z 坐标

注意:表格中的数据输入方法与其他表格输入方法类似,双击或按【Tab】键可在不同的单元格之间切换。若输入数据有错误,可以返回编辑。

(2)同理,输入曲线 2 各点的 X、Y、Z 坐标(见图 5-4-16)。

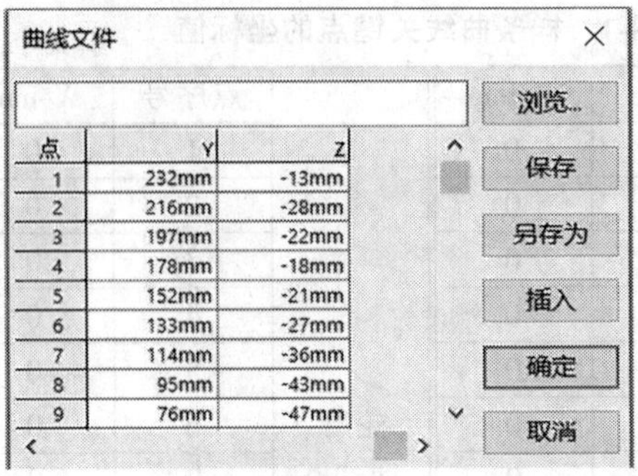

图 5-4-16　曲线 2 的 X、Y、Z 坐标

(3)绘制扫描路径。选择【前视基准面】进入草图绘制状态,以原点为起点绘制一条长度为 232 mm 的竖直线(见图 5-4-17),单击【确认】按钮后退出草图 1。

(4)绘制扫描轮廓。选择【上视基准面】进入草图绘制状态,以原点为中心绘制一个椭圆(见图 5-4-18)。在扫描轮廓和引导线之间添加穿透几何关系。按住【Ctrl】键,选择椭圆长轴的末端点和曲线 1,在属性管理器中选择【穿透】图标。同理,在曲线 2 和短轴端点间添加穿透几何关系(见图 5-4-19),确认并退出草图 2。

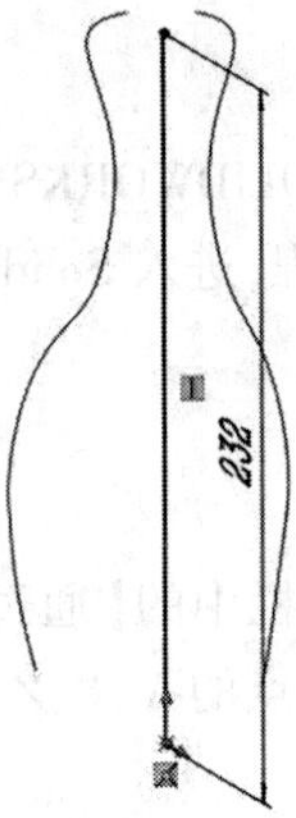

图 5-4-17　绘制扫描路径草图

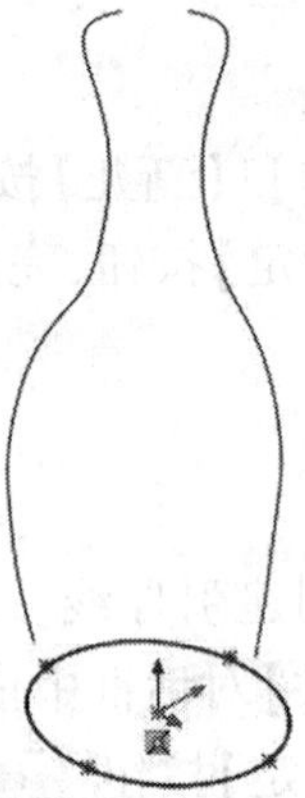

图 5-4-18　绘制椭圆

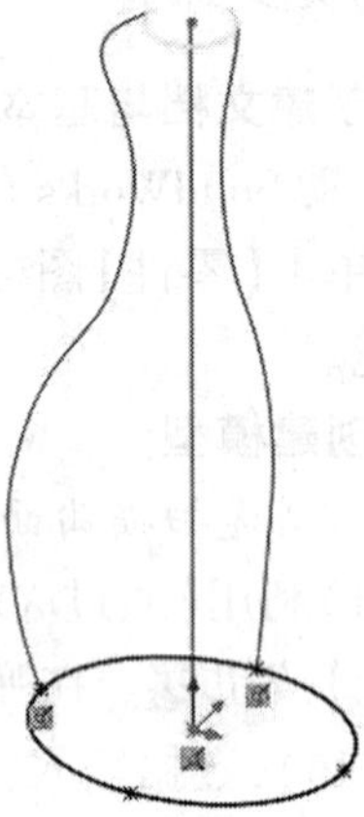

图 5-4-19　添加穿透几何关系

(5)创建扫描曲面。单击【曲面】工具栏中的【扫描曲面】按钮,选择椭圆作为轮廓,直线为路径,曲线 1、曲线 2 为引导线(见图 5-4-20),单击【确定】按钮。

2.2.2　创建瓶颈与瓶底

(1)创建瓶底曲面。单击【曲面】|【平面区域】按钮,选择扫描曲面底部边线,单击【确定】按钮,结果如图 5-4-21 所示。

(2)创建瓶颈。单击【参考几何体】|【基准面】按钮,选择扫描曲面的瓶口边线,创建基准面 1。选择基准面 1 进入草图绘制状态,选择圆形边线,单击【草图】工具栏中的【转换实体引用】按钮,生成拉伸曲面的草图。单击【曲面】|【拉伸曲面】按钮,设置深度为 15 mm,向上拉伸草图,结果如图 5-4-22 所示。

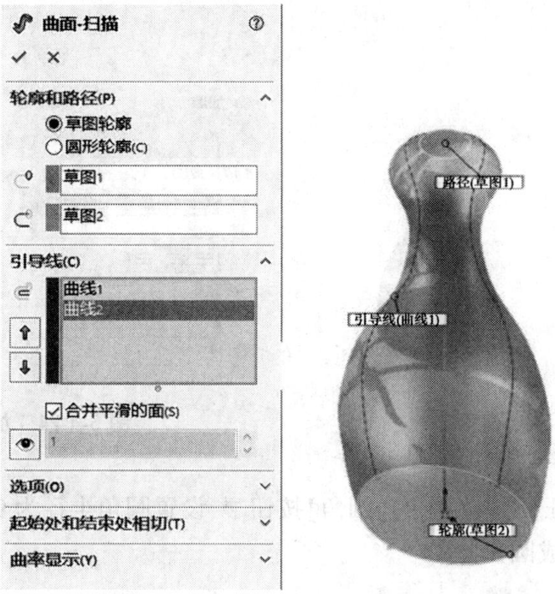

图 5-4-20　扫描曲面

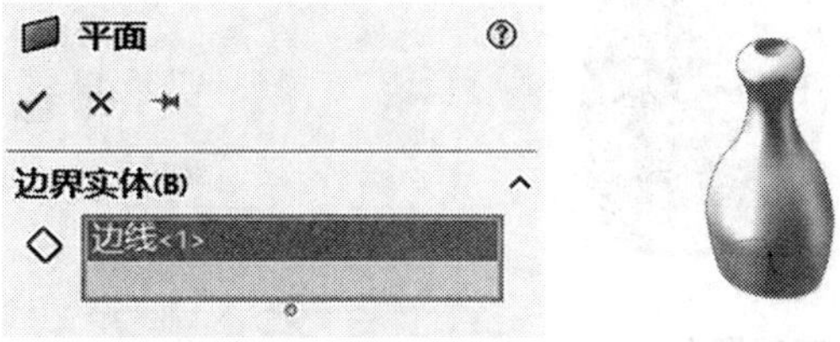

图 5-4-21　创建瓶底

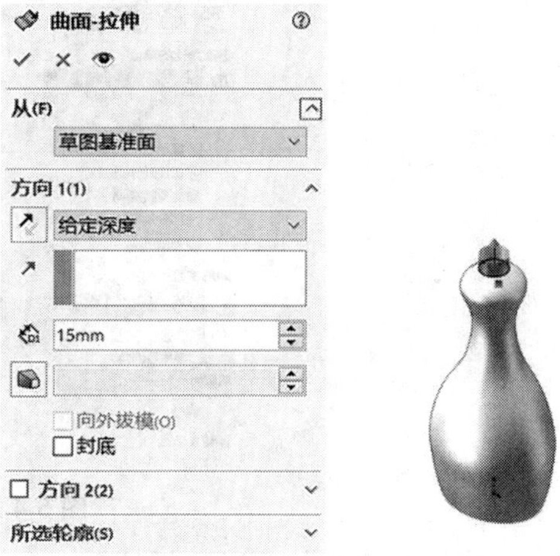

图 5-4-22　拉伸瓶颈

2.2.3　加厚曲面

(1)缝合曲面。单击【曲面】|【缝合曲面】按钮，选择所有的面，单击【确认】按钮，完成曲面缝合(见图 5-4-23)。

(2)加厚曲面。单击【插入】|【凸台/基体】|【加厚】按钮，选择所有的面，设置厚度为 0.5 mm，单击【确认】按钮，完成洗发水瓶体创建(见图 5-4-24)。

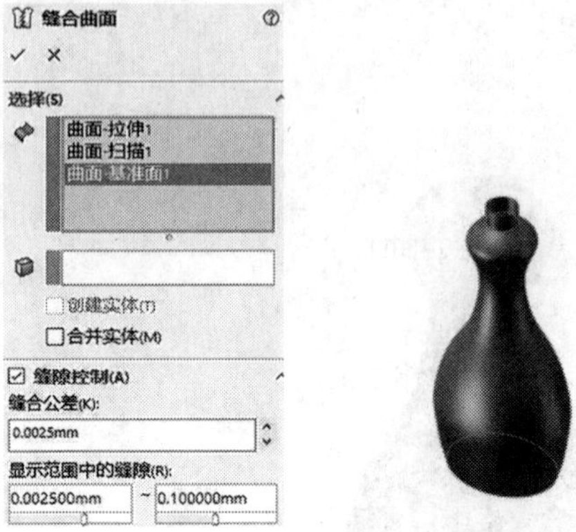

图 5-4-23　缝合曲面

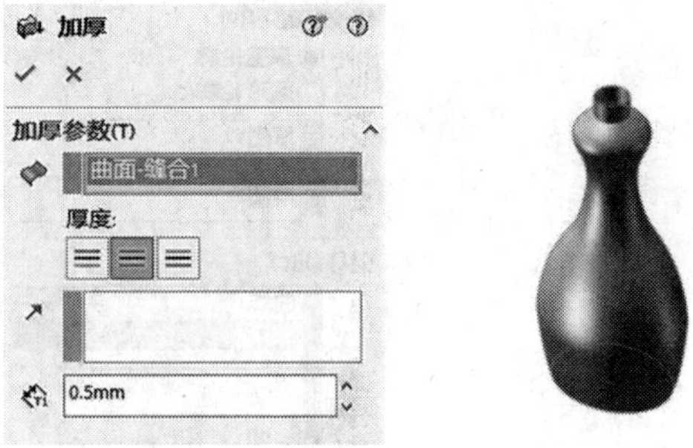

图 5-4-24　加厚曲面

(3)圆角。单击【特征】工具栏中的【圆角】按钮,设置圆角半径为 9 mm(见图 5-4-25),单击【确认】按钮,完成圆角。

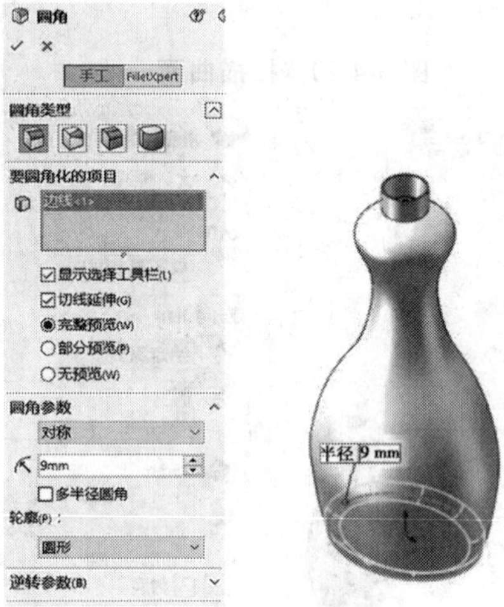

图 5-4-25　底部圆角

2.2.4　完成瓶身装饰及瓶口螺纹

(1)绘制凸起草图。在前视基准面上绘制如图 5-4-26 所示的草图,确认并退出草图。

(2)创建投影曲线(扫描路径)。单击【曲线】工具栏中的【投影曲线】按钮,选择【面上草图】,单击瓶体面(见图 5-4-27),单击【确定】按钮。

(3)绘制扫描轮廓。选择右视基准面,在任意位置绘制一个圆。然后在圆心和投影曲线之间添加穿透几何关系,并对圆标注尺寸 ϕ 3(见图 5-4-28),确认并退出草图。

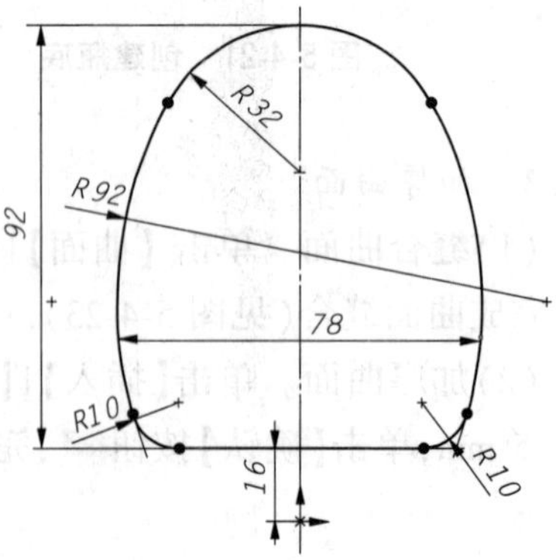

图 5-4-26　凸起草图

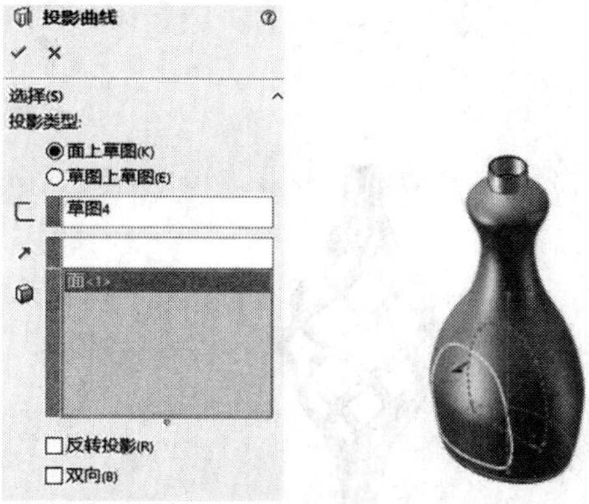

图 5-4-27　创建投影曲线

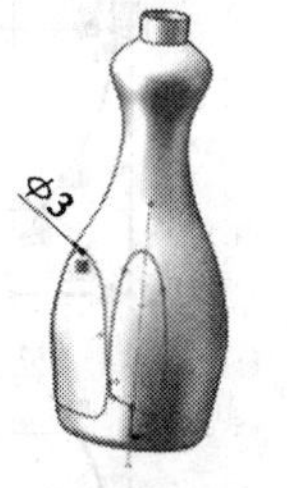

图 5-4-28　扫描轮廓草图

(4)扫描凸起。单击【特征】工具栏中的【扫描】按钮,选择“φ 3 圆”作为轮廓,【投影曲线】为路径,单击【确定】按钮,结果如图 5-4-29 所示。

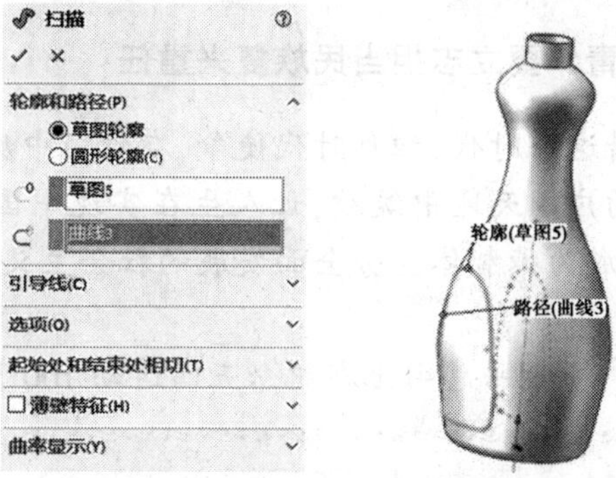

图 5-4-29　扫描凸起

(5)螺纹制作(略)。螺旋线参数、螺纹截面轮廓如图 5-4-30 所示。

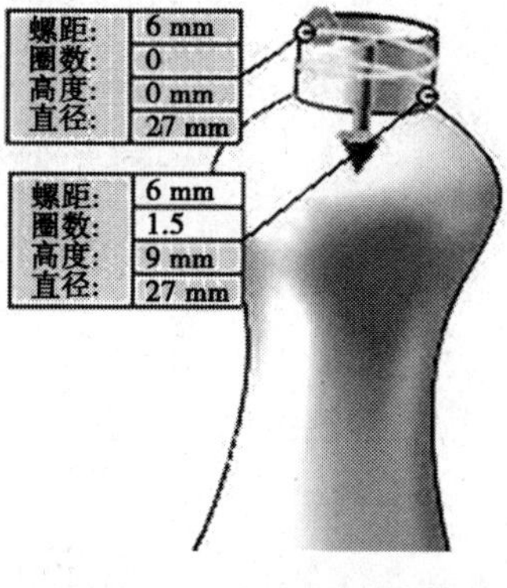

图 5-4-30　螺旋线参数

【技能训练】

5-4-1　参照本任务实例上机练习。

5-4-2　创建铁艺作品模型(见图 5-4-31)。

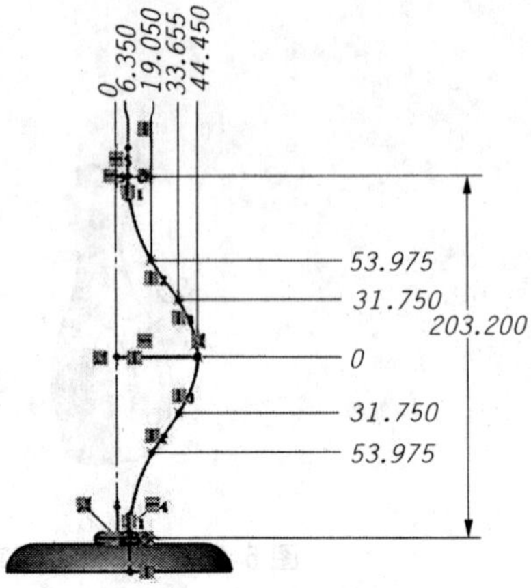

(a)

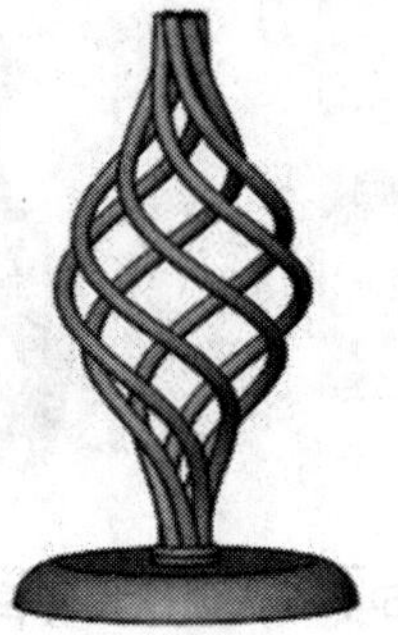

(b)

图 5-4-31 铁艺模型

青年要立志担当民族复兴重任

新时代中国青年要珍惜这个时代、担负时代使命,在担当中历练,在尽责中成长,让青春在新时代改革开放的广阔天地中绽放,让人生在实现中国梦的奋进追逐中展现出勇敢奔跑的英姿,努力成为德智体美劳全面发展的社会主义建设者和接班人!

——2019 年 4 月 30 日,习近平总书记在纪念五四运动 100 周年大会上的讲话

项目6 自动编程

计算机辅助制造 CAM(computer aided manufacturing)是将计算机应用于制造生产的过程或系统。其核心是计算机数值控制(简称数控)。

SolidWorks 是当前世界最先进、面向先进制造行业、紧密集成的 CAD/CAE/CAM 软件系统,提供了从产品设计、分析、仿真到数控程序生成等一整套解决方案。SolidWorks CAM 是整个系统的一部分,它以三维主模型为基础,具有强大可靠的刀具轨迹生成方法,可以完成铣削(2.5~5 轴)、车削等的编程。

SolidWorks CAM 生成的刀具轨迹合理、切削负载均匀,适合高速加工。另外,加工过程中的模型、加工工艺和刀具管理,均与主模型相关联,主模型更改设计后,编程只需重新计算即可,编程的效率非常高。

【知识与技能目标】

1. 理解自动编程的设计意图。
2. 掌握自动加工编程的一般流程。
3. 掌握平面零件加工编程的方法。
4. 掌握空加工编程的方法。
5. 掌握曲面零件加工编程的方法。

任务1 阶梯平面的编程

【学习目标】

1. 掌握零件加工编程的创建方法。
2. 掌握设置加工机床、毛坯、坐标系及加工调整的方法。
3. 掌握创建加工计划、生成刀具轨迹、提取后处理文件的方法。
4. 掌握平面铣削编程的一般步骤和方法。

【任务内容】

完成如图 6-1-1 所示的零件编程,并导出编程程序。

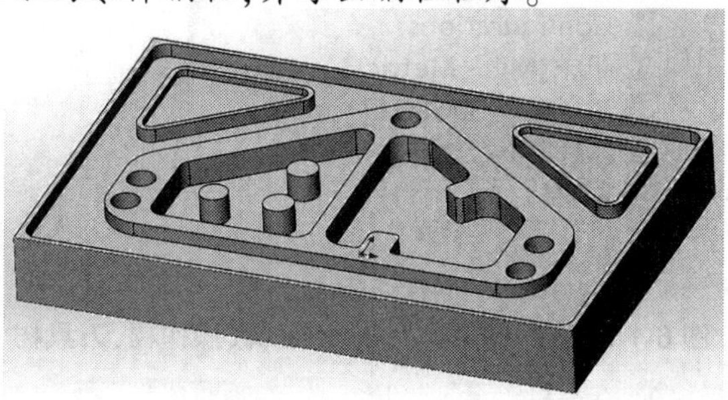

图 6-1-1 任务1

【知识与技能准备】

1 编程选项卡

1.1 SolidWorks CAM 设计环境

SolidWorks CAM 是 SolidWorks CAD 版本的插件,它使设计在开发周期的早期阶段就为可制造性做好准备。通过 SolidWorks CAM,许多通常需要等待设计完成后才能执行的制造任务,现在可以随着设计流程一同进行。这使得制造工程师可以直接在 SolidWorks 环境中对刀具路径进行编程,产品工程师也可以在流程早期对设计进行评估,以避免意外的费用和工作延迟。SolidWorks CAM 设计环境见图 6-1-2。

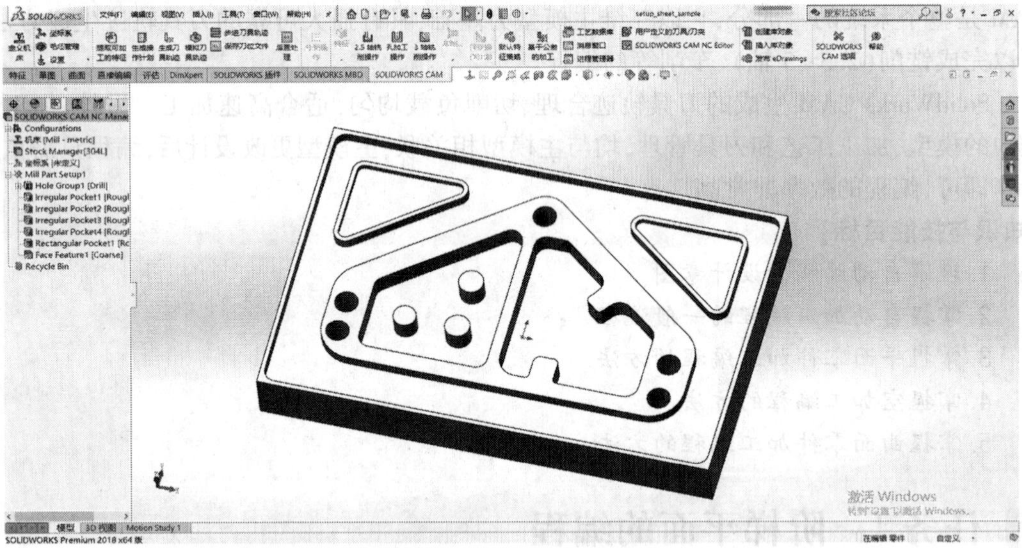

图 6-1-2 SolidWorks CAM 设计环境

1.2 SolidWorks CAM 特征树、操作树、刀具树

SolidWorks CAM 的特征树、操作树、刀具树(见图 6-1-3)是保存加工参数和操作步骤的地方,在此可以对材料、机床、刀具、毛坯、加工方向、铣削设置、加工特征、加工工艺、刀具轨迹和后处理进行操作。

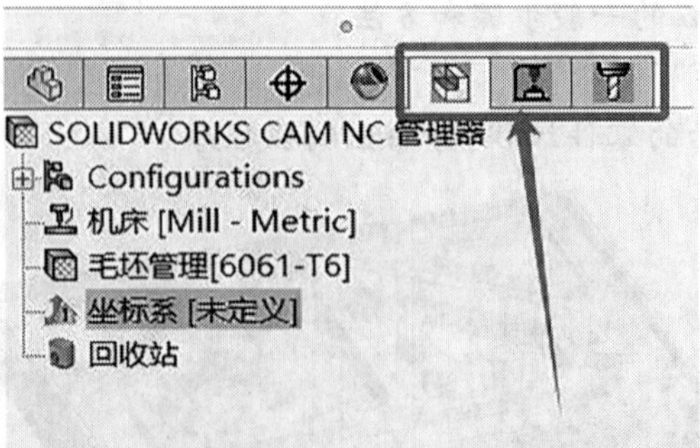

图 6-1-3 SolidWorks CAM 特征树、操作树、刀具树

1.3　SolidWorks CAM 操作的一般流程

SolidWorks CAM 操作的一般流程：完成或者打开零件→定义机床、刀具、后处理→毛坯管理→设置坐标系→铣削设置→定义加工特征→生成操作计划→生成操作轨迹→后处理。

2　编程基本操作

2.1　定义机床

点击选项卡中的【定义机床】按钮，将显示【机床】对话框（见图 6-1-4）。

图 6-1-4　定义机床

在该对话框中可以选择机床、刀具库和后置处理器（见图 6-1-5）。

（1）机床：可以选择一种机床。如果机床类型发生更改，则将删除所有功能和操作。

（2）刀具库：刀具库中通常加载刀具的一个组合用于当前的机床。

（3）后置处理器：后置处理器标识 NCG 码输出的格式。

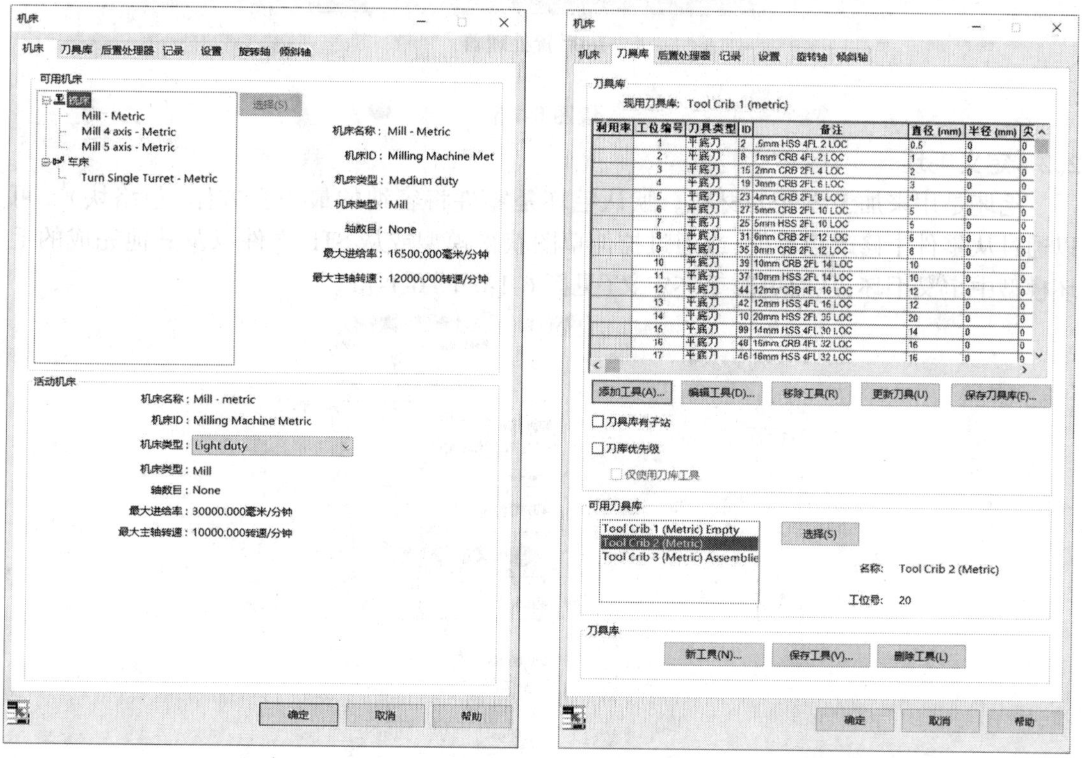

(a)机床　(b)刀具库

图 6-1-5　机床、刀具库和后置处理器

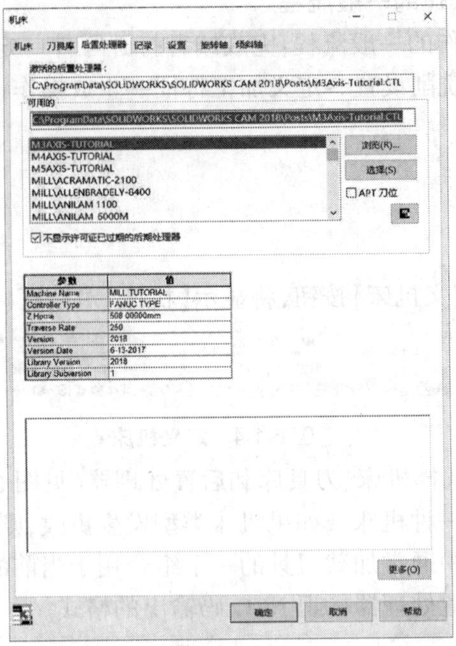

(c)后置处理器

续图 6-1-5

2.2 定义毛坯

毛坯是用来加工零件的材料。默认毛坯是零件将容纳的最小立方体(包络块)。可以通过从零件中修改边界框,或通过拉伸草图获得模型或从 STL 文件以及其他完成的毛坯模型中定义毛坯,从而更改毛坯定义(见图 6-1-6、图 6-1-7)。

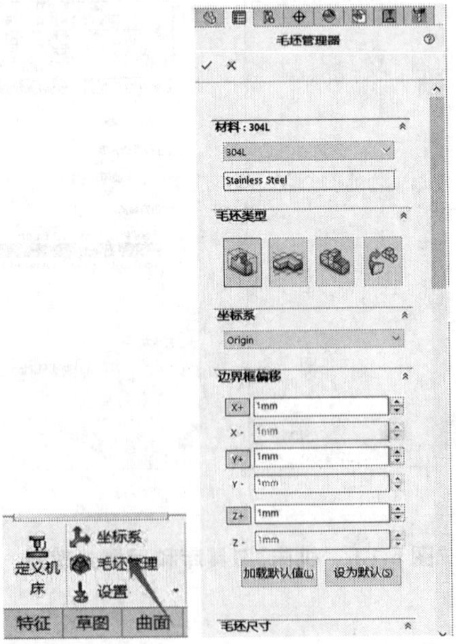

图 6-1-6 定义毛坯

图 6-1-7　毛坯类型

生成毛坯有如下 4 种方法：

(1)包络块：按照安装零件正方向最大尺寸建立长方体，生成毛坯。

(2)拉伸草图：绘制毛坯截面草图，并拉伸生成毛坯。

(3)STL 文件：导入 STL 文件生成毛坯。

(4)零件文件：加载模型文件生成毛坯。

2.3　定义坐标系

设置加工坐标系，为加工提供坐标(见图 6-1-8)。

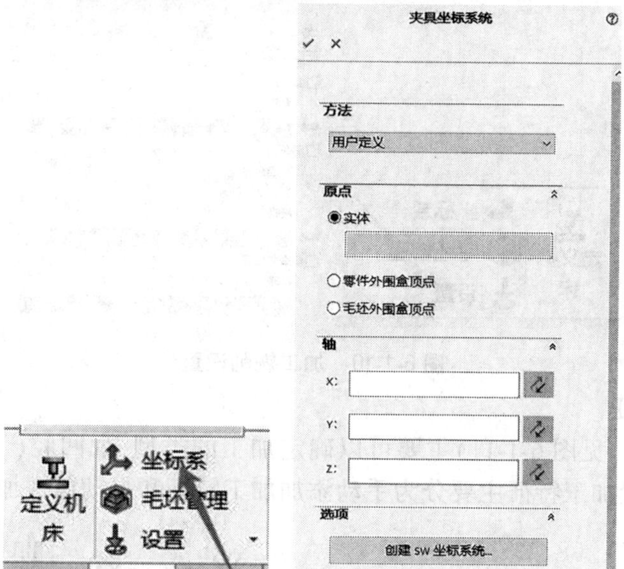

图 6-1-8　定义坐标系

设置加工坐标系参考方法：

(1)通过设置零件外围盒顶点或端点设置坐标系。

(2)通过设置毛坯外围盒顶点或端点设置坐标系。

加工坐标系设置方法见图 6-1-9。

2.4　定义铣削设置(加工方向)

通过加工铣削设置(见图 6-1-10)确定机床加工方向。

【小知识】　在三轴铣削加工中，刀具加工方向为 Z 轴负方向，为减少后续操作，在建

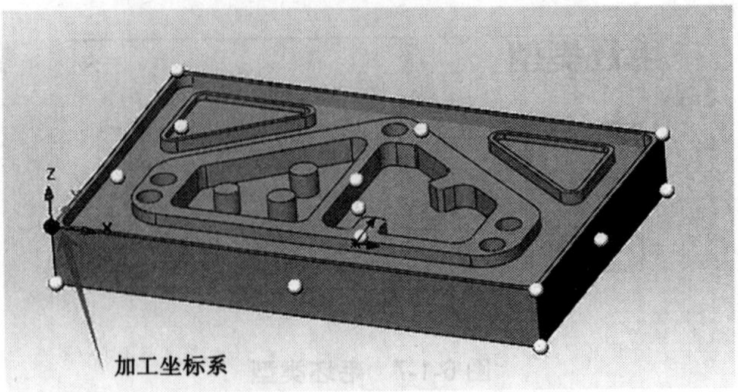

图 6-1-9 加工坐标系设置方法

模时可以按照 Z 轴方向建立模型。

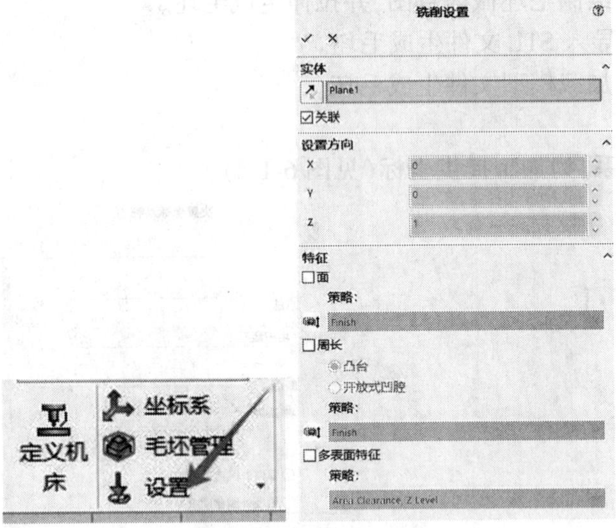

图 6-1-10 加工铣削设置

2.5 设置加工特征

设置加工特征(见图 6-1-11)主要可以确定加工的类型,如凹腔(平面加工)、多表面(曲面加工)。设置加工特征主要分为手动添加加工特征和自动添加加工特征两种方法。

图 6-1-11 设置加工特征

2.5.1 手动添加加工特征

点击选项卡中的【特征】,可以手动添加加工特征(见图 6-1-12),根据零件加工表面特点选择合适的特征。

零件周界特征:适合周边加工。

轴特征:适合平面加工。

多表面特征:适合曲面加工。

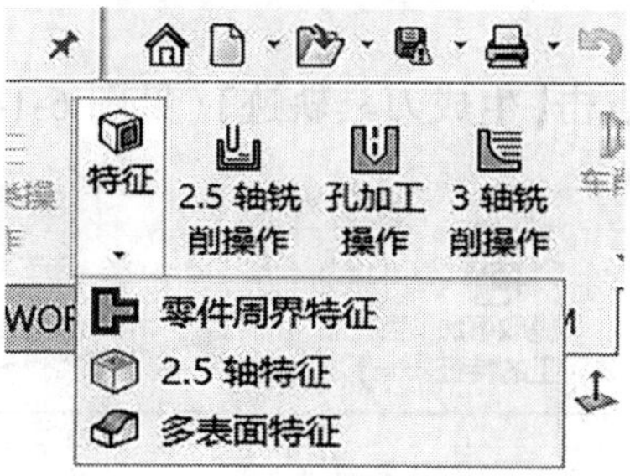

图 6-1-12　手动添加加工特征

2.5.2　自动添加加工特征

点击选项卡中的【提取可加工的特征】，可以自动添加加工特征（见图 6-1-13），软件会根据零件加工表面特点创建合适的加工特征。

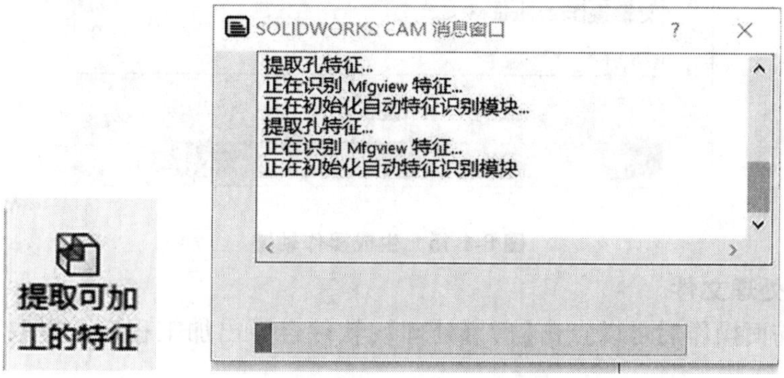

图 6-1-13　自动添加加工特征

2.6　生成操作计划

在完成前面操作后可以点击【生成操作计划】，软件根据加工特征自动生成粗加工计划和精加工计划（见图 6-1-14）。

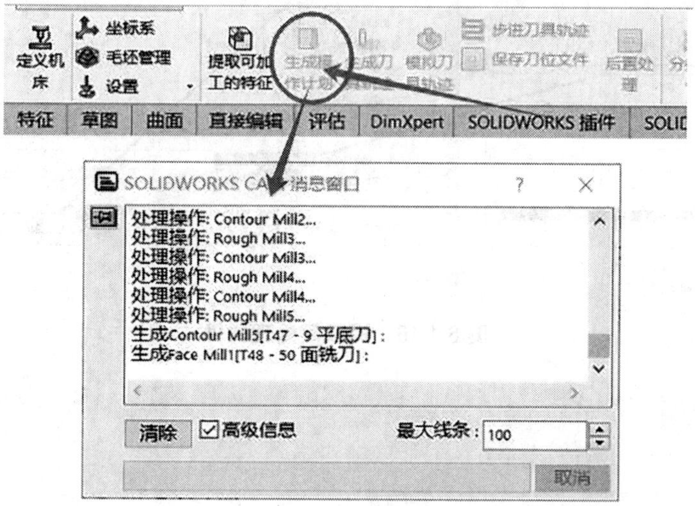

图 6-1-14　生成操作计划

2.7 生成操作轨迹

在完成前面操作后可以点击【生成刀具轨迹】(见图 6-1-15),软件根据加工特征生成操作轨迹。

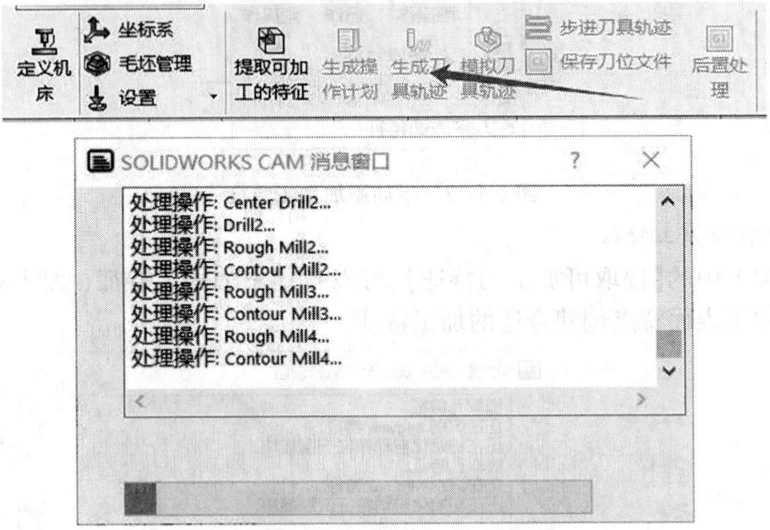

图 6-1-15 生成操作轨迹

2.8 提取后处理文件

在完成前面操作后可以点击【后置处理】,软件会导出加工程序。提取后处理文件见图 6-1-16。

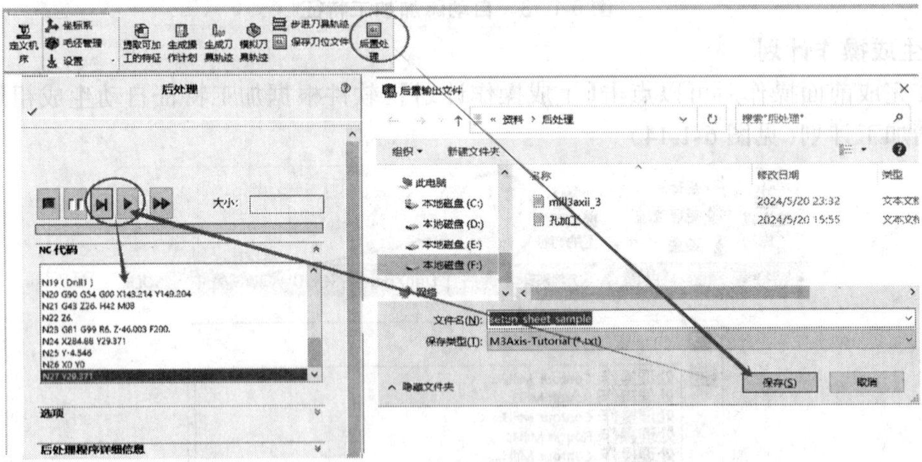

图 6-1-16 提取后处理文件

【任务实施】

1　思路分析

如图 6-1-1 所示的零件为典型的平面加工零件，对零件进行外形尺寸分析（见表 6-1-1）。

表 6-1-1　零件外形尺寸分析

总体尺寸/（mm×mm×mm）	最小圆角	机床	最小刀具	毛坯
400×260×50	*R*4	三轴铣削机床	*D*8	包络块

该零件为平面加工零件，根据零件尺寸确定平面加工方法，零件最小圆角为 *R*4，为完成加工，最小刀具直径不大于 *D*8，操作步骤如下。

2　操作步骤

2.1　打开应用文件

启动 SolidWorks 软件，单击【文件】|【打开】，弹出【打开】对话框，找到 X:\X\solidworks\Mill 文件夹，打开 mill2ax_1 文件。

单击【SolidWorks CAM】选项卡，进入加工环境。

2.2　机床设置

2.2.1　定义机床

单击选项卡中的【定义机床】命令，弹出【机床】对话框，选择【Mill-Metric】三轴铣削机床。

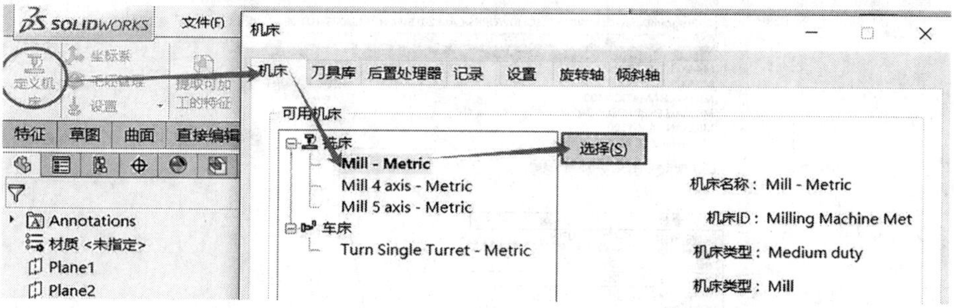

图 6-1-17　定义机床

2.2.2　选择刀具库

在【机床】对话框中选择【刀具库】选项，根据加工特点选择刀具库，也可以单独设置刀具（见图 6-1-18）。

2.2.3　选择后置处理器

在【机床】对话框中选择【后置处理器】选项，选择 3 轴机床后处理器。单击【确定】，完成机床设置（见图 6-1-19）。

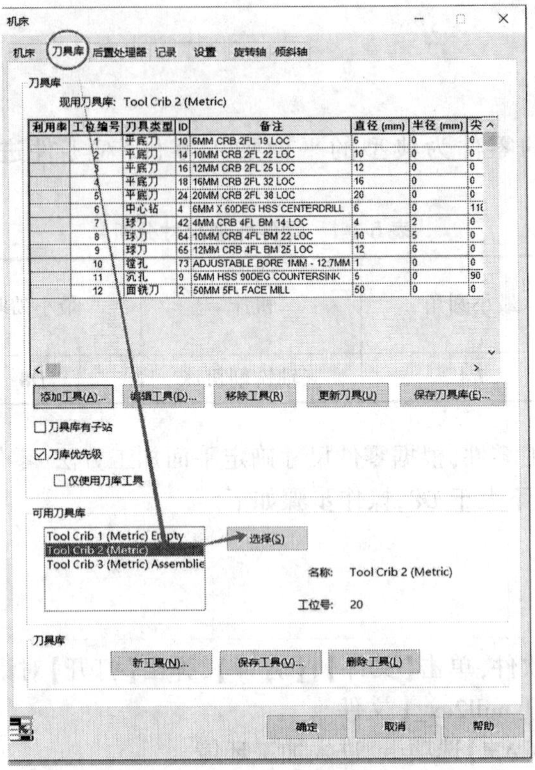

图 6-1-18 选择刀具库

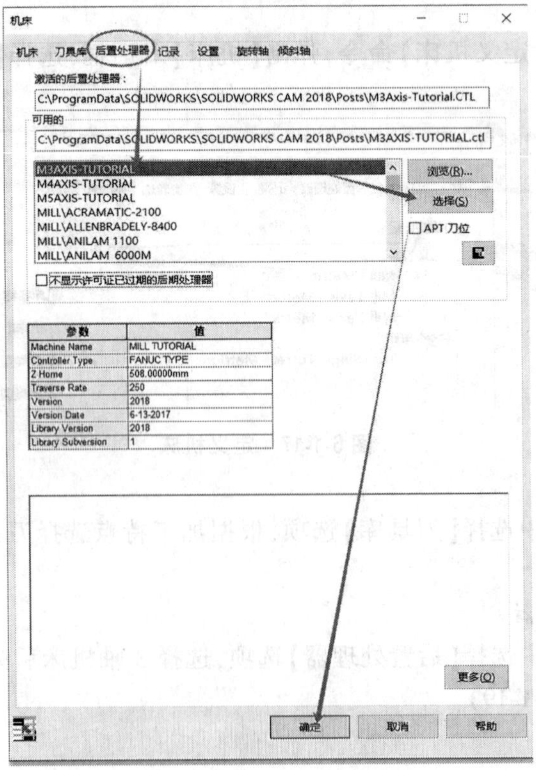

图 6-1-19 选择后置处理器

2.3 设置毛坯

点击选项卡中的【毛坯管理】命令，弹出【毛坯管理器】选项，依次选择包络块，设置毛坯边界，完成毛坯设置（见图6-1-20）。

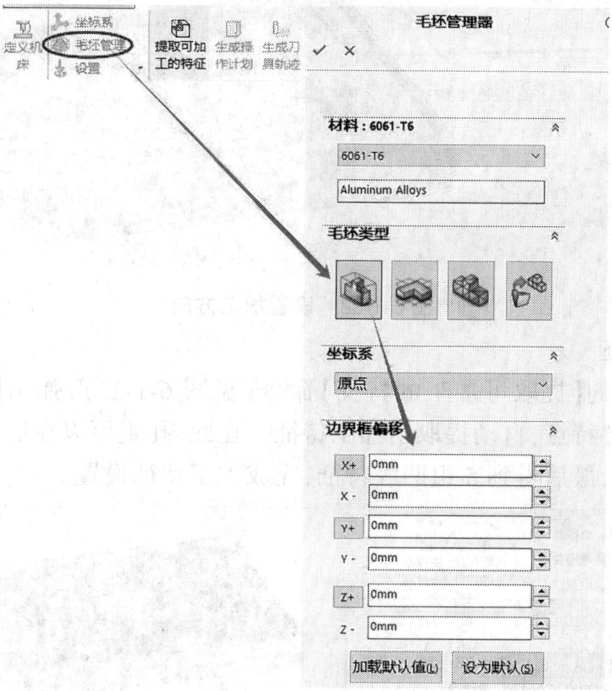

图6-1-20 设置毛坯

2.4 设置加工坐标系

点击选项卡中的【坐标系】命令，弹出【坐标系】选项，选择毛坯外围盒顶点，选择如图6-1-21所示的毛坯模型端点，完成坐标系设置。

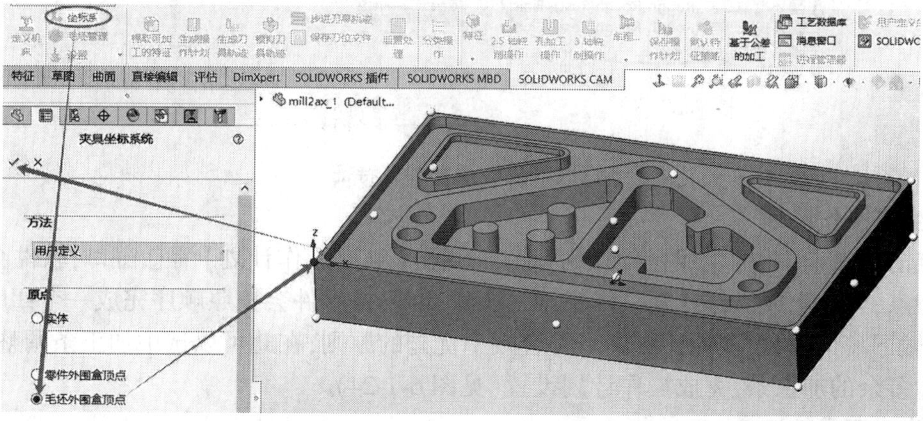

图6-1-21 设置加工坐标系

2.5 设置加工方向

点击选项卡中的【设置】|【铣削设置】命令，弹出【铣削设置】选项，选择反向所需实体，确保加工箭头朝下，完成加工方向设置（见图6-1-22）。

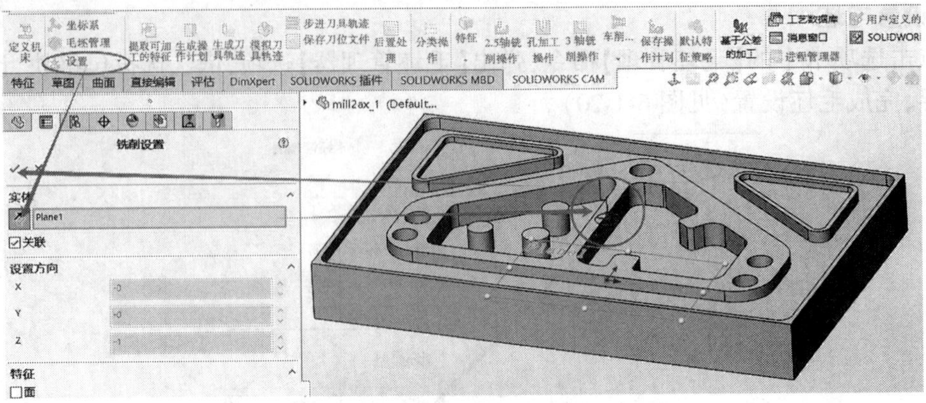

图 6-1-22　设置加工方向

2.6　添加加工特征

点击选项卡中的【提取可加工的特征】命令(见图 6-1-23),弹出【提取特征】消息窗口,软件会根据零件特点,自动提取出加工特征。在此,孔组可以在后面的孔加工中完成,本次加工可以删除,最后得到 5 组凹腔特征,完成加工特征设置。

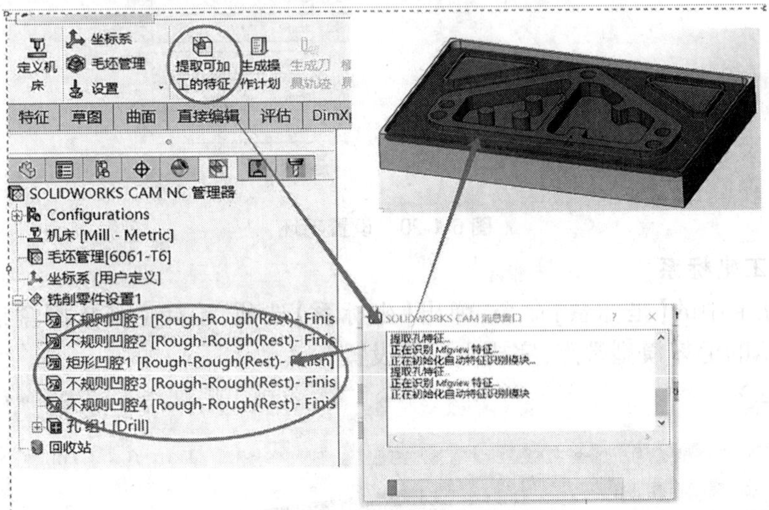

图 6-1-23　添加加工特征

2.7　生成操作计划

点击选项卡中的【生成操作计划】命令,弹出【生成操作计划】消息窗口,软件会根据零件特点,自动生成操作计划。仔细观察操作计划,该软件会按照顺序完成一个凹腔的加工,再做下一个凹腔,该加工次序不符合效率优先的原则,在此可以选中加工条调整顺序,并删除多余的加工条,完成操作计划设置(见图 6-1-24)。

2.8　生成刀具轨迹

点击选项卡中的【生成刀具轨迹】命令,弹出【生成刀具轨迹】消息窗口,软件会根据零件特点,自动生成刀具轨迹,如图 6-1-25 所示粗铣 4 刀具轨迹,完成刀具轨迹设置。在此实例中并未对刀具和刀具轨迹再设置,沿用软件提供的设置完成加工,实际加工时可根

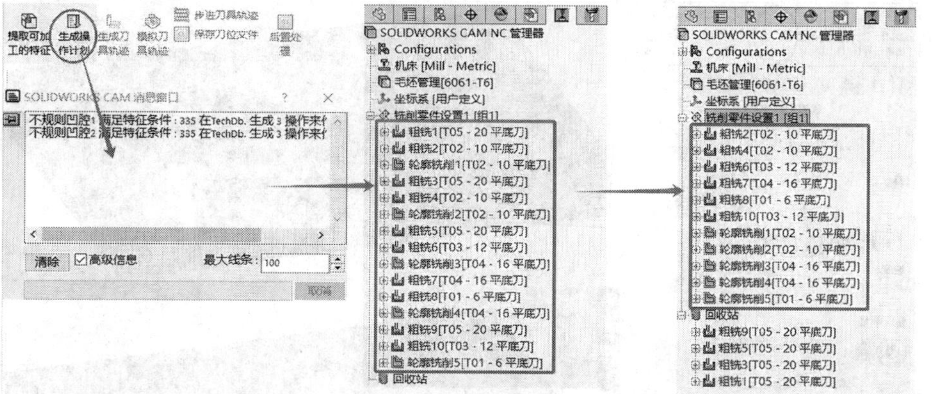

图 6-1-24　生成操作计划

据零件特点和加工要求再进行设置。

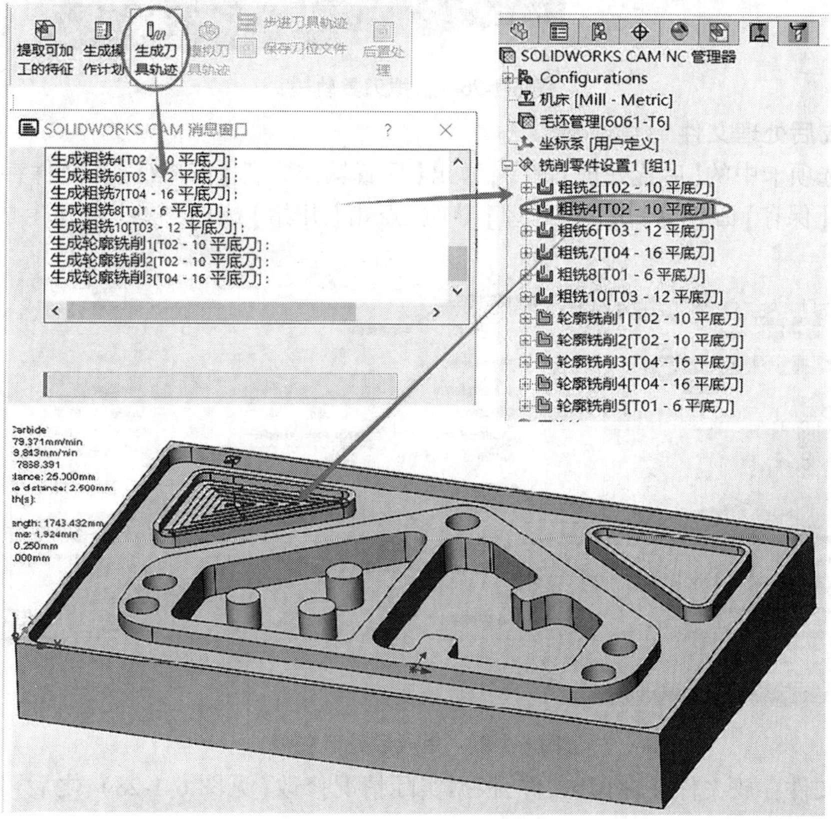

图 6-1-25　生成刀具轨迹

2.9　模拟刀具轨迹

点击选项卡中的【模拟刀具轨迹】命令，弹出【模拟刀具轨迹】导航，选择运行程序，程序会模拟机床加工过程，模拟完成后点击【显示】按钮，模型显示加工完成后的余量。根据加工后的特点，可以重新对程序进行调整，直至符合加工要求(见图 6-1-26)。

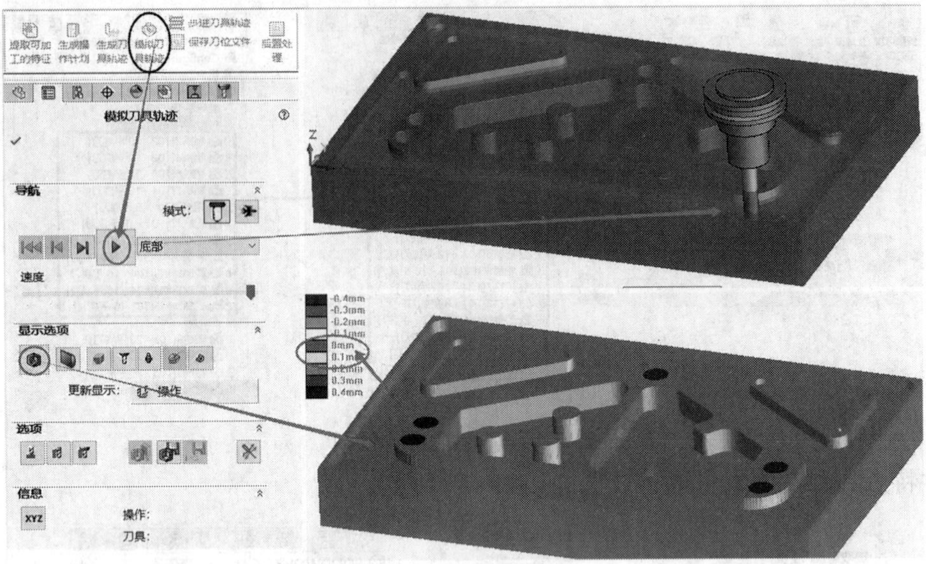

图 6-1-26　模拟刀具轨迹

2.10　生成后处理文件

点击选项卡中的【后置处理】命令，弹出【后置输出文件】窗口，选择文件存放位置和名称，点击【保存】命令，弹出【后处理】导航，点击【开始】按钮，软件自动生成文件（见图 6-1-27）。

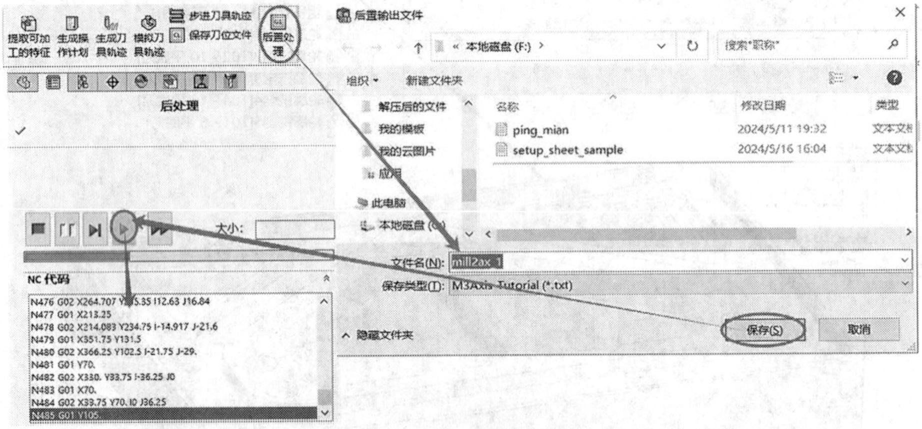

图 6-1-27　生成后处理文件

找到文件存放文件夹，打开文件，根据实际情况修改（见图 6-1-28），之后可以导入机床加工。

【技能训练】

6-1-1　完成如图 6-1-29 所示的零件铣削加工，并提取加工程序。源文件：X：\X\solidworks\Mill\mill3axii_1。

6-1-2　完成如图 6-1-30 所示的零件铣削加工，并提取加工程序。源文件：X：\X\solidworks\Mill\mill3ax_3。

图 6-1-28　修改后处理文件

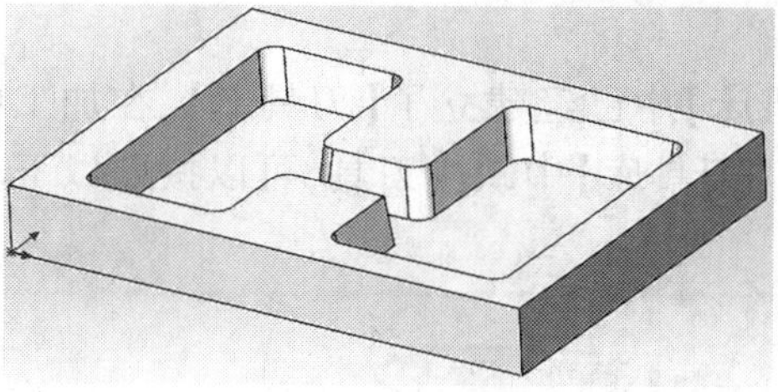

图 6-1-29

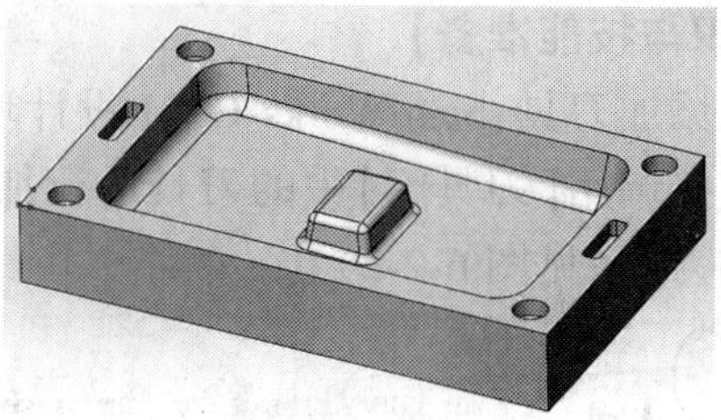

图 6-1-30

6-1-3　完成如图 6-1-31 所示的零件铣削加工，并提取加工程序。源文件：X：\X\solidworks\Mill\mill2ax_5。

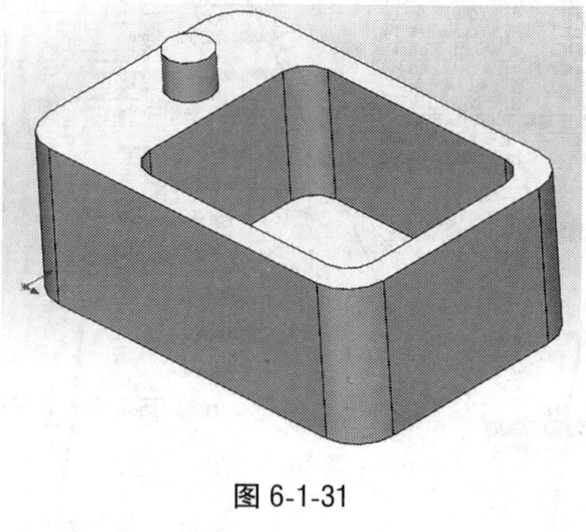

图 6-1-31

任务 2　带孔零件的编程

【学习目标】

1. 掌握零件加工编程的创建方法。
2. 掌握设置加工机床、毛坯、坐标系及加工调整的方法。
3. 掌握创建加工计划、生成刀具轨迹、提取后处理文件的方法。

4. 掌握零件表面孔的加工流程。

【任务内容】

完成如图 6-2-1 所示的零件编程，并导出编程程序。

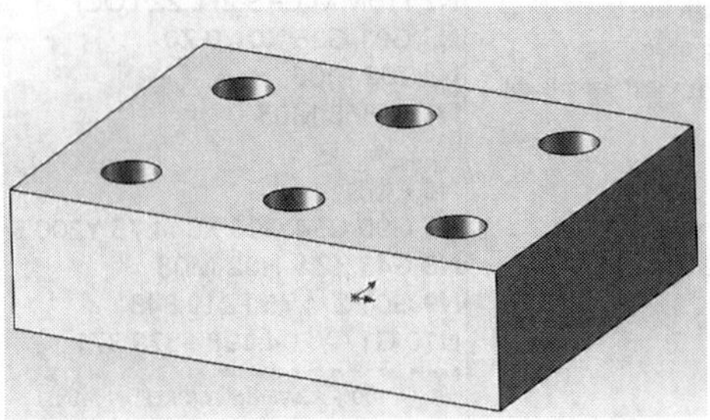

图 6-2-1 任务 2

【知识与技能准备】

添加刀具：SolidWorks CAM 设计环境的【机床】中已经建立了【刀具库】，在加工中可以直接调用【刀具库】中的刀具进行加工，如果【刀具库】中缺少刀具，可以按照以下步骤添加刀具(见图 6-2-2)。

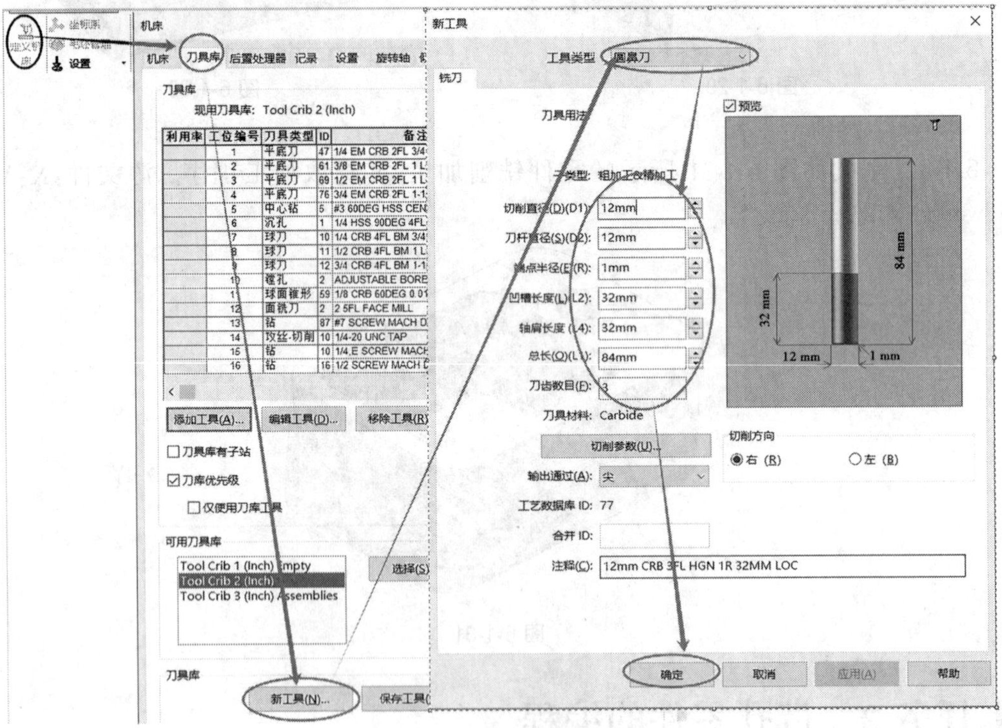

图 6-2-2 添加刀具

【任务实施】

1 思路分析

如图 6-2-1 所示的零件为带孔的零件，对零件进行外形尺寸分析：零件总体尺寸为 90

mm×70 mm×25 mm，孔直径为 10 mm，选择 *D*10 钻孔刀分两次加工，第一次钻出定位孔，第二次完成孔加工。

2　操作步骤

2.1　打开应用文件

启动 SolidWorks 软件，单击【文件】|【打开】，弹出【打开】对话框，找到 X：\X\solidworks\Mill 文件夹，打开 mill2ax_1 文件。

单击【SOLIDWORKS CAM】选项卡，进入加工环境。

2.2　机床设置

2.2.1　定义机床

本任务定义机床与任务 1 相似，具体过程参照任务 1。

2.2.2　添加中心钻孔刀

在机床设置中选择刀具库后，添加一把中心钻，操作如图 6-2-3 所示。

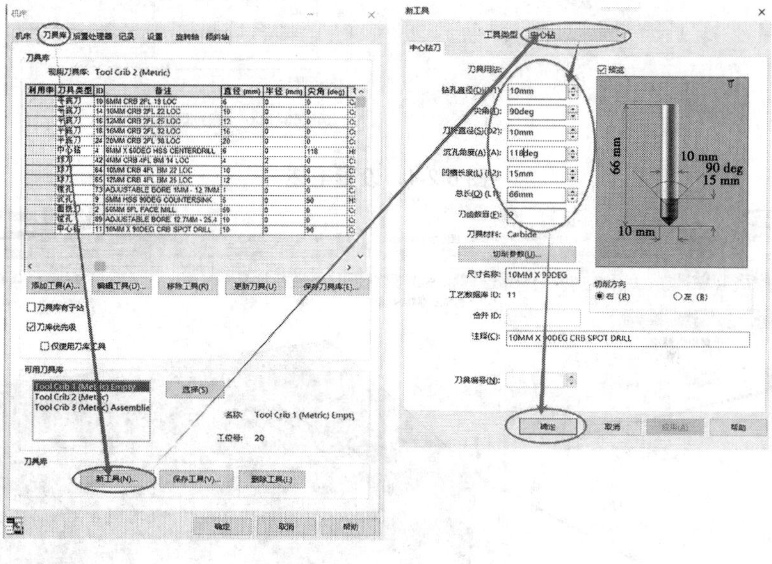

图 6-2-3　添加中心钻

2.3　设置毛坯

点击选项卡中的【毛坯管理】命令，弹出【毛坯管理器】选项，依次选择包络块，设置毛坯边界，完成毛坯设置（见图 6-2-4）。

2.4　设置加工坐标系

点击选项卡中的【坐标系】命令，弹出【坐标系】选项，选择毛坯外围盒顶点，选择如图 6-2-5 所示毛坯模型端点，完成坐标系设置。

2.5　设置加工方向

点击选项卡中的【设置】|【铣削设置】命令，弹出【铣削设置】选项，选择反向所需实体，确保加工箭头朝下，完成加工方向设置（见图 6-2-6）。

2.6　添加加工特征

点击选项卡中的【特征】|【2.5 轴特征】命令，弹出【2.5 轴特征】消息窗口（见图 6-2-7）。

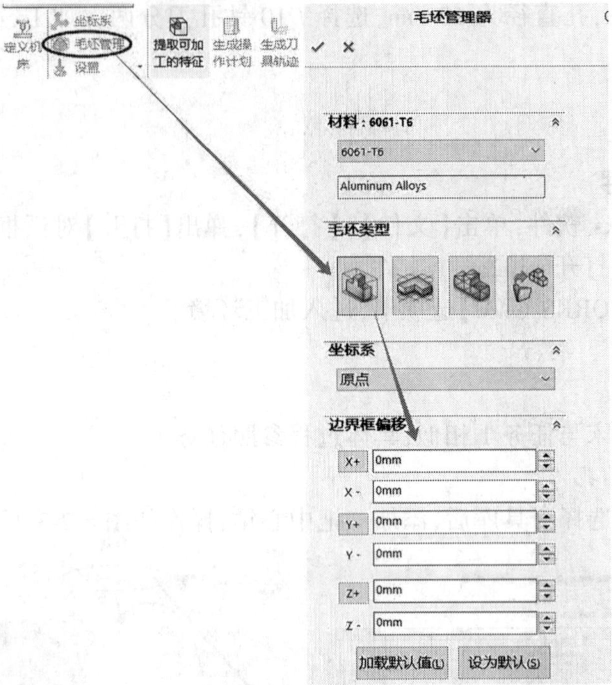

图 6-2-4　设置毛坯

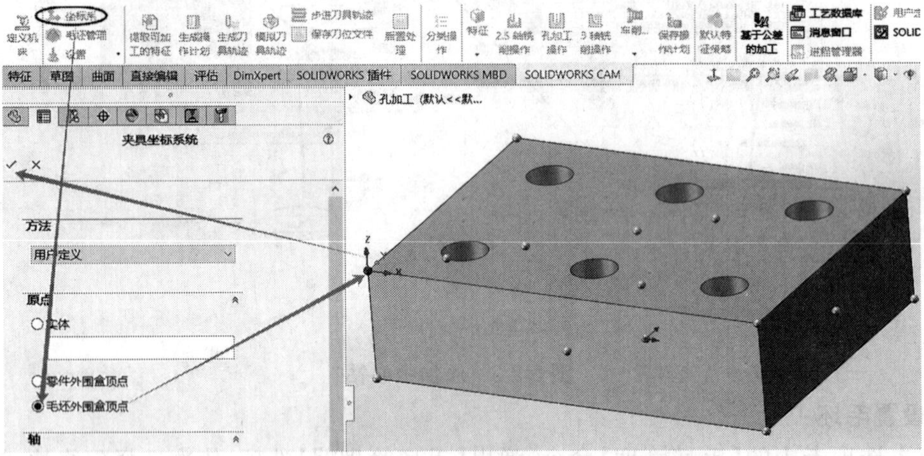

图 6-2-5　设置加工坐标系

在【类型】中选择【孔】，依次选择零件 6 个孔特征(见图 6-2-8)。

在窗口中选择【结束条件】进入【结束条件】窗口，终止条件选择【从面偏差】，再选择零件底面作为终止面，设置距离为 5 mm，完成孔加工特征设置(见图 6-2-9)。

2.7　生成操作计划

点击选项卡中的【生成操作计划】命令，弹出【生成操作计划】消息窗口，软件会根据零件特点，自动生成操作计划(见图 6-2-10)。本步骤按照孔特征，生成【中心钻】和【钻】两个计划，完成操作计划设置。

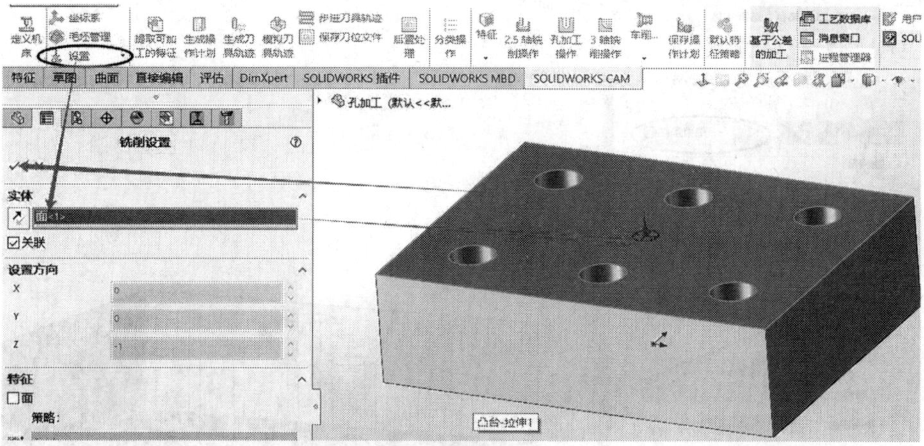

图 6-2-6　设置加工方向

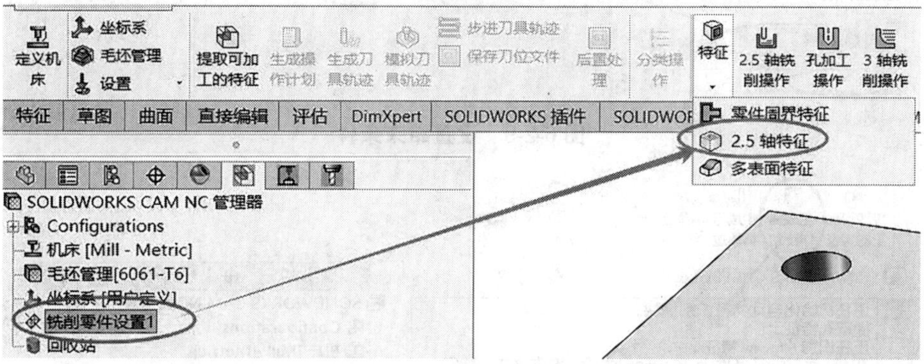

图 6-2-7　添加 2.5 轴特征

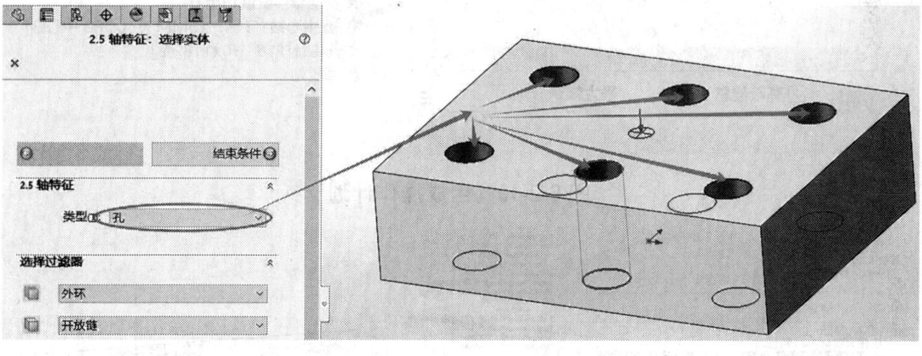

图 6-2-8　设置孔加工特征

2.8　生成刀具轨迹

点击选项卡中的【生成刀具轨迹】命令，弹出【生成刀具轨迹】消息窗口，软件会根据零件特点，自动生成刀具轨迹，如图 6-2-11 所示钻削刀具轨迹，完成刀具轨迹设置。在此实例中并未对刀具和刀具轨迹再设置，沿用软件提供的设置完成加工，实际加工时可根据零件特点和加工要求再进行设置。

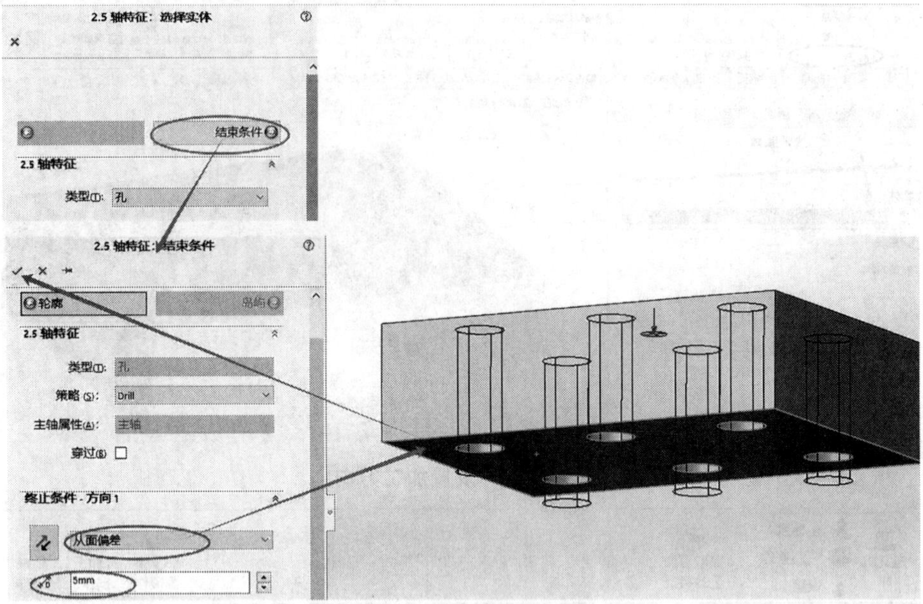

图 6-2-9　设置结束条件

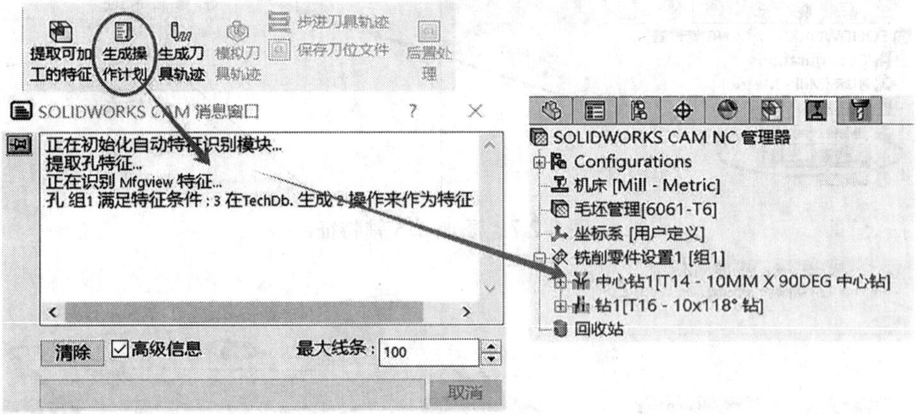

图 6-2-10　生成操作计划

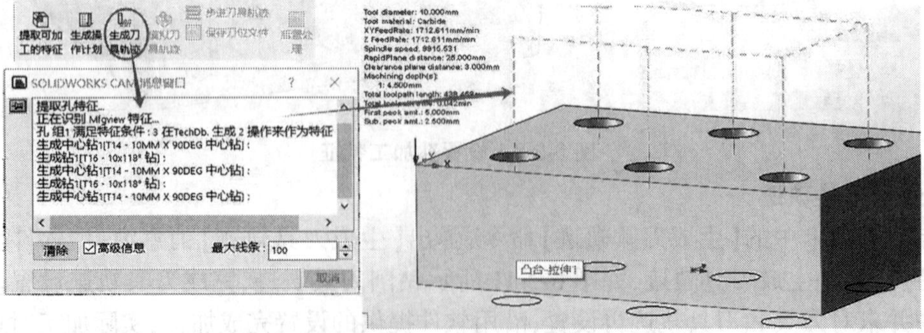

图 6-2-11　生成刀具轨迹

2.9　模拟刀具轨迹

点击选项卡中的【模拟刀具轨迹】命令(见图6-2-12),弹出【模拟刀具轨迹】导航,选择运行程序,程序会模拟机床加工过程,模拟完成后点击【显示】按钮,模型显示加工完成后的余量。根据加工后的特点,可以重新对程序进行调整,直至符合加工要求。

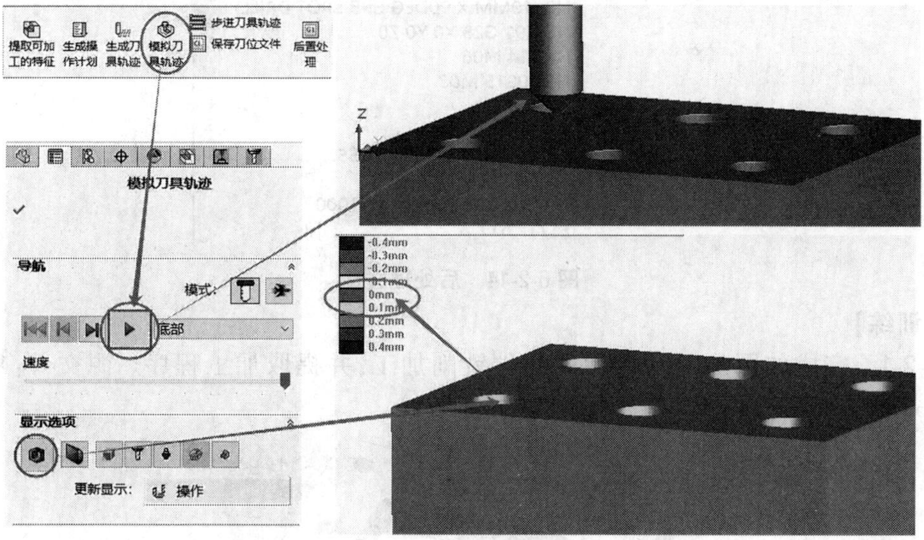

图6-2-12　模拟刀具轨迹

2.10　生成后处理文件

点击选项卡中的【后置处理】命令,弹出【后置输出文件】窗口,选择文件存放位置和名称,点击【保存】命令,弹出【后处理】导航,点击【开始】按钮,软件自动生成文件(见图6-2-13)。

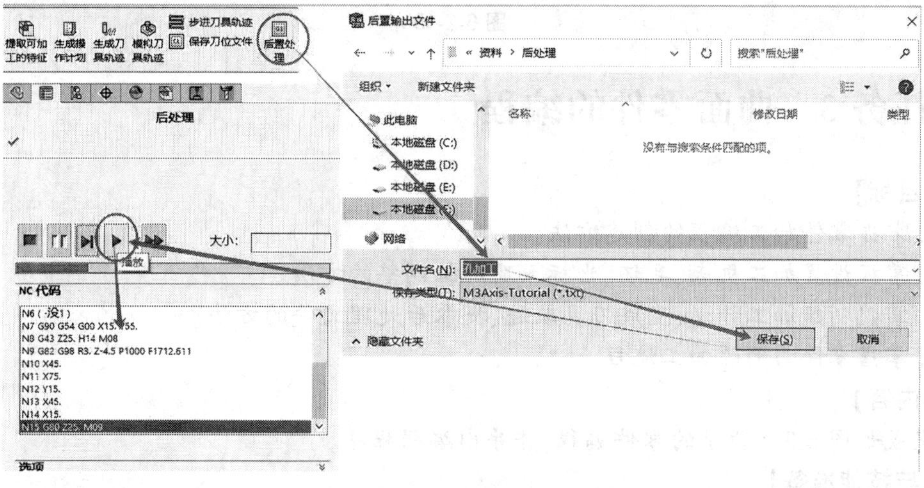

图6-2-13　生成后处理文件

找到文件存放文件夹,打开文件,根据实际情况修改,之后可以导入机床加工。后处理文件见图6-2-14。

图 6-2-14　后处理文件

【技能训练】

6-2-1　完成如图 6-2-15 所示的零件铣削加工,并提取加工程序。源文件:X:\X\solidworks\Mill\mill2ax_5。

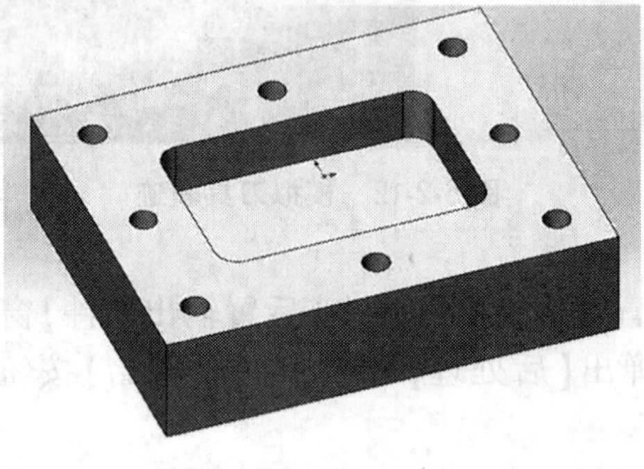

图 6-2-15

任务 3　曲面零件的编程

【学习目标】

1. 掌握零件加工编程的创建方法。
2. 掌握设置加工机床、毛坯、坐标系及加工调整的方法。
3. 掌握创建加工计划、生成刀具轨迹、提取后处理文件的方法。
4. 掌握零件曲面的加工流程。

【任务内容】

完成如图 6-3-1 所示的零件编程,并导出编程程序。

【知识与技能准备】

SolidWorks CAM 加工中完成刀具轨迹后,可根据加工需求修改轨迹,修改方法见图 6-3-2。

(1)轨迹参数修改:

①曲面精加工设置加工余量。

②方向控制设置铣削类型。

③深度参数设置进刀方法。

a. 常量：零件每切削一层，按照设定数值进给。

b. 残留高度：零件加工完成后表面残留的加工痕迹。

④极限设置开始切削位置。

（2）刀具：修改加工刀具。

（3）F/S：设置主轴速度和进给速率。

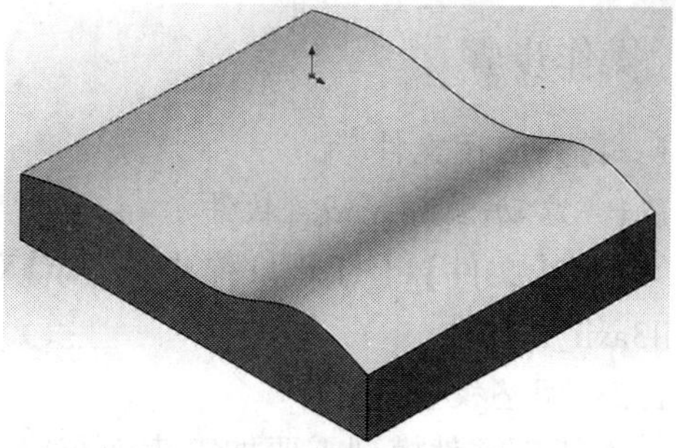

图 6-3-1 任务 3

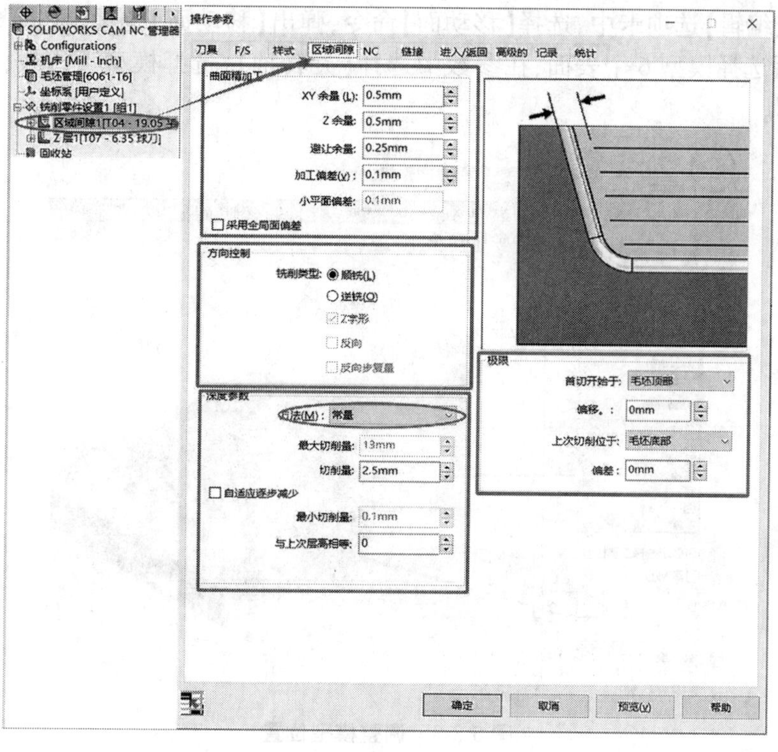

图 6-3-2 调整加工参数

（4）样式：设置单层加工方式和 XY 步复量。

（5）NC：设置快速平面和原点。

（6）链接：设置步距链接方式、深度处理和拐角处理。

（7）进入/返回：设置刀具初始进入材料和退出切削轨迹。

【任务实施】

1 思路分析

如图 6-3-1 所示的零件为曲面零件，对零件进行外形尺寸分析：零件总体尺寸为 152 mm×127 mm×30 mm，上表面为曲面，分两次加工，第一次圆鼻刀粗加工去除材料，第二次球刀精加工表面。

2 操作步骤

2.1 打开应用文件

2.1.1 启动 SolidWorks 软件

单击【文件】|【打开】,弹出【打开】对话框,找到 X:\X\solidworks\Mill 文件夹,打开 mill3axii_3 文件。

2.1.2 调整模型位置

本任务零件模型需要加工表面布置在 Z 轴正上方,在加工中,三轴铣床刀具一般为 Z 轴向下,本任务需要把模型旋转一个角度,以适应加工。

在【直接编辑】选项卡中,选择【移动面】命令,弹出【移动面】选项,根据图 6-3-3 选择【旋转】,然后选择模型 6 个表面,在参数中选择【旋转轴】,选择模型下边线,设置旋转角度,完成旋转。

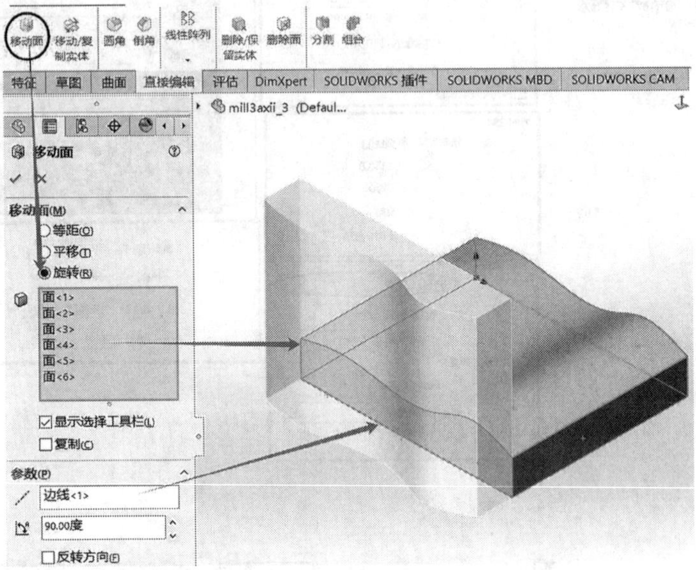

图 6-3-3 调整模型位置

2.1.3 进入加工环境

单击【SOLIDWORKS CAM】选项卡,进入加工环境。

2.2 机床设置

2.2.1 定义机床

本任务定义机床与任务 1 相似,具体过程参照任务 1。

2.2.2 添加中心钻孔刀

在机床设置中选择刀具库后,添加一把中心钻,操作如图 6-3-4 所示。

2.3 设置毛坯

点击选项卡中的【毛坯管理】命令,弹出【毛坯管理器】选项,依次选择包络块,设置毛坯边界,完成毛坯设置(见图 6-3-5)。

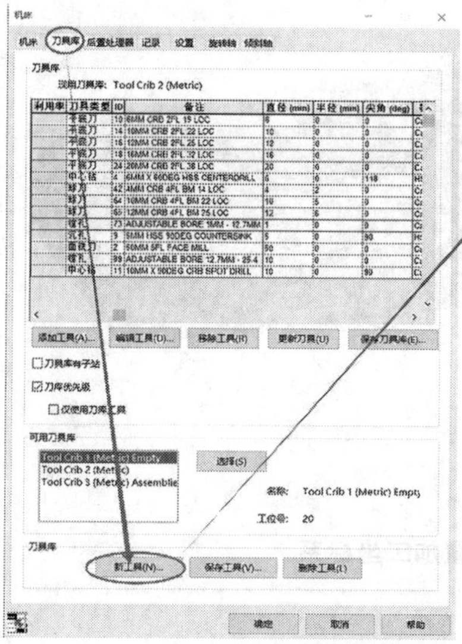

图 6-3-4　添加中心钻

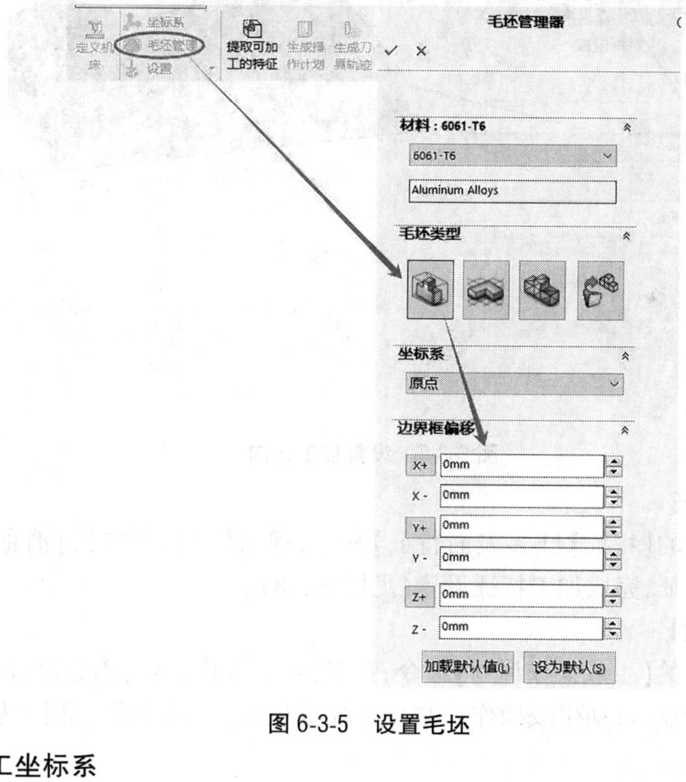

图 6-3-5　设置毛坯

2.4　设置加工坐标系

点击选项卡中的【坐标系】命令，弹出【坐标系】选项，选择毛坯外围盒顶点，选择如图 6-3-6 所示毛坯模型端点，完成坐标系设置。

2.5　设置加工方向

点击选项卡中的【设置】|【铣削设置】命令，弹出【铣削设置】选项（见图 6-3-7），选择反向所需实体，确保加工箭头朝下，完成加工方向设置。

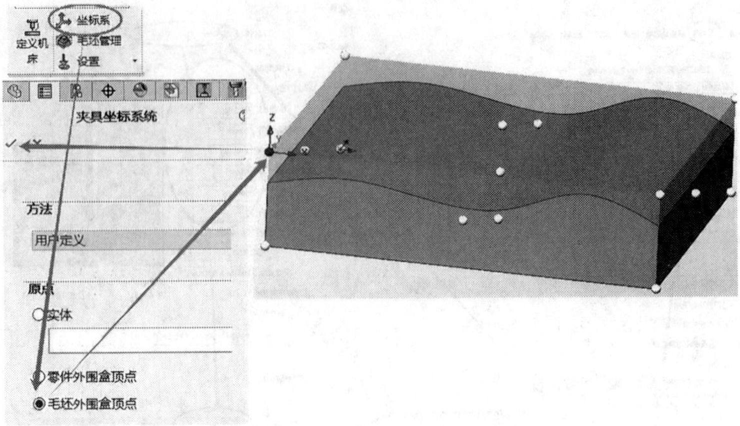

图 6-3-6　设置加工坐标系

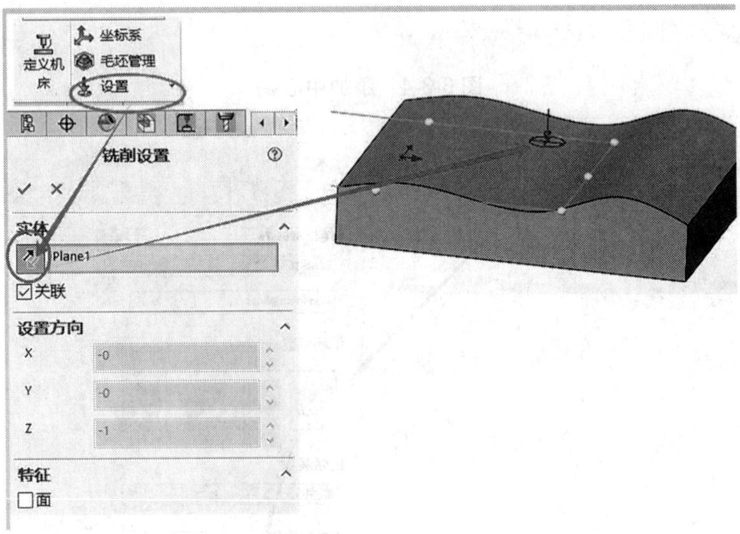

图 6-3-7　设置加工方向

2.6　添加加工特征

点击选项卡中的【特征】|【多表面特征】命令，弹出【多表面特征】消息窗口，选择模型曲面作为加工特征，完成加工特征设置(见图 6-3-8)。

2.7　生成操作计划

点击选项卡中的【生成操作计划】命令，弹出【生成操作计划】消息窗口(见图 6-3-9)，软件会根据零件特点，自动生成操作计划。本任务生成【区域间隙】和【Z 层】两个计划，完成操作计划设置。

2.8　生成及修改刀具轨迹

2.8.1　生成刀具轨迹

点击选项卡中的【生成刀具轨迹】命令，弹出【生成刀具轨迹】消息窗口，软件会根据零件特点，自动生成刀具轨迹，如图 6-3-10 所示刀具轨迹，完成刀具轨迹设置。在此实例中并未对刀具和刀具轨迹再进行设置，沿用软件提供的设置完成加工，实际加工时可根据

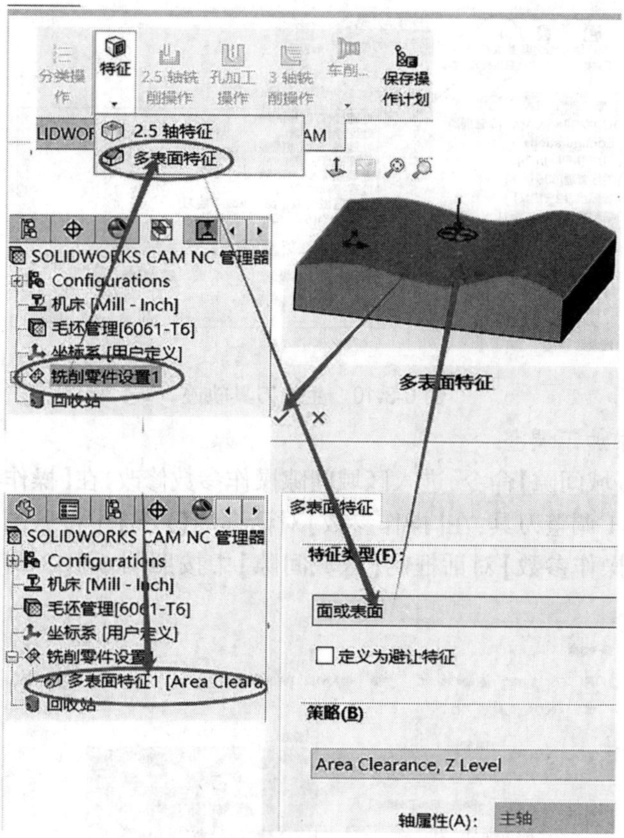

图 6-3-8　添加加工特征

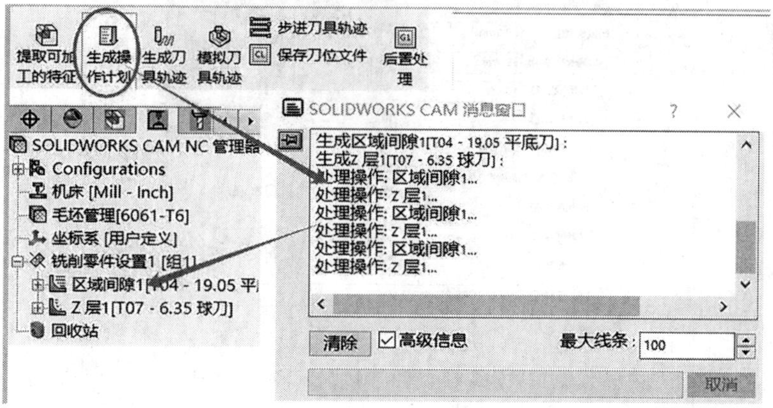

图 6-3-9　生成操作计划

零件特点和加工要求再进行设置。

2.8.2　修改刀具轨迹

刀具轨迹生成后，模拟加工可以看到，轨迹有多处不合理路线，如加工进给量大，表面达不到要求等，需要再对刀具轨迹进行调整。

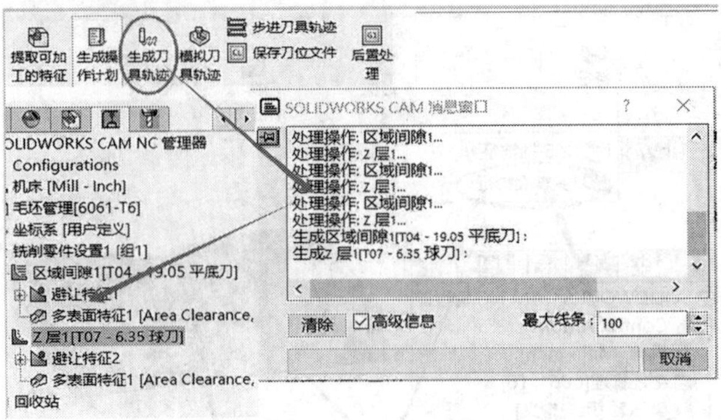

图 6-3-10　生成刀具轨迹

2.8.2.1　区域间隙加工调整

双击导航中【区域间隙】命令，进入区域间隙操作参数修改，在【操作参数】对话框的【刀具】中，按照图 6-3-11 调整刀具；在【操作参数】对话框的【F/S】中按照图 6-3-12 调整主轴转速和进给速率；在【操作参数】对话框的【区域间隙】中按照图 6-3-13 调整加工余量与深度参数。

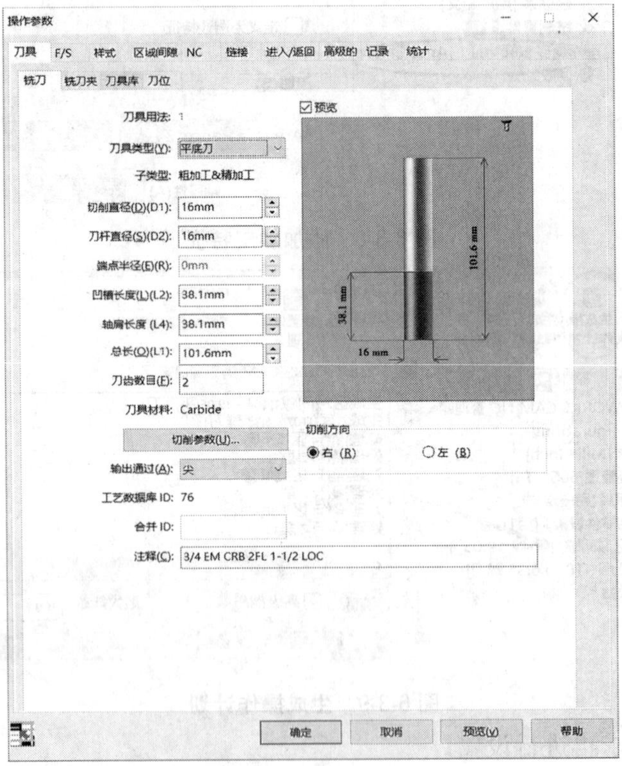

图 6-3-11　刀具调整

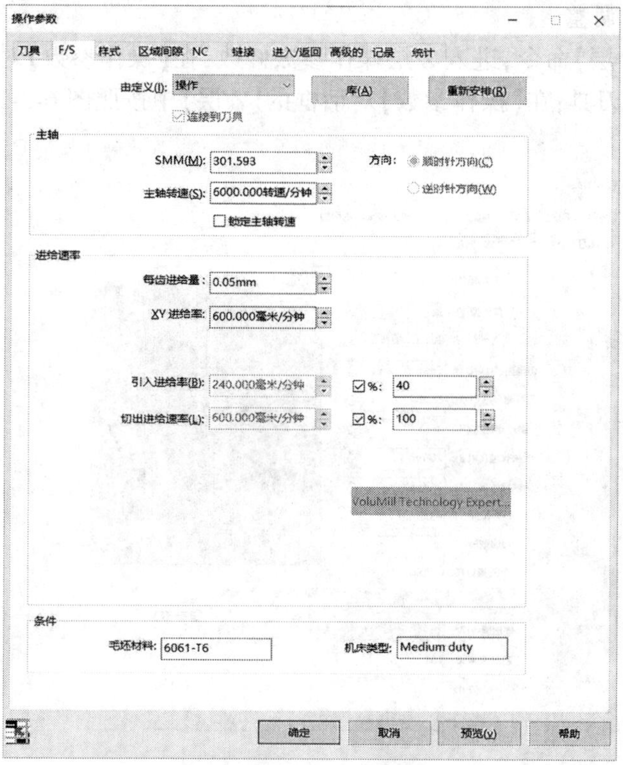

图 6-3-12 主轴与进给

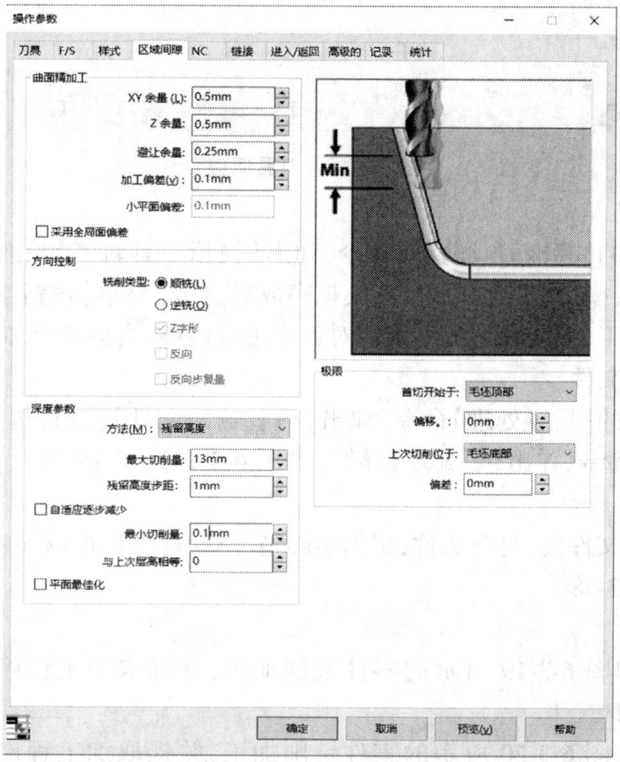

图 6-3-13 加工残留调整

2.8.2.2　Z 层轨迹调整

双击导航中【Z 层】命令，进入 Z 层操作参数修改，在【操作参数】对话框的【刀具】中，按照图 6-3-14 调整刀具；在【操作参数】对话框的【Z 层】中按照图 6-3-15 调整加工余量与深度参数。

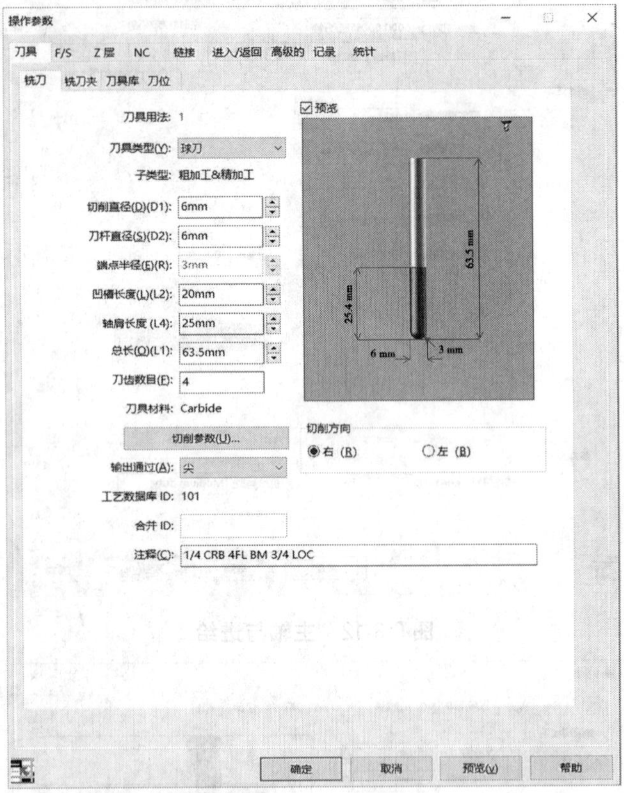

图 6-3-14　刀具调整

2.9　模拟刀具轨迹

点击选项卡中的【模拟刀具轨迹】命令，弹出【模拟刀具轨迹】导航（见图 6-3-16），选择运行程序，程序会模拟机床加工过程，模拟完成后点击【显示】按钮，模型显示加工完成后的余量。根据加工后的特点，可以重新对程序进行调整，直至符合加工要求。

2.10　生成后处理文件

点击选项卡中的【后置处理】命令，弹出【后置输出文件】窗口，选择文件存放位置和名称，点击【保存】命令，弹出【后处理】导航（见图 6-3-17），点击【开始】按钮，软件自动生成文件。

找到文件存放文件夹，打开文件，根据实际情况修改，之后可以导入机床加工程序中。后处理文件见图 6-3-18。

【技能训练】

6-3-1　完成如图 6-3-19 所示的零件铣削加工，并提取加工程序。源文件：X：\X\solidworks\Mill\mill3ax_1。

6-3-2　完成如图 6-3-20 所示的零件铣削加工，并提取加工程序。源文件：X：\X\

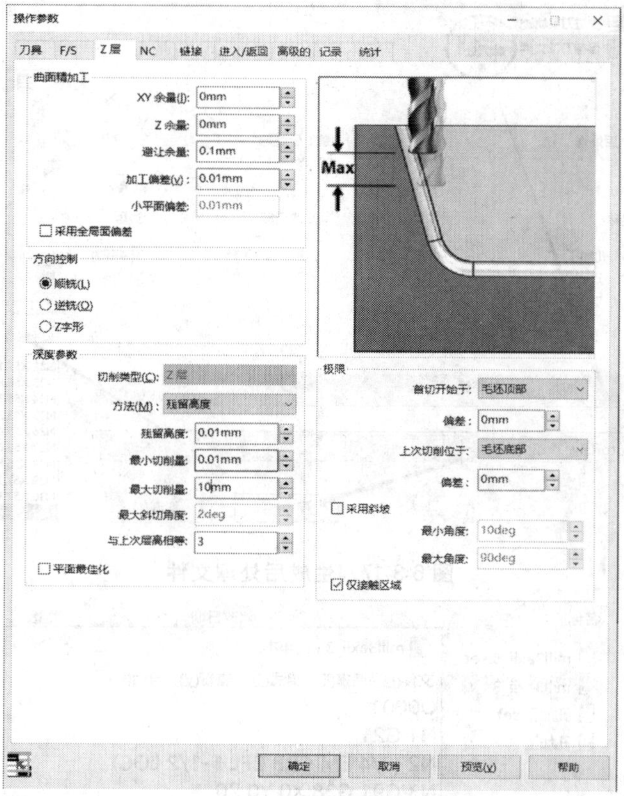

图 6-3-15　加工残留调整

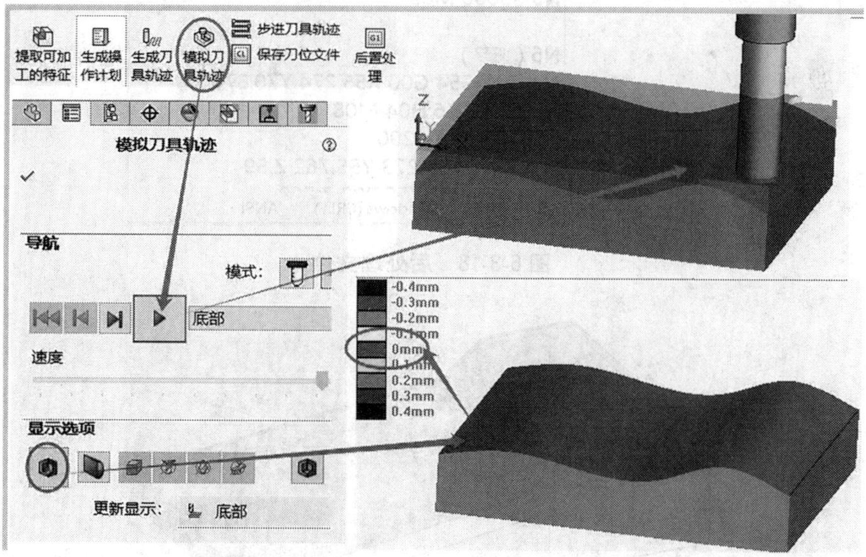

图 6-3-16　模拟刀具轨迹

solidworks\Mill\mill3ax_6。

6-3-3　完成如图 6-3-21 所示的零件铣削加工,并提取加工程序。源文件:X:\X\solidworks\Mill\mill3ax_4。

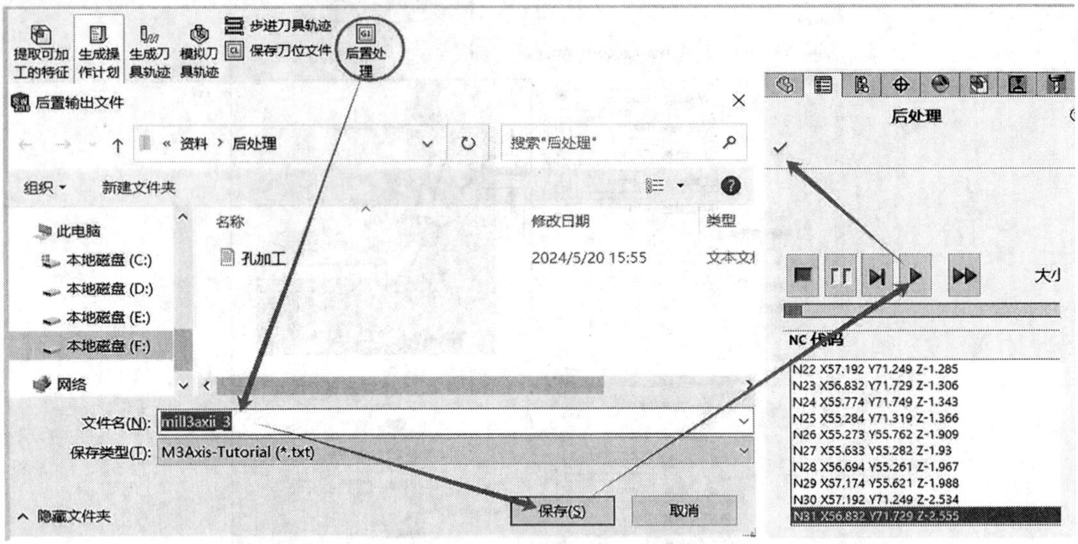

图 6-3-17 生成后处理文件

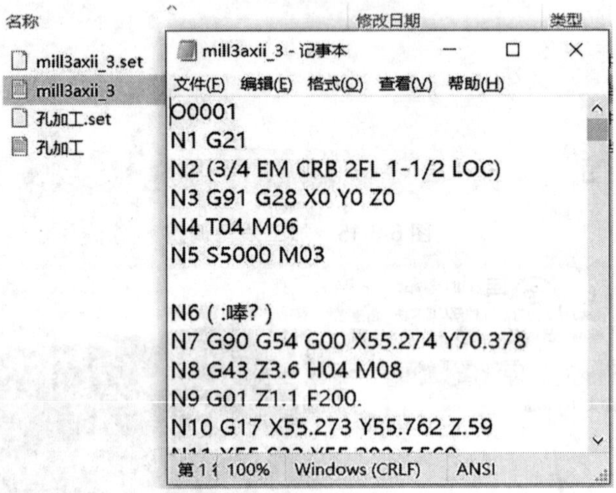

图 6-3-18 后处理文件

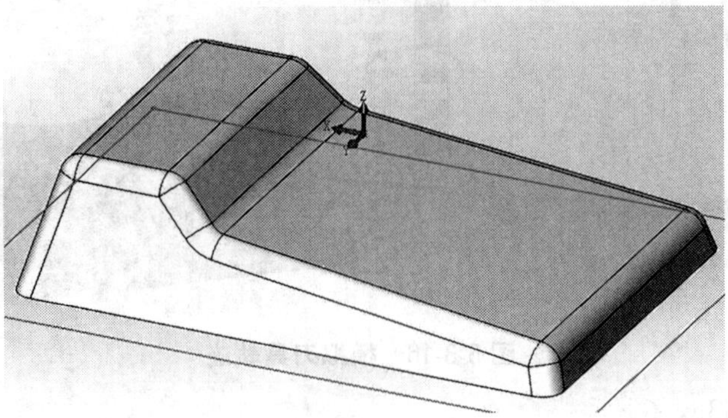

图 6-3-19

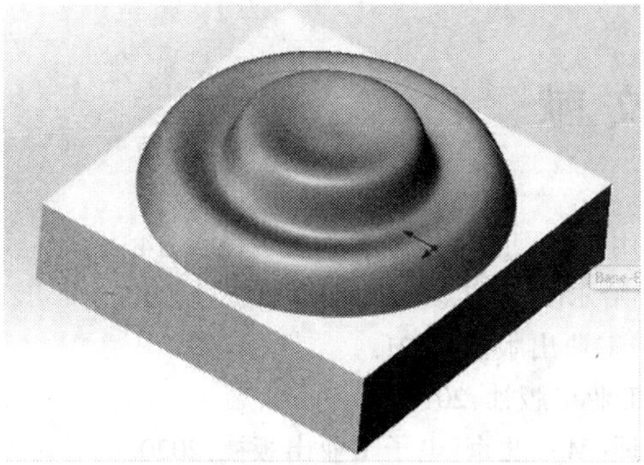

图 6-3-20

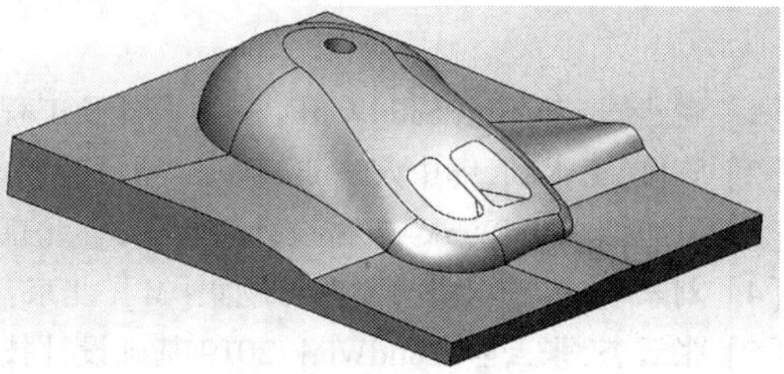

图 6-3-21

6-3-4　完成如图 6-3-22 所示的零件铣削加工，并提取加工程序。源文件：X：\X\solidworks\Mill\mill3axii_5。

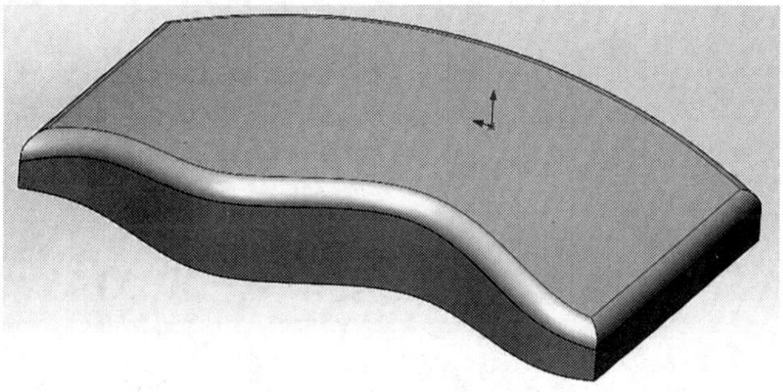

图 6-3-22

全国人大代表王钦峰：新时代产业工人榜样

山东豪迈集团电切削特级技师、电火花小组组长王钦峰，自 2013 年当选全国人大代表以来，牢记初心使命，忠诚履职尽责：成立创新工作室，高举创新大旗；设立钦峰班，培养高素质新型产业工人……作为基层一线的产业工人代表，王钦峰始终立足岗位，关注基层，以胸怀“国之大者”的责任担当和“人民至上”的高尚情怀，忠实履行了一名全国人大代表的神圣职责。

常年一身工装、扎根车间一线的王钦峰，专注电火花切削研究二十余年，在推进电火花加工技术迭代发展方面发挥了重要作用。1997 年，他参与研发的中国第一台轮胎模具专用数控电火花成型机床及工艺体系投入使用，实现了我国高端模具由进口到出口的逆转。他自主研发的六轴联动电火花成型机床，成功破解了复杂模具、曲面、流道等工件加工的“卡脖子”技术，打破了欧美等国家对五轴联动以上电加工机床的技术垄断，填补了国内空白。此后，他又相继主持或参与研发了具有自主知识产权的数控车床、电极铣床等系列成型机床，成为我国轮胎模具制造行业进入数控机械化生产时代的标志性节点。

参 考 文 献

[1] 赵建国,李怀正. SolidWorks 三维设计及工程图应用[M]. 北京:电子工业出版社,2014.
[2] 陈俊,王永利,邹中妃. SolidWorks 项目教程 [M]. 哈尔滨:哈尔滨工程大学出版社,2021.
[3] 詹迪维. SolidWorks 机械设计教程[M]. 北京:机械工业出版社,2021.
[4] 刘家平. 机械识图与制图习题集[M]. 北京:机械工业出版社,2015.
[5] 张云杰,张云静. SolidWorks2019 基础设计技能课训[M]. 北京:电子工业出版社,2020.
[6] 赵罘,杨晓晋,赵楠. SolidWorks 中文版基础教程 2022[M]. 北京:人民邮电出版社,2022.
[7] 姜海军. SolidWorks 项目教程[M]. 上海:复旦大学出版社,2014.
[8] 张晓红. SolidWorks 项目式应用教程[M]. 北京:清华大学出版社,2010.